电气与信息学科精品课程系列教材

电气工程概论

主　编　吴文辉
副主编　彭春华　罗　杰　程宏波

华中科技大学出版社
中国·武汉

内 容 提 要

本书为高等学校电气工程及其自动化专业的专业导论(基础)课程教材。

全书共分 11 章,内容包括:电气工程概述,电器设备及选择,电气一次系统,电气二次系统,电力系统运行分析,继电保护与安全自动装置,电力系统自动化,高电压工程,电气工程设计,电气工程监理,电气工程管理。全书概括了电气工程的全貌,内容全面,以电力系统为主,着重阐述了电气工程的基本概念、基本理论和基本计算。本书有丰富的工程案例,实用性强,还有电气工程运行、建设、设计、监理、管理等相关基础知识内容,每章均附有思考题,便于所学知识的巩固提高。

本书可作为电气工程相关专业学生了解电气工程的参考书,也可作为从事电气科学与工程运行、建设、设计、监理、管理等工程技术人员和管理人员的培训教材及参考用书。

图书在版编目(CIP)数据

电气工程概论/吴文辉主编. —武汉:华中科技大学出版社,2015.3
ISBN 978-7-5680-0716-0

Ⅰ.①电…　Ⅱ.①吴…　Ⅲ.①电气工程-高等学校-教材　Ⅳ.①TM

中国版本图书馆 CIP 数据核字(2015)第 052091 号

电气工程概论

吴文辉　主编

策划编辑:谢燕群
责任编辑:谢燕群
封面设计:刘　卉
责任校对:马燕红
责任监印:周治超
出版发行:华中科技大学出版社(中国·武汉)
　　　　　武昌喻家山　　邮编:430074　　电话:(027)81321913
录　排:禾木图文工作室
印　刷:湖北恒泰印务有限公司
开　本:787mm×1092mm　1/16
印　张:21.5
字　数:523 千字
版　次:2015 年 5 月第 1 版第 1 次印刷
定　价:39.80 元

前　言

为了落实教育部《关于全面提高高等教育质量的若干意见》的精神,中国工程教育认证协会以加入《华盛顿协议》为契机,大力推动我国工程教育认证工作,并加强教材建设,调整教学内容,提高教材质量,以满足提高工程教育专业人才培养质量的需求,满足工程教育专业认证的需要。

本书主要作为电气工程及其自动化专业的专业导论(基础)课程教材,也可作为其他相关理工科专业学生了解电气工程的参考书。本书在不涉及过多理论知识的前提下,让学生对本专业的概貌有一个全面、系统的了解,对进一步学习专业知识起到"导航"作用;同时,让学生初步建立电气工程专业的系统观和工程观,为进一步学习电气工程专业知识打下基础。

根据教学改革的发展需要,结合工程教育认证通用标准,毕业生应具有"国际视野,了解与本专业相关职业和行业的生产、设计、研究与开发、环境保护和可持续发展等方面的方针、政策和法律、法规,行业规范、国家标准以及国际标准"等。本书在以往教材的基础上进行重构和修订,增加了电力法律法规简介、电气工程设计、电气工程监理、电气工程概预算、电气工程招标和投标、电气工程管理、电力市场、电力需求侧管理等工程应用基础知识。依据国家新修订的法律法规,引用最新的国家标准、行业规范,编写了电工新技术、智能电网等新技术内容,努力将电气工程学科反映得更全面和完善,并体现了实用性和先进性,以满足工程教育认证标准。

本书由华东交通大学吴文辉主编,华东交通大学的彭春华、罗杰、程宏波等教师共同参与编写,在此向他们表示真诚的感谢!

限于编者的水平和经验,书中难免有不当或错漏之处,诚恳地希望读者批评指正。

编　者

2015 年 3 月

目　　录

第1章 电气工程概述

1.1 电气工程的地位和作用

1.1.1 电气工程在国民经济中的地位

电能是最清洁的能源,它是由蕴藏于自然界中的煤、石油、天然气、水力、核燃料、风能和太阳能等一次能源转换而来的。同时,电能可以很方便地转换成其他形式的能量,如光能、热能、机械能和化学能等供人们使用。由于电(或磁、电磁)本身具有极强的可控性,大多数的能量转换过程都以电(或磁、电磁)作为中间能量形态进行调控,信息表达的交换也越来越多地采用电(或磁)这种特殊介质来实施。电能的生产、输送、分配、使用过程易于控制,电能也易于实现远距离传输。电作为一种特殊的能量存在形态,在物质、能量、信息的相互转化过程,以及能量之间的相互转化中起着重要的作用。因此,当代高新技术都与电能密切相关,并依赖于电能。电能为工农业生产过程和大范围的金融流通提供了保证;电能使当代先进的通信技术成为现实;电能使现代化运输手段得以实现;电能是计算机、机器人的能源。因此,电能已成为工业、农业、交通运输、国防科技及人们生活等人类现代社会最主要的能源形式。

电气工程(EE,Electrical Engineering)是与电能生产和应用相关的技术,包括发电工程、输配电工程和用电工程。发电工程根据一次能源的不同可以分为火力发电工程、水力发电工程、核电工程、可再生能源工程等。输配电工程可以分为输变电工程和配电工程两类。用电工程可分为船舶电气工程、交通电气工程、建筑电气工程等。电气工程还可分为电机工程、电力电子技术、电力系统工程、高电压工程等。

电气工程是为国民经济发展提供电力能源及其装备的战略性产业,是国家工业化和国防现代化的重要技术支撑,是国家在世界经济发展中保持自主地位的关键产业之一。电气工程在现代科技体系中具有特殊的地位,它既是国民经济的一些基础工业(电力、电工制造等)所依靠的技术科学,又是另一些基础工业(能源、电信、交通、铁路、冶金、化工和机械等)必不可少的支持技术,更是一些高新技术的主要科技的组成部分。在与生物、环保、自动化、光学、半导体等民用和军工技术的交叉发展中,又是能形成尖端技术和新技术分支的促进因素,在一些综合性高科技成果(如卫星、飞船、导弹、空间站、航天飞机等)中,也必须有电气工程的新技术和新产品。可见,电气工程的产业关联度高,对原材料工业、机械制造业、装备工业,以及电子、信息等一系列产业的发展均具有推动和带动作用,对提高整个国民经济效益,促进经济社会可持续发展,提高人民生活质量有显著的影响。电气工程与土木工程、机械工程、化学工程及管理工程并称现代社会五大工程。

20世纪后半叶以来,电气科学的进步使电气工程得到了突飞猛进的发展。例如,在电力系统方面,20世纪80年代以来,我国电力需求连续20多年实现快速增长,年均增长率接近

8%,预计在未来的 20 年电力需求仍需要保持 5.5% ～ 6% 的增长率增长。在电能的产生、传输、分配和使用过程中,无论就其系统(网络),还是相关的设备,其规模和质量,检测、监视、保护和控制水平都获得了极大的提高。经过改革开放 30 多年的发展,我国电气工程已经形成了较完整的科研、设计、制造、建设和运行体系,成为世界电力工业大国之一。至 2013 年底,我国发电装机容量首次超越美国位居世界第一,达 12.5 亿 kW。目前拥有三峡水电及输变电工程、百万千瓦级超临界火电工程、百万千瓦级核电工程,以及全长 645 km 的交流 1 000 kV 晋东南 — 南阳 — 荆门特高压输电线路工程、世界第一条直流 ± 800 kV 云广特高压输变电工程等举世瞩目的电气工程项目。大电网安全稳定控制技术、新型输电技术的推广,大容量电力电子技术的研究和应用,风力发电、太阳能光伏发电等可再生能源发电技术的产业化及规模化应用,超导电工技术、脉冲功率技术、各类电工新材料的探索与应用取得重要进展。电子技术、计算机技术、通信技术、自动化技术等方面也得到了空前的发展,相继建立了各自的独立学科和专业,电气应用领域超过以往任何时代。例如,建筑电气与智能化在建筑行业中的比重越来越大,现代化建筑物、建筑小区,乃至乡镇和城市对电气照明、楼宇自动控制、计算机网络通信,以及防火、防盗和停车场管理等安全防范系统的要求越来越迫切,也越来越高;在交通运输行业,过去采用蒸汽机或内燃机直接牵引的列车几乎全部都被电力牵引或电传动机车取代,磁悬浮列车的驱动、电动汽车的驱动、舰船的推进,甚至飞机的推进都将大量使用电力;机械制造行业中机电一体化技术的实现和各种自动化生产线的建设,国防领域的全电化军舰、战车、电磁武器等也都离不开电。特别是进入 21 世纪以来,电气工程领域全面贯彻科学发展观,新原理、新技术、新产品、新工艺获得广泛应用,拥有了一批具有自主知识产权的科技成果和产品,自主创新已成为行业的主旋律。我国的电气工程技术和产品,在满足国内市场需求的基础上已经开始走向世界。电气工程技术的飞速发展,迫切需要从事电气工程的大量各级专业技术人才。

1.1.2　电气工程的发展

人类最初是从自然界的雷电现象和天然磁石中开始注意电磁现象的。古希腊和中国文献都记载了琥珀摩擦后吸引细微物体和天然磁石吸铁的现象。1600 年,英国的威廉·吉尔伯特用拉丁文出版了《磁石论》一书,系统地讨论了地球的磁性,开创了近代电磁学的研究。

1660 年,奥托·冯·库克丁发明了摩擦起电机;1729 年,斯蒂芬·格雷发现了导体;1733 年,杜斐描述了电的两种力——吸引力和排斥力。1745 年,荷兰莱顿大学的克里斯特和马森·布洛克发现电可以存储在装有铜丝或水银的玻璃瓶里,格鲁斯拉根据这一发现,制成莱顿瓶,也就是电容器的前身。

1752 年,美国人本杰明·富兰克林通过著名的风筝实验得出闪电等同于电的结论,并首次将正、负号用于电学中。随后,普里斯特里发现电荷间的平方反比律;泊松把数学理论应用于电场计算。1777 年,库伦发明了能够测量电荷量的扭力天平,利用扭力天平,库仑发现电荷引力或斥力的大小与两个小球所带电荷电量的乘积成正比,而与两小球球心之间的距离平方成反比的规律,这就是著名的库仑定律。

1800 年,意大利科学家伏特发明了伏打电池,从而使化学能可以转化为源源不断输出的电能。伏打电池是电学发展过程中的一个重要里程碑。

1820 年,丹麦科学家奥斯特在实验中发现了电可以转化为磁的现象。同年,法国科学家安培发现了两根通电导线之间会发生吸引或排斥。安培在此基础上提出的载流导线之间的相互作用力定律,后来被称为安培定律,成为电动力学的基础。

1827 年,德国科学家欧姆用公式描述了电流、电压、电阻之间的关系,创立了电学中最基本的定律 —— 欧姆定律。

1831 年 8 月 29 日,英国科学家法拉第成功地进行了"电磁感应"实验,发现了磁可以转化为电的现象。在此基础上,法拉第创立了研究暂态电路的基本定律 —— 电磁感应定律。至此,电与磁之间的统一关系被人类所认识,并从此诞生了电磁学。法拉第还发现了载流体的自感与互感现象,并提出电力线与磁力线概念。

1831 年 10 月,法拉第创制了世界上第一部感应发电机模型 —— 法拉第盘。

1832 年,法国科学家皮克斯在法拉第的影响下发明了世界上第一台实用的直流发电机。

1834 年,德籍俄国物理学家雅可比发明了第一台实用的电动机,该电动机是功率为 15 W 的棒状铁芯电动机。1839 年,雅可比在涅瓦河上做了用电动机驱动船舶的实验。

1836 年,美国的机械工程师达文波特用电动机驱动木工车床,1840 年又用电动机驱动印报机。

1845 年,英国物理学家惠斯通过外加伏打电池电源给线圈励磁,用电磁铁取代永久磁铁,取得了成功,随后又改进了电枢绕组,从而制成了第一台电磁铁发电机。

1864 年,英国物理学家麦克斯韦在《电磁场的动力学理论》中,利用数学进行分析与综合,进一步把光与电磁的关系统一起来,建立了麦克斯韦方程,最终用数理科学方法使电磁学理论体系建立起来。

1866 年,德国科学家西门子制成第一台自激式发电机,西门子发电机的成功标志着制造大容量发电机技术的突破。

1873 年,麦克斯韦完成了划时代的科学理论著作 ——《电磁通论》。麦克斯韦方程是现代电磁学最重要的理论基础。

1881 年,在巴黎博览会上,电气科学家与工程师统一了电学单位,一致同意采用早期为电气科学与工程作出贡献的科学家的姓作为电学单位名称,从而电气工程成为在全世界范围内传播的一门新兴学科。

1885 年,意大利物理学家加利莱奥·费拉里斯提出了旋转磁场原理,并研制出二相异步电动机模型,1886 年,美国的尼古拉·特斯拉也独立地研制出二相异步电动机。1888 年,俄国工程师多利沃·多勃罗沃利斯基研制成功第一台实用的三相交流单鼠笼异步电动机。

19 世纪末期,电动机的使用已经相当普遍。电锯、车床、起重机、压缩机、磨面机和凿岩钻等都已由电动机驱动,牙钻、吸尘器等也都用上了电动机。电动机驱动的电力机车、有轨电车、电动汽车也在这一时期得到了快速发展。1873 年,英国人罗伯特·戴维森研制成第一辆用蓄电池驱动的电动汽车。1879 年 5 月,德国科学家西门子设计制造了一台能乘坐 18 人的三节敞开式车厢小型电力机车,这是世界上电力机车首次成功的试验。1883 年,世界上最早的电气化铁路在英国开始营业。

1809 年,英国化学家戴维用 2 000 个伏打电池供电,通过调整木炭电极间的距离使之产生放电而发出强光,这是电能首次应用于照明。1862 年,用两根有间隙的炭精棒通电产生电弧发光的电弧灯首次应用于英国肯特郡海岸的灯塔,后来很快用于街道照明。1840 年,英国科学家格罗夫对密封玻璃罩内的铂丝通以电流,达到炽热而发光,但由于寿命短、代价太大不切实用。1879 年 2 月,英国的斯万发明了真空玻璃泡碳丝的电灯,但是由于碳的电阻率很低,要求电流非常大或碳丝极细才能发光,制造困难,所以仅仅停留在实验室阶段。1879 年 10 月,美国发明家爱迪生试验成功了真空玻璃泡中碳化竹丝通电发光的灯泡,由于其灯泡不仅能长时间通电稳定发光,而且工艺简单、制造成本低廉,这种灯泡很快成为商品。1910 年,灯泡的灯丝由 W. D. 库甲奇改用钨丝。

1875 年,法国巴黎建成了世界上第一座火力发电厂,标志着世界电力时代的到来。1882 年,"爱迪生电气照明公司"在纽约建成了商业化的电厂和直流电力网系统,发电功率为 660 kW,供应 7 200 个灯泡的用电。同年,美国兴建了第一座水力发电站,之后水力发电逐步发展起来。1883 年,美国纽约和英国伦敦等大城市先后建成中心发电厂。到 1898 年,纽约又建立了容量为 3 万千瓦的火力发电站,用 87 台锅炉推动 12 台大型蒸汽机为发电机提供动力。

早期的发电厂采用直流发电机,在输电方面,很自然地采用直流输电。第一条直流输电线路出现于 1873 年,长度仅有 2 km。1882 年,法国物理学家和电气工程师德普勒在慕尼黑博览会上展示了世界上第一条远距离直流输电试验线路,把一台容量为 3 马力(1 马力 = 735.498 75 W)的水轮发电机发出的电能,从米斯巴赫输送到相距 57 km 的慕尼黑,驱动博览会上的一台喷泉水泵。

1882 年,法国人高兰德和英国人约翰·吉布斯研制成功了第一台具有实用价值的变压器,1888 年,由英国工程师费朗蒂设计,建设在泰晤士河畔的伦敦大型交流发电站开始输电,其输电电压高达 10 kV。1894 年,俄罗斯建成功率为 800 kW 的单相交流发电站。

1887—1891 年,德国电机制造公司成功开发了三相交流电技术。1891 年,德国劳芬电厂安装并投产了世界上第一台三相交流发电机,并通过第一条 13.8 kV 输电线路将电力输送到远方用电地区,既用于照明,又用于电力拖动。从此,高压交流输电得到迅速的发展。

电力的应用和输电技术的发展,促使一大批新的工业部门相继产生。首先是与电力生产有关的行业,如电机、变压器、绝缘材料、电线电缆、电气仪表等电力设备的制造厂和电力安装、维修和运行等部门;其次是以电作为动力和能源的行业,如照明、电镀、电解、电车、电报等企业和部门,而新的日用电器生产部门也应运而生。这种发展的结果,又反过来促进了发电和高压输电技术的提高。1903 年,输电电压达到 60 kV,1908 年,美国建成第一条 110 kV 输电线路,1923 年建成投运第一条 230 kV 线路。从 20 世纪 50 年代开始,世界上经济发达的国家进入经济快速发展时期,用电负荷保持快速增长,年均增长率在 6% 左右,并一直持续到 20 世纪 70 年代中期。这带动了发电机制造技术向大型、特大型机组发展,美国第一台 300 MW、500 MW、1 000 MW、1 150 MW 和 1 300 MW 汽轮发电机组分别于 1955 年、1960 年、1965 年、1970 年和 1973 年投入运行。同时,大容量远距离输电的需求,使电网电压等级迅速向超高压发展,第一条 330 kV、345 kV、400 kV、500 kV、735 kV、750 kV 和 765 kV 线路分别于 1952 年(前苏联)、1954 年(美国)、1956 年(前苏联)、1964 年(美国)、1965 年(加拿大)、1967 年(前苏联)和 1969 年(美国)建成,1985 年,前苏联建成第一条 1 150 kV 特高压输电线路。

1870—1913 年,以电气化为主要特征的第二次工业革命,彻底改变了世界的经济格局。这一时期,发电以汽轮机、水轮机等为原动机,以交流发电机为核心,输电网以变压器与输配电线路等组成,使电力的生产、应用达到较高的水平,并具有相当大的规模。在工业生产、交通运输中,电力拖动、电力牵引、电动工具、电加工、电加热等得到普遍应用,到 1930 年前后,吸尘器、电动洗衣机、家用电冰箱、电灶、空调器、全自动洗衣机等各种家用电器也相继问世。英国于 1926 年成立中央电气委员会,1933 年建成全国电网。美国工业企业中以电动机为动力的比重,从 1914 年的 30% 上升到 1929 年的 70%。前苏联在十月革命后不久也提出了全俄电气化计划。20 世纪 30 年代,欧美发达国家都先后完成了电气化。从此,电力取代了蒸汽,使人类迈进了电气化时代,20 世纪成为"电气化世纪"。

今天,电能的应用已经渗透到人类社会生产、生活的各个领域,它不仅创造了极大的生产力,而且促进了人类文明的巨大进步,彻底改变了人类的社会生活方式,电气工程也因此被人们誉为"现代文明之轮"。

21 世纪的电气工程学科将在与信息科学、材料科学、生命科学以及环境科学等学科的交叉和融合中获得进一步发展。创新和飞跃往往发生在学科的交叉点上。所以,在 21 世纪,电气工程领域的基础研究和应用基础研究仍会是一个百花齐放、蓬勃发展的局面,而与其他学科的融合交叉是它的显著特点。超导材料、半导体材料与永磁材料的最新发展对于电气工程领域有着特别重大的意义。从 20 世纪 60 年代开始,实用超导体的研制成功地开创了超导电工的新时代。目前,恒定与脉冲超导磁体技术已经进入成熟阶段,得到了多方面的应用,显示了其优越性与现实性。超导加速器与超导核聚变装置的建成与运行成为 20 世纪下半叶人类科技史中辉煌的成就;超导核磁共振谱仪与磁成像装置已实现了商品化。20 世纪 80 年代制成了高临界温度超导体,为 21 世纪电气工程的发展展示了更加美好的前景。

半导体的发展为电气工程领域提供了多种电力电子器件与光电器件。电力电子器件为电机调速、直流输电、电气化铁路、各种节能电源和自动控制的发展做出了重大贡献。光电池效率的提高及成本的降低为光电技术的应用与发展提供了良好的基础,使太阳能光伏发电已在边远缺电地区得到了应用,并有可能在未来电力供应中占据一定份额。半导体照明是节能的照明,它能大大降低能耗,减少环境污染,是更可靠、更安全的照明。

新型永磁材料,特别是钕铁硼材料的发现与迅速发展使永磁电机、永磁磁体技术在深入研究的基础上登上了新台阶,应用领域不断扩大。

微型计算机、电力电子和电磁执行器件的发展,使得电气控制系统响应快、灵活性高、可靠性强的优点越来越突出,因此,电气工程正在使一些传统产业发生变革。例如,传统的机械系统与设备,在更多或全面地使用电气驱动与控制后,大大改善了性能,"线控"汽车、全电舰船、多电／全电飞机等研究就是其中最典型的例子。

1.1.3　电气工程学科分类

电气工程学科是当今高新技术领域中不可或缺的关键学科。在我国高等学校的本科专业目录中,电气工程对应的专业是电气工程及其自动化或电气工程与自动化,我国 1998 年以前的普通高等学校本科专业目录中,电工类下共有 5 个专业,分别是电机电器及其控制、电力系统及其自动化、高电压与绝缘技术、工业自动化和电气技术,在 1998 年国家颁布的大学本科专业目录中,把上述电机电器及其控制、电力系统及其自动化、高电压与绝缘技术和电气技术等专业合并为电气工程及其自动化专业,此外,在同时颁布的工科引导性专业目录中,又把电气工程及其自动化专业和自动化专业中的部分合并为电气工程与自动化专业。在2012年教育部颁布的《普通高等学校本科专业目录》(2012年)中,电气类(0806)下只有电气工程及其自动化一个专业,专业代码为080601。在研究生学科专业目录中,电气工程是工学门类中的一个一级学科,包含电机与电器、电力系统及其自动化、高电压与绝缘技术、电力电子与电力传动、电工理论与新技术等5个二级学科。在我国当代高等工程教育中,电气工程及其自动化专业(或电气工程与自动化专业)是一个新型的宽口径综合性专业。它涉及电能的生产、传输、分配、使用全过程,电力系统(网络)及其设备的研发、设计、制造、运行、检测和控制等多方面各环节的工程技术问题,所以要求电气工程师掌握电工理论、电子技术、自动控制理论、信息处理、计算机及其控制、网络通信等宽广领域的工程技术基础和专业知识,掌握电气工程运行、电气工程设计、电气工程技术咨询、电气工程设备招标及采购咨询、电气工程的项目管理、电气设计项目和建设项目的监理等基本技能。电气工程及其自动化专业不仅要为电力工业与机械制造业,也要为国民经济其他部门,如交通、建筑、冶金、机械、化工等,培养从事电气科学研究和工程技术的高级专门人才。可见,电气工程及其自动化专业是一个以电力工业及其相关产业为主要服务对象,同时辐射到国民经济其他各部门,应用十分广泛的专业。

《学科分类与代码国家标准》(GB/T 13745—2009)由中华人民共和国国家质量监督检验检疫总局、中国国家标准化管理委员会于2009年5月6日发布,2009年11月1日实施。该标准的学科分类划分为一、二、三级学科三个层次,用阿拉伯数字表示。一级学科用3位数字表示,二、三级学科分别用2位数字表示。该标准的分类对象是学科,不同于专业和行业,适用于基于学科的信息分类、共享与交换,亦适用于国家宏观管理和部门应用。电气工程(代码470.40)是一级学科动力与电气工程(代码470)下的二级学科,包含18个三级学科,如表1.1.1所示。

表 1.1.1　电气工程学科分类与代码

学科代码	学科名称	学科代码	学科名称
470.4011	电工学	470.4041	电热与高频技术
470.4014	电路理论	470.4044	超导电工技术
470.4017	电气测量技术及其仪器仪表	470.4047	发电工程(包括水力、热力、风力、磁流体发电工程等)
470.4021	电工材料	470.4051	输配电工程
470.4024	电机学	470.4054	电力系统及其自动化
470.4027	电器学	470.4057	电力拖动及其自动化
470.4031	电力电子技术	470.4061	用电技术
470.4034	高电压工程	470.4064	电加工技术
470.4037	绝缘技术	470.4099	电气工程其他学科

注:一级学科(动力与电气工程)代码为470;二级学科(电气工程)代码为40。

1.1.4　电气工程法律法规简介

《中华人民共和国电力法（修正版）》（以下简称《电力法》），是经 1995 年 12 月 28 日第八届全国人民代表大会常务委员会第十七次会议通过，1996 年 4 月 1 日起施行，2009 年 8 月 27 日根据《全国人民代表大会常务委员会关于修改部分法律的决定》修订。

《电力法》的立法宗旨是为了保障和促进电力事业的发展，维护电力投资者、经营者和使用者的合法权益，保障电力安全运行。适用范围是中华人民共和国境内的电力建设、生产、供应和使用活动。《电力法》明确规定：电力事业应当适应国民经济和社会发展的需要，适当超前发展。国家鼓励、引导国内外的经济组织和个人依法投资开发电源，兴办电力生产企业。电力事业投资实行谁投资、谁收益的原则。电力设施受国家保护。禁止任何单位和个人危害电力设施安全或者非法侵占、使用电能。

《电力法》明确了环境保护的重要性。电力建设、生产、供应和使用应当依法保护环境，采用新技术，减少有害物质排放，防治污染和其他公害。国家鼓励和支持利用可再生能源和清洁能源发电。

《电力法》明确了各部门的职责。国务院电力管理部门负责全国电力事业的监督管理。国务院有关部门在各自的职责范围内负责电力事业的监督管理。县级以上地方人民政府经济综合主管部门是本行政区域内的电力管理部门，负责电力事业的监督管理。县级以上地方人民政府有关部门在各自的职责范围内负责电力事业的监督管理。电力建设企业、电力生产企业、电网经营企业依法实行自主经营、自负盈亏，并接受电力管理部门的监督。国家帮助和扶持少数民族地区、边远地区和贫困地区发展电力事业。

《电力法》明确注明国家鼓励在电力建设、生产、供应和使用过程中，采用先进的科学技术和管理方法，对在研究、开发、采用先进的科学技术和管理方法等方面作出显著成绩的单位和个人给予奖励。

《电力法》内容包括总则、电力建设、电力生产与电网管理、电力供应与使用、电价与电费、农村电力建设和农业用电、电力设施保护、监督检查、法律责任和附则，共十章七十五条。《电力法》（修正版）将第十六条款中的"征用"修改为"征收"；将第七十条款中"治安管理处罚条例"修改为"治安管理处罚法"；将第七十一条、第七十二条、第七十四条中的"依照刑法第 × 条的规定"、"比照刑法第 × 条的规定"修改为"依照刑法有关规定"。

《电力供应与使用条例》是根据《中华人民共和国电力法》制定，由国务院于 1996 年 4 月 17 日颁布，1996 年 9 月 1 日实施的。目的是加强电力供应与使用的管理，保障供电、用电双方的合法权益，维护供电、用电秩序，安全、经济、合理地供电和用电。适用于在中华人民共和国境内，电力供应企业（以下称供电企业）和电力使用者（以下称用户）以及与电力供应、使用有关的单位和个人。条例规定国务院电力管理部门负责全国电力供应与使用的监督管理工作。县级以上地方人民政府电力管理部门负责本行政区域内电力供应与使用的监督管理工作。电网经营企业依法负责本供区内的电力供应与使用的业务工作，并接受电力管理部门的监督。国家对电力供应和使用实行安全用电、节约用电、计划用电的管理原则。供电企业和用户应当遵守国家有关规定，采取有效措施，做好安全用电、节约用电、计划用电工作。供电企业和用户应当根据平等自愿、协商一致的原则签订供用电合同。电力管理部门应当加强对供用电的监督管理,协调供用电各方关系,禁止危害供用电安全和非法侵占电能的行为。

《电力供应与使用条例》内容包括总则、供电营业区、供电设施、电力供应、电力使用、供用电合同、监督与管理、法律责任和附则,共九章四十五条。

《中华人民共和国合同法》(以下简称《合同法》),是经第九届全国人民代表大会第二次会议于 1999 年 3 月 15 日通过,1999 年 10 月 1 日起实施的。随着社会主义市场经济体制的不断完善以及电力体制改革的不断深入,供电企业实行商业化运作、法制化管理的机制越来越明确,企业与用户之间的关系用行政的方法和手段来维系已渐不适应,而必须用法律的方法和手段来规范。由于电力商品交易的特殊性,《合同法》第十章为供用电、水、气、热力合同,明确了供电企业与用户的权利和义务,为电力市场营销活动提供了基本法律准则。供用电合同是电力供应与使用双方根据平等自愿、协商一致的原则,按照国家有关法律和政策规定,确定双方权利和义务的协议。我国《合同法》第一百七十六条规定"供用电合同是供电人向用电人供电,用电人支付电费的合同"。第一百七十七条规定"供用电合同的内容包括供电的方式、质量、时间,用电容量、地址、性质,计量方式,电价、电费的结算方式,供用电设施的维护责任等条款"。由此可见,供用电合同是电力企业经营管理的一项主要内容,其目标、任务和企业经营管理的目标、任务相一致。通过签订和履行供用电合同,在电力企业与客户之间建立起桥梁和纽带关系,有利于开拓电力营销,增强电力企业市场竞争能力。供用电合同是依法成立的,在签订和履行过程中涉及诸多法律问题,研究和探讨供用电合同涉及的法律问题,有助于依法全面履行供用电合同,对提高电力企业经营管理水平,维护社会良好、有序的供电秩序和维护客户以及电力企业的合法权益都有着重要的意义。

为了保护电力设施,《中华人民共和国刑法》有关条款如下所述。

第一百一十八条　破坏电力、煤气或者其他易燃易爆设备,危害公共安全,尚未造成严重后果的,处三年以上十年以下有期徒刑。

第一百一十九条　破坏交通工具、交通设施、电力设备、燃气设备、易燃易爆设备,造成严重后果的,处十年以上有期徒刑、无期徒刑或者死刑。过失犯前款罪的,处三年以上七年以下有期徒刑,情节较轻的,处三年以下有期徒刑或拘役。

第一百三十四条　在生产、作业中违反有关安全管理的规定,因而发生重大伤亡事故或者造成其他严重后果的,处三年以下有期徒刑或者拘役;情节特别恶劣的,处三年以上七年以下有期徒刑。强令他人违章冒险作业,因而发生重大伤亡事故或者造成其他严重后果的,处五年以下有期徒刑或者拘役;情节特别恶劣的,处五年以上有期徒刑。

第一百三十五条　安全生产设施或者安全生产条件不符合国家规定,因而发生重大伤亡事故或者造成其他严重后果的,对直接负责的主管人员和其他直接责任人员,处三年以下有期徒刑或者拘役;情节特别恶劣的,处三年以上七年以下有期徒刑。

第一百三十七条　建设单位、设计单位、施工单位、工程监理单位违反国家规定,降低工程质量标准,造成重大安全事故的,对直接责任人员,处五年以下有期徒刑或者拘役,并处罚金;后果特别严重的,处五年以上十年以下有期徒刑,并处罚金。

第二百六十四条　盗窃公私财物,数额较大的,或者多次盗窃、入户盗窃、携带凶器盗窃、扒窃的,处三年以下有期徒刑、拘役或者管制,并处或者单处罚金;数额巨大或者有其他严重情节的,处三年以上十年以下有期徒刑,并处罚金;数额特别巨大或者有其他特别严重情节的,处十年以上有期徒刑或者无期徒刑,并处罚金或者没收财产。

另外,还有《电力设施保护条例》《用电检查管理办法》在反窃电中的应用。《最高人民检察院关于审理触电人身损害赔偿案件若干问题的解释》中有触电人身损害等方面的内容等。

1.2 电机工程

1.2.1 电机的作用

电能在生产、传输、分配、使用、控制及能量转换等方面极为方便。在现代工业化社会中,各种自然能源一般都不直接使用,而是先将其转换为电能,然后再将电能转变为所需要的能量形态(如机械能、热能、声能、光能等)加以利用。电机是以电磁感应现象为基础实现机械能与电能之间的转换以及变换电能的装置,包括旋转电机和变压器两大类。它是工业、农业、交通运输业、国防工程、医疗设备以及日常生活中十分重要的设备。

电机的作用主要表现在以下三个方面。

(1)电能的生产、传输和分配。电力工业中,电机是发电厂和变电站中的主要设备。由汽轮机或水轮机带动的发电机将机械能转换成电能,然后用变压器升高电压,通过输电线把电能输送到用电地区,再经变压器降低电压,供用户使用。

(2)驱动各种生产机械和装备。在工农业、交通运输、国防等部门和生活设施中,极为广泛地应用各种电动机来驱动生产机械、设备和器具。例如,数控机床、纺织机、造纸机、轧钢机、起吊、供水排灌、农副产品加工、矿石采掘和输送、电车和电力机车的牵引、医疗设备及家用电器的运行等一般都采用电动机来拖动。发电厂的多种辅助设备,如给水机、鼓风机、传送带等,也都需要电动机驱动。

(3)用于各种控制系统以实现自动化、智能化。随着工农业和国防设施自动化水平的日益提高,还需要多种多样的控制电动机作为整个自动控制系统中的重要元件,可以在控制系统、自动化和智能化装置中作为执行、检测、放大或解算元件。这类电动机功率一般较小,但品种繁多、用途各异,例如,可用于控制机床加工的自动控制和显示、阀门遥控、电梯的自动选层与显示、火炮和雷达的自动定位、飞行器的发射和姿态等。

1.2.2 电机的分类

电机的种类很多。按照不同的分类方法,电机可有如下分类。

1. 按照在应用中的功能来分

电机可以分为下列各类。

(1)发电机。由原动机拖动,将机械能转换为电能的电机。

(2)电动机。将电能转换为机械能的电机。

(3)将电能转换为另一种形式电能的电机,又可以细分为:① 变压器,其输出和输入有不同的电压;② 变流机,输出与输入有不同的波形,如将交流变为直流;③ 变频机,输出与输入有不同的频率;④ 移相机,输出与输入有不同的相位。

（4）控制电机。在机电系统中起调节、放大和控制作用的电机。

2. 按照所应用的电流种类分类

电机可以分为直流电机和交流电机两类。

按原理和运动方式分类，电机又可以分为：① 直流电机，没有固定的同步速度；② 变压器，静止设备；③ 异步电机，转子速度永远与同步速度有差异；④ 同步电机，速度等于同步速度；⑤ 交流换向器电机，速度可以在宽广范围内随意调节。

3. 按照功率大小

电机可以分为大型电机、中小型电机和微型电机等。

电机的结构、电磁关系、基础理论知识、基本运行特性和一般分析方法等知识都在电机学这门课程中讲授。电机学是电气工程及其自动化本科专业的一门核心专业基础课。基于电磁感应定律和电磁力定律，以变压器、异步电机、同步电机和直流电机四类典型通用电机为研究对象，以此阐述它们的工作原理和运行特性，着重于稳态性能的分析。

随着电力电子技术和电工材料的发展，出现了其他一些特殊电机，它们并不属于上述传统的电机类型，如永磁无刷电动机、直线电机、步进电动机、超导电机、超声波压电电机等，这些电机通常称为特种电机。

1.2.3　电机的应用领域

1. 电力工业

（1）发电机。发电机是将机械能转变为电能的机械，发电机将机械能转变成电能后输送到电网。由燃油与煤炭或原子能反应堆产生的蒸汽将热能变为机械能的蒸汽轮机驱动的发电机称为汽轮发电机，用于火力发电厂和核电厂。由水轮机驱动的发电机称为水轮发电机，也是同步电机的一种，用于水力发电厂。由风力机驱动的发电机称为风力发电机。

（2）变压器。变压器是一种静止电机，其主要组成部分是铁芯和绕组。变压器只能改变交流电压或电流的大小，不能改变频率；它只能传递交流电能，而不能产生电能。为了将大功率的电能输送到远距离的用户中去，需要用升压变压器将发电机发出的电压（通常只有 $10.5 \sim 20$ kV）逐级升高到 $110 \sim 1\,000$ kV，用高压线路输电可以减少损耗。在电能输送到用户地区后，再用降压变压器逐级降压，供用户使用。图 1.2.1 所示的是一台运行中的三相油浸式电力变压器。

2. 工业生产部门与建筑业

工业生产广泛应用电动机作为动力，图 1.2.2 所示的为三相异步电动机。在机床、轧钢机、鼓风机、印刷机、水泵、抽油机、起重机、传送带和生产线等设备上，大量使用中、小功率的感应电动机，这是因为感应电动机结构简单、运行可靠、维护方便、成本低廉。感应电动机约占所有电气负荷功率的 60%。

在高层建筑中，电梯、滚梯是靠电动机曳引的。宾馆的自动门、旋转门是由电动机驱动的，建筑物的供水、供暖、通风等需要水泵、鼓风机等，这些设备也都是由电动机驱动的。

图 1.2.1 运行中的三相油浸式电力变压器

图 1.2.2 三相异步电动机

3. 交通运输

(1) 电力机车与城市轨道交通。电力机车与城市轨道交通系统的牵引动力是电能,机车本身没有原动力,而是依靠外部供电系统供应电力,并通过机车上的牵引电动机驱动机车前进,电力牵引系统如图 1.2.3 所示。机车电传动实质上就是牵引电动机变速传动,用交流电动机或直流电动机均能实现。普通列车只有机车是有动力的(动力集中),而高速列车的牵引功率大,一般采用动车组(动力分散)方式,即部分或全部车厢的转向架也有牵引电动机作为动力。目前,世界上的电力牵引动力以交流传动为主体。

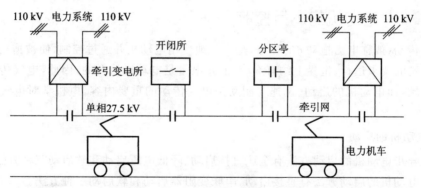
图 1.2.3 电力牵引系统示意图

(2) 内燃机车。内燃机车是以内燃机作为原动力的一种机车。电力传动内燃机车的能量传输过程是由柴油机驱动主发电机发电,然后向牵引电动机供电使其旋转,并通过牵引齿轮传动驱动机车轮对旋转。根据电机型式不同,内燃机车可分为直-直流电力传动、交-直流电力传动、交-直-交流电力传动和交-交流电力传动等类型。

(3) 船舶。目前绝大多数船舶还是内燃机直接推进的,内燃机通过从船腹伸到船尾外部的粗大的传动轴带动螺旋桨旋转推进。

(4) 汽车。在内燃机驱动的汽车上,从发电机、启动机到雨刷、音响,都要用到大大小小的电机。一辆现代化的汽车,可能要用几十台甚至上百台电机。

(5) 电动车。电动车包括纯电动车和混合动力车,由于目前电池的功率密度与能量密度较低,所以,内燃机与电动机联合提供动力的混合动力车目前发展较快。

（6）磁悬浮列车。磁悬浮铁路系统是一种新型的有导向轨的交通系统，主要依靠电磁力实现传统铁路中的支承、导向和牵引功能。

（7）直线电动机轮轨车辆。直线感应电动机牵引车辆是介于轮轨与磁悬浮车辆之间的一种机车，兼有轮轨安全可靠和磁悬浮非黏着牵引的优点。

4. 医疗、办公设备与家用电器

在医疗器械中，心电机、X光机、CT、牙科手术工具、渗析机、呼吸机、电动轮椅等，在办公设备中，计算机的 DVD 驱动器、CD-ROM、磁盘驱动器主轴都采用永磁无刷电动机。打印机、复印机、传真机、碎纸机、电动卷笔刀等都用到各种电动机。在家用电器中，只要有运动部件，几乎都离不开电动机，如电冰箱和空调器的压缩机、洗衣机转轮与甩干筒、吸尘器、电风扇、抽油烟机、微波炉转盘、DVD 机、磁带录音机、录像机、摄像机、全自动照相机、吹风机、按摩器、电动剃须刀等，不胜枚举。

5. 电机在其他领域的应用

在国防领域，航空母舰用直线感应电动机飞机助推器取代了传统的蒸汽助推器；电舰船、战车、军用雷达都是靠电动机驱动和控制的。在战斗机翼上和航空器中，用电磁执行器取代传统的液压、气动执行器，其主体是各种电动机。再如，演出设备（如电影放映机、旋转舞台等），运动训练设备（如电动跑步机、电动液压篮球架、电动发球机等），家具，游乐设备（如缆车、过山车等），以及电动玩具的主体也都是电动机。

1.2.4　电动机的运行控制

电气传动（或称电力拖动）的任务，是合理地使用电动机并通过控制，使被拖动的机械按照某种预定的要求运行。世界上约有 60％ 的发电量是电动机消耗的，因此，电气传动是非常重要的领域，而电动机的启动、调速与制动是电气传动的重要内容，电机学对电气传动有详细的介绍。

1. 电动机的启动

笼形异步电动机的启动方法有全压直接启动、降低电压启动和软启动三种方法。

直流电动机的启动方法有直接启动、串联变阻器启动和软启动三种方法。

同步电动机本身没有启动转矩，其启动方法有很多种，有的同步电动机将阻尼绕组和实心磁极当成二次绕组而作为笼形异步电动机进行启动，也有的同步电动机把励磁绕组和绝缘的阻尼绕组当成二次绕组而作为绕线式异步电动机进行启动。当启动加速到接近同步转速时投入励磁，进入同步运行。

2. 电动机的调速

调速是电力拖动机组在运行过程中的基本要求，直流电动机具有在宽广范围内平滑经济调速的优良性能。直流电动机有电枢回路串电阻、改变励磁电流和改变端电压三种调速方式。

交流电动机的调速方式有变频调速、变极调速和调压调速三种，其中以变频调速应用最广泛。变频调速是通过改变电源频率来改变电动机的同步转速，使转子转速随之变化的调速方法。在交流调速中，用变频器来改变电源频率。变频器具有高效率的驱动性能和良好的控制特性，且操作方便、占地面积小，因而得到广泛应用。应用变频调速可以节约大量电能，提高产品质量，实现机电一体化。

3. 电动机的制动

制动是生产机械对电动机的特殊要求，制动运行是电动机的又一种运行方式，它是一边吸收负载的能量一边运转的状态。电动机的制动方法有机械制动方法和电气制动方法两大类。机械制动方法是利用弹力或重力加压产生摩擦来制动的。机械制动方法的特征是即使在停止时也有制动转矩作用，其缺点是要产生摩擦损耗。电气制动是一种由电气方式吸收能量的制动方法，这种制动方法适用于频繁制动或连续制动的场合，常用的电气制动方法有反接制动、正接反转制动、能耗制动和回馈制动几种。

1.2.5　电器的分类

广义上的电器是指所有用电的器具，但是在电气工程中，电器特指用于对电路进行接通、分断，对电路参数进行变换以实现对电路或用电设备的控制、调节、切换、监测和保护等作用的电工装置、设备和组件。电机（包括变压器）属于生产和变换电能的机械设备，我们习惯上不将其包括在电器之列。

电器按功能可分为以下几种。

（1）用于接通和分断电路的电器，主要有断路器、隔离开关、重合器、分段器、接触器、熔断器、刀开关、接触器和负荷开关等。

（2）用于控制电路的电器，主要有电磁启动器、星形－三角形启动器、自耦减压启动器、频敏启动器、变阻器、控制继电器等，用于电机的各种启动器正越来越多地被电力电子装置所取代。

（3）用于切换电路的电器，主要有转换开关、主令电器等。

（4）用于检测电路参数的电器，主要有互感器、传感器等。

（5）用于保护电路的电器，主要有熔断器、断路器、限流电抗器和避雷器等。

电器按工作电压可分为高压电器和低压电器两类。在我国，工作交流电压在 1 000 V 及以下，直流电压在 1 500 V 及以下的属于低压电器；工作交流电压在 1 000 V 以上，直流电压在 1 500 V 以上的属于高压电器。书中第 2 章将详细介绍电气工程中主要电器的基础知识。

1.3　电力系统工程

1.3.1　电力系统的组成

电力系统是由发电、变电、输电、配电、用电等设备和相应的辅助系统，按规定的技术和经济要求组成的一个统一系统。电力系统主要由发电厂、电力网和负荷等组成，组成结构如图 1.3.1 所示。发电厂的发电机将一次能源转换成电能，再由升压变压器把低压电能转换为高压电能，经过输电线路进行远距离输送，在变电站内进行电压升级，送至负荷所在区域的配电系统，再由配电所和配电线路把电能分配给电力负荷（用户）。

电力网是电力系统的一个组成部分，是由各种电压等级的输电、配电线路以及它们所连

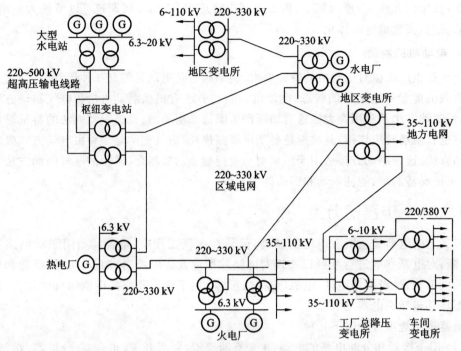

图 1.3.1　复杂电力系统组成示意图

接起来的各类变电所组成的网络。由电源向电力负荷输送电能的线路,称为输电线路,包含输电线路的电力网称为输电网;担负分配电能任务的线路称为配电线路,包含配电线路的电力网称为配电网。电力网按其本身结构可以分为开式电力网和闭式电力网两类。凡是用户只能从单个方向获得电能的电力网,称为开式电力网;凡用户可以从两个或两个以上方向获得电能的电力网,称为闭式电力网。

　　动力部分与电力系统组成的整体称为动力系统。动力部分主要指火电厂的锅炉、汽轮机,水电厂的水库、水轮机和核电厂的核反应堆等。电力系统是动力系统的一个组成部分。

　　发电、变电、输电、配电和用电等设备称为电力主设备,主要有发电机、变压器、架空线路、电缆、断路器、母线、电动机、照明设备和电热设备等。由主设备按照一定要求连接成的系统称为电气一次系统(又称为电气主接线),第3章将对其作基础知识介绍。为保证一次系统安全、稳定、正常运行,对一次设备进行操作、测量、监视、控制、保护、通信和实现自动化的设备称为二次设备,由二次设备构成的系统称为电气二次系统,二次系统基础知识在第4章作详细介绍。

1.3.2　电力系统运行的特点

1. 电能不能大量存储

　　电能生产是一种能量形态的转变,要求生产与消费同时完成,即每时每刻电力系统中电能的生产、输送、分配和消费实际上同时进行,发电厂任何时刻生产的电功率等于该时刻用电设备消耗功率和电网损失功率之和。

2. 电力系统暂态过程非常迅速

电是以光速传播的,所以,电力系统从一种运行方式过渡到另外一种运行方式所引起的电磁过程和机电过渡过程是非常迅速的。通常情况下,电磁波的变化过程只有千分之几秒,甚至百万分之几秒,即为微秒级;电磁暂态过程为几毫秒到几百毫秒,即为毫秒级;机电暂态过程为几秒到几百秒,即为秒级。

3. 与国民经济的发展密切相关

电能供应不足或中断供应,将直接影响国民经济各个部门的生产和运行,也将影响人们正常生活,在某些情况下甚至造成政治上的影响或极其严重的社会性灾难。

1.3.3　对电力系统的基本要求

1. 保证供电可靠性

保证供电的可靠性,是对电力系统最基本的要求。系统应具有经受一定程度的干扰和故障的能力,但当事故超出系统所能承受的范围时,停电是不可避免的。供电中断造成的后果是十分严重的,应尽量缩小故障范围和避免大面积停电,尽快消除故障,恢复正常供电。

根据现行国家标准《供配电系统设计规范》(GB 50052—2009) 的规定,电力负荷根据供电可靠性及中断供电在政治、经济上所造成的损失或影响的程度,将负荷分为三级。

(1)一级负荷。对这一级负荷中断供电,将造成政治或经济上的重大损失,如导致人身事故、设备损坏、产品报废,使生产秩序长期不能恢复,人民生活发生混乱。在一级负荷中,当中断供电将造成重大设备损坏或发生中毒、爆炸和火灾等情况的负荷,以及特别重要场所的不允许中断供电的负荷,应视为一级负荷中特别重要的负荷。

(2)二级负荷。对这类负荷中断供电,将造成大量减产,将使人民生活受到影响。

(3)三级负荷。所有不属于一、二级的负荷,如非连续生产的车间及辅助车间和小城镇用电等。

一级负荷由两个独立电源供电,要保证不间断供电。一级负荷中特别重要的负荷供电,除应由双重电源供电外,尚应增设应急电源,并不得将其他负荷接入应急供电系统。设备供电电源的切换时间应满足设备允许中断供电的要求。对二级负荷,应尽量做到事故时不中断供电,允许手动切换电源;对三级负荷,在系统出现供电不足时首先断电,以保证一、二级负荷供电。

2. 保证良好的电能质量

电能质量主要从电压、频率和波形三个方面来衡量。检测电能质量的指标主要是电压偏移和频率偏差。随着用户对供电质量要求的提高,谐波、三相电压不平衡度、电压闪变和电压波动均纳入电能质量监测指标。

3. 保证系统运行的经济性

电力系统运行有三个主要经济指标,即煤耗率(即生产每 kW·h 能量的消耗,也称为油耗率、水耗率)、自用电率(生产每 kW·h 电能的自用电)和线损率(供配每 kW·h 电能时在电力网中的电能损耗)。保证系统运行的经济性就是使以上三个指标最小。

4. 电力工业优先发展

电力工业必须优先于国民经济其他部门的发展,只有电力工业优先发展了,国民经济其他部门才能有计划、按比例地发展,否则会对国民经济的发展起到制约作用。

5. 满足环保和生态要求

控制温室气体和有害物质的排放,控制冷却水的温度和速度,防止核辐射,减少高压输电线的电磁场对环境的影响和对通信的干扰,降低电气设备运行中的噪声等。开发绿色能源,保护环境和生态,做到能源的可持续利用和发展。

1.3.4 电力系统的电能质量指标

电力系统电能质量检测指标有电压偏差、频率偏差、谐波、三相电压不平衡度、电压波动和闪变。

1. 电压偏差

电压偏差是指电网实际运行电压与额定电压的差值(代数差),通常用其对额定电压的百分值来表示。现行国家标准《电能质量 供电电压允许偏差》(GB 12325—2008)规定,35 kV 及以上供电电压正、负偏差的绝对值之和不超过标称电压的 10%;20 kV 及以下三相供电电压偏差为标称电压的 ±7%;220 V 单相供电电压偏差为标称电压的 +7% ～−10%。

2. 频率偏差

我国电力系统的标称频率为 50 Hz,俗称工频。频率的变化,将影响产品的质量,如频率降低将导致电动机的转速下降。频率下降得过低,有可能使整个电力系统崩溃。我国电力系统现行国家标准《电能质量 电力系统频率允许偏差》(GB/T 15945—2008)规定,正常频率偏差允许值为 ±0.2 Hz,对于小容量系统,偏差值可以放宽到 ±0.5 Hz。冲击负荷引起的系统频率变动一般不得超过 ±0.2 Hz。

3. 电压波形

供电电压(或电流)波形为较为严格的正弦波形。波形质量一般以总谐波畸变率作为衡量标准。所谓总谐波畸变率是指周期性交流量中谐波分量的方均根值与其基波分量的方均根值之比(用百分数表示)。110 kV 电网总谐波畸变率限值为 2%,35 kV 电网限值为 3%,10 kV 电网限值为 4%。

4. 三相电压不平衡度

三相电压不平衡度表示三相系统的不对称程度,用电压或电流负序分量与正序分量的方均根值百分比表示。现行国家标准《电能质量 公用电网谐波》(GB/T 14549—1993)规定,各级公用电网,110 kV 电网总谐波畸变率限值为 2%,35 ～ 66 kV 电网限值为 3%,6 ～ 10 kV 电网限值为 4%,0.38 kV 电网限值为 5%。用户注入电网的谐波电流允许值应保证各级电网谐波电压在限值范围内,所以国标规定各级电网谐波源产生的电压总谐波畸变率是:0.38 kV 的为 2.6%,6 ～ 10 kV 的为 2.2%,35 ～ 66 kV 的为 1.9%,110 kV 的为 1.5%。对 220 kV 电网及其供电的电力用户参照本标准 110 kV 执行。

间谐波是指非整数倍基波频率的谐波。随着分布式电源的接入、智能电网的发展,间谐波有增大的趋势。现行国家标准《电能质量 公用电网间谐波》(GB/T 24337—2009)规定，1000 V 及以下，低于 100 Hz 的间谐波电压含有率限值为 0.2%，100 ～ 800 Hz 的间谐波电压含有率限值为 0.5%；1000 V 以上，低于 100 Hz 的间谐波电压含有率限值为 0.16%，100 ～ 800 Hz 的间谐波电压含有率限值为 0.4%。

现行国家标准《电能质量 三相电压允许不平衡度》(GB/T 15543)规定，电力系统公共连接点三相电压不平衡度允许值为 2%，短时不超过 4%。接于公共接点的每个用户，引起该节点三相电压不平衡度允许值为 1.3%，短时不超过 2.6%。

5. 电压波动和闪变

电压波动是指负荷变化引起电网电压快速、短时的变化，变化剧烈的电压波动称为电压闪变。为使电力系统中具有冲击性功率的负荷对供电电压质量的影响控制在合理的范围，现行国家标准《电能质量 电压允许波动和闪变》(GB/T 12326—2008)规定，电力系统公共连接点，由波动负荷产生的电压变动限值与变动频度、电压等级有关。变动频度 r 每小时不超过 1 次时，$U_N \leqslant 35$ kV 时，电压变动限值为 4%；35 kV $\leqslant U_N \leqslant$ 220 kV 时，电压变动限值为 3%。当 $100 \leqslant r \leqslant 1000$ 次，$U_N \leqslant 35$ kV 时电压变动限值为 1.25%，35 kV $\leqslant U_N \leqslant$ 220 kV 时，电压变动限值为 1%。电力系统公共连接点，在系统运行的较小方式下，以一周(168 h)为测量周期，所有长时间闪变值 P_{lt} 满足：110 kV 及以下，$P_{lt} = 1$；110 kV 以上，$P_{lt} = 0.8$。

1.3.5 电力系统的基本参数

除了电路中所学的三相电路的主要电气参数，如电压，电流，阻抗(电阻、电抗、容抗)，功率(有功功率、无功功率、复功率、视在功率)，频率等外，表征电力系统的基本参数有总装机容量、年发电量、最大负荷、年用电量、额定频率、最高电压等级等。

(1)总装机容量。电力系统的总装机容量是指该系统中实际安装的发电机组额定有功功率的总和，以千瓦(kW)、兆瓦(MW)和吉瓦(GW)计，它们的换算关系为

$$1 \text{ GW} = 10^3 \text{ MW} = 10^6 \text{ kW}$$

(2)年发电量。年发电量是指该系统中所有发电机组全年实际发出电能的总和，以兆瓦时(MW·h)、吉瓦时(GW·h)和太瓦时(TW·h)计，它们的换算关系为

$$1 \text{ TW} \cdot \text{h} = 10^3 \text{ GW} \cdot \text{h} = 10^6 \text{ MW} \cdot \text{h}$$

(3)最大负荷。最大负荷是指规定时间内，如一天、一月或一年，电力系统总有功功率负荷的最大值，以千瓦(kW)、兆瓦(MW)和吉瓦(GW)计。

(4)年用电量。年用电量是指接在系统上的所有负荷全年实际所用电能的总和，以兆瓦时(MW·h)、吉瓦时(GW·h)和太瓦时(TW·h)计。

(5)额定频率。按照国家标准规定，我国所有交流电力系统的额定频率均为 50 Hz，欧美国家交流电力系统的额定频率则为 60 Hz。

(6)最高电压等级。最高电压等级是指电力系统中最高电压等级电力线路的额定电压，以千伏(kV)计，目前我国电力系统中的最高电压等级为 1 000 kV。

(7)电力系统的额定电压。电力系统中各种不同的电气设备通常是由制造厂根据其工作条件确定其额定电压，电气设备在额定电压下运行时，其技术经济性能最好。为了使电力工业和电工制造业的生产标准化、系列化和统一化，世界各国都制定有电压等级的条例。我国

三相交流电力网和电气设备的额定电压如表 1.3.1 所示。其中,1 000 kV 为特高压,330～750 kV 为超高压。我国高压直流输电额定电压有 ±500 kV 和 ±800 kV 两种。

表 1.3.1　我国三相交流电力网和电气设备的额定电压

分类	电力网和用电设备的额定电压 /kV	发电机额定电压 /kV	电力变压器额定电压 /kV	
			一次绕组	二次绕组
低压	0.22/0.127	0.23	0.22/0.127	0.23/0.133
	0.38/0.22	0.40	0.38/0.22	0.40/0.23
	0.66/0.38	0.69	0.66/0.38	0.69/0.40
高压	3	3.15	3 及 3.15	3.15 及 3.3
	6	6.3	6 及 6.3	6.3 及 6.6
	10	10.5	10 及 10.5	10.5 及 11
	—	13.8,15.75,18,20	13.8,15.75,18,20	—
	35	35	35	38.5
	60	—	60	66
	110	—	110	121
	220	—	220	242
	330	—	330	363
	500	—	500	550
	750	—	750	—
	1 000	—	1 000	—

注:"/" 左边数字为线电压,右边数字为相电压。

用电设备的额定电压与同级的电力网的额定电压是一致的。电力线路的首端和末端均可接用电设备,用电设备的端电压允许偏移范围为额定电压的 ±5%,线路首末端电压损耗不超过额定电压的 10%。于是,线路首端电压比用电设备的额定电压不高出 5%,线路末端电压比用电设备的额定电压不低于 5%,线路首末端电压的平均值为电力网额定电压。

发电机接在电网的首端,其额定电压比同级电力网额定电压高 5%,用于补偿电力网上的电压损耗。

变压器的额定电压分为一次绕组额定电压和二次绕组额定电压。变压器的一次绕组直接与发电机相连时,其额定电压等于发电机额定电压;当变压器接于电力线路末端时,则相当于用电设备,其额定电压等于电力网额定电压。变压器的二次绕组额定电压,是绕组的空载电压,当变压器为额定负载时,在变压器内部有 5% 的电压降,另外,变压器的二次绕组向负荷供电,相当于电源作用,其输出电压应比同级电力网的额定电压高 5%,因此,变压器的二次绕组额定电压比同级电力网额定电压高 10%。当二次配电距离较短或变压器绕组中电压损耗较小时,二次绕组额定电压只需比同级电力网额定电压高 5%。

电力网额定电压的选择又称为电压等级的选择,要综合电力系统投资、运行维护费用、运行的灵活性以及设备运行的经济合理性等方面的因素来考虑。在输送距离和输送容量一定的条件下,所选的额定电压越高,线路上的功率损耗、电压损失、电能损耗会减少,能节省有色金属。但额定电压越高,线路上的绝缘等级要提高,杆塔的几何尺寸要增大,线路投资增大,线路两端的升、降压变压器和开关设备等的投资也相应要增大。因此,电力网额定电压的选择要根据传输距离和传输容量经过全面技术经济比较后才能选定。根据运行经验得到的电力网额定电压与传输功率和传输距离的关系如表 1.3.2 所示,此表可作为设计时选择电力网额定电压的参考。表 1.3.2 中给出了 750～1 000 kV 线路的大致参考值。

表 1.3.2　电力网的额定电压与传输功率和传输距离之间的关系

线路电压 / kV	线 路 结 构	传输功率 / kW	传输距离 / km
0.38	架空线	100	0.25
0.38	电缆线	175	0.35
3	架空线	100～1 000	1～3
6	架空线	200～2 000	3～10
6	电缆线	3 000	8
10	架空线	200～3 000	5～20
10	电缆线	5 000	10
35	架空线	2 000～10 000	20～50
110	架空线	10 000～50 000	50～150
220	架空线	100 000～500 000	100～300
330	架空线	200 000～1 000 000	200～600
500	架空线	1 000 000～1 500 000	250～850
750	架空线	2 000 000～2 500 000	300 以上
1 000	架空线	4 000 000～5 000 000	500 以上

1.3.6　电力系统的接线方式

1. 电力系统的接线图

电力系统的接线方式是用来表示电力系统中各主要元件相互连接关系的,对电力系统运行的安全性与经济性影响极大。电力系统的接线方式用接线图来表示,接线图有电气接线图和地理接线图两种。

(1)电气接线图。在电气接线图上,要求表明电力系统各主要电气设备之间的电气连接关系。电气接线图要求接线清楚,一目了然,而不过分重视实际的位置关系、距离的比例关系。

(2)地理接线图。在地理接线图上,强调电厂与变电站之间的实际位置关系及各条输电线的路径长度,这些都按一定比例反映出来,但各电气设备之间的电气联系、连接情况不必详细表示。

2. 电力系统的接线方式

选择电力系统接线方式时,应保证与负荷性质相适应的足够的供电可靠性;深入负荷中心,简化电压等级,做到接线紧凑、简明;保证各种运行方式下操作人员的安全;保证运行时足够的灵活性;在满足技术条件的基础上,力求投资费用少,设备运行和维护费用少,满足经济性要求。

（1）开式电力网。开式电力网由一条电源线路向电力用户供电，分为单回路放射式、单回路干线式、单回路链式和单回路树枝式等，其简明接线如图1.3.2所示。开式电力网接线简单、运行方便，保护装置简单，便于实现自动化，投资费用少，但供电的可靠性较差，只能用于三级负荷和部分次要的二级负荷，不适于向一级负荷供电。

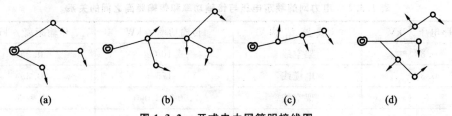

图1.3.2　开式电力网简明接线图

(a) 放射式；(b) 干线式；(c) 链式；(d) 树枝式

由地区变电所或企业总降压变电所6～10 kV母线直接向用户变电所供电时，沿线不接其他负荷，各用户变电所之间也无联系，可选用放射式接线，如图1.3.3所示。

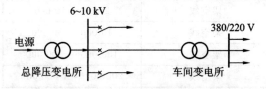

图1.3.3　放射式接线

（2）闭式电力网。闭式电力网由两条及两条以上电源线路向电力用户供电，分为双回路放射式、双回路干线式、双回路链式、双回路树枝式、环式和两端供电式，简明接线如图1.3.4所示。闭式电力网供电可靠性高，运行和检修灵活，但投资大，运行操作和继电保护复杂，适用于对一级负荷供电和电网的联络。

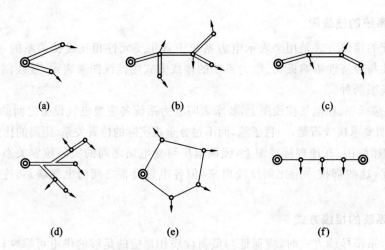

图1.3.4　闭式电力网简明接线图

(a) 放射式；(b) 干线式；(c) 链式；(d) 树枝式；(e) 环式；(f) 两端供电式

对供电的可靠性要求很高的高压配电网，还可以采用双回路架空线路或多回路电缆线路进行供电,并尽可能在两侧都有电源,如图 1.3.5 所示。

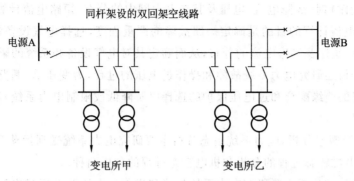

图 1.3.5　两侧电源供电的双回路高压配电网

1.3.7　电力系统运行

1. 电力系统分析

电力系统分析是用仿真计算或模拟试验方法,对电力系统的稳态和受到干扰后的暂态行为进行计算、考查,做出评估,提出改善系统性能的措施的过程。通过分析计算,可对规划设计的系统选择正确的参数,制定合理的电网结构,对运行系统确定合理的运行方式,进行事故分析和预测,提出防止和处理事故的技术措施。电力系统分析分为电力系统稳态分析、故障分析和暂态过程的分析。电力系统分析的基础为电力系统潮流计算、短路故障计算和稳定计算。

(1)电力系统稳态分析。电力系统稳态分析主要研究电力系统稳态运行方式的性能,包括潮流计算、静态稳定性分析和谐波分析等。

电力系统潮流计算包括系统有功功率和无功功率的平衡,网络节点电压和支路功率的分布等,解决系统有功功率和频率调整,无功功率和电压控制等问题。潮流计算是电力系统稳态分析的基础。潮流计算的结果可以给出电力系统稳态运行时各节点电压和各支路功率的分布。在不同系统运行方式下进行大量潮流计算,可以研究并从中选择确定经济上合理、技术上可行、安全可靠的运行方式。潮流计算还给出电力网的功率损耗,便于进行网络分析,并进一步制订降低网损的措施。潮流计算还可以用于电力网事故预测,确定事故影响的程度和防止事故扩大的措施。潮流计算也用于输电线路工频过电压研究和调相、调压分析,为确定输电线路并联补偿容量、变压器可调分接头设置等系统设计的主要参数以及线路绝缘水平提供部分依据。

静态稳定性分析主要分析电网在小扰动下保持稳定运行的能力,包括静态稳定裕度计算、稳定性判断等。为确定输电系统的输送功率,分析静态稳定破坏和低频振荡事故的原因,选择发电机励磁调节系统、电力系统稳定器和其他控制调节装置的形式和参数提供依据。

谐波分析主要通过谐波潮流计算,研究在特定谐波源作用下,电力网内各节点谐波电压和支路谐波电流的分布,确定谐波源的影响,从而制订消除谐波的措施。

（2）电力系统故障分析。电力系统故障分析主要研究电力系统中发生故障（包括短路、断线和非正常操作）时，故障电流、电压及其在电力网中的分布。短路电流计算是故障分析的主要内容。短路电流计算的目的是确定短路故障的严重程度，选择电气设备参数，整定继电保护，分析系统中负序及零序电流的分布，从而确定其对电气设备和系统的影响等。

电磁暂态分析还研究电力系统故障和操作过电压的过程，为变压器、断路器等高压电气设备和输电线路的绝缘配合和过电压保护的选择以及降低或限制电力系统过电压技术措施的制订提供依据。

（3）电力系统暂态分析。电力系统暂态分析主要研究电力系统受到扰动后的电磁和机电暂态过程，包括电磁暂态过程的分析和机电暂态过程的分析两种。

电磁暂态过程的分析主要研究电力系统故障和操作过电压及谐振过电压，为变压器、断路器等高压电气设备和输电线路的绝缘配合和过电压保护的选择，以及降低或限制电力系统过电压技术措施的制订提供依据。

机电暂态过程的分析主要研究电力系统受到大扰动后的暂态稳定和受到小扰动后的静态稳定性能。其中，暂态稳定分析主要研究电力系统受到诸如短路故障，切除或投入线路、发电机、负荷，发电机失去励磁或者冲击性负荷等大扰动作用下，电力系统的动态行为和保持同步稳定运行的能力，为选择规划设计中的电力系统的网络结构，校验和分析运行中的电力系统的稳定性能和稳定破坏事故，制订防止稳定破坏的措施提供依据。

电力系统分析工具有暂态网络分析仪、物理模拟装置和计算机数字仿真三种。第5章将详细介绍电力系统分析知识。

2. 电力系统继电保护和安全自动装置

电力系统继电保护和安全自动装置是在电力系统发生故障或不正常运行情况时，用于快速切除故障、消除不正常状况的重要自动化技术和设备（装置）。电力系统发生故障或危及其安全运行的事件时，它们可及时发出警告信号或直接发出跳闸命令以终止事件发展。用于保护电力元件的设备通常称为继电保护装置，用于保护电力系统安全运行的设备通常称为安全自动装置，如自动重合闸、按周减载等。第6章将详细介绍电力系统继电保护和安全自动装置基础知识。

3. 电力系统自动化

应用各种具有自动检测、反馈、决策和控制功能的装置，并通过信号、数据传输系统对电力系统各元件、局部系统或全系统进行就地或远方的自动监视、协调、调节和控制，以保证电力系统的供电质量和安全经济运行。

随着电力系统规模和容量的不断扩大，系统结构、运行方式日益复杂，单纯依靠人力监视系统运行状态、进行各项操作、处理事故等，已无能为力。因此，必须应用现代控制理论、电子技术、计算机技术、通信技术和图像显示技术等科学技术的最新成就来实现电力系统自动化。第7章将详细介绍电力系统自动化基础知识。

1.4 电力电子技术

1.4.1 电力电子技术的作用

电力电子技术是通过静止的手段对电能进行有效的转换、控制和调节,从而把能得到的输入电源形式变成希望得到的输出电源形式的科学应用技术。它是电子工程、电力工程和控制工程相结合的一门技术,它以控制理论为基础、以微电子器件或微计算机为工具、以电子开关器件为执行机构实现对电能的有效变换,高效、实用、可靠地把能得到的电源变为所需要的电源,以满足不同的负载要求,同时具有电源变换装置小体积、轻重量和低成本等优点。

电力电子技术的主要作用如下。

(1)节能减排。通过电力电子技术对电能的处理,电能的使用可达到合理、高效和节约,实现了电能使用最优化。当今世界电力能源的使用约占总能源的40%,而电能中有40%经过电力电子设备的变换后被使用。利用电力电子技术对电能变换后再使用,人类至少可节省近1/3的能源,相应地可大大减少煤燃烧而排放的二氧化碳和硫化物。

(2)改造传统产业和发展机电一体化等新兴产业。目前发达国家约70%的电能是经过电力电子技术变换后再使用的,据预测,今后将有95%的电能会经电力电子技术处理后再使用,我国经过变换后使用的电能目前还不到45%。

(3)电力电子技术向高频化方向发展。实现最佳工作效率,将使机电设备的体积减小到原来的几分之一,甚至几十分之一,响应速度达到高速化,并能适应任何基准信号,实现无噪声且具有全新的功能和用途。例如,频率为20 kHz的变压器,其重量和体积只是普通50 Hz变压器的十几分之一,钢、铜等原材料的消耗量也大大减少。

(4)提高电力系统稳定性,避免大面积停电事故。电力电子技术实现的直流输电线路,起到故障隔离墙的作用,发生事故的范围就可大大缩小,避免大面积停电事故的发生。

1.4.2 电力电子技术的特点

电力电子技术是采用电子元器件作为控制元件和开关变换器件,利用控制理论对电力(电源)进行控制变换的技术,它是从电气工程的三大学科领域(电力、控制、电子)发展起来的一门新型交叉学科。它与电力、控制和电子学科的关系如图1.4.1所示。

电力电子开关器件工作时产生很高的电压变化率和电流变化率。电压变化率和电流变化率作为电力电子技术应用的工作形式,对系统的电磁兼容性和电路结构设计都有十分重要的影响,概括起来,电力电子技术有如下几个特点:弱电控制强电;传送能量的模拟—数字—模拟转换技术;多学科知识的综合设计技术。

新型电力电子器件呈现出许多优势,它使得电力电

图 1.4.1 电力电子技术与电力、控制和电子学科的关系

子技术发生突变,进入现代电力电子技术阶段。现代电力电子技术向全控化、集成化、高频化、高效率化、变换器小型化和电源变换绿色化等方向发展。

1.4.3 电力电子技术的研究内容

电力电子技术的主要任务是研究电力半导体器件、变流器拓扑及其控制和电力电子应用系统,实现对电、磁能量的变换、控制、传输和存储,以达到合理、高效地使用各种形式的电能,为人类提供高质量电、磁能量。电力电子技术的研究内容主要包括以下几个方面。

(1)电力半导体器件及功率集成电路。

(2)电力电子变流技术。其研究内容主要包括新型的或适用于电源、节能及电力电子新能源利用、军用和太空等特种应用中的电力电子变流技术;电力电子变流器智能化技术;电力电子系统中的控制和计算机仿真、建模等。

(3)电力电子应用技术。其研究内容主要包括超大功率变流器在节能、可再生能源发电、钢铁、冶金、电力、电力牵引、舰船推进中的应用,电力电子系统信息与网络化,电力电子系统故障分析和可靠性,复杂电力电子系统稳定性和适应性等。

(4)电力电子系统集成。其研究内容主要包括电力电子模块标准化,单芯片和多芯片系统设计,电力电子集成系统的稳定性、可靠性等。

1. 电力半导体器件

电力半导体器件是电力电子技术的核心,用于大功率变换和控制时,与信息处理用器件不同,一是必须具有承受高电压、大电流的能力;二是以开关方式运行。因此,电力电子器件也称为电力电子开关器件。电力电子器件种类繁多,分类方法也不同。按照开通、关断的控制,电力电子器件可分为不控型、半控型和全控型三类。图1.4.2所示的全控型器件在现代电力电子技术应用中起主导作用。按照驱动性质,电力电子器件可以分为电压型和电流型两种。

(a)   (b)   (c)

图1.4.2 电力电子可控开关器件
(a)GTO;(b)IGBT;(c)IGCT

在应用器件时,选择电力电子器件一般需要考虑的是器件的容量(额定电压和额定电流值)、过载能力、关断控制方式、导通压降、开关速度、驱动性质和驱动功率等。

2. 电力电子变换器的电路结构

以电力半导体器件为核心,采用不同的电路拓扑结构和控制方式来实现对电能的变换和控制,这就是变流电路。变换器电路结构的拓扑优化是现代电力电子技术的主要研究方向之一。根据电能变换的输入/输出形式,变换器电路可分为交流-直流变换(AC/DC)、直流-直流变换(DC/DC)、直流-交流变换(DC/AC)和交流-交流变换(AC/AC)四种基本形式。

3. 电力电子电路的控制

控制电路的主要作用是为变换器中的功率开关器件提供控制极驱动信号。驱动信号是根据控制指令,按照某种控制规律及控制方式而获得的。控制电路应该包括时序控制、保护电路、电气隔离和功率放大等电路。

(1)电力电子电路的控制方式。电力电子电路的控制方式一般按照器件开关信号与控制信号间的关系分类,可分为相控方式、频控方式、斩控方式等。

(2)电力电子电路的控制理论。对线性负荷常采用 PI 和 PID 控制规律,对交流电机这样的非线性控制对象,最典型的是采用基于坐标变换解耦的矢量控制算法。为了使复杂的非线性、时变、多变量、不确定、不确知等系统,在参量变化的情况下获得理想的控制效果,变结构控制、模糊控制、基于神经元网络和模糊数学的各种现代智能控制理论,在电力电子技术中已获得广泛应用。

(3)控制电路的组成形式。早期的控制电路采用数字或模拟的分立元件构成,随着专用大规模集成电路和计算机技术的迅速发展,复杂的电力电子变换控制系统,已采用 DSP、现场可编程器件 FPGA、专用控制等大规模集成芯片以及微处理器构成控制电路。

1.4.4 电力电子技术的应用

电力电子技术是实现电气工程现代化的重要基础。电力电子技术广泛应用于国防军事、工业、能源、交通运输、电力系统、通信系统、计算机系统、新能源系统以及家用电器等。下面作简单的介绍。

1. 工业电力传动

工业中大量应用各种交、直流电动机和特种电动机。近年来,由于电力电子变频技术的迅速发展,使得交流电动机的调速性能可与直流电动机的性能相媲美。我国也于 1998 年开始了从直流传动到交流传动转换的铁路牵引传动产业改革。

电力电子技术主要解决电动机的启动问题(软启动)。对于调速传动,电力电子技术不仅要解决电动机的启动问题,还要解决好电动机整个调速过程中的控制问题,在有的场合还必须解决好电动机的停机制动和定点停机制动控制问题。

2. 电源

电力电子技术的另一个应用领域是各种各样电源的控制。电器电源的需求是千变万化的,因此电源的需求和种类非常多。例如,太阳能、风能、生物质能、海洋潮汐能及超导储能等可再生能源,受环境条件的制约,发出的电能质量较差,而利用电力电子技术可以进行能量存储和缓冲,改善电能质量。同时,采用变速恒频发电技术,可以将新能源发电系统与普通电力系统联网。

开关模式变换器的直流电源、DC/DC 高频开关电源、不间断电源(UPS)和小型化开关电源等,在现代计算机、通信、办公自动化设备中被广泛采用。军事中主要应用的是雷达脉冲电源、声呐及声发射系统、武器系统及电子对抗等系统电源。

3. 电力系统工程

现代电力系统离不开电力电子技术。高压直流输电,其送电端的整流和受电端的逆变装置都是采用晶闸管变流装置，它从根本上解决了长距离、大容量输电系统无功损耗问题。柔性交流输电系统（FACTS），其作用是对发电－输电系统的电压和相位进行控制。其技术实质类似于弹性补偿技术。FACTS 技术是利用现代电力电子技术改造传统交流电力系统的一项重要技术，已成为未来输电系统新时代的支撑技术之一。

无功补偿和谐波抑制对电力系统具有重要意义。晶闸管控制电抗器（TCR）、晶闸管投切电容量（TSC）都是重要的无功补偿装置。静止无功发生器（STATCOM）、有源电力滤波器（APF）等新型电力电子装置具有更优越的无功和谐波补偿的性能。采用超导磁能存储系统（SMES）、蓄电池储能（BESS）进行有功补偿和提高系统稳定性。晶闸管可控串联电容补偿器（TCSC）用于提高输电容量，抑制次同步震荡，进行功率潮流控制。

4. 交通运输工程

电气化铁道已广泛采用电力电子技术，电气机车中的直流机车采用整流装置供电，交流机车采用变频装置供电。如直流斩波器广泛应用于铁道车辆，磁悬浮列车的电力电子技术更是一项关键的技术。

新型环保绿色电动汽车和混合动力电动汽车（EV/HEV）正在积极发展中。绿色电动车的电动机以蓄电池为能源，靠电力电子装置进行电力变换和驱动控制，其蓄电池的充电也离不开电力电子技术。飞机、船舶需要各种不同要求的电源，因此航空、航海也都离不开电力电子技术。

5. 绿色照明

目前广泛使用的日光灯，其电子镇流器就是一个 AC-DC-AC 变换器，较好地解决了传统日光灯必须有镇流器启辉、全部电流都要流过镇流器的线圈因而无功电流较大等问题，可减少无功和有功损耗。还有利用注入式电致发光原理制作的二极管叫发光二极管，通称 LED灯。当它处于正向工作状态时（即两端加上正向电压），电流从 LED 阳极流向阴极时，半导体晶体就发出从紫外到红外不同颜色的光线，光的强弱与电流有关。另外，采用电力电子技术可实现照明的电子调光。

电力电子技术的应用范围十分广泛。电力电子技术已成为我国国民经济的重要基础技术和现代科学、工业和国防的重要支撑技术。电力电子技术课程是电气工程及其自动化专业的核心课程之一。

1.5　高电压工程

1.5.1　高电压与绝缘技术的发展

高电压与绝缘技术是随着高电压远距离输电而发展起来的一个电气工程分支学科。高电压与绝缘技术的基本任务是研究高电压的获得以及高电压下电介质及其电力系统的行为和应用。人类对高电压现象的关注已有悠久的历史，但作为一门独立的科学分支是 20 世纪初为了解决高压输电工程中的绝缘问题而逐渐形成的，美国工程师皮克（F. W. Peek）在1915 年出版的《高电压工程中的电介质现象》一书中首次提出"高电压工程"这一术语。20 世纪 40 年代以后,由于电力系统输送容量的扩大,电压水平的提高以及原子物理技术等学科的进步,高电压和绝缘技术得到快速发展,20 世纪 60 年代以来,受超高压、特高压输电和新兴科学技术发展的推动,高电压技术已经扩大了其应用领域,成为电气工程学科中十分重要的一个分支。

世界上最早于 1890 年在英国建成了一条长达 45 km 的 10 kV 输电线路,1891 年,德国建造了一条从腊芬到法兰克福长 175 km 的 15.2 kV 三相交流输电线路,由于升高电压等级可以提高系统的电力的输送能力,降低线路损耗,增加传输距离,还可以降低电网传输单位容量的造价,随后高压交流输电得到迅速发展,电压等级逐次提高,输电线路经历了 20 kV、35 kV、60 kV、110 kV、150 kV、220 kV 的高压,287 kV、330 kV、400 kV、500 kV、735 ~ 765 kV 的超高压。20 世纪 60 年代,国际上开始了对特高压输电的研究。

与此同时,高压直流输电也得到快速发展。1954 年,瑞典建成了从本土通往戈特兰岛的世界上第一条工业性直流输电线路,标志着直流输电进入了发展阶段。1972 年,晶闸管阀(可控硅阀)在加拿大的伊尔河直流输电工程中得到采用。这是世界上首次采用先进的晶闸管阀取代原先的汞弧阀,从而使得直流输电进入了高速发展阶段。电压等级由 ±100 kV、±250 kV、±400 kV、±500 kV 发展到 ±750 kV。一般认为高压直流输电适用于以下范围:长距离、大功率的电力输送,在超过交、直流输电等价距离时最为合适,如图 1.5.1 所示;海底电缆送电;交、直流并联输电系统中提高系统稳定性(因为 HVDC 可以进行快速的功率调节);实现两个不同额定功率或者相同频率电网之间非同步运行的连接;通过地下电缆向用电密度高的城市供电;为开发新电源提供配套技术。

目前国际上高压一般指 35 ~ 220 kV 的电压;超高压一般指 330 kV 以上、1 000 kV 以下的电压;特高压一般指 1 000 kV 及以上的电压。而高压直流(HVDC)通常指的是 ±600 kV 及以下的直流输电电压,±600 kV 以上的则称为特高压直流(UHVDC)。

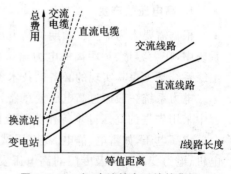

图 1.5.1 交、直流输电系统的费用
与输电距离的关系

我国的高电压技术的发展和电力工业的发展是紧密联系的。在 1949 年新中国成立以前,电力工业发展缓慢,从 1908 年建成的石龙坝水电站—昆明的 22 kV 线路到 1943 年建成的镜泊湖水电站—延边的 110 kV 线路,中间出现过的电压等级有 33 kV、44 kV、66 kV 以及 154 kV 等。输电建设迟缓,输电电压因具体工程不同而不同,没有具体标准,输电电压等级繁多。新中国成立以后,我国才逐渐形成了经济合理的电压等级系列。1952 年,我国开始自主建设 110 kV 线路,并逐步形成京津唐 110 kV 输电网。1954 年建成丰满—李石寨 220 kV 输电线,接下来的几年逐步形成了 220 kV 东北骨干输电网。1972 年,建成 330 kV 刘家峡—关中输电线路,并逐渐形成西北电网 330 kV 骨干网架。1981 年,建成 500 kV 姚孟—武昌输电线路,开始形成华中电网 500 kV 骨干网架。1989 年,建成 ±500 kV 葛洲坝—上海超高压直流输电线路,实现了华中、华东两大区域电网的直流联网。

由于我国幅原辽阔,一次能源分布不均衡,动力资源与重要负荷中心距离很远,因此,我国的送电格局是"西电东送"和"北电南送"。云广特高压 ±800 kV 直流输电工程是西电东送项目之一,也是世界首条±800 kV直流输电工程。该输电工程西起云南楚雄变电站,经过云南、广西、广东三省辖区,东止于广东曾城穗东变电站。晋东南—南阳—荆门1 000 kV特高压输电工程是北电南送项目之一,全长645 km,变电容量两端各3 000 kVA。该工程连接华北和华中电网,北起山西的晋东南变电站,经河南南阳开关站,南至湖北的荆门变电站。该电网既可将山西火电输送到华中缺能地区,也可在丰水期将华中富余水电输送到以火电为主的华北电网,使水火电资源分配更加合理。国家电网公司计划在十一五末和十二五期间,建成一个两横两纵的特高压输电线路,两横两纵的线路长度都在2 000 km以上,两横中的一条是把四川雅安的水电送到江苏南京,另一条是把内蒙西部的火电送到山东潍坊;两条纵线分别是陕北到长沙,内蒙到上海。之后,逐步建成国家级特高压电网,全国大范围地变输送煤炭为输送电力,比较彻底地解决高峰期各地缺电的问题。预计2020年前后,煤电基地通过特高压电网输送的总容量可以达到1.05×10^9 kW,可有效减轻煤炭运输的压力。特高压电网建成后,我国将形成以1 000 kV交流输电网和±800 kV直流系统为骨干网架、与各级输配电网协调发展的现代化大电网。

1.5.2 高电压与绝缘技术的研究内容

高电压与绝缘技术是以试验研究为基础的应用技术,主要研究高电压的产生,在高电压作用下各种绝缘介质的性能和不同类型的放电现象,高电压设备的绝缘结构设计,高电压试验和测量的设备与方法,电力系统过电压及其限制措施,电磁环境及电磁污染防护,以及高电压技术的应用等。

1. 高电压的产生

根据需要人为地获得预期的高电压是高电压技术中的核心研究内容。这是因为在电力系统中,在大容量、远距离的电力输送要求越来越高的情况下,几十万伏的高电压和可靠的绝缘系统是支撑其实现的必备的技术条件。

电力系统一般通过高电压变压器、高压电路瞬态过程变化产生交流高电压,直流输电工程中采用先进的高压硅堆等作为整流阀把交流电变换成高压直流电。一些自然物理现象也会形成高电压,如雷电、静电。高电压试验中的试验高电压由高电压发生装置产生,通常有发电机、电力变压器以及专门的高电压发生装置。常见的高电压发生装置有:由工频试验变压器、串联谐振实验装置和超低频试验装置等组成的交流高电压发生装置;利用高压硅堆等作为整流阀的直流高电压发生装置;模拟雷电过电压或操作过电压的冲击电压电流发生装置。图1.5.2所示的为户外高电压发生装置。

2. 高电压绝缘与电气设备

在高电压技术研究领域内,不论是要获得高电压,还是研究高电压下系统特性或者在随机干扰下电压的变化规律,都离不开绝缘的支撑。

图1.5.2 户外高电压发生装置

高电压设备的绝缘应能承受各种高电压的作

用,包括交流和直流工作电压、雷电过电压和内过电压。研究电介质在各种作用电压下的绝缘特性、介电强度和放电机理,以便合理解决高电压设备的绝缘结构问题。电介质在电气设备中是作为绝缘材料使用的,按其物质形态,可分为气体介质、液体介质和固体介质三类。在实际应用中,对高压电气设备绝缘的要求是多方面的,单一电介质往往难以满足要求,因此,实际的绝缘结构由多种介质组合而成。电气设备的外绝缘一般由气体介质和固体介质联合组成,而设备的内绝缘则往往由固体介质和液体介质联合组成。

过电压对输电线路和电气设备的绝缘是个严重的威胁,为此,要着重研究各种气体、液体和固体绝缘材料在不同电压下的放电特性。

3. 高电压试验

高电压领域的各种实际问题一般都需要经过试验来解决,因此,高电压试验设备、试验方法以及测量技术在高电压技术中占有格外重要的地位。电气设备绝缘预防性试验已成为保证现代电力系统安全可靠运行的重要措施之一。这种试验除了在新设备投入运行前在交接、安装、调试等环节中进行外,更多的是对运行中的各种电气设备的绝缘定期进行检查,以便及早发现绝缘缺陷,及时更换或修复,防患于未然。

绝缘故障大多因内部存在缺陷而引起,就其存在的形态而言,绝缘缺陷可分为两大类。第一类是集中性缺陷,这是指电气设备在制造过程中形成的局部缺损,如绝缘子瓷体内的裂缝、发电机定子绝缘层因挤压磨损而出现的局部破损、电缆绝缘层内存在的气泡等,这一类缺陷在一定条件下会发展扩大,波及整体。第二类是分散性缺陷,这是指高压电气设备整体绝缘性能下降,如电机、变压器等设备的内绝缘材料受潮、老化、变质等。

绝缘内部有了缺陷后,其特性往往要发生变化,因此,可以通过实验测量绝缘材料的特性及其变化来查出隐藏的缺陷,以判断绝缘状况。由于缺陷种类很多、影响各异,所以绝缘预防性试验的项目也就多种多样。高电压试验可分为两大类,即非破坏性试验和破坏性试验。

电气设备绝缘试验主要包括绝缘电阻及吸收比的测量,泄漏电流的测量,介质损失角正切 $\tan\delta$ 的测量,局部放电的测量,绝缘油的色谱分析,工频交流耐压试验,直流耐压试验,冲击高电压试验,电气设备的在线检测等。每个项目所反映的绝缘状态和缺陷性质亦各不相同,故同一设备往往要接受多项试验,才能作出比较准确的判断和结论。

4. 电力系统过电压及其防护

研究电力系统中各种过电压,以便合理确定其绝缘水平是高电压技术的重要内容之一。电力系统的过电压包括雷电过电压(又称大气过电压)和内部过电压。雷击除了威胁输电线路和电气设备的绝缘外,还会危害高建筑物、通信线路、天线、飞机、船舶和油库等设施的安全。目前,人们主要是设法去躲避和限制雷电的破坏性,基本措施就是加装避雷针、避雷线、避雷器、防雷接地、电抗线圈、电容器组、消弧线圈和自动重合闸等防雷保护装置。避雷针、避雷线用于防止直击雷过电压。避雷器用于防止沿输电线路侵入变电所的感应雷过电压,有管型和阀型两种。现在广泛采用金属氧化物避雷器(又称氧化锌避雷器),如图 1.5.3 所示。

图 1.5.3　金属氧化物避雷器

电力系统对输电线路、发电厂和变电所的电气装置都要采取防雷保护措施。

电力系统内过电压是因正常操作或故障等原因使电路状态或电磁状态发生变化,引起电磁能量振荡而产生的。其中,衰减较快、持续时间较短的称为操作过电压;无阻尼或弱阻尼、持续时间长的称为暂态过电压。

过电压与绝缘配合是电力系统中一个重要的课题,首先需要清楚过电压的产生和传播规律,然后根据不同的过电压特征决定其防护措施和绝缘配合方案。随着电力系统输电电压等级的提高,输变电设备的绝缘部分占总设备投资的比重越来越大。因此,采用何种限压措施和保护措施,使之在不增加过多的投资前提下,既可以保证设备安全使系统可靠地运行,又可以减少主要设备的投资费用,这个问题归结为绝缘如何配合的问题。

1.5.3　高电压与绝缘技术的应用

高电压与绝缘技术在电气工程以外的领域得到广泛的应用,如在粒子加速器、大功率脉冲发生器、受控热核反应研究、磁流体发电、静电喷涂和静电复印等都有应用。下面作简单的介绍。

1. 等离子体技术及其应用

所谓等离子体,指的是一种拥有离子、电子和核心粒子的不带电的离子化物质。等离子体包括有几乎相同数量的自由电子和阳极电子。等离子体可分为两种,即高温和低温等离子体。高温等离子体主要应用有温度为 $10^2 \sim 10^4$ eV(1 ~ 10 亿摄氏度,1 eV = 11 600 K)的超高温核聚变发电。现在低温等离子体广泛运用于多种生产领域:等离子体电视;等离子体刻蚀,如电脑芯片中的刻蚀;等离子体喷涂;制造新型半导体材料;纺织、冶炼、焊接、婴儿尿布表面防水涂层,增加啤酒瓶阻隔性;等离子体隐身技术在军事方面还可应用于飞行器的隐身。

2. 静电技术及其应用

静电感应、气体放电等效应用于生产和生活等多方面的活动,形成了静电技术,它广泛应用于电力、机械、轻工等高技术领域,如静电除尘广泛用于工厂烟气除尘,静电分选可用于粮食净化、茶叶挑选、冶炼选矿、纤维选拣等,静电喷涂、静电喷漆广泛应用于汽车、机械、家用电器,静电植绒,静电纺纱,静电制版,还有静电轴承、静电透镜、静电陀螺仪和静电火箭发电机等应用。

3. 在环保领域的应用

在烟气排放前,可以通过高压窄脉冲电晕放电来对烟气进行处理,以达到较好的脱硫脱硝效果,并且在氨注入的条件下,还可以生成化肥。在处理汽车尾气方面,国际上也在尝试用高压脉冲放电产生非平衡态等离子体来处理。在污水处理方面,采用水中高压脉冲放电的方法,对废水中的多种燃料能够达到较好的降解效果。在杀毒灭菌方面,通过高压脉冲放电产生的各种带电粒子和中性粒子发生的复杂反应,能够产生高浓度的臭氧和大量的活性自由基来杀毒灭菌。通过高电压技术人工模拟闪电,能够在无氧状态下,用强带电粒子流破坏有毒废弃物,将其分解成简单分子,并在冷却中和冷却后形成高稳定性的玻璃体物质或者有价金属等,此技术对于处理固体废弃物中的有害物质效果显著。

4. 在照明技术中的应用

气体放电光源是利用气体放电时发光的原理制成的光源。气体放电光源中,应用较多的是辉光放电和弧光放电现象。辉光放电用于霓虹灯和指示灯,弧光放电有很强的光通量,用于照明光源,常用的有荧光灯、高压汞灯、高压钠灯、金属卤化物灯和氙灯等气体放电灯。气体放电用途极为广泛,在摄影、放映、晒图、照相复印、光刻工艺、化学合成、荧光显微镜、荧光分析、紫外探伤、杀菌消毒、医疗、生物栽培等方面也都有广泛的应用。

此外,在生物医学领域,静电场或脉冲电磁场对于促进骨折愈合效果明显。在新能源领域,受控核聚变、太阳能发电、风力发电以及燃料电池等新能源技术得到飞跃发展。

1.6　电气工程新技术

在电力生产、电工制造与其他工业发展,以及国防建设与科学实验的实际需要的有力推动下,在新原理、新理论、新技术和新材料发展的基础上,发展起来了多种电气工程新技术(简称电工新技术),成为近代电气工程科学技术发展中最为活跃和最有生命力的重要分支。

1.6.1　超导电工技术

超导电工技术涵盖了超导电力科学技术和超导强磁场科学技术,包括实用超导线与超导磁体技术与应用,以及初步产业化的实现。

1911 年,荷兰科学家昂纳斯(H. Kamerlingh Onnes)在测量低温下汞电阻率的时候发现,当温度降到 4.2 K 附近,汞的电阻突然消失,后来他又发现许多金属和合金都具有与上述汞相类似的低温下失去电阻的特性,这就是超导态的零电阻效应,它是超导态的基本性质之一。1933 年,荷兰的迈斯纳和奥森菲尔德共同发现了超导体的另一个极为重要的性质,当金属处在超导状态时,这一超导体内的磁感应强度为零,也就是说,磁力线完全被排斥在超导体外面,如图 1.6.1 所示。人们将这种现象称为"迈斯纳效应"。

利用超导体的抗磁性可以实现磁悬浮。如图 1.6.2 所示,把一块磁铁放在超导体上,由于超导体把磁感应线排斥出去,超导体跟磁铁之间有排斥力,结果磁铁悬浮在超导盘的上方。这种超导磁悬浮在工程技术中是可以大大利用的,超导磁悬浮轴承就是一例。

超导材料分为高温超导材料和低温超导材料两类,使用最广的是在液氮温区使用的低温

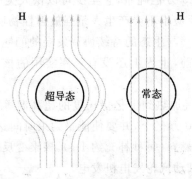

图 1.6.1　迈斯纳效应示意图

图 1.6.2　超导磁悬浮实验

超导材料 NbTi 导线和液氮温区高温超导材料 Bi 系带材。20 世纪 60 年代初,实用超导体出现后,人们就期待利用它使现有的常规电工装备的性能得到改善和提高,并期望许多过去无法实现的电工装备能成为现实。20 世纪 90 年代以来,随着实用的高临界温度超导体与超导线的发展,掀起了世界范围内新的超导电力热潮,这包括输电、限流器、变压器、飞轮储能等多方面的应用,超导电力被认为可能是 21 世纪最主要的电力新技术储备。

我国在超导技术研究方面,包括有关的工艺技术的研究和实验型样机的研制上,都建立了自己的研究开发体系,有自己的知识积累和技术储备,在电力领域也已开发出或正在研制开发超导装置的实用化样机,如高温超导输电电缆(见图 1.6.3)、高温超导变压器、高温超导限流器、超导储能装置和移动通信用的高温超导滤波器系统等,有的已投入试验运行。

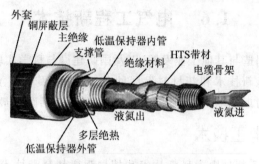

图 1.6.3　高温超导电缆结构

高温超导材料的用途非常广阔,正在研究和开发的大致可分为大电流应用(强电应用)、电子学应用(弱电应用)和抗磁性应用三类。

1.6.2　聚变电工技术

最早被人发现的核能是重元素的原子核裂变时产生的能量,人们利用这一原理制造了原子弹。科学家们又从太阳上的热核反应受到启发,制造了氢弹,这就是核聚变。

把核裂变反应控制起来,让核能按需要释放,就可以建成核裂变发电站,这一技术已经成熟。同理,把核聚变反应控制起来,也可以建成核聚变发电站。与核裂变相比,核聚变的燃料取之不尽,用之不绝,核聚变需要的燃料是重氢,在天然水分子中,约 7 000 个分子内就含 1 个重水分子,2 kg 重水中含有 4 g 氘,一升水内约含 0.02 g 氘,相当于燃烧 400 t 煤所放出的能量。地球表面有 13.7 亿立方千米海水,其中含有 25 万亿吨氘,它至少可以供人类使用 10 亿年。另外,核聚变反应运行相对安全,因为核聚变反应堆不会产生大量强放射性物质,而且核聚变燃料用量极少,能从根本上解决人类能源、环境与生态的持续协调发展的问题。但是,核聚变的控制技术远比核裂变的控制技术复杂。目前,世界上还没有一座实用的核聚变电站,但世界各国都投入了巨大的人力物力进行研究。

实现受控核聚变反应的必要条件是:要把氘和氚加热到上亿摄氏度的超高温等离子体状态,这种等离子体粒子密度要达到每立方厘米 100 万亿个,并要使能量约束时间达到 1 s 以上。这也就是核聚变反应点火条件,此后只需补充燃料(每秒补充约 1 g),核聚变反应就能继续下去。在高温下,通过热交换产生蒸汽,就可以推动汽轮发电机发电。

由于无论什么样的固体容器都经受不起这样的超高温,因此,人们采用高强磁场把高温等离子体"箍缩"在真空容器中平缓地进行核聚变反应。但是高温等离子体很难约束,也很难保持稳定,有时会变得弯曲,最终触及器壁。人们研究得较多的是一种叫做托克马克的环形核聚变反应堆装置,如图 1.6.4 所示。另一种方法是惯性约束,即用强功率驱动器(激光、电子或离子束)把燃料微粒高度压缩加热,实现一系列微型核爆炸,然后把产生的能量取出来,惯性约束不需要外磁场,系统相对简单,但这种方法还有一系列技术难题有待解决。

1982 年底,美国建成一座为了使输出能量等于输入能量,以证明受控核聚变具有现实可能的大型"托克马克"型核聚变实验室反应堆。近年来,美国、英国、俄罗斯三国正在联合建设一座输出功率为 62 万千瓦的国际核聚变反应堆,希望其输出能量能够超过输入能量而使核聚变发电的可能性得到证实。1984 年 9 月,我国自行建成了第一座大型托克马克装置——中国环流器一号,经过 20 多年的努力,最近又建成中国环流器新一号,其纵向磁场 2.8 T,等离子体电流 320 kA,等离子体存在时间 4 s,辅助加热功率 5 MW,达到世界先进水平。此外,人们还在试图开发聚变-裂变混合堆,以期降低聚变反应的启动难度。1991 年 11 月 8 日,在英国南部世界最大的核聚变实验设施内首次成功运用氘和氚实现核聚变,在 1 s 内产生了超过 100 万瓦的电能。

经过 20 世纪下半叶的巨大努力,已在大型的托克马克磁约束聚变装置上达到"点火"条件,证实了聚变反应堆的科学现实性,目前正在进行聚变试验堆的国际联合设计研制工作。

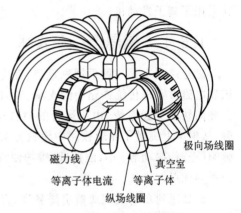

极向场线圈
磁力线
真空室
等离子体电流
等离子体
纵场线圈

图 1.6.4 托克马克装置

1.6.3 磁流体推进技术

1. 磁流体推进船

磁流体推进船是在船底装有线圈和电极,当线圈通上电流,就会在海水中产生磁场,利用海水的导电特性,与电极形成通电回路,使海水带电。这样,带电的海水在强大磁场的作用下,产生使海水发生运动的电磁力,而船体就在反作用力的推动下向相反方向运动。由于超导电磁船是依靠电磁力作用而前进的,所以它不需要螺旋桨。

磁流体推进船的优点在于利用海水作为导电流体,而处在超导线圈形成的强磁场中的这些海水"导线",必然会受到电磁力的作用,其方向可以用物理学上的左手定则来判定。所以,在预先设计好的磁场和电流方向的配置下,海水这根"导线"被推向后方。同时,超导电磁船所获得的推力与通过海水的电流大小、超导线圈产生的磁场强度成正比。由此可知,只要控制进入超导线圈和电极的电流大小和方向,就可以控制船的速度和方向,并且可以做到瞬间启动、瞬时停止、瞬时改变航向,具有其他船舶无法与之相比的机动性。

但是由于海水的电导率不高,要产生强大的推力,线圈内必须通过强大的电流产生强磁场。如果用普通线圈,不仅体积庞大,而且极为耗能,所以必须采用超导线圈。

超导磁流体船舶推进是一种正在发展的新技术。随着超导强磁场的顺利实现,从 20 世纪 60 年代就开始了认真的研究发展工作。20 世纪 90 年代初,国外载人试验船就已经顺利地进行了海上试验。中国科学院电工研究所也进行了超导磁流体模型船试验。

2. 等离子磁流体航天推进器

目前，航天器主要依靠燃烧火箭上装载的燃料推进，这使得火箭的发射质量很大，效率也比较低。为了节省燃料，提高效率，减小火箭发射质量，国外已经开始研发不需要燃料的新型电磁推进器。等离子磁流体推进器就是其中一种，它也称为离子发动机。与船舶的磁流体推进器不同，等离子磁流体推进器是利用等离子体作为导电流体。等离子磁流体推进器由同心的芯柱（阴极）与外环（阳极）构成，在两极之间施加高电压可同时产生等离子体和强磁场，在强磁场的作用下，等离子体将高速运动并喷射出去，推动航天器前进。1998 年 10 月 24 日，美国发射了深空 1 号探测器，任务是探测小行星 Braille 和遥远的彗星 Borrelly，主发动机就采用了离子发动机。

1.6.4　磁悬浮列车技术

磁悬浮列车是一种采用磁悬浮、直线电动机驱动的新型无轮高速地面交通工具，它主要依靠电磁力实现传统铁路中的支承、导向和牵引功能。相应的磁悬浮铁路系统是一种新型的有导向轨的交通系统。由于运行的磁悬浮列车和线路之间无机械接触或可大大避免机械接触，从根本上突破了轮轨铁路中轮轨关系和弓网关系的约束，具有速度高，客运量大，对环境影响（噪声、振动等）小，能耗低，维护便宜，运行安全平稳，无脱轨危险，有很强的爬坡能力等一系列优点。

磁悬浮列车的实现要解决磁悬浮、直线电动机驱动、车辆设计与研制、轨道设施、供电系统、列车检测与控制等一系列高新技术的关键问题。任何磁悬浮列车都需要解决三个基本问题，即悬浮、驱动与导向。磁悬浮目前主要有电磁式、电动式和永磁式三种方式。驱动用的直线电动机有同步直线电动机和异步直线电动机两种。导向分为主动导向和被动导向两类。

高速磁悬浮列车有常导与超导两种技术方案，采用超导的优点是悬浮气隙大、轨道结构简单、造价低、车身轻，随着高温超导的发展与应用，将具有更大的优越性。目前，铁路电气化常规轮轨铁路的运营时速为 200 ～ 350 km/h，磁悬浮列车可以比轮轨铁路更经济地达到较高的速度（400 ～ 550 km/h）。低速运行的磁悬浮列车，在环境保护方面也比其他公共交通工具有优势。

我国上海引进德国的捷运高速磁悬浮系统于 2004 年 5 月投入上海浦东机场线运营，时速高达 400 km/h 以上。这类常导磁悬浮列车系统结构如图 1.6.5 所示，是利用车体底部的可控悬浮和推进磁体，与安装在路轨底面的铁芯电枢绕组之间的吸引力工作的，悬浮和推进磁体从路轨下面利用吸引力使列车浮起，导向和制动磁体从侧面使车辆保持运行轨迹。悬浮磁体和导向磁体安装在列车的两侧，驱动和制动通过同步长定子直线电动机实现。与之不同的是，日本的常导磁悬浮列车采用的是短定子异步电动机。

日本超导磁悬浮系统的悬浮力和驱动力均来自车辆两侧，如图 1.6.6 所示。列车的驱动绕组和一组组的 8 字形零磁通线圈均安装在导轨两侧的侧壁上，车辆上的感应动力集成设备由动力集成绕组、感应动力集成超导磁铁和悬浮导向超导磁铁三部分组成。地面轨道两侧的驱动绕组通上三相交流电时，产生行波电磁场，列车上的车载超导磁体就会受到一个与移动磁场相同步的推力，推动列车前进。当车辆高速通过时，车辆的超导磁场会在导轨侧壁的悬浮线圈中产生感应电流和感应磁场。控制每组悬浮线圈上侧的磁场极性与车辆超导磁场的极性相反,从而产生引力,下侧极性与超导磁场极性相同,产生斥力,使得车辆悬浮起来,同时起到导向作用,由于无静止悬浮力,故有轮子,2003 年,日本高速磁悬浮列车达到 581 km/h 的时速。

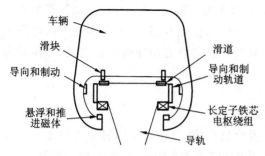

图 1.6.5　常导磁悬浮列车系统结构

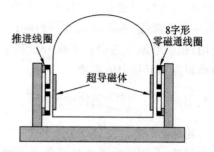

图 1.6.6　日本超导磁悬浮列车系统结构

1.6.5　燃料电池技术

水电解以后可以生成氢和氧,其逆反应则是氢和氧化合生成水。燃料电池正是利用水电解及其逆反应获取电能的装置。以天然气、石油、甲醇、煤等原料为燃料制造氢气,然后与空气中的氧反应,便可以得到需要的电能。

燃料电池主要由燃料电极和氧化剂电极及电解质组成,加速燃料电池电化学反应的催化剂是电催化剂。常用的燃料有氢气、甲醇、肼液氨、烃类和天然气,如航天用的燃料电池大部分用氢或肼作燃料。氧化剂一般用空气或纯氧气,也有用过氧化氢水溶液的。作为燃料电极的电催化剂有过渡金属和贵金属铂、钯、钌、镍等,作氧电极用的电催化剂有银、金、汞等。其工作原理如图 1.6.7 所示,由氧电极和电催化剂与防水剂组成的燃料电极形成阳极和阴极,阳极和阴极之间用电解质(碱溶液或酸溶液)隔开,燃料和氧化剂(空气)分别通入两个电极,在电催化剂的催化作用下,同电解质一起发生氧化还原反应。反应中产生的电子由导线引出,这样便产生了电流。因此,只要向电池的工作室不断加入燃料和氧化剂,并及时把电极上的反应产物和废电解质排走,燃料电池就能持续不断地供电。

燃料电池与一般火力发电相比,具有许多优点:发电效率比目前应用的火力发电还高,既能发电,同时还可获得质量优良的水蒸气来供热,其总的热效率可达到 80%;工作可靠,不产生污染和噪声;燃料电池可以就近安装,简化了输电设备,降低了输电线路的电损耗;几百上千瓦的发电部件可以预先在工厂里做好,然后再把它运到燃料电池发电站去进行组装,建造发电站所用的时间短;体积小、重量轻、使用寿命长,单位体积输出的功率大,可以实现大功率供电。

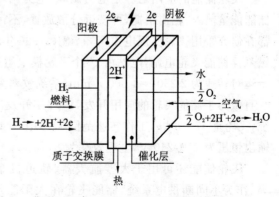

图 1.6.7　燃料电池工作原理示意图

美国曾在 20 世纪 70 年代初期,建成了一座 1 000 kW 的燃料电池发电装置。现在,输出直流电 4.8 MW 的燃料电池发电厂的试验已获成功,人们正在进一步研究设计 11 MW 的燃料电池发电厂。迄今为止,燃料电池已发展有碱性燃料电池、磷酸型燃料电池、熔融碳酸盐型燃料电池(MCFC)、固体电解质型燃料电池(SOFC)、聚合物电解质型薄膜燃料电池(PEMFC)等多种。

燃料电池的用途也不仅仅限于发电,它同时可以作为一般家庭用电源、电动汽车的动力源、携带用电源等。在宇航工业、海洋开发和电气货车、通信电源、计算机电源等方面得到实际应用,燃料电池推进船也正在开发研制之中。国外还准备将它用作战地发电机,并作为无声电动坦克和卫星上的电源。

1.6.6　飞轮储能技术

飞轮储能装置由高速飞轮和同轴的电动／发电机构成,飞轮常采用轻质高强度纤维复合材料制造,并用磁力轴承悬浮在真空罐内,其结构如图 1.6.8 所示。飞轮储能原理是:飞轮储能时是通过高速电动机带动飞轮旋转,将电能转换成动能;释放能量时,再通过飞轮带动发电机发电,转换为电能输出。这样一来,飞轮的转速与接受能量的设备转速无关。根据牛顿定律,飞轮的储能为

$$W = \frac{1}{2} J \omega^2$$

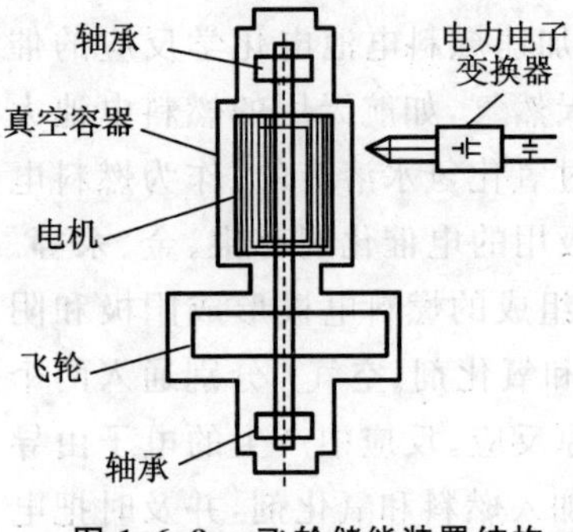

图 1.6.8　飞轮储能装置结构

显然,为了尽可能多地储能,主要应该增加飞轮的转速 ω,而不是增加转动惯量 J。所以,现代飞轮转速每分钟至少几万转,以增加功率密度与能量密度。

近年来,飞轮储能系统得到快速发展,一是采用高强度碳素纤维和玻璃纤维飞轮转子,使得飞轮允许线速度可达 $500 \sim 1\,000$ m/s,大大增加了单位质量的动能储量;二是电力电子技术的新进展,给飞轮电机与系统的能量交换提供了强大的支持;三是电磁悬浮、超导磁悬浮技术的发展,配合真空技术,极大地降低了机械摩擦与风力损耗,提高了效率。

飞轮储能的应用之一是电力调峰。电力调峰是电力系统必须充分考虑的重要问题。飞轮储能能量输入、输出快捷,可就近分散放置,不污染、不影响环境,因此,国际上很多研究机构都在研究采用飞轮实现电力调峰。德国 1996 年着手研究储能 5 MW·h/100 MW·h 的超导磁悬浮储能飞轮电站,电站由 10 个飞轮模块组成,每只模块重 30 t,直径 3.5 m,高 6.5 m,转子运行转速为 $2\,250 \sim 4\,500$ r/min,系统效率为 96%。20 世纪 90 年代以来,美国马里兰大学一直致力于储能飞轮的应用开发,1991 年开发出用于电力调峰的 24 kW·h 电磁悬浮飞轮系统,飞轮重 172.8 kg,工作转速范围 $11\,610 \sim 46\,345$ r/min,破坏转速为 48 784 r/min,系统输出恒压为 110/240 V,全程效率为 81%。

飞轮储能还可用于大型航天器、轨道机车、城市公交车与卡车、民用飞机、电动轿车等。作为不间断供电系统,储能飞轮在太阳能发电、风力发电、潮汐发电、地热发电以及电信系统不间断电源中等有良好的应用前景。目前,世界上转速最高的飞轮最高转速可达

200 000 r/min 以上，飞轮电池寿命为 15 年以上，效率约 90％，且充电迅速、无污染，是 21 世纪最有前途的绿色储能电源之一。

1.6.7　脉冲功率技术

脉冲功率技术是研究高电压、大电流、高功率短脉冲的产生和应用的技术，已发展成为电气工程一个非常有前途的分支。脉冲功率技术的原理是先以较慢的速度将从低功率能源中获得的能量储藏在电容器或电感线圈中，然后将这些能量经高功率脉冲发生器转变成幅值极高但持续时间极短的脉冲电压及脉冲电流，形成极高功率脉冲，并传给负荷。

脉冲功率技术的基础是冲击电压发生器，也叫马克斯发生器或冲击机，是德国人马克斯（E. Marx）在 1924 年发明的。1962 年，英国的 J. C. 马丁成功地将已有的马克斯发生器与传输线技术结合起来，产生了持续时间短达纳秒级的高功率脉冲，随之，高技术领域如核聚变电工技术研究、高功率粒子束、大功率激光、定向束能武器、电磁轨道炮等的研制都要求更高的脉冲功率，使高功率脉冲技术成为 20 世纪 80 年代较为活跃的研究领域之一。20 世纪 80 年代建在英国的欧洲联合环（托克马克装置），由脉冲发电机提供脉冲大电流。脉冲发电机由两台各带有 9 m 直径、重量为 775 t 的大飞轮的发电机组成。发电机由 8.8 MW 的电动机驱动，大飞轮用来存储准备提供产生大功率脉冲的能量。每隔 10 min 脉冲发电机可以产生一个持续 25 s 左右的 5 MA 大电流脉冲。高功率脉冲系统的主要变量有：脉冲能量（kJ ～ GJ），脉冲功率（GW ～ TW），脉冲电流（kA ～ MA），脉冲宽度（μs ～ ns）和脉冲电压。目前，脉冲功率技术总的发展方向仍是提高功率水平。

脉冲功率技术已应用到许多科技领域，如闪光 X 射线照相、核爆炸模拟器、等离子体的加热和约束、惯性约束聚变驱动器、高功率激光器、强脉冲 X 射线、核电磁脉冲、高功率微波、强脉冲中子源和电磁发射器等。脉冲功率技术与国防建设及各种尖端技术紧密相连，已成为当前国际上非常活跃的一门前沿科学技术。

1.6.8　微机电系统

微机电系统（MEMS）是融合了硅微加工、光刻铸造成型和精密机械加工等多种微加工技术制作的，集微型机构、微型传感器、微型执行器，以及信号处理和控制电路、接口电路、通信和电源于一体的微型机电系统或器件。微机电系统技术是随着半导体集成电路微细加工技术和超精密机械加工技术的发展而发展起来的。

微机电系统技术的目标是通过系统的微型化、集成化来探索具有新原理、新功能的器件和系统。它将电子系统和外部世界有机地联系起来，不仅可以感受运动、光、声、热、磁等自然界信号，并将这些信号转换成电子系统可以识别的电信号，而且还可以通过电子系统控制这些信号，进而发出指令，控制执行部件完成所需要的操作，以降低机电系统的成本，完成大尺寸机电系统所不能完成的任务，也可嵌入大尺寸系统中，把自动化、智能化和可靠性水平提高到一个新的水平。

微机电系统的加工技术主要有三种：第一种是以美国为代表的利用化学腐蚀或集成电路工艺技术对硅材料进行加工，形成硅基 MEMS 器件；第二种是以日本为代表的利用传统机械加工手段，即利用大机器制造出小机器，再利用小机器制造出微机器的方法；第三种是以德国为代表的利用 X 射线光刻技术,通过电铸成型和铸塑形成深层微结构的方法。其中硅加工技术与传统的集成电路工艺兼容,可以实现微机械和微电子的系统集成,而且该方法适合于批量生产,已经成为目前微机电系统的主流技术。MEMS 的特点是微型化、集成化、批量化,机械电器性能优良。

1987 年,美国加州大学伯克利分校率先用微机电系统技术制造出微电机。20 世纪 90 年代,众多发达国家先后投巨资设立国家重大项目以促进微机电系统技术发展。1993 年,美国 ADI 公司采用该技术成功地将微型加速度计商品化,并大批量应用于汽车防撞气囊,标志着微机电系统技术商品化的开端。此后,微机电系统技术迅速发展,并研发了多种新型产品。一次性血压计是最早的 MEMS 产品之一,目前国际上每年都有几千万只的用量。微机电系统还有 3 mm 长的能够开动的汽车,可以飞行的蝴蝶大小的飞机,细如发丝的微机电电机,微米级的微机电系统继电器,一种微型惯性测量装置的样机,其尺度为 2 cm×2 cm×0.5 cm,质量仅为 5 g。

微机电系统技术在航空、航天、汽车、生物医学、电子、环境临控、军事,以及几乎人们接触到的所有领域都有着十分广阔的应用前景。

1.7　智　能　电　网

所谓智能电网(Smart Grid),就是电网的智能化,它是建立在集成的、高速双向通信网络的基础上,通过先进的传感和测量技术、设备技术、控制方法以及先进的决策支持系统技术的应用,实现电网的可靠、安全、经济、高效、环境友好和使用安全的目标。智能电网也被称为"电网 2.0"。

1.7.1　智能电网的发展

2001 年,美国电科院最早提出"IntelliGrid"(智能电网),2003 年,美国电科院将未来电网定义为智能电网(IntelliGrid)。2003 年 6 月,美国能源部致力于电网现代化,发布"Grid2030"。2004 年,美国能源部启动电网智能化"GridWise"项目,定义了一个可互操作、互动通信的智能电网整体框架。之后,研究机构、信息服务商和设备制造商与电力企业合作,纷纷推出各种智能电网方案和实践。2005 年,"智能电网欧洲技术论坛"正式成立。2006 年 4 月,"智能电网欧洲技术论坛"的顾问委员会提出了 SmartGrid 的愿景,制定了《战略性研究议程》《战略部署文件》等报告。2006 年,欧盟理事会发布能源绿皮书《欧洲可持续的、竞争的和安全的电能策略》,强调智能电网技术是保证欧盟电网电能质量的一个关键技术和发展方向,这时候的智能电网主要是指输配电过程中的自动化技术。2009 年 1 月 25 日,美国政府最新发布的《复苏计划进度报告》宣布:将铺设或更新 3000 英里输电线路,并为 4000 万美国家庭安装智能电表 —— 美国行将推动互动电网的整体革命。

早在 1999 年,我国清华大学提出"数字电力系统"的理念,揭开了数字电网研究工作的序幕。2005 年,国家电网公司实施"SG186"工程,开始进行数字化电网和数字化变电站的框架研究和示范工程建设。2007 年 10 月,华东电网正式启动了智能电网可行性研究项目,并规划了从 2008 年至 2030 年的"三步走"战略,即:在 2010 年初步建成电网高级调度中心,2020 年全面建成具有初步智能特性的数字化电网,2030 年真正建成具有自愈能力的智能电网。该项目的启动标志着中国开始进入智能电网领域。2009年2月2日，能源问题专家武建东在《全面推互动电网革命拉动经济创新转型》的文章中，明确提出中国电网亟须实施"互动电网"革命性改造。中国国家电网公司2009年5月21日首次公布的智能电网内容：以坚强网架为基础，以通信信息平台为支撑，以智能控制为手段，包含电力系统的发电、输电、变电、配电、用电和调度各个环节，覆盖所有电压等级，实现"电力流、信息流、业务流"的高度一体化融合，是坚强可靠、经济高效、清洁环保、透明开放、友好互动的现代电网。其核心内涵是实现电网的信息化、数字化、自动化和互动化，即"坚强的智能电网（Strong Smart Grid）"。

1.7.2　智能电网的特征

智能电网包括八个方面的主要特征，这些特征从功能上描述了电网的特性，而不是最终应用的具体技术，它们形成了智能电网完整的景象。

1. 自愈性

自愈性指的是电网把有问题的元件从系统中隔离出来，并且在很少或无需人为干预的情况下，使系统迅速恢复到正常运行状态，从而最小化或避免中断供电服务的能力。更具体地说，指的是电网具有实时、在线连续的安全评估和分析能力；具有强大的预警控制系统和预防控制能力；具有自动故障诊断、故障隔离和系统自我恢复的能力。从本质上讲，自愈性就是智能电网的"免疫能力"，这是智能电网最重要的特征。自愈电网进行连续不断的在线自我评估以预测电网可能出现的问题，发现已经存在的或正在发展的问题，并立即采取措施加以控制或纠正。基于实时测量的概率风险评估将确定最有可能失败的设备、发电厂和线路；实时应急分析将确定电网整体的健康水平，触发可能导致电网故障发展的早期预警，确定是否需要立即进行检查或采取相应的措施；和本地及远程设备的通信将有助于分析故障、电压降低、电能质量差、过载和其他不希望的系统状态，基于这些分析，采取适当的控制行动。

2. 交互性

在智能电网中，用户将是电力系统不可分割的一部分。鼓励和促进用户参与电力系统的运行和管理是智能电网的另一重要特征。从智能电网的角度来看，用户的需求完全是另一种可管理的资源，它将有助于平衡供求关系，确保系统的可靠性；从用户的角度来看，电力消费是一种经济的选择，通过参与电网的运行和管理，修正其使用和购买电力的方式，从而获得实实在在的好处。在智能电网中，用户将根据其电力需求和电力系统满足其需求的能力的平衡来调整其消费。同时需求响应（DR）计划将满足用户在能源购买中有更多选择，减少或转移高峰电力需求的能力使电力公司尽量减少资本开支和营运开支，并降低线损和减少效率低下的调峰电厂的运营成本，同时产生大量的环境效益。在智能电网中，和用户建立的双向、实时的通信系统是实现鼓励和促进用户积极参与电力系统运行和管理的基础。实时通知用户其电力消费的成本、实时电价、电网的状况、计划停电信息以及其他服务的信息，同时用户也可以根据这些信息制定自己的电力使用的方案。

3. 安全性

无论是电网的物理系统还是计算机系统遭到外部攻击时，智能电网均能有效抵御由此造成的对电网本身的攻击以及对其他领域形成的伤害，更具有在被攻击后快速恢复的能力。

在电网规划中强调安全风险,加强网络安全等手段,提高智能电网抵御风险的能力。智能电网能更好地识别并反映于人为或自然的干扰。在电网发生小扰动和大扰动故障时,电网仍能保持对用户的供电能力,而不发生大面积的停电事故;在电网发生极端故障时,如自然灾害和极端气候条件或人为的外力破坏,仍能保证电网的安全运行;二次系统具有确保信息安全的能力和防计算机病毒破坏的能力。

4. 兼容性

智能电网将安全、无缝地容许各种不同类型的发电和储能系统接入系统,简化联网的过程,类似于"即插即用",这一特征对电网提出了严峻的挑战。改进的互联标准将使各种各样的发电和储能系统容易接入。从小到大各种不同容量的发电和储能系统在所有的电压等级上都可以互联,包括分布式电源如光伏发电、风电、先进的电池系统、即插式混合动力汽车、燃料电池和微电网。商业用户安装自己的发电设备(包括高效热电联产装置)和电力储能设施将更加容易和更加有利可图。在智能电网中,大型集中式发电厂包括环境友好型电源,如风电和大型太阳能电厂、先进的核电厂,将继续发挥重要的作用。

5. 协调性

与批发电力市场甚至是零售电力市场实现无缝衔接。在智能电网中,先进的设备和广泛的通信系统在每个时间段内支持市场的运作,并为市场参与者提供充分的数据,因此电力市场的基础设施及其技术支持系统是电力市场协调发展的关键因素。智能电网通过市场上供给和需求的互动,可以最有效地管理如能源、容量、容量变化率、潮流阻塞等参量,降低潮流阻塞,扩大市场,汇集更多的买家和卖家。用户通过实时报价来感受价格的增长从而降低电力需求,推动成本更低的解决方案,并促进新技术的开发。新型洁净的能源产品也将给市场提供更多选择的机会,并能提升电网管理能力,促进电力市场竞争效率的提高。

6. 高效性

智能电网优化调整其电网资产的管理和运行以实现用最低的成本提供所期望的功能。这并不意味着资产将被连续不断地用到其极限,而是应用最新技术以优化电网资产的利用率,每个资产将和所有其他资产进行很好的整合,以最大限度地发挥其功能,减少电网堵塞和瓶颈,同时降低投资成本和运行维护成本。例如,通过动态评估技术使资产发挥其最佳的能力,通过连续不断地监测和评价其能力使资产能够在更大的负荷下使用。通过对系统控制装置的调整,选择最小成本的能源输送系统,提高运行的效率,达到最佳的容量、最佳的状态和最佳的运行。

7. 经济性

未来分时计费、削峰填谷、合理利用电力资源成为电力系统经济运行的重要一环。通过计费差,调节波峰、波谷用电量,使用电尽量平稳。对于用电大户来说,这一举措将更具经济效益。有效的电能管理包括三个主要的步骤,即监视、分析和控制。监视就是查看电能的供给、消耗、使用的效率;分析就是决定如何提高性能并实施相应的控制方案。通过监测能够找到问题所在,控制就是依据这些信息做出正确的峰谷调整。最大化能源管理的关键在于将电力监视和控制器件、通信网络和可视化技术集成在统一的系统内。支持火电、水电、核电、风电、太阳能发电等联合经济运行,实现资源的合理配置,降低电网损耗和提高能源利用效率,支持电力市场和电力交易系统,为用户提供清洁和优质的电能。

8. 集成性

实现电网信息的高度集成和共享,实现包括监视、控制、维护、能量管理、配电管理、市场运营等和其他各类信息系统之间的综合集成,并实现在此基础上的业务集成;采用统一的平台和模型;实现标准化、规范化和精细化的管理。

1.7.3 智能电网的关键技术

1. 通信技术

能实现即插即用的开放式架构,全面集成的高速双向通信技术。它主要是通过终端传感器将用户之间、用户和电网公司之间形成即时连接的网络互动,从而实现数据读取的实时、高速、双向的效果,整体性地提高电网的综合效率,只有这样才能实现智能电网的目标和主要特征。高速、双向、实时、集成的通信系统使智能电网成为一个动态的、实时信息和电力交换互动的大型的基础设施。当这样的通信系统建成后,它可以提高电网的供电可靠性和资产的利用率,繁荣电力市场,抵御电网受到的攻击,从而提高电网价值。

2. 量测技术

参数量测技术是智能电网基本的组成部件,通过先进的参数量测技术获得数据并将其转换成数据信息,以供智能电网的各个方面使用。它们评估电网设备的健康状况和电网的完整性,进行表计的读取、消除电费估计以及防止窃电、缓减电网阻塞以及与用户的沟通。

未来的智能电网将取消所有的电磁表计及其读取系统,取而代之的是各种先进的传感器、双向通信的智能固态表计,用于监视设备状态与电网状态、支持继电保护、计量电能。基于微处理器的智能表计将有更多的功能,除了可以计量每天不同时段电力的使用和电费外,还能储存电力公司下达的高峰电力价格信号及电费费率,并通知用户实施什么样的费率政策。更高级的功能还有,有用户自行根据费率政策,编制时间表,自动控制用户内部电力使用的策略。对于电力公司来说,参数量测技术给电力系统运行人员和规划人员提供更多的数据支持,包括功率因数、电能质量、相位关系、设备健康状况和能力、表计的损坏、故障定位、变压器和线路负荷、关键元件的温度、停电确认、电能消费和预测等数据。

3. 设备技术

智能电网广泛应用先进的设备技术,极大地提高输配电系统的性能。未来的智能电网中的设备将充分应用最新的材料,以及超导、储能、电力电子和微电子技术方面的研究成果,从而提高功率密度、供电可靠性和电能质量以及电力生产的效率。

未来智能电网将主要应用三个方面的先进技术:电力电子技术、超导技术和大容量储能技术。通过采用新技术和在电网和负荷特性之间寻求最佳的平衡点来提高电能质量。通过应用和改造各种各样的先进设备,如基于电力电子技术和新型导体技术的设备,来提高电网输送容量和可靠性,这是解决电网网损的绝佳办法。配电系统中要引进许多新的储能设备和电源,同时要利用新的网络结构,如微电网。

4. 控制技术

先进的控制技术是指智能电网中分析、诊断和预测状态,并确定和采取适当的措施以消除、减轻和防止供电中断和电能质量扰动的装置和算法。这些技术将提供对输电、配电和用户侧的控制方法,并且可以管理整个电网的有功和无功。从某种程度上说,先进控制技术紧密依靠并服务于其他几个关键技术领域。未来先进控制技术的分析和诊断功能将引进预设的专家系统,在专家系统允许的范围内,采取自动的控制行动。这样所执行的行动将在秒级水平上,这一自愈电网的特性将极大地提高电网的可靠性。

(1)收集数据和监测电网元件。先进控制技术将使用智能传感器、智能电子设备以及其他分析工具测量的系统和用户参数以及电网元件的状态情况,对整个系统的状态进行评估,这些数据都是准实时数据,对掌握电网整体的运行状况具有重要的意义,同时还要利用向量测量单元以及全球卫星定位系统的时间信号,来实现电网早期的预警。

(2)分析数据。准实时数据以及强大的计算机处理能力为软件分析工具提供了快速扩展和进步的能力。状态估计和应急分析将在秒级而不是分钟级水平上完成分析,这给先进控制技术和系统运行人员预留足够的时间来响应紧急问题;专家系统将数据转化成信息用于快速决策;负荷预测将应用这些准实时数据以及改进的天气预报技术来准确预测负荷;概率风险分析将成为例行工作,确定电网在设备检修期间、系统压力较大期间以及不希望的供电中断时的风险的水平;电网建模和仿真使运行人员认识准确的电网可能的场景。

(3)诊断和解决问题。由高速计算机处理的准实时数据可使专家诊断系统来确定现有的、正在发展的和潜在的问题的解决方案,并提交给系统运行人员进行判断。

(4)执行自动控制的行动。智能电网通过实时通信系统和高级分析技术的结合使得执行问题检测和响应的自动控制行动成为可能,它还可以降低已经存在问题的扩展,防止紧急问题的发生,修改系统设置、状态和潮流以防止预测问题的发生。

(5)为运行人员提供信息和选择。先进控制技术不仅给控制装置提供动作信号,而且也为运行人员提供信息。控制系统收集的大量数据不仅对自身有用,而且对系统运行人员也有很大的应用价值,而且这些数据可辅助运行人员进行决策。

5. 决策支持技术

决策支持技术将复杂的电力系统数据转化为系统运行人员一目了然的可理解的信息,因此动画技术、动态着色技术、虚拟现实技术以及其他数据展示技术可用来帮助系统运行人员认识、分析和处理紧急问题。

在许多情况下,系统运行人员作出决策的时间从小时缩短到分钟,甚至到秒,这样智能电网需要一个广阔的、无缝的、实时的应用系统和工具,以使电网运行人员和管理者能够快速地作出决策。

(1)可视化 —— 决策支持技术利用大量的数据并将其处理成格式化的、时间段和按技术分类的最关键的数据给电网运行人员,可视化技术将这些数据展示为运行人员可以迅速掌握的可视的格式,以便运行人员分析和决策。

(2)决策支持 —— 决策支持技术确定了现有的、正在发展的以及预测的问题,提供决策支持的分析,并展示系统运行人员需要的各种情况、多种的选择以及每一种选择成功和失败的可能性等信息。

(3)调度员培训 —— 利用决策支持技术工具以及行业内认证的软件的动态仿真器将显著地提高系统调度员的技能和水平。

（4）用户决策 —— 需求响应(DR)系统以很容易理解的方式为用户提供信息,使他们能够决定如何以及何时购买、储存或生产电力。

（5）提高运行效率 —— 当决策支持技术与现有的资产管理过程集成后,管理者和用户就能够提高电网运行、维修和规划的效率和有效性。

IEEE致力于制定一套智能电网的标准和互通原则(IEEE P2030),主要内容有以下三个方面:电力工程(power engineering)、信息技术(information technology)和互通协议(communications)等方面的标准和原则。

智能电网被认为是承载第三次工业革命的基础平台,对第三次工业革命具有全局性的推动作用。同时,智能电网与物联网、互联网等深度融合后,将构成智能化的社会公共平台,可以支撑智能家庭、智能楼宇、智能小区、智慧城市建设,推动生产、生活智慧化。

思考与练习题

1-1　电气工程在国民经济中的地位和作用如何?

1-2　哪些科学技术的进步对电气工程的发展起到至关重要的作用?

1-3　如何学好、用好和宣传好《中华人民共和国电力法》等电气工程相关的法律、法规?

1-4　电机的应用领域有哪些?你对哪方面的应用感兴趣?

1-5　电力系统由哪几部分组成?现代电力系统有什么特点?

1-6　我国电力网的额定电压等级有哪些?发电机、变压器、输电线路和用电设备的额定电压是如何确定的?

1-7　电力系统的接线方式有哪几种?各有什么特点?

1-8　电力电子技术起什么作用?具有什么特点?

1-9　为什么电力系统要尽可能提高输电电压?请相互交流一下我国最高的交、直流输电工程情况。

1-10　绝缘在高电压技术发展中起什么作用?

1-11　电工新材料和新技术有哪些?

1-12　智能电网的主要特征有哪些?

第 2 章　电器设备及选择

2.1　电弧与灭弧

研究和使用高压电器,特别是断路器,必须对开关设备在工作过程中,其触点产生电弧的性质有一个清楚的了解,以便掌握现代高压电器设备的结构特点,正确进行选择和使用。开关设备一般由导体、触点和绝缘介质组成。介质由绝缘状态变为导电状态,使得电流得以流通的现象,称为放电。在一定的光、热和电场作用下,介质中呈中性、不导电的质点将产生自由电子、正离子和负离子,从而形成游离状态。当介质达到一定游离的程度时,介质就会被击穿而产生电弧。

2.1.1　电弧产生和熄灭的物理过程

1. 电弧的产生

电弧的产生和维持是触头间中性质点(分子和原子)被游离的结果。游离就是中性质点转化为带电质点。产生电弧的游离方式主要有以下四种。

(1) 高电场发射。在开关触头分开的最初瞬间,由于触头间距离很小,电场强度很大。在高电场的作用下,阴极表面的电子就会被强拉出去,进入触头间隙成为自由电子。

(2) 热电发射。当开关触头分断电流时,弧隙间的高温使触头阴极表面受热出现强烈的灼热点,金属内部不断地向外界发射自由电子。

(3) 碰撞游离。当触头间隙存在足够大的电场强度时,其中的自由电子以相当大的动能向阳极运动,途中与中性质点碰撞,当电子的动能大于中性质点的游离能时,便产生碰撞游离,原中性质点被游离成正离子和自由电子。

(4) 热游离。由于电弧的温度很高,在高温下电弧中的中性质点会产生剧烈运动,它们之间相互碰撞,又会游离出正离子和自由电子,从而进一步加强了电弧中的游离。

综上所述,开关电器触头间的电弧是由于阴极在强电场作用下发射自由电子,而该电子在触头外加电压作用下发生碰撞游离所形成的。在电弧高温作用下,阴极表面产生热发射,并在介质中发生热游离,使电弧得以维持和发展,这就是电弧产生的主要过程。

2. 电弧的熄灭

在电弧中发生中性质点游离过程的同时,还存在着相反的过程,这就是使带电质点减少的去游离过程。如果去游离过程大于游离过程,电弧将越来越小,直至最后熄灭。因此,要想熄灭电弧,必须使触头间电弧中的去游离率大于游离率,也就是使离子消失的速度大于离子产生的速度。电弧熄灭的主要方式有以下几种。

(1) 复合。复合是指正、负带电质点重新结合为中性质点。通常是在适当条件下,自由电子先附着在中性质点上形成负离子,运动速度大大减慢,然后再与正离子相复合。复合与电弧中的电场强度、电弧温度和电弧截面等因素有关。电弧中的电场强度越弱,电弧温度越低,电弧截面越小,带电质点的复合就越强。

（2）扩散。扩散是指电弧中的带电质点向周围介质扩散开去,因而减少了弧柱中带电质点的数目。扩散也与电弧截面有关,电弧截面越小,离子扩散就越强。

2.1.2　灭弧的物理特性

交流电弧的基本特性有以下两点。

（1）伏安特性。交流电弧电流每半个周期要过零值一次,电流过零值时,电弧自行暂时熄灭,电流反向时电弧重燃,其伏安特性如图 2.1.1 所示。图中,U_A 为燃弧电压,U_B 为熄弧电压,熄弧电压低于燃弧电压。电弧自行过零瞬间,弧隙输入能量为零,电弧温度急剧下降,去游离速度大于游离速度,是熄灭电流电弧的有利时机。但电弧过零后是否重新燃烧,则取决于弧隙中去游离和游离的速度。

如果暂态恢复电压高于弧隙介质强度,将发生弧隙击穿,电弧将会重燃,电路开断失败,称为电击穿;如果暂态恢复电压低于弧隙介质强度,电弧就不会重燃,电路开断成功。如果输入能量大于散失能量,则弧隙游离过程将会胜过去游离过程,电弧就会重燃,称为热击穿;反之,如果散失能量大于输入能量,弧隙温度将继续下降,去游离过程将会胜过游离过程,弧隙将由导电状态向绝缘状态转变,电弧将会熄灭。

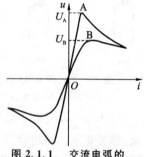

图 2.1.1　交流电弧的伏安特性

交流电弧熄灭的关键在于造成强烈的去游离条件,使热游离不能维持,便不会发生热击穿;另一方面使弧隙介质强度始终高于暂态恢复电压,便不会发生电击穿,这样电弧电流自行过零后便不会重燃,断路器开断成功。

（2）近阴极特性。电弧的另一个重要特性是在阴极附近很小的区域内有较大的介质强度。在交流电弧过零的瞬间,阴极附近在 $0.1 \sim 1 \, \mu s$ 的时间内,立即出现 $150 \sim 250 \, V$ 的介质强度。当触头两端外加交流电压小于 $150 \, V$ 时,电弧将会熄灭。

2.1.3　熄灭交流电弧的基本方法

弧隙间的电弧能否重燃,取决于电流过零时介质强度恢复和弧隙电压恢复两者竞争的结果。如果加强弧隙的去游离或减小弧隙电压的恢复速度,就可以促使电弧熄灭。现代开关电器中广泛采用的灭弧方法有以下几种。

1. 气体或液体吹弧

气体或液体吹弧既能加强对流散热、强烈冷却弧隙,又可部分取代原弧隙间已游离的气体或高温气体。吹弧越强烈,对流散热能力越强,弧隙温度降低得越快,弧隙间的带电质点扩散和复合越迅速,介质强度恢复就越快。

在断路器中,吹弧的方法有横吹和纵吹两种。吹弧介质（气体或油流）沿电弧方向的吹

拂,使电弧冷却变细,最后熄灭的方法称为纵吹;横吹时,气流或油流的方向与触头运动方向是垂直的,把电弧拉长,增大电弧的表面积,所以冷却效果更好。有的断路器将纵吹和横吹两种方式结合使用,效果更佳。开关电器吹弧方式如图2.1.2所示。

2. 多断口灭弧

高压断路器为了加速电弧熄灭,常将每相制成具有两个或多个串联的断口,使电弧被分割成若干段,如图2.1.3所示。这样,在相同的行程下,多断口的电弧比单断口拉得更长,并且电弧被拉长的速度更快,有利于弧隙介质强度的迅速恢复。此外,由于电源电压加在几个断口上,每个断口上施加的电压降低,即降低弧隙的恢复电压,也有助于熄弧。

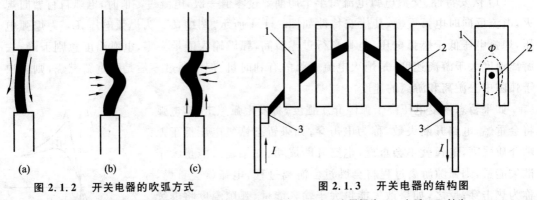

图 2.1.2　开关电器的吹弧方式
（a）纵吹；（b）横吹；（c）纵横吹

图 2.1.3　开关电器的结构图
1— 金属栅片；2— 电弧；3— 触头

110 kV 以上电压等级的断路器,一般可由相同型号的灭弧室(内有两个断口)串联组成,称为积木式或组合式结构的断路器。例如,用两个具有双断口的110 kV的断路器串联,同时对地绝缘再增加一级,构成4个断口的220 kV的断路器,这种情况在少油断路器中尤为常见。为使各断口处的电压分配尽可能地均匀,一般在灭弧室外侧(即断口处)并联一个足够大的电容。

3. 真空灭弧

真空灭弧的基本原理是设法降低触头间气体的压力(降到 133.3×10^{-4} Pa 以下),使灭弧室内气体十分稀薄,单位体积内的分子数目极少,则碰撞游离的数量大为减少,同时,弧隙对周围真空空间而言具有很高的离子浓度差,带电质点极易从弧隙中向外扩散,所以真空空间具有较高介质强度的恢复速度。一般在电流第一次过零时,电弧即可熄灭而不再重燃。在有电感的电路中,电弧的急剧熄灭会产生截流过电压,这是特别需要注意的。

4. 特殊介质灭弧

六氟化硫(SF_6)气体是一种人工合成气体。它具有强电负性,易俘获电子形成低活性的负离子,该负离子的运动速度要慢得多,使得去游离的几率增加。弧隙介质强度恢复过程极快,其灭弧能力相当于同等条件下空气的100倍。所以SF_6的这一特性自被发现后,便迅速应用在电力工业中。

5. 快速拉长电弧

快速拉长电弧,可使电弧的长度和表面积增大,有利于冷却电弧和带电质点的扩散,去

游离作用增强,加快介质强度的恢复。断路器中常采用强力的分闸弹簧,就是为了提高触头的分离速度以快速拉长电弧。在低压开关中,这更是主要的灭弧手段。

6. 特殊金属材料作为灭弧触头

采用熔点高、导热系数大、耐高温的金属材料作成灭弧触头,可减少游离过程中的金属蒸气,抑制游离作用。

7. 并联电阻

在大容量高压断路器中,常采用弧隙并联电阻的方法来促进灭弧,并联电阻的作用为:①断路器触头两端并联小电阻可抑制电弧燃烧及自行熄弧后恢复电压的变化,有利于电弧的熄灭;②多断口断路器触头上并联大电阻可使断口之间电压分布均匀,充分发挥各断口作用。

8. 其他措施

基于交流电弧熄灭的基本原理,还可以在开关电器灭弧过程中采用固体介质狭缝灭弧,以及加快断路器触头分离速度等众多措施。

在现代开关电器中,常常结合具体的开断电路特点将上述措施加以综合利用,可以达到迅速熄灭电弧的目的。

2.2　高压断路器

高压断路器是电力系统最重要的开关设备,它对维护电力系统的安全、经济和可靠运行起着相当重要的作用。高压断路器一般由触头、灭弧室、绝缘介质、壳体结构和运动机构等五部分组成。它的作用有两个方面:一是控制作用,即根据电力系统运行要求,接通或开断正常工作电路;二是保护作用,当系统发生故障时,能切断短路电流,并且在保护装置的作用下自动跳闸,去除短路故障。高压断路器产品应符合最新国家标准 GB 1984。

2.2.1　电力系统对高压断路器的要求

(1)工作可靠。断路器应能在规定的运行条件下长期可靠地工作,并能正确地执行分、合闸的命令,顺利完成接通或断开电路的任务。

(2)足够的开断短路电流的能力。断路器断开短路电流时,触头间会产生很大的电弧,因此,断路器必须具有足够强的灭弧能力才能安全、可靠地断开电路,并且还要有足够的热稳定性。

(3)尽可能短的切断时间。在电路发生短路故障时,短路电流对电气设备和电力系统会造成很大危害,所以,断路器应具有尽可能短的切断时间,以减少危害,并有利于电力系统的稳定。

(4)具有自动重合闸特性。由于输电线路的短路故障大多数是瞬时性的,所以采用自动重合闸可以提高电力系统的稳定性和供电可靠性,即在发生短路故障时,继电保护动作使断路器分闸,切除故障电流,经无电流间隔时间后自动重合闸,恢复供电。如果故障仍然存在,断路器则立刻跳闸,再次切除故障电流。这就要求断路器具有在短时间内接连切除故障电流的能力。

(5)足够的力学强度和良好的稳定性能。正常运行时,断路器应能承受自身重量、风载和各种操作力的作用。系统发生断路故障时,应能承受电动力的作用,以保证具有足够的动稳定性。断路器还应能适应各种工作环境条件的影响,以保证在各种恶劣的气象条件下都能正常工作。

(6)结构简单,价格低廉。在满足安全、可靠要求的同时,还应考虑经济上的合理性。这就要求断路器结构简单、体积小、重量轻、价格合理。

2.2.2　高压断路器的型号、分类和特点

断路器的种类很多,按灭弧介质可分为油断路器(少油和多油)、压缩空气断路器、六氟化硫(SF_6)断路器、真空断路器等;按安装场所可分为户内式断路器和户外式断路器。

常用高压断路器的主要特点如表 2.2.1 所示。

表 2.2.1　高压断路器的主要特点

类别	结构特点	技术性能特点	运行维护特点	常用型号举例
SF_6断路器	SF_6 气体作灭弧介质,结构简单,但工艺及密封要求严格,对材料要求高;体积小、重量轻,有户外敞开式及户内落地罐式之别,也用于 GIS 封闭式组合电器	额定电流和开断电路都可以做得很大;开断性能好,可适于各种工况开断;SF_6 气体灭弧、绝缘性能好,所以断口电压可做得较高	噪声低,维护工作量小;不检修间隔期长;运行稳定,安全可靠,寿命长,断路器价格目前较高	LN$_2$-10/600 LN$_2$-35/1250 LW-110～330 LW-500
真空断路器	体积小、重量轻;灭弧室工艺及材料要求高;以真空作为绝缘和灭弧介质;触头不易氧化	可连续多次操作,开断性能好;灭弧迅速、动作时间短,开断电流及断口电压不能做得很高。目前主要生产 35 kV 以下等级产品,110 kV 及以上等级产品正在研究中	运行维护简单,灭弧室可更换而不需要检修;无火灾及爆炸危险;噪声低,可以频繁操作;因灭弧速度快,易发生截流过电压	ZN-10/600 ZN$_{10}$-10/2000 ZN-35/1250

注:所谓真空,是指绝对压强低于 101.3 kPa 的空间,断路器中要求的真空度为 133.3×10^{-4} Pa(即 10^{-4} mmHg)以下。

2.2.3　油断路器

它采用绝缘油作为灭弧介质。油断路器又可分为多油式和少油式两类。多油断路器的触头系统安放在装有变压器油的油箱中,油不仅作为灭弧介质,同时作为断路器导电部分之间,以及导电部分与接地的油箱之间的绝缘介质,因而用油量大,耗钢量多。少油断路器中的油仅用做灭弧及触头之间的绝缘介质,而不作为导电体与地之间的绝缘介质,故用油量少、

耗钢量少,目前在 6 ~ 35 kV 的配电装置中广泛应用。图 2.2.1 所示的是目前 10 kV 系统中应用得最广的 SN_{10}-10 的内部结构。由于油断路器相对体积较大,绝缘性能不如真空、SF_6 气体,目前,油断路器处于逐步被淘汰的过程。

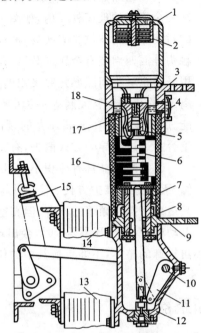

图 2.2.1　SN_{10}-10 高压少油断路器内部结构

1— 铝帽;2— 油气分离室;3— 上接线端子;4— 油标;5— 静触头;6— 灭弧室拐臂;7— 动触头(导电杆);
8— 滚动触头;9— 下接线端子;10— 转轴;11— 拐臂;12— 基座;13— 下支柱瓷瓶;
14— 上支柱瓷瓶;15— 断路弹簧;16— 绝缘筒;17— 逆止阀;18— 绝缘油

2.2.4　真空断路器

真空断路器是利用真空作为绝缘及熄灭电弧手段的断路器。所谓真空是绝对压强低于 101.3 kPa 的气体稀薄空间。气体稀薄的程度用"真空度"表示。真空度就是气体的绝对压强与大气压强的差值。气体的绝对压强值越低,就是真空度越高。气体间隙的击穿电压随着气体压强的提高而降低,当气体压强高于 1.33×10^{-5} Pa 以上,击穿强度迅速降低,真空断路器灭弧室内的气体压强不能高于此值。一般在出厂时,其气体压强为 1.33×10^{-5} Pa。

真空断路器主要由真空灭弧室,静、动触头,屏蔽罩和玻璃外壳等部件组成。真空断路器中电弧是在触头电极蒸发的金属蒸气中形成的,触头材料及其表面状况对熄弧影响很大。要求使用难以蒸发的良导体作为触头材料,如铜 - 铋(Cu-Bi)合金,铜 - 铋 - 铈(Cu-Bi-Ce)合金等;同时要求触头表面非常平整,电极表面有微小的突起部分,会引起电场能量集中,使这部分发热而产生金属蒸气,这将不利于电弧的熄灭。

真空断路器的特点有:在真空条件下绝缘强度很高,熄弧能力很强;触头开距短(10 kV 级只有 10 mm 左右),结构轻巧,操作功率小,体积小,重量轻;燃弧时间短,一般只有 0.01 s,故有半周波断路器之称;熄弧后触头间隙介质绝缘强度恢复快;由于触头在开断电流时烧损

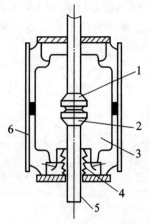

**图 2.2.2　真空断路器的
灭弧室结构**

1— 静触头；2— 动触头；3— 屏蔽罩；

4— 波纹管；5— 导电杆；6— 外壳

轻微，所以机械寿命长（比油断路器的寿命长 50～100 倍）；维修工作量少，能防火防爆。

真空断路器形如一只大型电子管，所有灭弧零件都封闭在一个绝缘的玻璃外壳内，如图 2.2.2 所示。动触杆与动触头的封闭靠金属波纹管来实现，波纹管一般由不锈钢制成。在动触头外面四周装有金属屏蔽罩，常用无氧铜制成。屏蔽罩的作用是防止触头间隙燃弧时飞出的电弧生成物（金属蒸气、金属离子、灼热的金属液滴等）玷污玻璃外壳内壁而破坏其绝缘性能。屏蔽罩固定在玻璃外壳的腰部，燃弧时，屏蔽罩吸收的热量容易通过传导的方式散去，有利于提高开断能力。

真空断路器具有体积小、重量轻、噪声小、易安装、不需检修（灭弧室）、维护方便、不会引起火灾和爆炸危险等优点，尤其适用于操作频繁的场合。但真空断路器开断电感性负荷（如电动机、空载变压器等）时，会出现截流现象和截流过电压。

真空断路器的灭弧室是不可拆卸的整体，不能更换其中的任何零件，当真空度降低或不能使用时，只能更换真空灭弧室。

2.2.5　SF_6 高压断路器

SF_6（六氟化硫）断路器利用 SF_6 做灭弧介质和绝缘介质，是一种新型断路器。SF_6 是一种化学性能非常稳定的惰性气体，在常态下无色、无臭、无毒、不燃，无老化现象，具有良好的绝缘性能和灭弧性能。SF_6 呈很强的电负性，对电子有亲和力，具有俘获电子的能力，形成活动性较低的负离子，使正、负离子复合的可能性大大增加。因此，当压强在 100 kPa 下，SF_6 的绝缘功能超过空气的 2 倍，当压强约为 300 kPa 时，其绝缘能力与变压器油的相等。SF_6 在电流过零后，介质绝缘强度恢复很快，其恢复时间常数只有空气的 1%，即其灭弧能力比空气的高 100 倍。

SF_6 断路器的灭弧方式有两种：一种是利用气体压力，它有两个系统，即高压系统和低压系统，利用动触头开断时，它们之间的压力差形成气流来吹灭电弧；另一种是利用动触头开断时带动压气活塞将灭弧室内局部气体压力提高，经过喷嘴喷向电弧，以达到灭弧的目的。

SF_6 断路器压气式的灭弧室如图 2.2.3 所示，灭弧室的可动部分由动触头、喷嘴和压气室组成。分断时，压气室内气体受活塞作用被压缩，气压升高。主动静触头分离后，弧动、静触头接着分离，产生电弧，同时高压气流通过喷嘴强烈吹弧，使电弧熄灭。其特点是：触头在分断过程中开距不断增大，最终的开距比较大，故断口电压可以做得较高，初始介质强度恢复速度较快，喷嘴与触头分开，喷嘴的形状不受限制，可以设计得比较合理，有利于改善

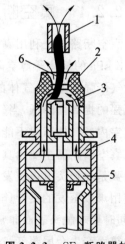

**图 2.2.3　SF_6 断路器的
灭弧室结构**

1— 静触头；2— 动触头；3— 屏蔽罩；

4— 波纹管；5— 导电杆；6— 外壳

吹弧的效果,提高开断能力。但绝缘喷嘴易被电弧烧损。

SF_6 断路器每次开断后触头烧损很轻微,不仅适用于频繁操作,同时延长了检修周期。由于 SF_6 气体具有上述优点,所以 SF_6 断路器发展迅速,在高压和超高压系统中应用广泛。

2.3 隔离开关、高压负荷开关、高压熔断器

2.3.1 隔离开关

1. 隔离开关的用途、要求

隔离开关是高压开关电器的一种。因为它没有专门的灭弧结构,所以不能用来开、合负荷电流和短路电流。它需与断路器配合使用,只有由断路器开断电流之后才能对隔离开关进行操作。

在电力系统中,隔离开关的主要用途是:① 将停电的电气设备与带电的电网隔离,保证有明显的断开点,确保检修的安全;② 在双母线制的接线电路中,隔离开关可将电气设备或电路从一组母线切换到另一组母线上去(称为倒闸操作);③ 接通或开断小电流电路,如接通或开断电压 10 kV、距离 5 km 的空载送电线路,接通或开断电压为 35 kV、容量为 1 000 kV·A 及以下,电压为 110 kV、容量为 3 200 kV·A 及以下的空载变压器等。

根据隔离开关所担负的任务,应满足下列要求:① 隔离开关应具有明显的断开点,易于鉴别电器是否与电网断开;② 隔离开关断开点之间应有足够的距离、可靠的绝缘,以保证在恶劣的气候环境下也能可靠地起隔离作用,并保证在过电压及相间闪络的情况下,不致引起击穿而危及工作人员的安全;③ 具有足够的短路稳定性,运行中的隔离开关会受到短路电流的热效应和电动力效应的作用,所以要求它具有足够的热稳定性和动稳定性,尤其不能因电动力作用而自动断开,否则将引起严重事故;④ 隔离开关的结构应尽可能简单,动作要可靠;⑤ 带有接地刀闸的隔离开关必须相互有连锁,以保证先断开隔离开关、后闭合接地刀闸,先断开接地刀闸、后闭合隔离开关的操作顺序。高压隔离开关产品应符合最新国家标准《高压交流隔离开关和接地开关》(GB 1985—2004)。

2. 隔离开关类型

隔离开关可分为户内和户外两大类。

(1) 户内隔离开关。户内隔离开关有单极式和三极式两种,一般为刀闸式隔离开关,通常可动触头(刀闸)与支柱绝缘子的轴垂直装设,而且大多采用导体刀片触头,图 2.3.1 所示的为户内 GN_8-10 型隔离开关外形结构。由图可知,隔离开关的三相共装在同一个底座上,分、合闸操作由操动机构通过连动杆操动转轴完成。动触头(一极)为两根平行矩形条制成的刀闸,利用弹簧压力,夹在静触头两边,使动、静触头形成良好的线接触。动触头刀闸靠操作绝缘子转动,操作绝缘子与刀闸及主轴臂连接,可以对隔离开关进行分、合操作。

(2) 户外隔离开关。户外隔离开关的工作条件比户内隔离开关的差,受气象变化的影响也大,常见的影响有冰、风、雨、严寒和酷热等,因此,其绝缘强度和机械强度相应要求比较高。

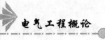
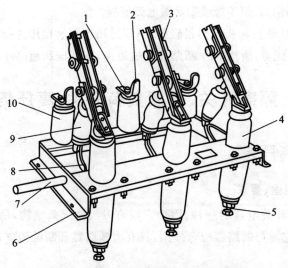

图 2.3.1 GN$_8$-10 型隔离开关外形结构

1—上接线端子;2—静触头;3—闸刀;4—套管绝缘子;5—下接线端子;6—框架;7—转轴;
8—拐臂;9—升降绝缘子;10—支持绝缘子

　　户外隔离开关有多种形式。图 2.3.2 所示为双柱式隔离开关单相外形图,每相有两个支持绝缘子,分别装在底座两端的轴承上,并以交叉连杆连接,可以水平转动。两端刀闸各固定在 1 个支持绝缘子的顶端,外装防护罩,以防雨、冰、雪和灰尘。进行操作时,操动机构的交叉连杆带动两个支持绝缘子向相反方向(一个顺时针,另一个逆时针)转动 90°,于是刀闸相应断开或闭合。图 2.3.2 所示中的隔离开关处于合闸位置,在主刀闸分开后,利用接地刀闸将出线侧接地,以保证检修工作的安全。

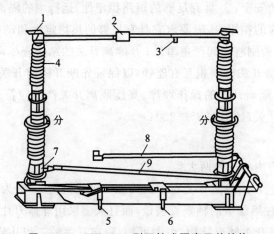

图 2.3.2 GW$_4$-110 型双柱式隔离开关结构

1—接线座;2—主触头;3—接地刀闸触头;4—支持绝缘子;5—主闸刀传动轴;6—接地刀闸传动轴;
7—轴承座;8—接地刀闸;9—交叉连杆

　　该系列隔离开关的主刀闸和接地刀闸分别配各类电动型或手动型操动机构进行三相联动操作,主刀闸和接地刀闸间装有机械连锁装置。

2.3.2　高压负荷开关

1. 高压负荷开关的用途和特点

高压负荷开关是一种结构比较简单、具有一定开断和关合能力的开关电器,常用于配电侧。它具有灭弧装置和一定的分、合闸速度,能开断正常的负荷电流和过负荷电流,也能关合一定的短路电流,但不能开断短路电流。因此,高压负荷开关可用于控制供电线路的负荷电流,也可以用来控制空载线路、空载变压器及电容器等。高压负荷开关在分闸时有明显的断口,可起到隔离开关的作用,与高压熔断器串联使用。因此,高压负荷开关可作为操作电器投切电路的正常负荷电流,而高压熔断器作为保护电器开断电路的短路电流及过负荷电流。在功率不大或可靠性能要求不高的配电回路中可用于代替断路器,以便简化配电装置,降低设备费用。高压负荷开关产品应符合最新国家标准 GB 3804《3.6 kV ～ 40.5 kV 高压交流负荷开关》(GB 3804—2004)。

据国外有关资料介绍,断路器与负荷开关的使用率之比为 1∶5 至 1∶6 之间,用负荷开关来取代常规断路器保护的方案具有明显的优点。

2. 几种典型的高压负荷开关的结构特点与基本原理

负荷开关的种类很多,按结构可分为油负荷开关、真空负荷开关、六氟化硫(SF_6)负荷开关、产气式负荷开关和压气型负荷开关等;按操作方式可分为手动操作负荷开关和电动操作负荷开关两类。这些产品集中使用于配电网中,如环网开关柜中,目前较为流行的是真空负荷开关。负荷开关配用熔断器等设备随着我国城网改造工作的推进越来越受到重视。下面介绍两种典型的高压负荷开关的结构特点与基本原理。

(1)真空负荷开关。真空负荷开关完全采用了真空开关管的灭弧优点以及相应的操作机构,由于负荷开关不具备开断短路电流的能力,故它在结构上较简单、适用于电流小、动作频繁的场合,常见真空负荷开关有户内型及户外柱上型两种。

图 2.3.3 所示为 ZFN-10R 型户内高压真空负荷开关与熔断器组合电器的外形结构,这种系列负荷开关的主要特点是无明显电弧、不会发生火灾及爆炸事故、可靠性好、使用寿命长、几乎不需要维护、体积小、重量轻,可用于各种成套配电装置,尤其是在城网中的箱式变电站、环网等设施中,具有很多优点。

(2)SF_6 负荷开关。SF_6 负荷开关适用于 10 kV 户外安装,它可用于关合负荷电流及关合额定短路电流,常用于城网中的环网供电系统,作为分段开关或分支线的配电开关。

图 2.3.3　ZFN-10R 型户内高压真空负荷开关

SF_6 负荷开关根据旋弧式原理进行灭弧,灭弧效果较好,同时,由于 SF_6 气体无老化现象,故 SF_6 负荷开关是城网建设中推荐采用的一种开关设备。

2.3.3　高压熔断器

高压熔断器的功能是当被保护线路流过短路电流或过负荷电流时,熔体会因自身产生

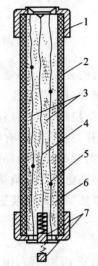

**图 2.3.4 RN₁、RN₂ 型熔断器
熔管内部结构图**

1— 金属管帽;2— 瓷管;3— 工作熔体;
4— 指示熔体;5— 锡球;6— 石英砂填料;
7— 熔断器指示器

的热量而自行熔断,从而达到切断电路、保护电网和设备的目的。高压熔断器产品应符合最新国家标准 GB/T 15166《高压交流熔断器》(GB/T 15166—2008)。

在高压熔断器中,熔体往往采用铜、银等制造,这些材料的熔点较高,电阻较小,制成的熔体截面可较小,有利于电弧的熄灭。但是,这些材料熔点高,小量且长时间过负荷时熔体不会熔断,结果失去保护作用。其改进措施是在铜或银线的表面焊上小锡球或小铅球,由于锡和铅的熔点较低,当熔体发热至锡和铅的熔点以上时,锡和铅球熔化并渗透到铜或银线里,形成合金,在这些点处熔点大大降低,将首先熔断,形成电弧,从而使熔体总体熔化。这种方法称为冶金效应法,亦称金属熔剂法。图 2.3.4 所示为户内型高压熔断器的内部结构,当短路电流或过负荷电流通过熔体时,熔断器的工作熔体先熔断,然后指示熔体熔断,指示器被弹簧推出,给出熔断器的指示信号。

户内型熔断器的熔管内的石英砂填料对电弧有强烈的去游离作用,因此,该系列的户内型熔断器灭弧能力强,灭弧速度快,能在短路电流未到达冲击值以前完全熄灭电弧,属于"限流式"熔断器。

用于户外配电线路的高压熔断器还有跌落式的。图 2.3.5 所示为其基本结构,通过固定

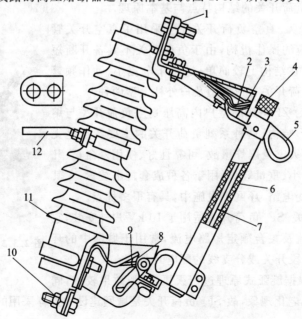

图 2.3.5 RW₄ 型高压跌落式熔断器基本结构图

1— 上接线端子;2— 上静触头;3— 上动触头;4— 管帽;5— 操作环;6— 熔管;7— 铜熔丝;8— 下动触头;
9— 下静触头;10— 下接线端子 11— 绝缘瓷瓶;12— 固定安装板

安装板安装在线路中(有倾斜度)。上下接线端接进出线,上静触头、上动触头构成打开后明显的断开点,下动触头套在下静触头内,并且可转动。

熔管的动触头借助熔体张力拉紧后,推入上静触头内锁紧,成闭合状态,熔断器处于合闸位置。当线路发生故障时,大电流使熔体熔断,熔管下端触头失去张力而转动下翻,使锁紧机构释放熔管,在触头弹力及熔管自重作用下,会旋转跌落,造成明显的可见断口。

跌落式熔断器不仅可以作为 35 kV 以下电力线路和变压器的短路保护,还可以用高压绝缘钩棒拉合熔管,以接通或开断小容量的空载变压器、空载线路和小负荷电流。它的灭弧能力不强,灭弧速度不快,不能在短路电流达到冲击值以前熄灭电弧,属于"非限流式"熔断器。

2.4　低压电器

2.4.1　低压熔断器

低压熔断器是串接在低压线路中的保护电器,主要用做低压配电系统的短路保护或过负荷保护,它是利用熔片通过电流时产生的热量使熔片本身熔断来切除故障线路。

低压熔断器无填料式,仅由熔体及绝缘瓷套组成,熔体主要是由铝、锡、锌及铅锡合金、低熔点合金等材料制成。居民家用常采用这种熔断器。图 2.4.1 所示为 RM_{10} 型低压密闭管式熔断器,它的特点是结构简单、更换熔体方便、运行安全可靠,但灭弧能力较差,不能在短路电流达到冲击值以前熄灭电弧,属于"非限流式"熔断器。

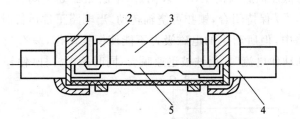

图 2.4.1　RM_{10} 型低压密闭管式熔断器

1—铜帽;2—管夹;3—纤维熔管;4—触刀;5—变截面锌熔片

有填料式熔断器广泛用于工厂企业中的低压电器的保护,其填料基本上是石英砂,石英砂能吸收电弧能量,熔体产生的金属蒸气可以扩散到砂粒的缝隙中,有利于加速电弧的熄灭。采用低熔点金属材料、熔化时所需热量少,有利于过载保护。

2.4.2　低压刀开关

低压刀开关是低压电器中结构比较简单、应用非常广泛的一种手动操作电器,其主要作用是将电路和电源隔离开,以保证检修人员的安全。

刀开关又称闸刀开关,是一种带有动触头(触刀)、在闭合位置与底座上的静触头(刀座)相锁合(或分离)的一种开关。它主要用于各种配电设备和供电线路,可作为非频繁接通和分断容量不太大的低压供电线路使用。当能满足隔离功能要求时,刀开关也可以用于隔离电源。

低压刀开关的种类很多,有负荷开关(开启式或封闭式)、组合开关等。负荷开关由低压刀开关和低压熔断器串联组合而成,具有带灭弧罩的刀开关和熔断器的双重功能,既可以带负荷操作,又能进行短路保护。常用的低压负荷开关有 HH 和 HK 两种系列。HH 系列为封闭式负荷开关,将刀开关与熔断器串联,安装在铁壳内,俗称铁壳开关。HH 系列一般用于额定电压为 380 V 的电力灌排、电热器、电力照明线路的配电设备中,作为手动不频繁接通和分断负荷电路使用。HK 系列为开启式负荷开关,外装瓷质胶盖,俗称胶壳开关。它是一种应用最广泛的手动电器,常用做交流额定电压为 380/220 V、额定电流为 100 A 的照明配电线路的电源开关和小容量电动机等非频繁启动的操作开关。

组合开关的触刀是转动的,操作比较轻巧,它的动触点(触刀)和静触点装在封闭的绝缘件内,采用叠装结构,其层数由动触点的数目决定。动触点安装在操作手柄的转轴上,随转轴旋转而改变各对触点的通断状态。

2.4.3　低压断路器

低压断路器俗称自动空气开关,按规定条件,可对配电电路、电动机或其他用电设备实行通断措施并起保护作用,即当它们发生严重过电流、过载、短路、断相和漏电等故障时,能自动切断电路。

通俗地讲,断路器是一种可以自动切断故障线路的保护开关,它既可用来接通和分断正常的负荷电流、电动机的工作电流和过载电流,也可用来接通和分断短路电流,在正常情况下还可以用于不频繁地接通和分断电路,以及控制电动机的启动和停止。

图 2.4.2 所示为低压断路器的工作原理图。图中断路器处于闭合状态,3 个主触头通过杠杆与锁扣(锁键、钩子)保持闭合,锁扣可绕轴转动。当电路正常运行时,电磁脱扣器的电磁线圈虽然串联在电路中,但所产生的电磁吸力不能使衔铁动作,只有当电路电流很大(如短路或严重过载),达到动作电流时,衔铁被迅速吸合,同时撞击杠杆,使锁扣脱扣,主触头被弹

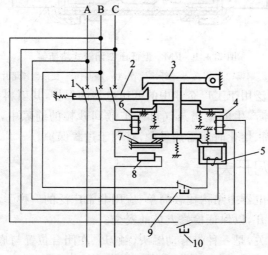

图 2.4.2　低压断路器的工作原理图

1— 主触头;2— 跳钩;3— 锁扣;4— 电磁脱扣器;5— 欠电压脱扣器;
6— 过流脱扣器;7— 热脱扣器;8— 加热电阻;9、10— 脱扣按钮

簧迅速拉开将主电路分断。电磁脱扣器一般是瞬时动作的。当线路发生过载但又达不到电磁脱扣器动作电流时,因尚有双金属片制成的热脱扣器,过载达到一定的值并经过一段时间,热脱扣器动作使主触头断开主电路,起到过载保护作用。热脱扣器是反时限工作的。电磁脱扣器和热脱扣器合称复式脱扣器。欠电压脱扣器在正常运行时衔铁吸合,当电源电压降低到额定电压的 40% ～ 75%(或失电压)时,吸力减小,衔铁被弹簧拉开,并撞击杠杆,使锁扣脱锁,实行欠电压(失电压)保护。

2.4.4　接触器

接触器主要用于频繁的操作。接触器种类繁多,有直流、交流的,有单相、三相的,其结构大同小异,主要由吸持电磁铁、主触头、辅助触头和灭弧罩、外壳等部件组成。

当需要操作接触器合闸时,电磁铁线圈通电,衔铁被吸向铁芯,使主触头闭合接通主电路,辅助触头也随之动作,其动作位置与主触头相对应。

当操作接触器跳闸时,电磁铁线圈断电,靠衔铁部分自身的重力或分闸弹簧力作用使接触头断开。主触头分断时发生的电弧受电磁力作用被拉入灭弧罩的金属栅内,电弧被分割成许多短弧而迅速熄灭。

接触器合闸线圈在额定电压的 85% 及以上时,能可靠地吸合,保证主触头在闭合状态。而当外加电压低于额定电压的 70% 时,因电磁吸合力不足,接触器将自动断开,所以接触器具有欠电压保护作用。

接触器除主触头之外,还有若干辅助触头。主触头闭合后,辅助常开触头也闭合,辅助常闭触头断开;主触头断开后,辅助常开触头也断开,辅助常闭触头闭合。接触器中的辅助触头主要用于电气控制。接触器和各种类型的控制电器配合使用时,可以实现装置的自动控制。

2.5　互　感　器

2.5.1　互感器概述

互感器是一次回路与二次回路的联络元件,在电力系统中专为测量和保护服务。它是一种特种变压器,可分为电流互感器和电压互感器两大类。互感器在供配电系统中的作用有以下几项。

(1)使测量仪表、继电保护等二次设备与主电路隔离。这样既可防止主电路的高电压、大电流直接引入仪表、继电器等二次设备,又可防止仪表、继电器等二次设备的故障影响主电路,从而提高一、二次电路运行的安全性和可靠性,并有利于保障人身安全。

(2)使测量仪表、继电器等标准化,有利于大批量生产。电压互感器的二次侧电压为 100 V 或 $(100/\sqrt{3})$ V,电流互感器的二次侧电流为 5 A 或 1 A,这样,可使测量仪表、继电器等标准化,规格单一,有利于大批量生产,从而降低成本。

(3)使测量仪表、继电器等二次设备的使用范围扩大。例如:用一只 5 A 的电流表,通过不同变流比的电流互感器就可以测量任意大的电流;用一只 100 V 的电压表,通过不同变压比的电压互感器就可以测量任意高的电压。

2.5.2 电流互感器

1. 电流互感器的工作原理

电流互感器是用来把大电流变换为小电流的变流器。其一次绕组串联在供电回路的一

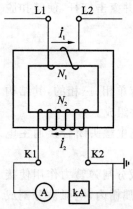

图 2.5.1 电流互感器 原理接线图

次电路中,匝数很少(有的直接穿过铁芯,只有 1 匝),导线很粗;二次绕组匝数很多,导线较细,与测量仪表、继电器等的电流线圈串联成闭合回路。由于二次回路串入的这些电流线圈的阻抗很小,所以,电流互感器工作时二次回路接近于短路状态。图 2.5.1 所示的为电流互感器的原理接线图。

电流互感器的一次电流 I_1 与二次电流 I_2 之间的关系为

$$I_1 \approx \frac{N_2}{N_1} I_2 = K_i I_2 \tag{2-1}$$

式中:N_1、N_2 分别为电流互感器一、二次绕组的匝数;K_i 为电流互感器的变流比,一般表示为一、二次绕组的额定电流之比,即 $K_i = I_{N1}/I_{N2}$。

2. 电流互感器的误差

电流互感器的简化等效电路和相量图如图 2.5.2 所示。

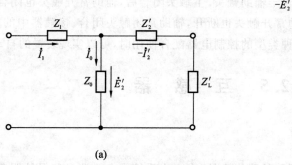 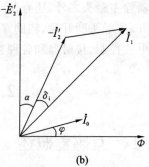

图 2.5.2 电流互感器的等效电路和相量图

(a) 等效电路;(b) 相量图

根据磁势平衡原理可知

$$\dot{I}_1 N_1 + \dot{I}_2 N_2 = \dot{I}_0 N_1 \tag{2-2}$$

或

$$\dot{I}_1 = \dot{I}_0 - \dot{I}_2 \frac{N_2}{N_1} = \dot{I}_0 - \dot{I}'_2$$

若以磁通 $\dot{\Phi}$ 为基准,则 $-\dot{E}'_2$ 应比 $\dot{\Phi}$ 超前 $90°$,$\dot{I}_0$ 比 $\dot{\Phi}$ 超前 φ 角(励磁损耗角)。由于二次绕组和二次负荷阻抗一般均呈感性,所以 $-\dot{I}'_2$ 比 $-\dot{E}'_2$ 滞后 α 角。根据上式可绘出 $\dot{I}_1$ 的相量。由相量图可知,电流互感器归算到一次侧的二次电流 $\dot{I}'_2$ 与一次电流 $\dot{I}_1$ 不仅在数值上不相等,而且相位也不相同,即出现了电流误差(又称比值差)和相位误差(又称角差)。

电流误差 f_i 是二次电流乘以额定变流比 K_i 与一次电流数值之差除以一次电流的百分数,即

$$f_i = \frac{K_i I_2 - I_1}{I_1} \times 100\%\tag{2-3}$$

相位误差 δ_i 是 $-\dot{I}'_2$ 与 $\dot{I}_1$ 的相角差,并规定若 $-\dot{I}'_2$ 超前于 $\dot{I}_1$,δ_i 为正值,反之为负值。

由于相位误差 δ_i 很小,因此可以认定电流误差就是励磁电流 $\dot{I}_0$ 横向分量除以一次电流的百分数,相位误差就是 $\dot{I}_1$ 纵向分量除以一次电流的角度数,即

$$f_i \approx \frac{I_0 \sin(\alpha + \varphi)}{I_1} \times 100\%\tag{2-4}$$

$$\delta_i \approx \sin\delta_i = \frac{I_0 \cos(\alpha + \varphi)}{I_1} \times 57.3° = \frac{I_0 \cos(\alpha + \varphi)}{I_1} \times 3\ 440'\tag{2-5}$$

式中:δ_i 为相位误差(′)。

由于电流互感器在转变过程中磁化特性的非线性特性,励磁电流和二次电流会出现高次谐波分量,这时使用相量图来表示误差已不合理,因而新的国家标准提出了一项新指标——复合误差,它主要适用于保护。

复合误差是指在稳态情况下,电流互感器二次电流瞬时值乘以额定变流比后,与一次电流瞬时值之差的有效值占一次电流有效值的百分数,即

$$\varepsilon = \frac{100}{I_1} \sqrt{\frac{1}{T} \int_0^T (K_i i_2 - i_1)^2 \mathrm{d}t}\tag{2-6}$$

式中:I_1 为一次电流有效值,A;i_1 为一次电流瞬时值,A;i_2 为二次电流瞬时值,A;T 为一个电流周期的时间,s。

电流互感器根据误差的不同可分成多个标准级别,它是按最大允许误差表示的。测量用电流互感器准确度级别和误差限值如表 2.5.1 所示,保护用电流互感器的准确度级别和误差限值如表 2.5.2 所示。

表 2.5.1 测量用电流互感器的准确度级别和误差限值

准确度级别	一次电流为额定电流的百分数 /(± %)	误差限值		二次负荷变化范围
		电流误差 /(± %)	相位差 /(±′)	
0.2	10	0.5	20	
	20	0.35	15	
	100 ~ 120	0.2	10	
0.5	10	1	60	
	20	0.75	45	$(0.25 \sim 1)S_{N2}$
	100 ~ 120	0.5	30	
1	10	2	120	
	20	1.5	90	
	100 ~ 120	1	60	
3	50 ~ 120	3	无规定	$(0.5 \sim 1)S_{N2}$

表 2.5.2　保护用电流互感器的准确度级别和误差限值

准确度级别	电流误差 /(± %)	相位差 /(±′)	复合误差（在额定准确限值一次电流下）/(± %)
	在额定一次电流下		
5P	1	60	5
10P	3	—	10

3. 电流互感器的类型和型号

电流互感器的类型很多：按一次电压可分为高压和低压两大类；按一次线圈匝数可分为单匝式和多匝式两类；按安装地点分，有户内式和户外式两类；按用途可分为测量用和保护用两类；按准确度等级可分为 0.2、0.5、1、3、5P 和 10P 等几个等级；按绝缘介质可分为油浸式和干式（含环氧树脂浇注式）两类；按安装形式可分为穿墙式、母线式、套管式和支持式等。目前，应用最广泛的是环氧树脂浇注绝缘的干式电流互感器，下面介绍在中小型变电所中常用的几种电流互感器。

图 2.5.3 所示为 LQJ-10 型环氧树脂浇注绝缘户内线圈式电流互感器的外形结构示意。该电流互感器主要用于 10 kV 配电系统中，供电流、电能和功率测量，以及继电保护之用。它有两个铁芯和两个二次绕组，分别为 0.5 级和 3 级，0.5 级用于测量，3 级用于继电保护。

图 2.5.4 所示为 LLB-110 型 SF$_6$ 电流互感器的外形结构。该型互感器为倒挂式结构，主要由底座、瓷套、躯壳，以及躯壳内部的一次、二次绕组组成。互感器的底座、瓷套与顶部躯壳内部充以 SF$_6$ 气体作为绝缘介质。该型互感器具有体积小、重量轻、运行可靠、密封性能好和力学强度高等特点，主要用于 110 kV 的电力系统中，作为电流、电能计量和继电保护用。

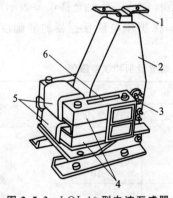

图 2.5.3　LQJ-10 型电流互感器

1— 一次接线端子；2— 一次绕组；3— 二次接线端子；

4— 铁芯；5— 二次绕组；6— 警告牌

图 2.5.4　LLB-110 型 SF$_6$ 电流互感器

4. 电流互感器的极性与接线方式

（1）电流互感器的极性。为了能正确接线和分析问题，电流互感器一次绕组和二次绕组的出线端子要标示极性。我国均采用"减极性"原则确定电流互感器的极性端，即在一次绕组和二次绕组的同极性端（同名端）同时加入某一同相位电流时，两个绕组产生的磁通在铁芯中同方向。通常，一次绕组的出线端子标为 L1 和 L2，二次绕组的出线端子标为 K1 和 K2，其中,L1 和 K1 为同名端,L2 和 K2 为同名端。如果一次电流从极性端流入时,则二次电流应从同极性端流出。如果极性接反,其二次侧的测量仪表、继电器中获得的电流就不是预想值,甚至可能烧坏电流表。

(2)电流互感器的接线方式。电流互感器的接线方式是指电流互感器与测量仪表或电流继电器之间的接线方式。常用的几种接线方式如图 2.5.5 所示。

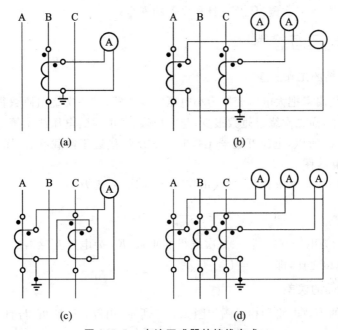

图 2.5.5　电流互感器的接线方式

(a)一相式接线;(b)两相两继电器接线;(c)两相一继电器接线;(d)三相三继电器接线

① 一相式接线(见图 2.5.5(a))。电流绕组中流过的电流,反映一次电路相应相的电流。通常用于负荷平衡的三相电路中,作电流测量和过负荷保护之用。

② 两相两继电器接线(又称两相不完全星形接线或两相 V 形接线,见图 2.5.5(b))。两台电流互感器分别接于 A、C 两相上,在正常及三相短路时,流过公共线的电流为 $\dot{I}_a + \dot{I}_c = -\dot{I}_b$,反映的恰好是未接互感器的 B 相电流,但方向相反。这种接线常用于中性点不接地的三相三线制系统中,作三相电流测量、电能测量和相间短路保护之用。

③ 两相一继电器接线(又称两相电流差接线,见图 2.5.5(c))。在正常及三相短路时,流过公共线的电流为 A、C 两相电流互感器二次电流的相量差 $\dot{I}_a - \dot{I}_c$,其值为互感器二次电流的 $\sqrt{3}$ 倍。这种接线比较经济,常用于中性点不接地的三相三线制系统中,作相间短路保护之用。

④ 三相三继电器接线(又称三相完全星形接线,见图 2.5.5(d))。这种接线中的三个电流绕组,正好反映各相电流,广泛应用在负荷不平衡的三相四线制系统中,也可用在负荷可能不平衡的三相三线制系统中,作三相电流、电能测量及过电流保护之用。但这种接线方案使用元件较多,费用较高。

5. 电流互感器的使用注意事项

(1)电流互感器在工作时,二次侧绝对不允许开路。由于正常工作时,电流互感器的二次侧接近于短路状态,如果二次侧开路,互感器成为空载运行,此时,一次侧被测电流成了励磁电流,铁芯中的磁通会急剧增加,这一方面会使二次侧感应出很高的电压,危及人身和设备的安全;另一方面会使铁耗大大增加,使铁芯过热,影响电流互感器的性能,甚至烧坏互感器。

(2)电流互感器的二次侧必须有一端接地。这主要是为了防止一、二次绕组间绝缘损坏后,一次侧的高压窜入二次侧,危及人身和设备的安全。

2.5.3 电压互感器

1. 电压互感器的工作原理

电压互感器是用来把大电压变换为小电压的变压器,其一次绕组匝数很多,并联在供电系统的一次电路中,而二次绕组匝数很少,与电压表、继电器的电压线圈等并联。由于这些电压线圈的阻抗较大,所以,电压互感器工作时二次绕组接近于空载状态。图 2.5.6 所示为电压互感器的原理接线图。

电压互感器的一次电压 U_1 与二次电压 U_2 之间的关系为

$$U_1 \approx \frac{N_1}{N_2}U_2 = K_{\mathrm{u}}U_2 \tag{2-7}$$

式中:N_1、N_2 分别为电压互感器一、二次绕组的匝数;K_{u} 为电压互感器的变压比,一般表示为一、二次额定电压之比,即 $K_{\mathrm{u}} = U_{\mathrm{N1}}/U_{\mathrm{N2}}$。

2. 电压互感器的误差

电压互感器的等效电路和相量图如图 2.5.7 所示。由等效电路可得出电压方程式为

$$\dot{U}_1 = -(\dot{U}'_2 + \dot{I}'_2 Z'_2) + \dot{I}_1 Z_1 = -\dot{U}'_2 - \dot{I}'_2 Z'_2 + (\dot{I}_0 - \dot{I}'_2) Z_1$$
$$= -\dot{U}'_2 + \dot{I}_0 Z_1 - \dot{I}'_2 (Z_1 + Z'_2) \tag{2-8}$$

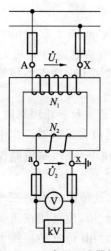

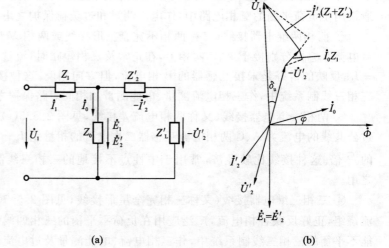

(a)　　　　　　　　　　　(b)

图 2.5.6　电压互感器的　　　　　　　　　图 2.5.7　电压互感器的等效电路和相量图
　　　　　原理接线图　　　　　　　　　　　　　　　(a)等效电路;(b)相量图

若以磁通 $\dot{\Phi}$ 为基准,则 $\dot{E}'_1$ 应比 $\dot{\Phi}$ 落后 $90°$,$\dot{I}_0$ 比 $\dot{\Phi}$ 超前 φ 角(励磁损耗角)。二次绕组的

电压 $\dot{U}'_2$、电流 $\dot{I}'_2$ 和电动势 $\dot{E}'_2$ 这三个相量之间满足方程 $\dot{E}'_2 = \dot{U}'_2 + \dot{I}'_2 Z_2$。根据上式可绘出 $\dot{U}_1$ 的相量，由相量图可知，电压互感器的二次电压 $\dot{U}'_2$ 与一次电压 $\dot{U}_1$ 不仅在数值上不相等，相位差也不是 $180°$，即存在电压误差（比值差）和相位误差（角差）。

电压误差是二次电压乘以额定电压比 K_u 与一次电压数值之差除以一次电压的百分数，即

$$f_u = \frac{K_u U_2 - U_1}{U_1} \times 100\% \tag{2-9}$$

相位误差 δ_u 是 $-\dot{U}'_2$ 与 $\dot{U}_1$ 的相位差角，并规定 $-\dot{U}'_2$ 超前于 $\dot{U}_1$ 时，δ_u 为正值，反之，为负值。

为了保证各种测量仪表、继电保护和自动装置的准确性，应将电压互感器的误差限制在一定范围之内，通常以准确级别表示。电压互感器根据误差的不同可分成多个准确度级别，它是按比值差的百分数来表示的，表 2.5.3 所示为电压互感器的准确度等级和误差限值，其中，0.2、0.5、1 和 3 等级为测量用电压互感器，3P 和 6P 等级为保护用电压互感器。

电压互感器的额定输出容量 S_{N2}，是指在额定二次电压 U_{N2} 和额定负荷下，供给二次回路的视载功率值，此时的误差如表 2.5.3 所示。由于电压互感器的误差是随二次负荷功率因素的大小变化而变化的，如果外接负荷容量大于额定容量，电压互感器的准确度将降低。因此，只要电压互感器的实际二次负荷 S_2 不超过额定值 S_{N2}，则电压互感器的误差就不会超限。

表 2.5.3　电压互感器的准确度等级和误差限值

准确度等级	误差限值		一次电压变化范围	二次负荷变化范围
	电流误差 /($\pm$%)	相位差 /($\pm'$)		
0.2	0.2	10	$(0.8 \sim 1.2)U_{N1}$	$(0.25 \sim 1)S_{N2}$
0.5	0.5	20		
1	1	40		
3	3	不规定		
3P	3	120	$(0.05 \sim 1)U_{N1}$	
6P	6	240		

3. 电压互感器的类型和型号

电压互感器按相数可分为单相和三相两大类，按用途可分为测量用和保护用两类，按准确度等级可分为 0.2、0.5、1、3、3P、6P 等几个等级，按安装地点可分为户内式和户外式两类，按绝缘介质可分为油浸式和干式（含环氧树脂浇注式）等。目前，应用最广泛的是环氧树脂浇注绝缘的干式电压互感器，下面介绍在中小型变电所中常用的各种电压互感器。

(1)JDJ 型单相双绕组油浸式电压互感器。该系列电压互感器的铁芯和绕组浸在充有变压器油的油箱内，绕组的引出线通过固定在箱盖上的瓷套管引出，主要用于 $6 \sim 35$ kV 电力系统中，供电压、电能、功率的测量和继电保护用。其中，JDJ-6 型和 JDJ-10 型为户内式，JDJ-35 型为户外式。图 2.5.8 所示的为 JDJ-10 型电压互感器的外形结构。

(2)JDZJ 型单相三绕组环氧树脂浇注绝缘的户内式电压互感器。该系列电压互感器的额定电压为 $\dfrac{10\,000\ \text{V}}{\sqrt{3}} \bigg/ \dfrac{100\ \text{V}}{\sqrt{3}} \bigg/ \dfrac{100\ \text{V}}{3}$，采用 $Y_0 / Y_0 / \triangle$ 形接线，用于小电流接地系统中的电

压、电能测量和绝缘监视。

(3)JSJW 型三相三线圈五芯柱油浸式电压互感器。它用于小电流接地系统中的电压、电能测量和绝缘监视。

(4)JDC$_6$-110(原 JCC$_6$-110)型单相三绕组串级式电压互感器。本产品具有良好的励磁特性,抗谐振能力强,运行可靠,维护方便,顶部装有不锈钢波纹式膨胀器,为全密封结构,主要用于 110 kV 电力系统中,作电压、电能测量和继电保护用。图 2.5.9 所示的为 JDC$_6$-110 型电压互感器的外形结构。

图 2.5.8　JDJ-10 型电压互感器　　　　图 2.5.9　JDC$_6$-110 型电压互感器

4. 电压互感器的极性和接线方式

(1)电压互感器的极性。电压互感器的极性采用减极性原则确定。通常,单相电压互感器一次绕组的出线端子标为 A 和 X,二次绕组的出线端子标为 a 和 x,其中,A 和 a 为同名端,X 和 x 为同名端。如果一次电压的方向由 A 指向 X,则二次电压的方向由 a 指向 x。

(2)电压互感器接线方式。电压互感器的接线方式是指电压互感器与测量仪表或电压继电器之间的接线方式。常见的几种接线方式如图 2.5.10 所示。

① 单相式接线(见图 2.5.10(a))。用一个单相电压互感器接于电路中,可用来测量电网的线电压(小电流接地系统)或相对地电压(大电流接地系统)。

②V/ V 形接线(见图 2.5.10(b))。用两个单相电压互感器接成 V/ V 形,可用来测量三相三线制电路的各个线电压,但不能测量相电压,主要用于中性点不接地的小电流接地系统中。

③Y$_0$/ Y$_0$ 形接线(见图 2.5.10(c))。用三个单相电压互感器接成 Y$_0$/ Y$_0$ 形,可用来测量电网的线电压,并可供电给接相电压的绝缘监视电压表。

④Y$_0$/ Y$_0$/ △(开口三角) 形接线(见图 2.5.10(d))。用三个单相三绕组电压互感器或一个三相五柱式电压互感器接成 Y$_0$/ Y$_0$/ △形,可用来测量电网的线电压和相电压,主要用于电流接地系统的绝缘监视装置。其中,接成 Y$_0$ 的二次绕组,接测量每相对地电压的绝缘监视电压表;接成开口三角形的辅助二次绕组,构成零序电压过滤器,供电给监视线路绝缘的过电压继电器。正常运行时,三相电压基本对称,开口三角形两端的电压接近于零。当小电流系统发生单相接地故障时,开口三角形两端将出现接近 100 V 的零序电压,使过电压继电器动作,发出接地故障信号。

5. 电压互感器的使用注意事项

(1)电压互感器的二次侧在工作时绝对不允许短路。由于正常工作时电压互感器的二次

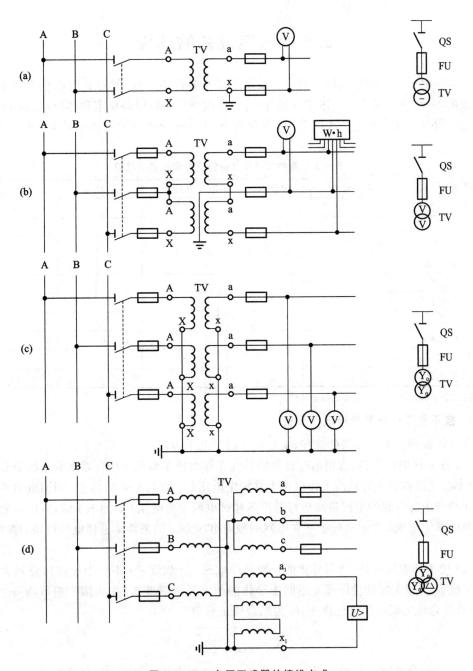

图 2.5.10　电压互感器的接线方式

(a) 单相式接线；(b) V/V 形接线；(c) Y$_0$/Y$_0$ 形接线；(d) Y$_0$/Y$_0$/△ 接线

侧接近于开路状态,如果二次侧短路,则会产生很大的短路电流,有可能烧坏互感器。因此,电压互感器的一、二次侧必须装设熔断器进行短路保护。

(2) 电压互感器的二次侧必须有一端接地。这主要是为了防止一、二次绕组间绝缘损坏后,一次侧的高压传到二次侧,危及人身和设备的安全。

2.6 电气设备的选择

尽管变电所中不同电气设备的运行要求和工作条件不一样,但对它们的基本技术要求是一致的,必须按长期正常工作条件进行选择,按短路情况校验动稳定和热稳定。根据《电力工程电气设计手册(电气一次部分)》,各种电气设备进行选择和校验的项目,如表 2.6.1 所示。

表 2.6.1　各种电气设备进行选择和校验的项目

设备名称	额定电压	额定电流	额定开断电流	动稳定	热稳定
导体及母线	×	√	×	√	√
电缆	√	√	×	×	√
断路器	√	√	√	√	√
隔离开关	√	√	×	√	√
熔断器	√	√	√	×	×
支柱绝缘子	√	×	×	√	×
套管绝缘子	√	√	×	√	√
电流互感器	√	√	×	√	√
电压互感器	√	×	×	×	×
成套配电装置	√	√	√	×	×

注:√ 表示选择此项,× 表示不选择此项。

1. 按正常工作条件选择电气设备

电气设备按正常工作条件选择,主要包含以下几个方面。

(1)按工作电压选择。选用电气设备的最高工作电压不应低于所在系统的系统最高电压值。由于电气设备的允许最高工作电压为其额定电压 U_N 的 $1.1 \sim 1.15$ 倍,而因电力系统负荷变化和调压等引起的电网最高运行电压不超过电网额定电压 U_N 的 1.1 倍,所以一般按电气设备的额定电压 U_N 不得低于所在电网的额定电压 U_{NS} 的条件来选择电气设备,即

$$U_N \geqslant U_{NS} \tag{2-10}$$

(2)按工作电流选择。选用导体的长期允许电流 I_{al}(载流量)不得小于该回路最大持续工作电流 I_{max},当实际环境温度 θ 不同于导体的额定环境温度 θ_0(在我国一般取为 $+40℃$)时,其长期允许电流应该进行修正,K 为综合修正系数。

$$K = \sqrt{\frac{\theta_{max} - \theta}{\theta_{max} - \theta_0}} \tag{2-11}$$

式中:θ_{max} 为导体长期工作时的最高允许温度;θ 为导体安装地点的实际环境温度。

对于断路器、隔离开关、组合电器、负荷开关等长期工作电气,在选择其额定电流 I_N 时,应满足各种可能运行方式下回路最大持续工作电流 I_{max} 的要求,即

$$I_N(或 KI_{al}) \geqslant I_{max} \tag{2-12}$$

(3)按当地环境条件校核。电气设备正常使用环境的海拔高度不超过 1 000 m,若海拔高度增加,由于空气稀薄,气压降低,空气绝缘强度会减弱,使电气对外绝缘水平降低而对内绝缘没有影响。安装在海拔高于 1 000 m 不超过 4 000 m 的电器设备:对外绝缘,海拔高度每升

高 100 m,其外绝缘强度约下降 1%;对于允许温升,当最高周围空气温度为 40℃ 时,海拔高度每超过 100 m(以海拔高度 1 000 m 为起点),允许温升降低 0.3%。

我国目前生产的电气设备使用的额定环境温度为 +40℃。当周围空气温度在 40～60℃ 时,环境温度每增高 1℃,推荐减小额定电流 1.8%;当周围空气温度低于 +40℃ 时,环境温度每降低 1℃,推荐增加额定电流 0.5%,但其最大过负荷不得超过额定电流的 20%。选择电气设备的实际温度与其类别及安装场所(户内或户外)有关。

当气温、风速、温度、污秽等级、海拔、地震烈度和覆冰厚度等环境条件超过一般电气设备使用条件时,应采取措施,同时也要考虑防尘、防火、防爆、防腐等要求。

2. 按短路条件校验热稳定和动稳定

1)电气设备热稳定性校验

若电气设备能耐受短路电流流过时间内的热效应而不致损坏,则认为该电气设备对短路电流是热稳定的。

(1)导体通常按最小截面法校验热稳定。其满足热稳定的条件为

$$S_{min} = \frac{\sqrt{Q_k}}{C}$$ (2-13)

式中:S_{min} 为导体(架空线路、母线、电缆)所需的最小截面积,mm^2;Q_k 为短路电流热效应,$kA^2 \cdot s$;C 为热稳定系数,$\sqrt{J/(\Omega \cdot m^4)}$。不同工作温度下裸导体的 C 值,Q_k 的计算和 C 值大小可以查阅相关设计手册。

(2)电器通常按热稳定电流及其通过时间来校验热稳定。其满足热稳定的条件为

$$I_t^2 t \geqslant Q_k$$ (2-14)

式中:I_t 为所选用电器 t(单位为 s)时间内允许通过的热稳定电流。

2)电气设备动稳定性校验

动稳定是指电气设备承受短路电流产生的电动力效应而不损坏的能力。电气设备动稳定按应力和电动力校验,电气设备满足动稳定的条件为

$$i_{es} \geqslant i_M \quad 或 \quad I_{es} \geqslant I_M$$ (2-15)

式中:i_M、I_M 分别为短路冲击电流的幅值和有效值,$i_M = \sqrt{2}K_M I''$,其中,I'' 为短路电流周期分量最大有效值(又称次暂态短路电流有效值),K_M 为冲击系数,取值与被校验电气设备的安装位置有关,发电机端取 1.9,发电厂高压母线及发电机电压电抗器后取 1.85,远离发电机时取 1.8;i_{es}、I_{es} 分别为电气设备允许通过的动稳定电流幅值和有效值,生产厂商用此电流表示电器的动稳定特性,在此电流作用下电气设备能继续正常工作而不发生机械损坏。

思考与练习题

2-1 电弧放电有何特点?何为游离和去游离?它们各有哪几种形式?

2-2 开关电器常用的熄灭交流电弧的方法有哪些?

2-3 高压断路器如何分类?各自的特点是什么?

2-4 高压隔离开关有什么功能?为什么不能带负荷操作?

2-5　高压负荷开关结构特点是什么?

2-6　高压熔断器的主要功能是什么?什么是"限流式"熔断器?

2-7　常见的低压电器种类有哪些?各有什么功能?

2-8　电流互感器和电压互感器的作用分别是什么?

2-9　电流互感器和电压互感器的接线方式各有哪几种?

2-10　电流互感器和电压互感器在运行中要注意什么事项?为什么?

2-11　电气设备选择的基本要求是什么?如何校验电气设备的热稳定和动稳定?

2-12　高压断路器、互感器、熔断器在选择时,哪些需要校验动稳定和热稳定?

第3章 电气一次系统

电力系统按作用不同可分为一次系统和二次系统。一次系统是承担电能的输送和电能分配任务的高压系统,一次系统中所有的电气设备称为一次电气设备。二次系统是承担对一次系统的电气设备进行监视、控制、测量和保护的系统,二次系统中所有的设备称为二次设备。

3.1　发　电　工　程

发电厂是将各种形式的一次能源转换成电能的工厂,按照一次能源形式的不同,发电厂可以分为火力发电厂(简称火电厂)、水力发电厂(简称水电厂)、核能电厂(简称核电厂)、风力发电站、太阳能发电站和其他形式能源的发电厂。

3.1.1　火力发电工程

1. 火电厂的分类

火电厂是将煤、天然气、石油及其制品等燃料的化学能转换为电能的工厂,以燃煤为主。目前,在我国电力系统中,火电厂的装机容量约占总装机容量的70%。火电厂按原动机可以分为凝汽式汽轮发电、燃气汽轮发电厂、内燃机发电厂和蒸汽-燃气轮机发电厂等;按作用分为凝汽式火电厂和热电厂两类。

不对厂外用户供热,只对外提供电能的火电厂称为凝汽式火电厂,它在电力系统中占绝大多数。对外提供电能并给厂外用户供热的火电厂称为热电厂,此类电厂在寒冷地区较多。凝汽式火电厂在凝汽器中,由于大量的热量被循环水带走,因此,该类型电厂的效率低,效率只有30%～40%。热电厂与凝汽式火电厂不同之处在于汽轮机中一部分做过功的蒸汽,在中间段被抽出直接供给用户,减少被循环水带走的热量损失,提高了效率,现代热电厂的效率可达到60%～70%。

2. 火电厂的生产流程

火电厂的生产流程如图3.1.1所示。煤经过磨煤机磨成煤粉,煤粉由喷燃器喷入锅炉炉膛燃烧,燃烧产生的热能使锅炉中的水加热为过热蒸汽,过热蒸汽经主蒸汽管进入汽轮机,高速流动的蒸汽推动汽轮机叶片旋转,使汽轮机带动发电机旋转产生电能。在汽轮机中做过功的蒸汽排入凝汽器,循环水泵打入的循环水将排气迅速冷却而凝结,凝结水经过加热、除氧等处理重新送回锅炉使用。

3. 火电厂的特点

火电厂与其他类型电厂相比有以下特点。

(1)布局灵活,装机容量大小可以按需要决定。

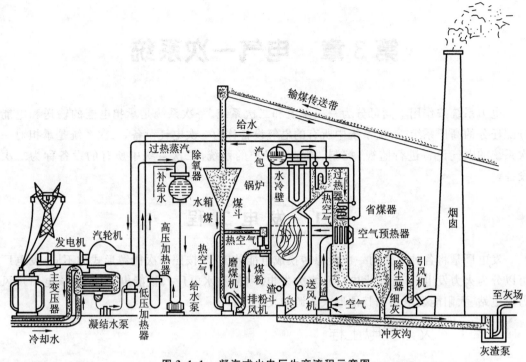

图 3.1.1　凝汽式火电厂生产流程示意图

(2) 一次性建造投资少,建造工期短,发电设备年利用小时数较高。

(3) 煤耗量大,单位发电成本比水电厂高 3 ～ 4 倍。

(4) 动力设备繁多,控制操作复杂。

(5) 机组启、停缓慢。

(6) 机组发电有最低负荷限制。

(7) 对空气、环境污染大。

3.1.2　水力发电工程

水电厂是将水的位能和动能转换为电能的工厂。水电厂根据水力枢纽布置的不同,可以分为坝式水电厂、引水式水电厂、抽水蓄能式水电厂等。

1. 坝式水电厂

坝式水电厂是在河流上落差较大的适宜地段拦河建坝,形成水库,抬高上游的水位,利用上下游形成水位差进行发电的水电厂。根据水电厂厂房位置的不同,可以分为以下两种形式。

(1) 坝后式。发电厂房在坝后,全部水头压力由坝体承担,水库的水由压力水管引入水轮机涡壳,推动水轮机转子,水轮机带动发电机发电,图 3.1.2 所示为坝后式水电厂结构。三门峡、刘家峡、丹江口、三峡水电站均属于坝后式水电厂。

(2) 河床式。发电厂房在坝侧的河床上,厂房与拦河连接,成为坝体的一部分,厂房承受水的压力,适用于水头小于 50 m 的水电厂,图 3.1.3 所示为河床式水电厂结构。如葛洲坝水电站属于河床式水电厂。

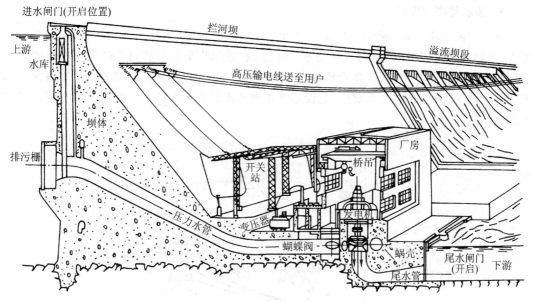

图 3.1.2 坝后式水电厂结构示意图

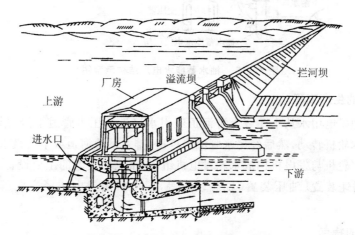

图 3.1.3 河床式水电厂结构示意图

2. 引水式水电厂

引水式水电厂是利用天然河道的落差集中进行发电的水电厂,一般不需要修建坝或只需修低堰。图 3.1.4 所示为引水式水电厂结构。

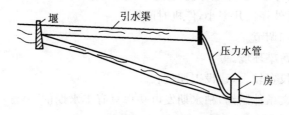

图 3.1.4 引水式水电厂结构示意图

3. 抽水蓄能水电厂

抽水蓄能水电厂是一种特殊形式的水电厂,图 3.1.5 所示为抽水蓄能水电厂结构。它设有上、下两座水库,用压力隧洞或压力水管相连。在系统小负荷时将富余的电力把下游水库中的水抽到上游水库;在系统高峰负荷时利用上游水库中的水发电,显然该电厂在系统中起到填谷调峰的作用。在电力系统中,建设适当比例抽水蓄能水电厂可以提高系统运行的经济性和可靠性。

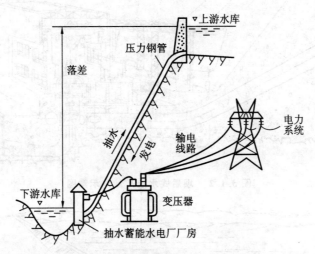

图 3.1.5 抽水蓄能水电厂结构示意图

4. 水电厂的生产流程

引水系统把发电用水从水库或上游河道经引水口进入压力管道下泄,形成高速水流进入主厂房推动水轮机转动,然后经尾水管流出厂房,排入下游河道或下一级水库。

发电系统水轮机与发电机构成水轮发电机组,是水电厂发电的主要设备,另外还有进口阀门、水轮机调速装置、油压装置、励磁装置等,发电机出口电压经主变压器升压后送入电网。

5. 水电厂的特点

水电厂与其他类型电厂相比有以下特点。

(1) 可以综合利用水力资源。

(2) 不使用燃料,发电成本低,仅为同容量火电厂成本的 25% ～ 35%,效率高。

(3) 运行灵活,启停迅速,无最低负荷限制,适于承担调峰、调频、事故备用。

(4) 设备简单,意外停机几率小,停机时间短。

(5) 水能可存储和调节。

(6) 水能发电不污染环境。

(7) 水电厂初期投资较大,建设工期较长。

(8) 水电厂受水文条件制约,枯水期发电功率只有丰水期的 30%,全年最大负荷利用小时数低。

(9) 由于水库的兴建,造成淹没土地,影响生态环境。

3.1.3　核电工程

核电厂也称为核电站,是利用原子核裂变时产生的核能转变为电能,即原子反应堆中核燃料(如铀等)裂变放出热能产生蒸汽(代替火电厂中的锅炉),驱动汽轮机,带动发电机旋转发电的工厂。核电厂根据核反应堆的类型可分为压水堆式、沸水堆式、气冷堆式和重水堆式等几种。

1. 核电厂的生产流程

核电厂包含两个部分,即一回路系统和二回路系统,常见的压水堆式核电厂结构如图3.1.6 所示。

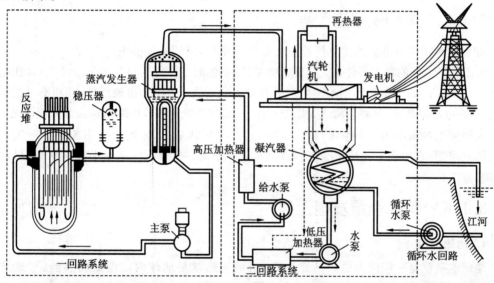

图 3.1.6　压水堆式核电厂结构示意图

一回路系统中的冷却剂用轻水(H_2O),少数用重水(D_2O)冷却剂在主泵作用下送入核反应堆,经反应堆加热吸收大量热量,途经蒸汽发生器时,把热量传递给二次回路系统的水,产生蒸汽进入汽轮机,汽轮机旋转带动发电机发电。

蒸汽发生器与核反应堆相当于一般火电厂的锅炉,而核电厂的二回路系统与火电厂的蒸汽动力循环系统类似,在此不再介绍。

2. 核电厂的特点

(1) 核电厂建设费用高,燃料费用便宜。

(2) 带固定负荷运行。

(3) 为保证核反应堆的安全,不参与系统的调节。

3.1.4　风力发电工程

将风能转换为电能的发电厂,称为风力发电厂。利用风力发电已越来越成为风能利用的主要形式,受到世界各国的高度重视,而且发展速度最快。风力发电是利用风力机(又称为风车)将风能转换成机械能、再转换为电能的。它通常有三种运行方式:一是独立运行方式,通常一台小型风力发电机向一户或几户提供电力,它用蓄电池蓄能,以保证无风时的用电;二是风力发电与其他发电方式(如柴油机发电)相结合,向一个单位或一个村庄或一个海岛供电;三是风力发电并入常规电网运行,向大电网供电,常常是一处风场安装几十台甚至几百台风力发电机,这是风力发电的主要发展方向。

风力发电机利用其桨叶吸收风能发电,风机的工作速度一般为 $3 \sim 24$ m/s,理想风机风速在 $12 \sim 24$ m/s 范围内可保持输出功率的恒定。由于异步发电机转子无励磁系统,因此结构简单,运行可靠,目前已在风力发电中普遍应用。

风力发电机的单机容量不大,一般为 $1 \sim 3$ MW,在一个区域建有一群风力发电机组,称为风力发电厂。

3.1.5　太阳能发电工程

将太阳能转换为电能的发电厂称为太阳能发电厂,又叫太阳能电站。

太阳能发电厂的最小器件是太阳能电池单体,单体的工作电压为 $0.45 \sim 0.5$ V,工作电流为 $20 \sim 25$ mA/cm^2,将多个电池单体串、并联并封装后构成太阳能电池组件,其功率可达到几百瓦,多个电池组件串、并联后构成太阳能电池方阵,多个电池方阵并联后构成太阳能电站。

太阳能电池最早用于太空飞行系统,20 世纪 70 年代后,太阳能发电主要用于解决边远地区供电问题。它的优点就是无噪声、无污染、故障率低、维护简单;缺点是成本太高,目前不能普遍推广。

3.1.6　其他能源发电工程

1. 地热发电

地球本身就是一座巨大的天然储热库。所谓地热就是地球内部蕴藏的热能。对地球而言,从地壳到地幔再到地核其温度是逐步增高的。表 3.1.1 列出了地球内部温度分布的概况。

表 3.1.1　地球内部的温度分布

深度 / km	60	100	500	2 900 ~ 6 371
温度 /℃	300 ~ 600	1 000 ~ 1 500	1 600 ~ 1 900	2 000 ~ 5 000

通常,地幔中的地热对流把热能从地球内部传到近地壳的表面地区,在那里热能可能绝热存储达百年之久。地质学上常把热资源分为蒸汽型、热水型、干热岩型、地压型和岩浆型等五类。人类很早以前就开始利用地热能,例如,利用温泉沐浴、医疗,利用地下热水取暖、建造农作物温室、水产养殖及烘干谷物等。地热能的利用可分为地热发电和直接利用两大类,地热发电是地热利用的最重要方式。根据地热流体的类型,目前有两种地热发电方式,即蒸汽型地热发电和热水型地热发电。

蒸汽型地热发电是把干蒸汽直接引入汽轮发电机组发电,但干蒸汽地热资源十分有限,且大多存在于较深的地层,开采技术难度大,故发展受到限制。

热水型地热发电是地热发电的主要方式,目前有闪蒸系统和双循环系统两类。工作原理都是将地热水产生蒸汽,蒸汽进入汽轮机使之旋转,汽轮机带动发电机而发电。

2. 氢能发电

氢是 21 世纪人类最理想的能源之一,它的优点主要有热值高、密度小、易着火、燃烧快、存储、输送方便,可从其他能源转化而来,燃料产物是洁净的水,没有环境污染问题。氢的主要用途有以下几种。

(1) 作为燃料电池的燃料。燃料电池是将石油、天然气、煤等转换成氢气,以氢作为燃料电池中的燃料,通过化学反应过程由氧化作用释放出的化学能直接转换为电能的一种发电装置。它属于一种洁净的能源转换,是一种效率较高的直接发电方式,是一种很有发展前途的新能源。

燃料电池的优点:能量转换效率高;污染排放物少,噪声低,振动小;负荷应变速度快,启动时间短。

(2) 氢直接产生蒸汽发电。与常规火电厂相似,采用汽轮机为热动力机,区别在于用紧凑、高效、无污染的燃烧室蒸汽发生器取代锅炉。氢与氧按化学比例配合,直接送入燃烧室燃烧(最高温度可达2 800℃),同时向燃烧室喷水以增加蒸汽流量并适当降低蒸汽温度,满足汽轮机的要求。

(3) 氢直接作为燃料发电。在普通内燃机中以氢为燃料,内燃机直接带动发电机发电。

3. 海洋能发电

在地球表面,海洋面积约占 71%。北半球海洋约占 61%,南半球约占 81%。海洋能有两种不同的利用方式:一种是利用海水的动能,如潮汐、海流等有规则的动能和无规则的波浪动能;另一种是利用海洋不同深度的温差通过热机来发电。理论上它们的储量都很大,但限于目前的技术水平,尚处于小规模研究开发阶段。

(1) 潮汐能发电。潮汐能是以位能形态出现的海洋能。海水涨落的潮汐现象是由地球和天体运动,以及它们之间的相互作用而引起的。月球对地球的引力方向指向月球中心,其大小因地而异。同时地表的海水又受到地球运动离心力的作用,月球引力和离心力的合力正是引起海水涨落的引潮力。除月球外,太阳和其他天体对地球同样会产生引潮力。我国潮汐能的理论含量达 1.1×10^8 kW,其中,浙江、福建两省蕴藏量最大,约占全国的 80.9%。

潮汐发电是潮汐能的主要利用方式。潮汐电站可以是单水库或双水库,单水库潮汐电站利用水库的特殊设计和水闸的作用涨潮、落潮时均发电,只是水库内外水位相同的平潮时不发电;双水库潮汐电站能够全日连续发电。我国第一座单水库双向式潮汐电站 —— 浙江温岭县江厦潮汐电站第一台机组于 1980 年 5 月建成发电。由于潮汐电站的建设是一项新的能源利用技术,还有一些问题需要进一步研究解决,其中最突出的是泥沙淤积和海工结构物的防腐蚀,以及防止海生物的附着问题。

(2) 波浪能发电。波浪能是以动能形态出现的海洋能。波浪是由风引起的海水起伏现象,它实质上是吸收了风能而形成的。波浪功率的大小与风速、风向、连续吹风的时间、流速等诸多因素有关。

波浪能发电装置就原理来说大致分为三种:① 海面波浪的上下运动产生空气流或水流使轮机转动;② 波浪装置前后摆动或转动产生空气流或水流使轮机转动;③ 把低压大波浪变为小体积高压水,然后把水引入某一高位水池积蓄起来,使其产生一个水头,从而冲动水轮机。波浪能发电装置按其位置不同分为海岸式和海洋式两类。

（3）海洋温差发电。温差能是以热能形态出现的海洋能，又称为海洋热能。海洋是地球上一个巨大的太阳能集热和蓄热器。由于太阳投射到地球表面的太阳能大部分被海水吸收，使海洋表层水温升高。

海洋温差发电主要采用开式和闭式两种循环系统。发电系统由蒸发器、冷凝器、汽轮发电机、泵、海洋构筑物、取水管和定位设备所组成。热交换器（蒸发器和冷凝器）是海洋温差电站的关键设备。提高传热系数是技术的关键，它的进步能大大降低电站的成本。

4. 磁流体发电

磁流体发电是一种将热能转换成电能的新型发电方式，其原理与传统的发电方式一样，均为电磁感应现象。它是利用高温导电流体高速通过磁场，在电磁感应的作用下将热能转换成电能的。所用的导电流体可以是导电的气体，也可以是液态金属。导电流体的高温，可以从矿物燃料燃烧时的化学能转换成热能而获得，也可由核燃料在核反应中由核能转换成热能而获得。

磁流体发电的优点：发电效率高；磁流体发电机没有高速旋转部件，它本身是一个结构简单的静止机械；机组容量大；机组启动快；环境污染少。

磁流体发电的应用：作为经常满载运行的基本负荷电站；使用于各种特殊要求的情况下，如作紧急备用和承担尖峰负荷的发电装置；在军事方面可用做导弹、激光武器、雷达装置和宇宙发射站的脉冲电源，以及航空照明电源等。

3.2　电气主接线

电气主接线是指用规定的设备文字和图形符号按电气设备的实际功用顺序排列，详细地表示电气设备或成套装置的全部基本组成和连接关系的单线接线电路图。

3.2.1　电气主接线的基本要求与倒闸操作的基本原则

1. 电气主接线的基本要求

（1）运行可靠性要求。保证连续供电，在事故状态下尽量缩小停电范围和停电时间，在设备检修时尽可能不停电，因此要求接线灵活。

（2）灵活性要求。在满足可靠性的条件下，主要体现在操作、调度和扩建的方便性上。

（3）经济性要求。在满足可靠性和灵活性的前提下要注意节省一次投资，减少占地面积，减少电能损耗。

2. 倒闸操作的基本原则

倒闸操作是指将电气设备由一种状态转变为另一种状态的操作，如拉开或合上某些断路器、隔离开关，拆除或装设临时接地线等。倒闸操作是电力系统运行方式切换的重要环节，它的正确与否会直接影响到电网的安全运行，故要遵守严格的倒闸操作基本原则。

（1）停电操作按照"拉开断路器 → 拉开线路侧隔离开关 → 拉开母线侧隔离开关"的顺序；送电顺序与停电顺序刚好相反，即"合上母线侧隔离开关 → 合上线路侧隔离开关 → 合上断路器"。

（2）合上隔离开关之前,必须检查对应的断路器是否在断开位置,防止隔离开关带负荷合闸或拉闸。

（3）起用母线或旁路母线时,应遵守先充电检查,判断是否有故障存在,然后再接入使用的原则。

3.2.2　主接线的基本接线形式

变电所电气主接线基本形式可分为:有汇流母线（第 1 ～ 4 种接线形式）和无汇流母线（第 5 ～ 7 种接线形式）两大类,前者又可概括为单母线接线和双母线接线两种,后者主要有桥形接线、角形接线和单元接线等三种。

1. 单母线接线

（1）结构。单母线接线如图 3.2.1 所示。设置一组母线,所有进线和出线经一台断路器和一组隔离开关接入母线,紧靠母线的隔离开关称为母线隔离开关（如 QS2）,紧靠线路的隔离开关称为出线隔离开关（如 QS3）。在正常运行时,所有工作支路的断路器和隔离开关均处于闭合状态。

（2）基本操作原则。隔离开关与断路器的操作顺序:隔离开关"先合后断"。原因是隔离开关没有灭弧装置,不能接通和切断负荷电流或短路电流。

（3）接线优点。接线简单清晰、设备少、操作方便、经济性好、便于扩建和采用成套配电装置。

（4）接线缺点。不够灵活可靠,当母线或母线隔离开关检修或故障时,所有回路都要停止工作,造成全所长时间停电。

（5）应用场合。用于出线回路数目少、电压低、容量小的变电所。

2. 单母线分段接线

（1）结构。单母线分段接线如图 3.2.2 所示。在单母线的基础上,母线上增设了分段断路器 QF1。正常运行时全部断路器和隔离开关均闭合。在可靠性要求不高时,也可以用隔离开关 QS1 代替 QF1,任一分段发生故障时全部回路短时停电,拉开分段隔离开关后,非故障段即可恢复供电。

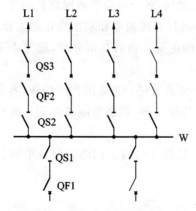

图 3.2.1　单母线接线

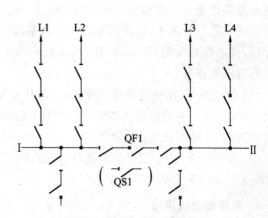

图 3.2.2　单母线分段接线

（2）接线优点。具有单母线接线的优点，任一分段母线检修时停电范围减少一半，即可靠性有一定程度提高。

（3）接线缺点。当某一段母线或母线隔离开关检修或故障时，连接在该段母线上的回路都要长时间停电。

（4）应用场合。110 kV 及以下中、小容量的变电所、发电厂，如 6～10 kV 配电装置总出线回路 6 回及以上，每一分段容量不超过 25 MW；35～60 kV 配电装置总出线回路 4～8 回。

3. 双母线接线

（1）结构。双母线接线如图 3.2.3 所示，设置两组母线和母联断路器（QF），每条支路经一台断路器和两组隔离开关分别接入 Ⅰ、Ⅱ 两组母线。

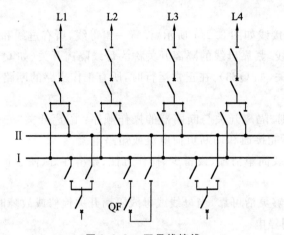

图 3.2.3 双母线接线

（2）倒闸操作的步骤。检修任一母线，不会中断供电，以检修 Ⅰ 母线为例说明。① 先合上母联断路器 QF 两侧的隔离开关；② 合上母联断路器 QF；③ 根据先通后断的顺序，先合上 Ⅱ 母线上的所有隔离开关，再拉开 Ⅰ 母线上的所有隔离开关；④ 最后断开母联断路器（QF）及其两侧隔离开关；⑤ Ⅰ 母线退出运行，验明无电后，用接地刀闸接地，进行检修。

（3）接线优点。供电可靠，检修任一母线，不会中断供电。例如，检修母线 Ⅰ 时，可以利用母联断路器把全部电源和出线倒换到母线 Ⅱ。运行方式灵活，各个电源和各回路负荷可以任意分配到某一组母线上，能灵活地适应电力系统中各种运行方式调度和潮流变化的需要。扩建方便，可向双母线的任一端扩建，均不影响两组母线的电源和负荷自由分配，施工中不会造成原有回路停电。

（4）接线缺点。在母线检修或故障时，需利用母线隔离开关进行复杂的倒闸操作，容易出现误操作。检修任一回路断路器时，该回路仍需停电。所用设备多（特别是隔离开关），配电装置结构复杂，占地面积与投资大。

（5）应用场合。由于双母线接线具有较高的可靠性，适用于母线上回路数目或电源较多的 220 kV 及以下的变电所或发电厂。

4. 带旁路母线接线

上述三种形式接线，支路断路器检修时都会引起该支路停电，为了解决支路断路器检修不停电的问题,可加设旁路母线。

1) 结构

带旁路母线接线如图 3.2.4 所示,旁路断路器(QF0)一端接于各工作母线上,另一端接于增设的旁路母线(P)上,每条支路在线路隔离开关(QS12)外侧经一组旁路隔离开关(QS13)接于旁路母线上,这样旁路断路器可以和任意一条支路断路器并联,以代替该支路断路器运行。正常运行时,旁路断路器及旁路隔离开关均不投入运行。

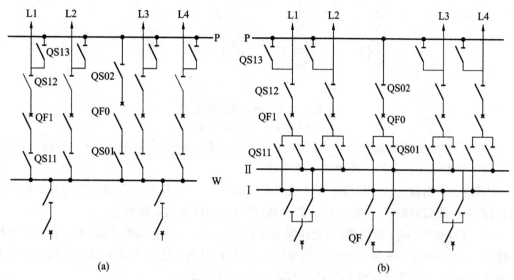

图 3.2.4　带旁路母线接线

(a) 单母线带旁路母线接线;(b) 双母线带旁路母线接线

2) 带旁路断路器的倒闸操作的步骤

以检修支路 L1 上的断路器 QF1 为例说明,带旁路断路器的倒闸操作的步骤如下。

(1) 合上旁路断路器的母线隔离开关 QS01,合上旁路断路器的线路隔离开关 QS02。

(2) 合上旁路断路器 QF0,对旁路母线充电,检查其是否完好,如有故障,0 秒钟跳闸,如果无故障手动跳闸。

(3) 在旁路母线完好的情形下,合上检修断路器的旁路隔离开关 QS13。

(4) 合上旁路母线断路器 QF0,使旁路断路器与 QF1 并联运行。

(5) 切断工作断路器 QF1 及其两侧隔离开关 QS11 和 QS12。

5. 桥形接线

当进出回路较少(如 2 进 2 出)时,经常采用简易接线,接线中没有专用于连接各支路的母线,又称为无汇流母线接线,典型的接线有桥形接线、角形接线等。当只有两台变压器和两条线路时,宜采用桥形接线。

(1) 结构。桥形接线是由单母线分段接线演变的一种更为简单、经济并相当可靠的接线形式,结构如图 3.2.5 所示,用一组横向导线(包括断路器和隔离开关)将两回线路和两台变压器横向连接起来,横向导线称为"跨桥"。

内桥接线的"跨桥"靠近变压器侧,省掉变压器回路的断路器,只装隔离开关,如图 3.2.5(a) 所示。外桥接线的"跨桥"靠近线路侧,省掉线路的断路器,只装隔离开关,如图

3.2.5(b)所示。

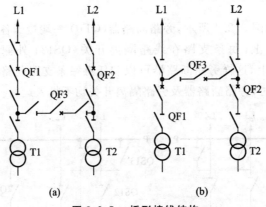

图 3.2.5　桥形接线结构

(a) 内桥接线；(b) 外桥接线

(2)接线优点。接线简单清晰，每个回路平均装设的断路器台数最少，可节省投资，也易于发展过渡为单母线分段接线或双母线接线。

内桥接线，当检修任一回路电源或线路断路器时，另一线路和两台变压器仍可以继续供电；当任一回线路故障时，仅断开该故障线路，而其他回路继续正常供电。

(3)接线缺点。对于内桥接线，变压器正常投切与故障切除会影响线路的运行；对于外桥接线，线路正常投切与故障切除会影响变压器的运行，且更改运行方式时需要利用隔离开关作为操作电器，故工作可靠性和灵活性不高。

(4)应用场合。桥形接线一般适用于中小型发电厂、牵引变电所，或作为发电厂、变电所建设初期的过渡性接线。

通常，内桥接线适用于变压器不需要经常切换、输电线路长、故障断开机会较多、穿越功率小的母线接线。外桥接线适用于变压器按照经济运行要求需要经常切换、输电线路短、故障几率小、有较大穿越功率通过跨桥的母线接线。

6. 角形接线

(1)结构。角形接线的结构如图 3.2.6所示，每边中含有一台断路器和两台隔离开关，各边相互连接成闭合的环形，各进出线回路中只装设隔离开关，分别接到角形的各个定点上。

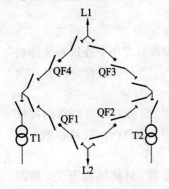

图 3.2.6　角形接线结构

(2)接线优点。经济性好，所用断路器数目少，平均每回路仅需装设一台断路器，断路器数目等于进出线回路数；工作可靠，灵活性高，易于实现远动操作；每回路均可由两台断路器供电，任一断路器检修或故障不影响其他回路运行；隔离开关不作为操作电器，故误操作可能性小。

(3)接线缺点。检修任一断路器时，角形接线变成开环运行，可靠性显著降低；运行方式改变时，各支路的工作电流变化较大，造成继电保护整定和控制困难；角形接线闭合成环状形式，扩建困难。

（4）应用场合。基于角形结线的上述特点，在 110 kV 及以上配电装置中，当出线回数不多，发展规模明确时，可采用角形接线，特别是在水电厂中应用较多，但一般以三角形、四角形为主，一般不采用六角以上的多角形。

7. 单元接线

（1）结构。将变压器与线路，发电机与变压器或者发电机-变压器-线路都直接串联起来，组成单元接线，如图 3.2.7 所示。

（2）接线优点。这种接线中间没有横向联络母线的接线，大大减少了电器的数量，简化了配电装置的结构，降低了工程投资。同时也减少了故障的可能性，降低了短路电流值。

（3）接线缺点。当某一元件故障或检修时，该单元会全部停电。

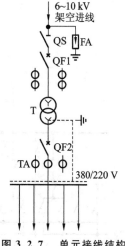

图 3.2.7　单元接线结构

3.2.3　电气主接线实例

上节分析的是主接线基本形式，从原则上讲它们分别适用于各种发电厂和变电所。但是，由于发电厂的类型、容量、地理位置及在电力系统中的地位、作用、馈线数目、输电距离，以及自动化程度等因素，对于不同发电厂或变电所的要求各不相同，所采用的主接线形式也就各异。下面仅对几种主要类型发电厂及变电所的典型主接线的特点作简单介绍。

1. 火力发电厂电气主接线

根据火力发电厂的容量及其在电力系统中的地位，一般可将火力发电厂分为区域性火力发电厂和地方性火力发电厂两类。这两类火力发电厂的电气主接线有各自的特点。

（1）区域性火力发电厂的电气主接线。区域性火力发电厂属大型火电厂，单机容量及总装机容量都较大，多建在大型煤炭基地（有时称为"坑口电厂"）或运煤方便的地点（如沿海或内河港口），而离负荷中心（城市）距离较远。它们生产的电能几乎全部经过升压变压器升至较高电压后送入系统，担负着系统的基本负荷。

区域性火力发电厂的电气主接线多采用发电机-变压器单元接线。$220 \sim 500$ kV 电压等级的配电装置都采用可靠性较高的接线形式，如双母线、双母线带旁路、双母线四分段带旁路，以及更为灵活可靠的 3/2 断路器接线等。

［实例分析］图 3.2.8 所示为某大型区域性火力发电厂的电气主接线简图。该厂有 2 台 300 MW 机组和 2 台 600 MW 机组。均采用发电机-双绕组变压器单元接线形式，其中两台 300 MW 机组单元接入带专用旁路断路器的 220 kV 双母线带旁路母线接线。两台 600 MW 机组单元接入 500 kV 的 3/2 断路器接线。500 kV 与 220 kV 配电装置之间，经一台自耦变压器联络，联络变压器的第三绕组上接有厂用高压启动/备用变压器。220 kV 母线接有厂用备用变压器。

（2）地方性火力发电厂的电气主接线。地方性火电厂的特点是电厂建设在城市附近或工业负荷中心，而且，随着我国近年来为提高能源利用率和环境保护的要求，对小火电实行关

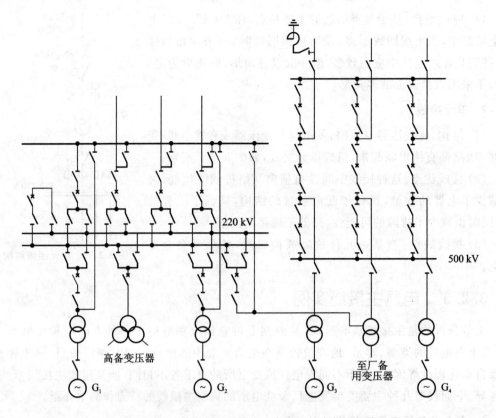

220 kV

500 kV

高备变压器

至厂备
用变压器

$\sim$ G_1 $\sim$ G_2 $\sim$ G_3 $\sim$ G_4

图 3.2.8 某大型区域性火力发电厂的电气主接线

停的决策,当前在建或运行的地方性火电厂多为热力发电厂,以推行热电联产,在为工业和民用提供蒸汽和热水、热能的同时,生产的电能大部分都用发电机电压直接馈送给本地用户,只将剩余的电能以升高电压送往电力系统。这种靠近城市和工业中心的发电厂,由于受供热距离的限制,一般热电厂的单机容量多为中、小型机组,且北方居多。

通常,它们的电气主接线包括发电机电压接线及 1 ~ 2 级升高电压级接线,且与系统相连接。发电机电压母线在地方性火电厂主接线中显得非常重要,一般采用单母线分段、双母线、双母线分段等形式。为限制过大的短路电流,分段断路器回路中常串入限流电抗器,10 kV 出线也常需要串入限流电抗器。这样就可以选用便宜的轻型断路器。升高电压级则根据具体情况,一般可以选用单母线、单母线分段、双母线等接线形式。

热电厂常建在工业区附近,除向附近用户供电外,还向这些用户供热,也属于地方性火力发电厂。

[**实例分析**] 图 3.2.9 所示为某中型热电厂的电气主接线。它有四台发电机,两台 100 MW 机组与双绕组变压器组成单元接线,将电能送入 110 kV 电网;两台 25 MW 机组直接接入 10 kV 发电机电压母线,电压母线采用叉接电抗器分段的双母线分段接线形式,以 10 kV 电缆馈线向附近用户供电。由于短路容量比较大,为保证出线处能选用轻型断路器,在 10 kV 馈线上还装设有出线电抗器。110 kV 出线回数较多,所以采用带专用旁路断路器的双母线带旁路母线接线形式。

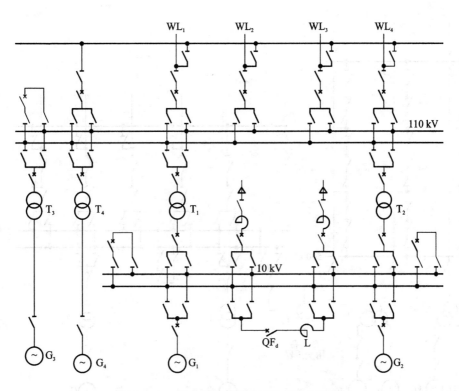

图 3.2.9 某中型热力发电厂的电气主接线

2. 水力发电厂电气主接线

1）水力发电厂电气主接线的特点

（1）离负荷中心很远。水力发电厂建在有水能资源处，一般离负荷中心很远，当地负荷很小甚至没有，电能绝大部分要以较高电压输送到远方。因此，主接线中可不设发电机电压母线，多采用发电机‑变压器单元接线或扩大单元接线。单元接线能减少配电装置占地面积，也便于水电厂自动化调节。

（2）为了少占地，电气主接线应力求简单。水力发电厂的电气主接线应力求简单，主变压器台数和高压断路器数量应尽量减少，高压配电装置应布置紧凑、占地少，以减少在狭窄山谷中的土石方开挖量和回填量。

（3）不考虑扩建。水力发电厂的装机台数和容量大都一次确定，高压配电装置也一次建成，不考虑扩建问题。这样，除可采用单母线分段、双母线、双母线带旁路及 3/2 断路器接线外，桥形和多角形接线也应用较多。

（4）主接线应具有较好的灵活性。水力发电机组启动快，启停时额外耗能少，常在系统中担任调频、调峰及调相任务。因此，机组开停频繁，运行方式变化较大，主接线应有较好的灵活性。

2）大型水力发电厂的电气主接线实例

图 3.2.10 所示为某大型水力发电厂的电气主接线。该厂有六台发电机，其中，G1 ～ G4 与分裂变压器 T1、T2 接成扩大单元接线，将电能送到 500 kV 的 3/2 断路器接线。另外两台

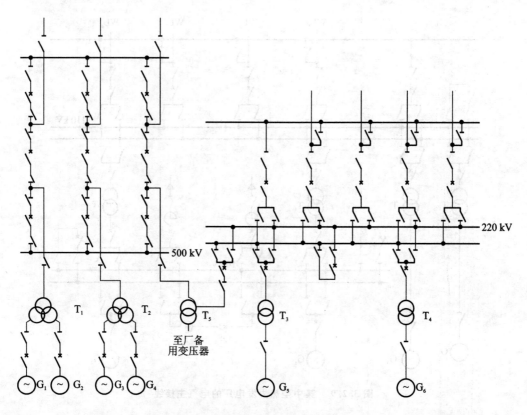

图 3.2.10　某大型水力发电厂的电气主接线

大容量机组与变压器组成单元接线,将电能送到 220 kV 的双母线带旁路母线上。500 kV 与 220 kV 之间由一台自耦变压器联络,自耦变压器的低压侧作为厂备用电源。

由图可见,大型水电厂的电气主接线具有区域性火电厂的某些特点。但根据水电厂的特点,为减少占地面积、减少土石方的开挖和回填量,应该尽量采用简单清晰、运行操作灵活、可靠性较高的接线方式,并力求减少电气设备数量,简化配电装置,这也是水电厂广泛采用扩大单元接线的原因。

3. 变电所电气主接线

变电所主接线的设计要求,基本上和发电厂相同,即根据变电所在电力系统中的地位、负荷性质、出线回路数等条件和具体情况确定。

通常变电所主接线的高压侧,应尽可能采用断路器数目较少的接线方式,以节省投资,随出线数的不同,可采用桥形、单母线、双母线接线及角形接线等。如果变电所电压为超高压等级,又是重要的枢纽变电所,宜采用双母线分段带旁路接线或采用 3/2 断路器接线。变电所的低压侧常采用单母线分段接线或双母线接线,以便于扩建。

图 3.2.11 所示为某 110 kV 主降压变电所的电气接线图。进线 110 kV 侧采用断路器分段的单母线分段接线,出线 10 kV 侧也采用与高压侧相同的接线形式,共有 22 条出线,其中,正在使用的共 15 条,剩余的 7 条出线作为变电所负荷扩容使用。

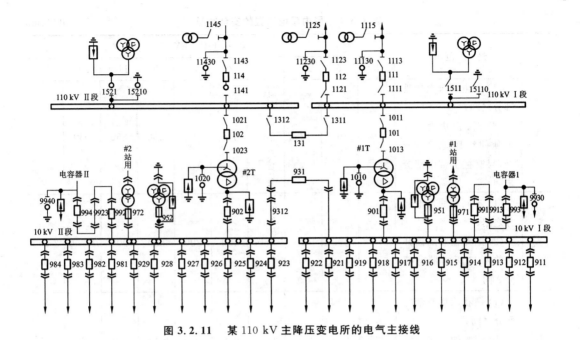

图 3.2.11　某 110 kV 主降压变电所的电气主接线

3.3　配电装置

配电装置是发电厂和变电所中用于接受和分配电能的电气装置。它是根据主接线的接线方式，由开关设备、母线、保护测量电器及其必要的辅助设备组合而成的。

配电装置按其电气设备的安装地点，可分为户内式和户外式两种；按其组装的方式，又可分为装配式和成套式两类。电气设备在现场组装的，称为装配式配电装置；由制造厂根据主接线的要求，把每条回路中的电气设备如断路器、隔离开关、互感器等装配在半封闭或全封闭的金属柜中，构成各单元回路柜，称为成套式配电装置。

根据我国多年来的运行实践，大、中型发电厂和变电所中，6～35 kV 配电一般采用户内配电装置；110 kV 及以上多为屋外配电装置。但在 110～220 kV 装置中，当有特殊要求（如战备或变电所深入城市中心）或处于安全污秽地区（如海边或化工区）时，经过技术经济比较，也可以采用屋内配电装置。

3.3.1　配电装置的安全净距与基本要求

1. 配电装置的安全净距

配电装置的结构尺寸是综合考虑设备外形尺寸、检修和运输的安全距离等因素决定的。对于露在空气中的配电装置，在各种间隔距离中，最基本的是带电部分对接地部分之间的、不同相带电部分之间的空间最小安全净距，称为 A 值。在这一距离下，无论为正常最高工作电压或出现内外过电压，都不致使空气间隙击穿。其他电气距离，是在基本的安全净距值的基础上再考虑一些实际因素决定的。表 3.3.1 和表 3.3.2 所示分别是屋内和屋外配电装置中有关部分之间的最小安全净距，其意义参看图 3.3.1 和图 3.3.2。

表 3.3.1　屋内配电装置的安全净距　　　　　　　　　　　　单位:mm

符号	适 用 范 围	额定电压 / kV									
		3	6	10	15	20	35	60	110J	220	220J
A_1	(1) 带电部分至接地部分之间; (2) 网、板状遮拦向上延伸线距地 2.3 m 处,与遮拦上带电部分之间	70	100	125	180	180	300	550	850	950	1 800
A_2	(1) 不同相的带电部分之间; (2) 断路器和隔离开关的断口两侧带电部分之间	75	100	125	150	180	300	550	900	1 000	2 800
B_1	(1) 栅状遮拦至带电部分之间; (2) 交叉的不同时停电的无遮拦带电部分之间	825	850	875	900	930	1 050	1 300	1 600	1 700	2 550
B_2	网状遮拦至带电部分之间	175	200	225	250	280	400	650	950	1 050	1 900
C	无遮拦裸导体至地(楼)面之间	2 375	2 400	2 425	2 425	2 480	2 600	2 850	3 150	3 250	4 100
D	平行的不同时停电检修的无遮拦裸导体之间	1 875	1 900	1 925	1 950	1 980	2 100	2 350	2 650	2 750	3 600
E	通向屋外的出线套管至屋外通道的路面	4 000	4 000	4 000	4 000	4 000	4 000	4 500	5 000	5 000	5 500

注:J 是指中性的直接接地系统。

表 3.3.2　屋外配电装置的安全净距　　　　　　　　　　　　单位:mm

符号	适 用 范 围	额定电压 /kV								
		3 ～ 10	15 ～ 20	35	60	110J	110	220J	330J	500J
A_1	(1) 带电部分至接地部分之间; (2) 网、板状遮拦向上延伸线距地 2.5 m 处,与遮拦上带电部分之间	200	300	400	650	900	1 000	1 800	2 500	3 800

续表

符号	适用范围	额定电压 /kV								
		3～10	15～20	35	60	110J	110	220J	330J	500J
A_2	(1) 不同相的带电部分之间； (2) 断路器和隔离开关的断口两侧带电部分之间	200	300	400	650	1 000	1 100	2 000	2 800	4 300
B_1	(1) 栅状遮拦至带电部分之间； (2) 交叉的不同时停电的无遮拦带电部分之间； (3) 网状遮拦至绝缘子和带电部分之间； (4) 带电作业时带电部分至接地部分之间	950	1 050	1 150	1 400	1 650	1 750	2 550	3 250	4 550
B_2	网状遮拦至带电部分之间	300	400	500	750	1 000	1 100	1 900	2 600	3 900
C	无遮拦裸导体至地(楼)面之间	2 700	2 800	2 900	3 100	3 400	3 500	4 300	5 000	7 500
D	平行的不同时停电检修的无遮拦裸导体之间	2 200	2 300	2 400	2 600	2 900	3 000	3 800	4 500	5 800

注:J 是指中性的直接接地系统。

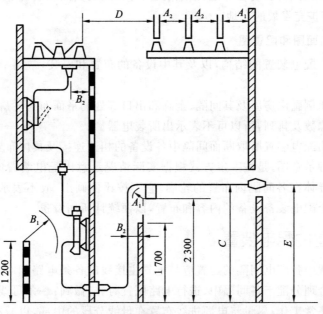

图 3.3.1 屋内配电装置安全净距校验图(单位:mm)

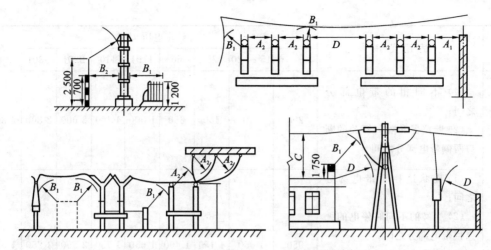

图 3.3.2　屋外配电装置安全净距校验图（单位：mm）

2. 配电装置应满足的基本要求

（1）配电装置的设计、建造必须贯彻执行国家的基本建设方针，在满足技术条件下，因地制宜，经济合理，便于施工、安装和扩建，便于检修、巡视维护和操作。

（2）保证运行的可靠性。按照系统和自然条件，首先应当正确选择设备，使选用的设备具有合理的参数；其次，应加强维护、检修、预防性试验以及其他运行操作的安全措施，并且符合防火要求。

（3）保证工作人员的安全，除工作人员要严格执行安全操作规程外，配电装置的布置也应力求整齐，具有足够的安全距离，布置紧凑，节省材料和降低造价。另外，还须采取完善的安全用电措施，如设置遮拦、设备标记、接地装置、警告牌及其照明装置等。

（4）考虑留有扩充发展的余地。

3. 平面图、断面图和配置图

为了表示整个配电装置的结构，以及其中设备的布置和安装，常用平面图、断面图和配置图来表示。

平面图是按比例画出房屋及其间隔、走廊和出口等处的平面布置轮廓。平面图上的间隔只是为了确定间隔数及排列，所以可不表示出所装电器。

断面图是表明配电装置所取断面间隔中各设备的相互连接及具体布置的结构图。

配置图是一种示意图，是按一定方式根据实际情况示意出配电装置的房屋走廊、间隔，以及电器和载流导体在各间隔内布置的轮廓。它不按比例画出，故不表示实际安装情况。配置图便于了解整个配电装备设备的内容和布置，以便统计所用设备。

3.3.2　屋内配电装置

屋内配电装置中各配电间隔的配置应与电气主接线的各条电路相对应，并使电源进线、馈线及其他电路合理分配于各间隔中。进行电路配置时，应做到：一条母线分段发生故障，不影响另一分段的正常工作；尽量将电源进线布置在母线分段的中部，以减小母线中通过的工作电流；还应该考虑馈线馈出线路的方便、布置对称和便于操作；便于扩建。

1. 屋内配电装置的特点

（1）允许安全净距小和分层布置，故占地面积较小。

（2）维修、巡视和操作在室内进行，不受气候影响。

（3）外界污秽空气对电气设备影响较小，可减少维护工作量。

（4）房屋建筑投资较大。

（5）安装方便。

2. 配电装置室布置

通道和出口的位置应便于设备操作、检修和搬运，故需设置必要的通道。凡用来维护和搬运各种电气设备的通道，称为维护通道；通道内可进行断路器小车替换等操作，称为操作通道；仅和防爆室相通的通道，称为防爆通道。

为了保证工作人员的安全和工作便利，不同长度的屋内配电装置室，应有一定数目的出口。当长度大于 7 m 时，应有两个出口（最好设在两端）；当长度大于 60 m 时，在中部适当的地方宜再增加一个出口。配电装置室的门应向外开，并装弹簧锁，相邻配电装置室之间如有门时，应能向两个方向开启。

3. 变压器室布置

变压器室的最小尺寸根据变压器外形尺寸和变压器外廓至变压器室四壁应保持的最小距离而定。变压器室的高度与变压器的高度、运行方式及通风条件有关。根据通风的要求，变压器室的地坪有抬高和不抬高两种。地坪不抬高时，变压器放置在混凝土的地面上，变压器室的高度一般为 3.5 ~ 4.8 m；地坪抬高时，变压器放置在抬高的地坪上，上面是进风洞，地坪抬高高度一般有 0.8 m、1.0 m 及 1.2 m 三种，变压器室高度一般亦相应地增加为 4.3 ~ 6 m。变压器室的地坪是否抬高由变压器的通风方式及通风面积所确定。当变压器室的进风窗和出风窗的面积不能满足通风条件时，就需抬高变压器室的地坪。

变压器室的进风窗因位置较低，必须加装铁丝网以防小动物进入；出风窗因位置高于变压器，则考虑用金属百叶窗来防挡雨雪。

当变压器室内有两台变压器时，一般应单独安装在各自的变压器室内，以防一台变压器发生火灾时，影响另一台的正常运行。变压器室允许开设通向电工值班室或高、低配电室的小门，以便运行人员巡视，特别是严寒和多雨地区，此门材料要求采用非燃烧材料。单个油箱油重超过 1 000 kg 的变压器，其下面需设贮油池或挡油墙，以免发生火灾时，灾情扩大。

变压器室大门的大小一般按变压器外廓尺寸再加 0.5 m 计算，当一扇门的宽度大于 1.5 m 时，应在大门上开设小门，以便日常维护巡视之用。

3.3.3　屋外配电装置

根据电气设备和母线布置的高度，屋外配电装置可分为中型、半高型和高型等类型。

中型配电装置的所有电器都安装在同一水平面内，并装在一定高度的基础上，使带电部分对地保持必要的高度，以便工作人员能在地面活动；中型配电装置母线所在水平面稍高于电器所在的水平面。

高型和半高型配电装置的母线和电器分别装在几个不同高度的水平面上，并重叠布置。凡是将一组母线与另一组母线重叠布置的，称为高型配电装置。如果仅将母线与断路器、电

流互感器等重叠布置,则称为半高型配电装置。

1. 屋外配电装置的特点

(1)土建工程量和费用较小,建设周期短。

(2)扩建比较方便。

(3)相邻设备之间距离较大,便于带电作业。

(4)占地面积大。

(5)室外设备运行条件差,须加强绝缘。对设备的维修和操作均有一定影响。

2. 母线及构架

屋外配电装置的母线有软母线和硬母线两种。软母线为钢芯铝绞线、软管母线和分裂导线,三相呈水平布置,用悬式绝缘子悬挂在母线构架上。软母线可选用较大的挡距,但挡距越大,导线弧垂也越大,因而导线相间及对地距离就要增加,母线及跨越线构架的宽度和高度均需要加大。硬母线常用的有矩形、管形和分裂管形。矩形硬母线用于 35 kV 及以下的配电装置中,管形硬母线则用于 60 kV 及以上的配电装置中,管形硬母线一般采用柱式绝缘子,安装在支柱上,由于硬母线弧垂小且无拉力,故不需另设高大的构架;管形母线不会摇摆,相间距离即可缩小,与剪刀式隔离开关配合可以节省占地面积。

中型屋外配电装置(软母线)在设计中应保证有关尺寸在多数情况下满足最小安全净距的要求。例如,母线和进出线的相间距离,以及导线到构架的距离,是按在过电压或最大工作电压的情况下,并在风力和短路电动力的作用下导线发生非同步摆动时最大弧垂处应保持的最小安全净距而决定的,另外,还考虑到带电检修的可能性。

3. 电力变压器

变压器基础一般做成双梁并辅以铁轨,轨距等于变压器的滚轮中心距。为了防止变压器发生事故时,燃油流散使事故扩大,按照防火要求,在单个油箱油量最大的变压器上设置贮油池或挡油墙,其尺寸应比设备外廓大 1 m,贮油池内一般辅设厚度不小于 0.25 m 的卵石层。

主变压器与建筑物的距离不应小于 1.25 m,且距变压器 5 m 以内的建筑物,在变压器总高度以下及外廓两侧各 3 m 的范围内,不应有门窗和通风孔。当变压器油重超过 2 500 kg 时,两台变压器之间的防火净距不应小于 5 ~ 10 m,如布置有困难,应设置防火墙。

4. 电器设备的布置

按照断路器在配电装置中所占据的位置,电气设备的布置可分为单列、双列和三列布置。断路器的各种排列方式,必须根据主接线、场地地形条件、总体布置和出线方向等多种因素合理选择。

真空(或 SF$_6$)断路器有低式和高式两种布置。低式布置的断路器放在高 0.5 ~ 1 m 的混凝土基础上,其优点是检修较方便,抗震性能好,但低式布置必须设置围栏,因而影响通道的畅通。一般在中小型配电装置中,断路器多采用高式布置,即把断路器安装在高约 2 m 的混凝土基础上。

隔离开关和电流、电压互感器等均采用高式布置,其支架高度的要求与断路器相同。避雷器也有高式和低式两种布置。110 kV 及以上的阀型避雷器由于器身细长,多落地安装在高 0.4 m 的混凝土基础上。磁吹避雷器及 35 kV 避雷器形体矮小,稳定度较好,一般采用高式布置。

5. 电缆沟和道路

屋外配电装置中电缆沟的布置,应使电缆所走的路径最短。电缆沟按其布置方向,可分为纵向和横向电缆沟。一般横向电缆沟布置在断路器和隔离开关之间,大型变电所的纵向(即主干)电缆沟,因电缆数量较多,一般分为两路。

为了运输设备和消防的需要,应在主要设备旁铺设行车道路。大、中型变电所内一般均应铺设宽 3 m 的环形道路,车道上空及两侧带电裸导体应与运输设备保持足够的安全净距。同时应设置 0.8～1 m 的巡视小道,以便运行人员巡视。其中,电缆沟盖可作为部分巡视小道。

6. 中型配电装置的实例

图 3.3.3 所示为双列布置的中型配电装置,图 3.3.3(a) 为变压器间隔断面图,图 3.3.3(b) 为进、出线间隔断面图,图 3.3.3(c) 为平面图。该配电装置是单母线分段、出线带旁路、分段断路器兼作旁路断路器的接线方式。

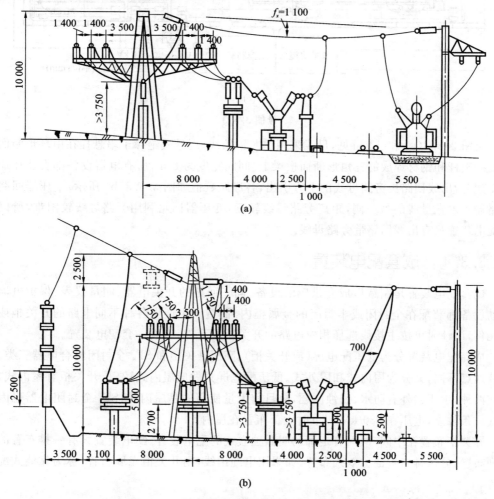

图 3.3.3 双列布置中型配电装置示意图(单位:mm)

(a) 变压器间隔断面图;(b) 进、出线间隔断面图;(c)110 kV 屋外配电装置平面图

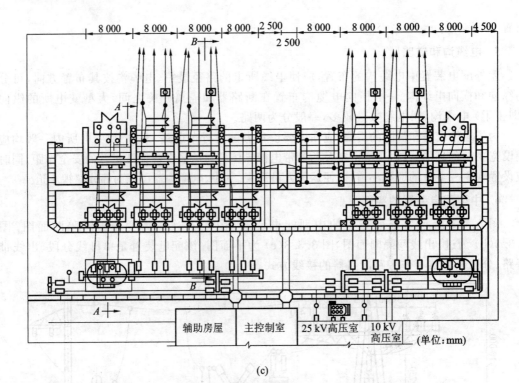

(c)

续图 3.3.3

由图 3.3.3(a) 和(b) 可见,母线采用钢芯铝绞线,用悬式绝缘子串悬挂在由环形断面钢筋混凝土杆和钢材焊成的三角形断面横梁上。间隔宽度为 8 m。所有电器设备都安装在地面的支架上,出线回路由旁路母线的上方引出,各净距数值如图 3.3.3(b) 所示。变压器回路的断路器布置在母线的另一侧,距离旁路母线较远,变压器回路利用旁路母线较困难,所以这种配电装置只有出线回路带旁路母线。

3.3.4 成套配电装置

成套配电装置是制造厂成套供应的设备。同一回路的开关电器、测量仪表、保护电器和辅助设备都装配在全封闭或半封闭的金属柜内。制造厂生产出各种不同电路的开关柜或标准元件,设计时可按主接线选择相应电路的开关柜或元件,组成一套配电装置。

成套配电装置分为低压配电屏(或开关柜)、高压开关柜和 SF₆ 全封闭组合电器三类。按安装地点不同,又分为屋内式和屋外式。低压配电屏只做成屋内式;高压开关柜有屋内式、屋外式两种,由于屋外有防水、锈蚀问题,故目前大量使用的是屋内式;SF₆ 全封闭电器也因屋外气候条件差,电压在 330 kV 以下时大都布置在屋内。

开关柜布置在中间,两面有走廊的叫做独立式的配电装置。配电装置只有一排布置的称单列布置,分两排布置的称双列布置。如果用电缆出线,则开关柜靠墙布置,称为靠墙式配电装置。

1. 成套配电装置的特点

(1)电气设备布置在封闭或半封闭的金属外壳中,相间和对地距离可以缩小,结构紧凑,占地面积小。

（2）所有电器元件已在工厂组装成一整体，大大减小现场安装工作量，有利于缩短建设周期，也便于扩建和搬迁。

（3）运行可靠性高，维护方便。

（4）耗用钢材较多，造价较高。

2. 低压配电屏

我们常把用于 0.4 kV 配电的成套设备称为低压配电柜。为了节省空间、维修保养方便，成套设备往往按开关容量大小做成规格大小不等的抽屉，结构紧凑，根据尺寸可组合在若干个配电柜内，如图 3.3.4 所示。

图 3.3.4　抽屉式低压配电柜

由于各个抽屉有一定的规格，因此，可以按照需要进行组合。在某个单元需要检修更换时，可以用另一个相同规格的设备（抽屉）进行替换，减少了对用户的停电时间。

3. 高压开关柜

高压开关目前普遍采用真空断路器，三相 3 个断路器组装在一个开关柜内。图 3.3.5 所示的为一台高压开关柜。

（1）手车室。为了检修方便，断路器安装在一个手车上，需要时可方便地拉出。

（2）仪表继电器室。测量仪表、信号继电器和继电保护用的面板装在小室的仪表门上，小室内有继电器、端子排、熔断器和电表。

（3）主母线室。位于开关柜的后上部，室内装有母线和隔离静触头。母线为封闭式，不易积灰和短路，故可靠性高。

（4）出线室。位于柜后部下方，室内装有出线侧静隔离触头、电流互感器、引出电缆（或硬母线）等。

（5）小母线室。在柜顶的前部设有小母线室，室内装有小母线和接线座。

由于手车式结构具有良好的互换性，可缩短用户停电时间、检修方便，并能防尘和防止动物侵入造成的短路，运行可靠、维护工作量小，故在发电厂、变电所的 3～35 kV 配电装置中得到广泛的使用。

气体绝缘开关柜，简称 GIS 开关柜，用于将高压元件如母线、断路器、隔离开关、互感器、

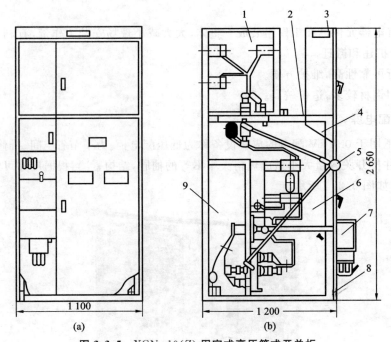

图 3.3.5 XGN₂-10(Z)固定式高压箱式开关柜

1—母线室;2—压力释放通道;3—仪表室;4—组合开关室;5—手力操作与联锁机构;6—主开关室;
7—电磁或弹簧机构;8—接地母线;9—电缆室

电力电缆等密封在充有性能优异气体(较低压力)的壳体内。气体绝缘开关柜的优点:不受外界环境条件变化的影响,可运行在环境恶劣的场所;使用性能优异的 SF_6、N_2 等气体作为绝缘介质,大大缩小了柜体的外型尺寸;配用性能良好的免维护真空断路器,可大大减小维护和检修的工作量;采用低压力气体绝缘,在工厂整体组装后运达现场,可明显地减少现场安装的工作量,同时运行维护成本低。

4. SF_6 全封闭组合电器

SF_6 全封闭组合电器(简称 GIS),是以 SF_6 气体作为绝缘和灭弧介质,以优质环氧树脂绝缘子作支撑的一种新型成套高压电器。

组成 SF_6 全封闭组合电器的标准元件有:母线、隔离开关、负荷开关、电流互感器、电压互感器、避雷器和电缆终端(或出线套管)。上述各元件可制成不同连接形式的标准独立结构,再辅以一些过渡元件(如弯头、三通、伸缩节等),即可适应不同形式主接线的要求,组成成套配电装置。图 3.3.6 所示为 SF_6 全封闭组合电器的接线图。近年来,SF_6 全封闭组合电器发展得特别快,把电器设备均置于装配式的容器内,容器内充满 SF_6 气体,用于断路器触头间的灭弧、开关触头间的绝缘和带电部分的对地绝缘。各容器间用隔板相互隔离,以减少某个设备出现故障而影响其他设备的运行。

SF_6 全封闭电器与常规的配电装置相比,有以下优点。

(1)大量节省配电装置所占地面和空间。全封闭电器占用空间与敞开式的配电装置相比,比率可近似估算为 $10/U_N$(U_N 为额定电压,kV),电压越高,效果越显著。

(2)运行可靠性高。SF_6 全封闭电器由于带电部分封闭在金属外壳中,故不会因污秽、潮

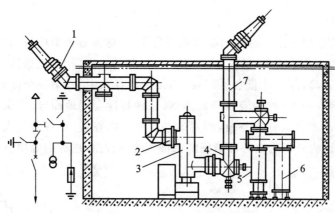

图 3.3.6　SF$_6$ 全封闭组合电器

1— 充气套管;2— 电流互感器;3— 断路器;4— 隔离开关;5— 电压互感器;6— 避雷器;7— 封闭连接线

湿、各种恶劣气候和小动物而造成接地和短路事故。SF$_6$ 为不燃的惰性气体,不会发生火灾,一般不会发生爆炸事故。

(3)土建和安装工作量小,建设速度快。

(4)检修的间隔周期长,维护工作量小,一般可以运行 10 年或切断额定开断电流 1 500 多次或正常开断 1 500 次后再进行检修。

(5)金属外壳的屏蔽作用,减少了短路时导体所承受的电动力,运行人员也不会偶然触及带电导体。

(6)抗震性能好。

SF$_6$ 全封闭电器的缺点有以下几点。

(1)SF$_6$ 全封闭电器对材料性能、加工精度和装配工艺要求极高,工件上的任何毛刺、油污、金属屑粒和纤维都会造成电场不均匀,使 SF$_6$ 气体抗电强度大大下降。

(2)需要专门的 SF$_6$ 气体系统和压力监视装置,且对 SF$_6$ 的纯度和水分都有严格的要求。

(3)金属消耗量大,造价较高。

3.4　电力系统负荷

电力系统负荷就是系统中用电设备消耗电功率的总和,大致分异步电动机、同步电动机、电热电炉、整流设备等若干类消耗的电功率。供电负荷再加上发电厂本身消耗的功率(厂用电),就是系统中各发电机应发出的功率,统称电力系统的发电负荷。

3.4.1　负荷曲线

负荷曲线反映了某一段时间内负荷随时间变化而变化的规律。负荷曲线按负荷类型可分为有功功率负荷曲线和无功功率负荷曲线两类;按时间长短可分为日负荷曲线和年负荷曲线两类。日负荷曲线是制订各发电厂发电负荷计划的依据,年负荷曲线常用于制定发电设备的检修计划。

1. 日负荷曲线

将一天的负荷按照一定的时间间隔描成一条曲线,称为日负荷曲线。以往是每小时一点即 24 点曲线,如图 3.4.1 所示,目前,大都采用每一刻钟一点即 96 点曲线。日负荷曲线一般有两个低谷、两个高峰,第一个低谷在深夜,第二个低谷在中午,第一个高峰在上午(称为早高峰),第二个高峰在晚上(称为晚高峰)。当然,这种特性会因地而异。一天中最大的负荷称为峰荷,一天中最小的负荷称为谷荷,两者的差异称为峰谷差。峰谷差越大对发电机容量的利用越不利,所以国内外都采取各种措施降低负荷的峰谷差,也称削峰填谷。

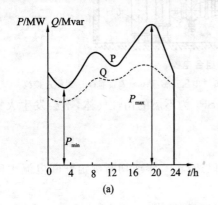
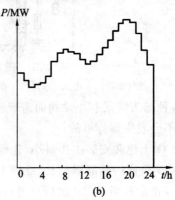

图 3.4.1   日负荷曲线图

(a)有功和无功日负荷曲线;(b)有功功率梯形曲线

2. 年负荷曲线

年最大负荷曲线(峰值负荷曲线)是将一年中每天的日最大负荷连成一条曲线。对于大多数地区,夏季负荷最高。年最大负荷曲线如图 3.4.2 所示。年最大负荷曲线可以用来决定整个系统的装机容量,以便有计划地扩建发电机组或新建发电厂,此外,还可以利用负荷较小的时段安排发电机组的检修计划。

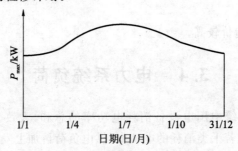

图 3.4.2   年最大负荷曲线图

3.4.2   负荷的分类

负荷可以按不同的角度分类,按电能可分为以下几种。

(1)综合用电负荷:指工业、农业、交通运输、市政生活等各方面消耗的功率之和。

(2)供电负荷:电力系统的综合用电负荷加上网损,即发电厂供出的负荷,称为电力系统的供电负荷。

（3）发电负荷：供电负荷再加上发电厂用电就是发电机应发出的功率，称为发电负荷。

按行业可分为以下几种。

（1）工业负荷：负荷量大，负荷曲线比较平稳。

（2）农业负荷：季节性强，负荷密度小，功率因数低，年利用小时数低。

（3）商业负荷：具有很强的时间性和季节性，是电网峰荷的主要组成部分。

（4）市政及居民生活负荷：负荷变化大，负荷同时率高，负荷功率因数低。

按对负荷供电可靠性可分为一级负荷、二级负荷和三级负荷。

3.4.3　电力系统负荷特性及模型

电力系统负荷的运行特性广义地可以分两大类：一类是负荷随时间的变化而变化的规律，即负荷曲线；另一类是负荷随电压或频率的变化而变化的规律，即负荷特性。

1. 负荷时间特性有关的物理量

负荷随着时间变化而呈现出的规律，称之为负荷时间特性。描述负荷时间特性的指标分类如表 3.4.1 所示。

表 3.4.1　负荷时间特性指标分类

描述类（绝对量）	比较类（相对量）	曲线类
日最大负荷	日负荷率	日负荷曲线
日最小负荷	日最小负荷率	周负荷曲线
日平均负荷	日峰谷差率	年负荷曲线
日峰谷差	季负荷率（季不均衡系数）	
年最大负荷		
年最小负荷		
年平均负荷		

（1）日最大负荷：日负荷曲线的最大值称为日最大负荷（峰荷）。

（2）日最小负荷：日负荷曲线的最小值称为日最小负荷（谷荷）。

（3）年最大负荷 P_{max}：指全年中消耗电能最多的半小时的平均功率。

（4）年最大负荷利用小时数 T_{max}：在此时间内，用户以年最大负荷持续运行所消耗的电能恰好等于全年实际消耗的电能，如图 3.4.3 所示。年负荷曲线越平坦，T_{max} 越大；年负荷曲线越陡，T_{max} 越小。

（5）平均负荷 P_{av}：电力负荷在一定时间 t 内平均消耗的功率。

（6）年平均负荷：一年内所用的电量 W_a 除以 8 760 h，$P_{av} = W_a/8\,760$。

（7）负荷系数 K_L：又称负荷率，指平均负荷与最大负荷的比值，即 $K_L = P_{av}/P_{max}$。K_L 越大，负荷曲线越平坦，负荷波动越小。

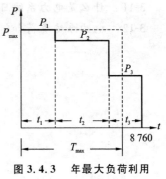

图 3.4.3　年最大负荷利用
小时数曲线

2. 负荷模型

负荷吸收的有功功率(P)及无功功率(Q)是随着负荷母线上的电压(U)和频率(f)的变动而变化的,这就是负荷的电压特性和频率特性。用于描述这种负荷特性的数学方程称为负荷模型。建立负荷模型就是要确定描述负荷特性的数学方程的形式及其中的参数,简称为负荷建模。

在稳态条件下,负荷功率与电压及频率之间的非线性函数关系称为负荷的静态模型。多项式及幂函数是描述静态负荷特性的两种基本模型。

当电压或者频率发生突然变化时,负荷中的动态成分会表现出动态特性。描述动态负荷(以异步电动机为主)的模型有机理与非机理之分,所谓机理式负荷模型是以物理和电学等基本定律为基础,通过列写负荷的各种平衡关系式而获得的模型,如电路中常见的 RL 电路方程。机理式模型的最大优点是具有明确的物理意义,易于被人们理解。

大多数实际负荷中既有静态负荷又有动态负荷,所以,采用综合负荷模型。电力系统计算中常用的一种综合负荷模型是用等效静态负荷和等效电动机负荷并联组成。

思考与练习题

3-1 按能源形式分类,发电厂可以分为哪几类?各自有何特点?

3-2 清洁能源发电有哪些形式?它们与常规能源发电相比有哪些突出特点?

3-3 什么是电气主接线?对其有什么基本要求?

3-4 倒闸操作的基本原则是什么?

3-5 电气主接线的基本形式有哪些?各自有何特点?

3-6 内桥接线和外桥接线有何区别?各有何特点?

3-7 配电装置要满足哪些基本要求?

3-8 什么是配电装置的最小安全净距?

3-9 屋内、屋外配电装置各有何特点?

3-10 GIS 全封闭组合电器配电装置有何特点?应用情况如何?

3-11 什么是电力系统日负荷曲线和年负荷曲线?这两种曲线各有什么作用?

3-12 电力系统负荷如何分类?

第4章 电气二次系统

4.1 电气二次回路基本概念

在发电厂和变电所中,为了保证一次电气设备安全可靠和经济运行,并实现对其控制、监视,而设置的成套的控制、信号、继电保护、自动装置和监视仪表等设备,称为二次设备。二次设备用特定的图形和文字符号表示其相互连接的电气连接图,称为二次电路(接线)图。二次电路(接线)图一般有三种表达形式:原理接线图、展开接线图、安装接线图。

4.1.1 控制方式与二次回路

1. 控制方式

变电所和其他供电装置对高压一次电气设备的控制操作,按执行地点不同,可以分为就地控制、距离控制、远动控制三种方式。

(1)就地控制方式。就地控制方式在一次电气设备安装地点进行直接控制,断路器等位置信号也在配电间隔上显示。这种方式仅适用于 10 kV 及以下电压的电气设备。

(2)距离控制方式。距离控制方式在主控制室内对变电所的一次电气设备集中进行控制,监测仪表、开关位置信号、中央信号以及继电保护装置设置在主控制室的屏台上,便于监视和管理运行。按实现方法不同可分为一对一分别控制方式和集中选控方式两种。

(3)远动控制方式。远动控制方式又称为遥控,即在远离变电所的调度端对变电所的电气设备进行控制。已经实现远动化的供电系统,往往兼备远动控制与距离控制两种方式。

按有无运行人员值班,变电所可以分为有人值班和无人值班运行两种方式,对于有人值班的变电所,一般以距离控制方式为主,对于无人值班的变电所或减员变电所一般以遥控方式为主。

2. 二次回路

二次回路由以下六个部分组成,即控制回路、信号回路、测量回路、调节回路、继电保护及操作型自动装置回路和操作电源系统。

(1)控制回路。它由控制开关和控制对象(断路器、隔离开关)的传送机构及执行(或操作)机构组成,其作用是对一次开关设备进行"跳"、"合"闸操作。

控制回路按自动化程度可分为手动控制和自动控制两种。

控制回路按控制距离可分为就地控制和距离控制两种。

控制回路按控制方式可分为分散控制和集中控制两种。

控制回路按操作电源性质可分为直流操作和交流操作两种。

控制回路按操作电源电压和电流的大小可分为强电控制和弱电控制两种。

（2）信号回路。它由信号发送机构、传送机构和信号器具构成,其作用是反映一、二次设备的工作状态。

信号回路按信号性质可分为事故信号、预告信号、指挥信号、位置信号、继电保护及操作型自动装置回路等。

信号回路按信号显示方式可分为灯光信号和音响信号两种。

信号回路按信号的复归方式可分为手动复归和自动复归两种。

（3）测量回路。它由各种测量仪表及其相关回路组成,其作用是指示或记录一次设备的运行参数,以便运行人员掌握一次设备运行情况。它是分析电能质量、计算经济指标、了解系统潮流和主设备运行工况的主要依据。

（4）调节回路。调节回路通常指调节型自动装置。它是由测量机构、传送机构、调节器和执行机构组成的,其作用是根据一次设备运行参数的变化,实时在线调节一次设备的工作状态,以满足运行要求。

（5）继电保护及操作型自动装置回路。它是由测量机构、传送机构、执行机构及继电保护和自动装置组成的。其作用是自动判别一次设备的运行状态,在系统发生故障或异常运行时,自动跳开断路器,切除故障或发出异常运行信号,故障或异常运行状态消失后,快速投入断路器,恢复系统正常运行。

（6）操作电源系统。它是由电源设备和供电网络组成的,包括直流电源和交流电源系统。其作用是供给上述各回路工作电源。发电厂和变电站的操作电源多采用直流电源系统（简称直流系统）,部分小型变电站也可采用交流电源或整流电源（如硅整流电容储能或电源变换式直流系统）。

4.1.2 原理接线图

原理接线图用来表示二次设备中的检测仪表、控制与信号、保护和自动装置等的工作原理,使人们对整个装置易于形成完整而清晰的概念。现举例说明原理接线图的构成和动作过程。

图 4.1.1 所示的为馈电线路过电流保护的原理接线图,其主要特点是图中标有相关的主电路部分,如母线、馈电线路、断路器及其跳闸线圈的辅助接点,以及电流互感器等,另外各设备元件都以整体形式表示,即线圈及接点均表示在一个图形符号内,同时对所包括的交流电流回路、交流电压回路和直流控制、信号电路等各组成部分都一并画出。

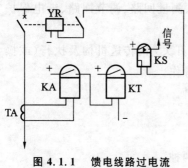

图 4.1.1 馈电线路过电流保护原理接线图

由图 4.1.1 可见,继电保护装置的电路是通过电流互感器 TA 与主电路的馈电线路联系起来的。保护装置本身由电流继电器 KA、时间继电器 KT 和一个信号继电器 KS 构成。电流继电器接在电流互感器的次边,若主电路馈电线路发生短路故障时,电流互感器次边电流随着原边电流的增长而增大,当其超出了正常运行的变化范围达到电流继电器的整定值时,它立即动作。由电流继电器的正接点闭合,以接通时间继电器的直流电源回路,经过整定的延时时限后其延时装置动作,正接点闭合。这时由控制电源正极经时间继电器延时动作,正接点闭合,使信号继电器线圈、断路器的联动辅助接点、分闸线圈至控制电源负极的电路接通。于是断路器跳闸,切断发生短路故障的馈电线路,从而保障设备安全和其他馈电线路的正常供电。在断路器跳闸的同时,信号继电器受电掉牌显示该保护装置动作,还由它的正接点接通有关中央信号回路。

4.1.3　展开接线图

展开接线图的特点,是在相应原理接线图的基础上,将其总体形式的电路分解成交流电流、电压回路及直流回路等相对独立的各个组成部分。这时电路中设备元件的不同线圈与接点等,将分别绘入相应部分的回路图中。例如,电流继电器的线圈绘于交流电流回路图中,而其接点与时间继电器、信号继电器、断路器的联动辅助接点、跳闸线圈则绘于直流回路图中。

图 4.1.2 给出了与图 4.1.1 所示原理接线图对应的展开接线图。

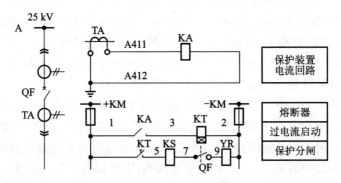

图 4.1.2　馈电线路过电流保护展开接线图

在展开接线图的直流回路部分,力求按照各部件流通电流的顺序,也就是按其工作时各部件的动作次序,自上而下、由左至右地排列成行。对同一元件的不同线圈、接点等采用相同的文字标注,并在展开接线图的一侧可以方便地加注文字说明,从而便于清楚地了解相应部分电路的作用。

比较图 4.1.1 与图 4.1.2,显然前者能够使对装置设备的结构、原理有一个概括、完整的认识,也正是原理接线图的完整性,致使图中连线交错重叠,却不易于将元件内部接线等细节一一表述清楚。展开接线图恰恰弥补了原理接线图的这些缺陷,尤其是对于复杂装置的电路图,应用展开接线图的表达方式对于分析电路工作原理和动作过程,则具有清楚、明晰的优点。

4.1.4　安装接线图

安装接线图是适应于二次设备装置进行制造、安装或调试、检修时的需要而专门绘制的。安装接线图一般应包括盘面布置图、盘后接线图和端子排接线图等。在盘后接线图和端子排接线图中,对继电器、表计等元件及其辅助端子、连接导线等,都需按其实际形状、位置尺寸成比例地由盘后视图绘制出来,如图 4.1.3 所示。图中不画出连接导线,而是采用"相对标志"的方式加以表示。所谓"相对标志"法也就是在端子排(或设备元件)的每一端头标记出与它连接的另一端头所接设备元件(或端子排端子号码)的标志。图 4.1.3 所示的是变电

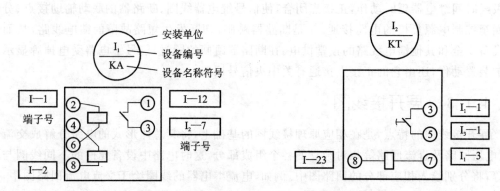

图 4.1.3　馈电线路过电流保护部分安装接线图

所馈电线路过电流保护装置部分安装接线图。

在图 4.1.3 中,元件 I_1/KA 的端子 ③ 标志 I_2-7 应与元件 I_2/KT 的端子 ⑦ 标志 I_1-3 相连线,而元件 I_1/TA 的端子 ② 标志 $I-1$ 应与序号 1 的端子排 I_1-2、TA 相连接。

特别说明,为了满足制造、安装或调试、检修时查找电路准确、方便的需要,还应该对二次回路中每段连接导线都分别编以相应的数字代号作为标记。

图 4.1.2 与图 4.1.3 中都标记有二次回路导线编号数字。编号标记方法应遵循"等电位原则",亦即在同一电位上的不同分支导线均标记同一数字代号,而在回路中具有电位差异的不同段导线则标记不同的数字代号。在交流回路中编号取为连续递增的数字,并需标示出相、序别(即三相系统的 A 相、B 相、C 相与中性线 N、零序回路 L 等)。在直流回路中的编号数字是从正极起始依次编以奇数顺序的数字,当通过设备元件的线圈负荷改变了导线电位的极性后(呈现负极性),才改换编以偶数顺序的数字。具体编号方法可查阅有关设计手册。

对于二次回路的不同装置设备之间的联系电缆,也应进行编号标记。二次电路控制电缆的标志,除了数字编号外还应标示出所需安装单位、电缆型号,并注明电缆去向等。

4.2　断路器的控制与信号回路

4.2.1　控制与信号回路概述

1. 控制与信号回路的构成

高压开关控制与信号回路主要由控制元件、中间放大元件与继电器,以及操动机构等几部分组成,其作用如下。

(1)控制元件。开关跳、合闸操作命令,是由运行人员操作按钮或控制开关等控制元件而发出的。为满足控制、信号回路对触点数量多的需要,大都采用带有转动手柄的控制开关来执行。

控制开关常用的有两种类型:一种是开启式,如 LW_1 系列;另一种是封闭式,如 LW_2 系列。这两种控制开关,除了结构上是否外露加以区别外,后者还有这样的优点,即利用 LW_2 系列控制开关来控制断路器时,在合闸过程中有"预备合闸"的位置,在跳闸过程中有"预备分闸"位置,用于指明所操作的设备是否正确,可减少误操作的机会。所以,发电厂和变电所中,多采用此种控制开关。下面扼要叙述 LW₂ 系列封闭式控制开关的特点。

这种控制开关的外形结构如图 4.2.1 所示。触点盒共有 1a、4、6a、20 和 40 五种类型。每一触点盒都有两个固定位置和两个复归位置。固定位置就是当手柄转到该位置后,手柄能保持在该位置,触点盒内的触点也相应停留在该位置。而复归位置则不同,手柄转到该位置时,手柄和触点盒的触点只暂时保持在该位置,当运行人员把手柄放开后,在弹簧的作用下,手柄和触点都将复归到原来的位置。

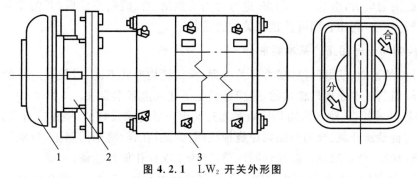

图 4.2.1　LW₂ 开关外形图

1— 手柄;2— 面板;3— 触点盒

这种触点盒的触点形式和用途,如表 4.2.1 所示。其中有两个预备操作位置("预备合闸"和"预备跳闸")、两个操作位置("合闸"和"跳闸")和两个固定位置("合闸后"和"跳闸后")。该开关合闸操作的顺序为预备合闸 → 合闸 → 合闸后;开关跳闸操作的顺序为预备跳闸 → 跳闸 → 跳闸后。

表 4.2.1　LW₂ 触点功能表

有"跳闸"后位置的手柄(正面)样式和触点盒(背面)接线图	手柄和触点盒类型															
	F8	1a		4		6a			40			20		20		
触点号位置	—	1—3	2—4	5—8	6—7	9—10	9—12	10—11	13—14	14—15	13—16	17—19	18—20	21—23	21—22	22—24
跳闸后		—	×	—	—	—	×	—	×	—	—	×	—	—	—	×
预备合闸		×	—	—	—	—	—	×	—	×	—	×	—	—	×	—
合闸		—	—	×	—	×	—	—	×	—	×	—	×	—	×	—
合闸后		×	—	—	—	—	—	×	—	×	—	×	—	—	×	—
预备跳闸		—	×	—	—	—	×	—	×	—	—	×	—	—	—	×
跳闸		—	—	×	×	×	—	—	×	—	×	—	×	—	—	×

（2）中间放大元件与继电器。因断路器的合闸电流甚大，如电磁式操动机构，其合闸电流可达几十安到几百安，而控制元件和控制回路所能通过的电流往往只有几安，两者之间需用中间放大元件进行转换。常用 CZ 型直流接触器去接通合闸回路。

此外，控制回路中还采用各种电磁式中间继电器，其作用是增加回路中某些元件动作的触点数量和触点类型（动合或动断），以满足不同需要。

（3）操动机构。高压开关的操动机构有电磁式、弹簧式和液压式等，它们都附有合闸和跳闸线圈。当线圈通电后，引起连杆动作，进行合闸或跳闸。合、跳闸完成后，开关动触头杆所带辅助触点进行切换，利用它们可传达开关位置信号。

2. 对控制与信号回路的基本要求

高压开关的控制、信号回路，随着开关类型、操动机构形式不同，以及对运行的不同要求而有所差异，但其基本原理是相似的，并应能满足下述几点基本要求。

（1）高压开关的合、跳闸回路是按短时通过大电流脉冲来设计的。操作或自动合、跳闸完成后，应迅速自动断开跳、合闸回路以免烧损线圈。为此，在合、跳闸回路中，分别接入断路器的辅助触点（动断、动合触点），以便切断回路，并为下次操作做好准备。

（2）控制回路应能在控制室由控制开关控制进行手动跳、合闸，又能在自动装置和继电保护作用下自动合闸或跳闸，同时能由远方调度中心发送控制命令进行跳、合闸。

（3）应具有高压开关位置状态的信号、事故跳闸与自动合闸的闪光信号。后者应由"不对应接线原则"构成，即控制开关的位置与高压开关的实际位置（如已自动跳闸）不一致，使信号回路构成逻辑输出并接通闪光电源而发闪光。

（4）具有防止断路器多次合、跳闸的"防跳"装置。因断路器手动控制或自动合闸时，如遇永久性故障，继电保护立即使其跳闸。此时，如控制开关未复归或自动装置出口继电器触点被卡住，使合闸回路一直通电，将引起断路器再次合闸继而又跳闸，如此反复即出现"跳跃"现象，导致断路器损坏。为防止此种情况，应在控制回路中设电气防跳措施，也可在断路器本身设置机械防跳。

（5）采用液压和气体操作机构时，跳、合闸操作回路中应分别设有液压或气体闭锁，在低于规定标准压力情况下，闭锁操作回路。断路器与隔离开关配合使用时，应有防误操作的闭锁措施。

（6）对跳、合闸控制回路及其电源的完好性，应能进行监视。

控制、信号回路的接线方式有多种，按监视方式可分为灯光监视回路和音响监视回路两种，前者适用于一般有人值班的变电所，后者可用于无人值班的变电所和大型变电所。

4.2.2 断路器控制回路与信号回路

断路器的操作机构不同，其电气控制回路也不尽相同，但基本接线是类似的。现以电磁型操作机构的断路器为例，说明控制回路和信号回路的动作过程。

图 4.2.2 所示为灯光监视断路器控制回路和信号回路原理图。图中，SA 为 LW2 型控制开关；YR 为断路器操作机构的跳闸线圈；KO 为断路器合闸用接触器的合闸线圈，KO_{1-2} 和 KO_{3-4} 为该接触器两对带有灭弧罩的常开触点；QF_{1-2} 和 QF_{3-4}、QF_{5-6} 为断路器 QF 的常闭和常开触点；KLB 为用来防止断路器出现"跳跃"现象的防跳继电器，它是一个电流线圈启

动、电压线圈保持的中间继电器，KLB$_{1-2}$ 和 KLB$_{3-4}$ 是它的常开和常闭触点；KM1 为自动重合闸回路中间继电器的常开触点，该触点闭合时，断路器 QF 即可自动合闸；KM0 为继电保护出口中间继电器的常开触点，该触点闭合时，即可使断路器 QF 自动跳闸。±WC 为直流控制回路电源小母线；±WO 为断路器直流合闸回路电源小母线；+WF 为闪光信号小母线，它在专用的闪光装置下断续带电；±WS 为信号回路电源小母线；WAS 为事故音响信号小母线。

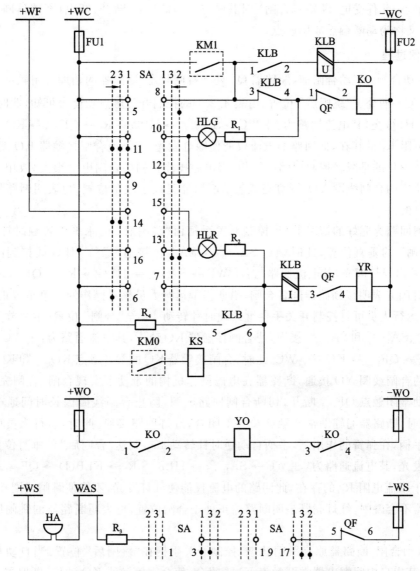

图 4.2.2　灯光监视断路器控制回路和信号回路原理图

对于图 4.2.2 中的控制开关 SA，其右侧的三条虚线中，"1" 表示操作手柄在 "预备合闸" 位置，"2" 表示 "合闸" 位置，"3" 表示 "合闸后" 位置；左侧的三条虚线中，"1" 表示操作手柄在 "预备跳闸" 位置，"2" 表示 "跳闸" 位置，"3" 表示 "跳闸后" 位置。每对触点下方虚线上画有圆点者,表示手柄转到此位置时该触点接通,虚线上标出的箭头表示控制开关手柄自动返回的方向。

通常规定元件不受电(或断路器断开)时的状态为常态,常开触点和常闭触点的含义如下。

常开触点:元件未受电(断路器断开)时其触点(又称接点)断开、受电(断路器合闸)时其触点闭合,又称为动合触点或正触点。

常闭触点:元件受电(断路器合闸)时其触点(又称接点)断开、断电(断路器断开)时其触点闭合,又称为动断触点或反触点。

1. 合闸过程

(1) 手动合闸。手动合闸前,断路器 QF 处于跳闸状态,断路器的辅助常闭触点 QF_{1-2} 闭合,控制开关手柄处于"跳闸后"位置。由表 4.2.1 的控制开关触点功能表可知,此时 SA_{10-11} 接通,绿灯 HLG 亮,其电流通路为:$+WC \to SA_{10-11} \to HLG \to R_1 \to QF_{1-2} \to KO \to -WC$。由于限流电阻 R_1 的存在,此回路的电流仅能使绿灯发光,不能使合闸接触器 KO 动作。采用接触器 KO 的目的是减轻控制回路的负担,因电磁操作机构的合闸电流很大,故用 KO 的触点接通断路器的合闸线圈 YO。绿灯亮既表明断路器正处于跳闸位置,也表明断路器的合闸回路是完好的。

在合闸回路为完好的情况下,将控制开关手柄由"跳闸后"的水平位置顺时针转动 $90°$ 至"预备合闸"的垂直位置,此时触点 SA_{9-10} 与 SA_{13-14} 接通,绿灯 HLG 改接到闪光母线 $+WF$ 上,发出绿灯闪光,其电流通路为:$+WF \to SA_{9-10} \to HLG \to R_1 \to QF_{1-2} \to KO \to -WC$。绿灯闪光表明该断路器准备合闸,借此提醒运行人员核对操作的对象是否正确。如核对无误后,运行人员可将控制开关手柄继续顺时针转动 $45°$ 至"合闸"位置(不要放手),此时触点 SA_{5-8}、SA_{19-17} 和 SA_{16-13} 接通,使合闸接触器 KO 动作,其电流通路为:$+WC \to SA_{5-8} \to KLB_{3-4} \to QF_{1-2} \to KO \to -WC$。此时,合闸接触器 KO 的常开触点 KO_{1-2} 和 KO_{3-4} 闭合使断路器的合闸线圈 YO 接通,断路器在电磁操作机构的带动下实现合闸。合闸完毕后,断路器的辅助常闭触点 QF_{1-2} 断开,切断合闸回路电源,防止合闸线圈因长时间通电而被烧毁。与此同时,断路器的辅助常开触点 QF_{3-4} 闭合,红灯回路接通。此时,运行人员可松开控制开关的手柄,在弹簧的作用下,手柄自动逆时针转动 $45°$,到达"合闸后"的垂直位置。此时,红灯继续发光,其电流通路为:$+WC \to SA_{16-13} \to HLR \to R_2 \to KLB(I) \to QF_{3-4} \to YR \to -WC$。由于限流电阻 R_2 的存在,此回路的电流仅能使红灯发光,不能使跳闸线圈 YR 动作,因此断路器不会跳闸。红灯亮既表明断路器正处于合闸位置,也表明断路器的跳闸回路是完好的。

(2) 自动合闸。断路器原为跳闸状态,控制开关手柄在"跳闸后"位置。当自动重合闸装置动作时,其出口中间继电器常开触点 KM1 闭合,使合闸接触器 KO 动作,断路器 QF 自动合闸。自动合闸后,QF_{1-2} 随之断开,QF_{3-4} 闭合。此时,由于断路器处于合闸位置,而控制开关手柄仍保留在"跳闸后"位置,两者呈现不对应状态,触点 SA_{14-15} 接通,红灯将发出闪光,其电流通路为:$+WF \to SA_{14-15} \to HLR \to R_2 \to KLB(I) \to QF_{3-4} \to YR \to -WC$。

在控制台上,控制开关手柄在"跳闸后"位置,红灯在闪光,表明断路器是自动合闸的。只

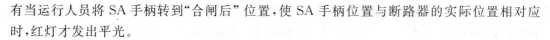

有当运行人员将 SA 手柄转到"合闸后"位置,使 SA 手柄位置与断路器的实际位置相对应时,红灯才发出平光。

2. 跳闸过程

(1)手动跳闸。在跳闸回路完好的情况下,将控制开关手柄由"合闸后"的垂直位置逆时针转动 $90°$ 至"预备跳闸"的水平位置,此时 SA_{13-14} 接通,红灯发出闪光,其电流通路为: $+ WF \rightarrow SA_{14-13} \rightarrow HLR \rightarrow R_2 \rightarrow KLB(I) \rightarrow QF_{3-4} \rightarrow YR \rightarrow - WC$。运行人员经核对无误后,可将控制开关手柄继续逆时针转动 $45°$ 至"跳闸"位置(不要松手),此时触点 SA_{6-7}、SA_{11-10} 接通,使断路器的跳闸线圈 YR 动作,断路器 QF 跳闸,其电流通路为: $+ WC \rightarrow SA_{6-7} \rightarrow KLB(I) \rightarrow QF_{3-4} \rightarrow YR \rightarrow - WC$。跳闸完毕后,断路器的辅助常开触点 QF_{3-4} 断开,切断跳闸回路电源,防止跳闸线圈因长时间通电而被烧毁。与此同时,断路器的辅助常闭触点 QF_{1-2} 闭合,绿灯回路接通。此时,运行人员可松开控制开关的手柄,在弹簧的作用下,手柄自动顺时针转动 $45°$,到达"跳闸后"的水平位置。此时,绿灯继续发光,其电流通路为: $+ WC \rightarrow SA_{11-10} \rightarrow HLG \rightarrow R_1 \rightarrow QF_{1-2} \rightarrow KO \rightarrow - WC$。由于限流电阻 R_1 的存在,此回路的电流仅能使绿灯发光,不能使合闸接触器 KO 动作。绿灯亮既表明断路器正处于跳闸位置,也表明断路器的合闸回路是完好的。

(2)自动跳闸。若线路发生故障使继电保护装置动作,则出口中间继电器常开触点 KM0 闭合,使跳闸线圈 YR 动作,断路器 QF 将自动跳闸。自动跳闸后,QF_{1-2} 随之闭合,QF_{3-4} 断开。此时,由于断路器处于跳闸位置,而控制开关手柄仍保留在"合闸后"位置,两者呈现不对应状态,触点 SA_{9-10} 接通,绿灯将发出闪光,其电流通路为: $+ WF \rightarrow SA_{9-10} \rightarrow HLG \rightarrow R_1 \rightarrow QF_{1-2} \rightarrow KO \rightarrow - WC$。

自动跳闸属于事故性质,除发出闪光外,还应发出事故音响信号以提醒运行人员注意。变电所一般在控制室的中央信号屏上都装有一个蜂鸣器(电笛),在事故跳闸前,控制开关手柄处于"合闸后"位置,触点 SA_{1-3}、SA_{19-17} 接通,当断路器自动跳闸时,其常闭触点 QF_{1-2} 闭合,启动事故信号装置发出音响,其电流通路为: $+ WS \rightarrow HA \rightarrow R_3 \rightarrow SA_{1-3} \rightarrow SA_{19-17} \rightarrow QF_{5-6} \rightarrow - WS$。

在控制台上,控制开关手柄处于"合闸后"位置,绿灯在闪光,事故信号装置发出音响,表明断路器是自动跳闸的。只有当运行人员将 SA 手柄转到"跳闸后"位置,使 SA 手柄位置与断路器的实际位置相对应时,绿灯才发出平光,事故音响信号才停止。

3. 防跳回路

断路器的所谓"跳跃",是指运行人员手动合闸断路器于故障线路上,断路器又被继电保护装置动作于跳闸,控制开关位于"合闸"位置,则会引起断路器重新合闸,这样,断路器将会出现多次连续跳、合闸的跳跃现象。为了防止这一现象,断路器的控制回路均需装设防止跳跃的电气连锁装置。

图 4.2.2 中的 KLB 为防跳继电器,它有两个线圈,电流线圈为启动线圈,接在跳闸线圈 YR 之前;电压线圈为自保持线圈,通过自身的常开触点 KLB_{1-2} 接入合闸回路。若控制开关手柄在"合闸"位置或触点 SA_{5-8} 粘住,恰好此时断路器合闸于永久故障线路上,继电保护动作,使 KM0 触点闭合,则断路器 QF 自动跳闸;与此同时防跳继电器 KLB(I) 启动,触点

KLB_{1-2} 闭合,使 KLB(U) 线圈带电,起自保持作用。这样,触点 KLB_{3-4} 始终处于断开位置,合闸接触器线圈 KO 不会再次启动,从而断路器 QF 不会出现多次连续跳、合闸的跳跃现象,保证了断路器不会因跳跃而损坏。触点 KLB_{5-6} 与触点 KM0 并联,其作用是为了保护后者,使其不致断开而超过其触点容量的跳闸线圈电流,以防止中间继电器触点被烧坏。

4.3 中央信号

4.3.1 概述

变电所的信号回路,是用来指示一次系统中电气设备工作状态的二次回路。变电所中的信号装置按用途分有断路器位置信号、事故信号和预告信号等。

断路器位置信号用来指示断路器正常工作的位置状态,一般用红灯亮表示断路器处于合闸位置,绿灯亮表示断路器处于跳闸位置。事故信号用来指示断路器事故跳闸时的状态,包括灯光信号(绿灯闪光)和音响信号(蜂鸣器)。预告信号用来指示运行设备出现不正常运行时的报警信号,该信号是区别于事故信号的音响信号(电铃),同时有光字牌显示故障性质和地点。常见的预告信号有小电流接地系统中的单相接地、变压器过负荷、变压器的轻瓦斯保护动作、变压器油温过高、电压互感器二次回路断线、直流回路熔断器熔断、直流系统绝缘能力降低和自动装置动作等。

以上各种信号中,事故信号和预告信号是电气设备各信号的中心部分,通常称为中央信号,它们集中装设在中央信号屏上。每种中央信号装置都由灯光信号和音响信号两部分组成,灯光信号(包括信号灯和光字牌)是为了便于判断发生故障的设备及故障的性质,音响信号(蜂鸣器或电铃)是为了唤起值班人员的注意。

中央信号回路应满足以下基本要求:① 所有有人值班的变电所,都应在控制室内装设中央事故信号和预告信号装置;② 中央事故信号在任何断路器事故跳闸时,能及时发出音响信号,并在控制屏上表示该回路事故跳闸的灯光或其他信号;③ 中央预告信号应保证在任何回路发生不正常运行时,能及时发出音响信号,并有显示故障性质或地点的指示,以便值班人员迅速处理;④ 中央事故信号与预告音响信号应有区别,一般事故信号用蜂鸣器(电笛),预告信号用电铃;⑤ 当发生音响信号后,应能手动或自动复归音响,而故障性质或地点的指示应保持,直到故障消除为止;⑥ 中央事故信号与预告信号一般应能重复动作。

4.3.2 事故信号

就地复归是指通过解除断路器不对应启动回路来解除音响信号。中央复归是指在主控台上通过按钮或自动解除音响信号。重复动作是指当一断路器启动事故信号并中央复归后,又一断路器自动跳闸,音响能再次启动。不重复动作是指在上述情况下,音响不能再次启动。

1. 简单的事故信号装置

(1)就地复归的事故音响信号装置。图4.3.1所示为最简单的就地复归的事故音响信号装置接线图。正常运行时,控制开关 SA1、SA2 的 1—3、19—17 触点均处在接通状态,断路器

QF1、QF2 的常闭触点均处于断开位置,事故音响蜂鸣器中无电流。当任一台断路器自动跳闸后,其相应的常闭辅助触点闭合,利用断路器与控制开关位置的不对应原理,使直流负电源与事故音响小母线 WAS 连通,蜂鸣器(电笛)HA 中由于有电流流过而发出音响。为了解除音响,值班人员需要找到绿灯闪光的断路器控制开关,并将其手柄转到"跳闸后"位置上去,随着闪光信号的消失,事故音响信号就会被解除。

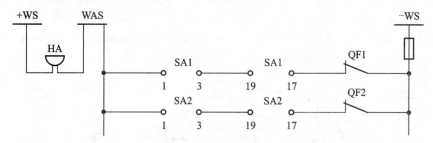

图 4.3.1　就地复归的事故音响信号装置接线图

这种信号回路的缺点是,在解除事故音响信号的同时,控制回路的闪光信号也被解除,不利于值班人员处理事故。在发生事故时,通常希望音响信号能很快解除,以免干扰值班人员进行事故处理,而灯光信号需要保留一段时间,以便判断故障的性质及发生的地点。这就要求音响信号能手动解除或经过一段时间后自动消失。

(2)中央复归不能重复动作的事故音响信号装置。图 4.3.2 所示为中央复归不能重复动作的事故音响信号装置接线图。它由中间继电器 KM、蜂鸣器 HA 和实验按钮 SB1、解除按钮 SB2 组成。当任一台断路器自动跳闸时,控制开关 SA 和断路器 QF 的不对应回路将启动蜂鸣器 HA,发出事故音响信号。值班人员听到音响后,只需按一下音响解除按钮 SB2,于是中间继电器 KM 启动,其常开触点 KM_{3-4} 闭合实现保持;同时其常闭触点 KM_{1-2} 将蜂鸣器回路切断,使音响立即解除。这种接线的缺点是,不能重复动作,即第一次音响信号发出后,值班人员利用按钮 SB2 将音响解除,而不对应回路尚未复归前,此时如果又有第二台断路器事故跳闸,事故音响信号就不能再次启动,因而第二台断路器的跳闸信号可能不会被值班人员发现。这种接线只适用于断路器数量较少的发电厂和变电所。

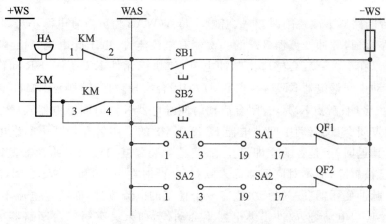

图 4.3.2　中央复归不能重复动作的事故音响信号装置接线图

2. 中央复归能重复动作的事故音响信号装置

中央复归能重复动作的事故音响信号装置,目前在大、中型发电厂和变电所中广泛采用。信号装置的重复动作是利用冲击继电器(信号脉冲继电器)来实现的。冲击继电器有各种不同的信号,但共同点都是有一个脉冲变流器和相应的执行元件。图 4.3.3 为用 ZC—23型冲击继电器构成的事故音响信号装置接线图,图中 TA 为脉冲变流器,KR 为干簧继电器,用做执行元件。并联在 TA 一次侧的二极管 VD1 和电容器 C 起抗干扰作用;并联在 TA 二次侧的二极管 VD2 起单向旁路的作用,当 TA 一次侧电流突然减小时,其二次侧感应的反向脉冲电动势经二极管 VD2 的旁路,不让它流过 KR 的线圈。

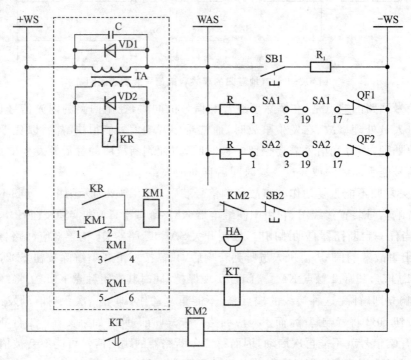

图 4.3.3 中央复归能重复动作的事故音响信号装置接线图

当第一台断路器事故跳闸时,事故音响小母线 WAS 和负信号电源小母线 —WS 之间的不对应回路接通,脉冲变流器 TA 的一次侧有电流流过。由于此电流是由零值突变到一定数值的,所以在二次侧就会感应出脉冲电流,使执行元件 KR 动作。KR 动作后,其常开触点闭合,启动中间继电器 KM1,触点 $KM1_{1-2}$ 闭合实现自保持;触点 $KM1_{3-4}$ 闭合启动蜂鸣器 HA,发出音响;触点 $KM1_{5-6}$ 闭合启动时间继电器 KT。时间继电器 KT 经整定的时限后,其延时触点闭合,又启动中间继电器 KM2,KM2 的常闭触点切断中间继电器 KM1 的线圈回路,使其返回,于是音响立即停止,整套信号装置复归至原来的状态。当第一次发出的音响信号已被解除,而不对应回路尚未复归前,此时在 WAS 和 —WS 之间经一个电阻 R相连接,故在脉冲变压器 TA 的一次侧有一个稳定的电流流过,而稳定电流不会在脉冲变流器二次侧感应出电动势,故冲击继电器不会动作。如果又有第二台断路器事故跳闸,由于在每一个并联支路中都串联电阻 R,每多并联一个支路,都将引起 TA 一次绕组中的电流产生变化,在二次绕组中感应电动势,使干簧继电器 KR 再次动作并启动音响信号装置。由此可见,脉冲变流器 TA 在此起两个作用:一是将事故音响装置的脉冲由连续脉冲转变为短时脉冲;二是将启动回路与音响装置分开,以保证音响装置一经启动之后,即与原来启动它的不对应回路无关,因而能实现重复动作的目的。图中,SB1 为试验按钮,SB2 为解除按钮。

4.3.3　预告信号

预告信号装置是当电气设备发生不正常运行情况时,能自动发出音响和灯光信号的装置,它可以帮助值班人员及时地发现故障和隐患,以防事故扩大。预告信号可分为瞬时预告信号和延时预告信号两种。瞬时预告信号和延时预告信号在灯光信号组成上有所区别,前者是双灯的光字牌,后者是一个单灯和一个电阻组成的光字牌。

图 4.3.4 为中央复归不能重复动作的预告音响信号装置接线图。图中,SB1 为试验按钮,SB2 为解除按钮。当发生不正常运行时,其相应的继电器 K 动作,预告音响信号 HA(警铃)和光字牌 HL 同时动作。值班人员听到铃声后,可根据光字牌的提示来判断发生故障的设备及故障的类型。按一下音响解除按钮 SB2,中间继电器 KM 动作,其常闭触点 KM_{1-2} 打开,切断警铃回路;常开触点 KM_{3-4} 闭合实现自保持;常开触点 KM_{5-6} 闭合使黄色信号灯 HLY 发亮,告知值班人员已经发生了不正常运行情况,而且尚未解除。音响解除后,光字牌依旧亮着,只有当异常运行情况消除,中间继电器返回后,光字牌的灯光才熄灭,黄色信号灯也同时熄灭。这种接线的缺点是不能重复动作,即第一个异常运行未消除前,若出现第二个异常运行情况,警铃不能再次动作。

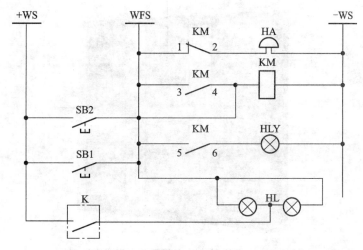

图 4.3.4　中央复归不能重复动作的预告音响信号装置接线图

利用冲击继电器构成的中央复归能重复动作的预告音响信号回路,其基本工作原理与图 4.3.3 所示相似,只是用警铃代替了蜂鸣器,以示区别。除了铃声之外,还用光字牌发出灯光信号,以指示发生故障的性质和地点,并且光字牌的灯泡电阻还起到了事故信号装置启动回路中的电阻 R 的作用。

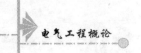

4.4　发电厂变电所的操作电源

为保证供电装置和变电所的正常工作和安全操作与运行,需要大量辅助电气设备和控制设施的低压直流、交流自用电负荷,这些负荷与一次设备协同工作(如主变压器的通风冷却等),甚至在高压电源切断的情况下,都要保证某些自用电装置不间断地供电(如操作控制电源和照明等)。为此,要设置能满足不同要求、供电可靠的操作电源。

操作电源是为了给控制、信号、继电保护与自动装置、事故照明和计算机系统等供电所设立的独立电源。操作电源根据供电设备的不同有直流和交流之分。直流操作电源主要给整流器组通风冷却、地下变电所(室)内通风设备供电。交流操作电源主要给主变压器的冷却通风、蓄电池组硅整流设备、油处理设备、检修机具、消防水泵和室内外照明等设备供电。

直流操作电源可分为由蓄电池组供电的直流操作电源、由硅整流器电容储能供电的直流操作电源和复式整流直流操作电源三种。直流操作电源电压为 220 V、110 V 及 24 V,多采用 220 V。

4.4.1　蓄电池组直流电源

变电所的蓄电池有铅酸蓄电池、铬镍蓄电池和镍氢蓄电池等。图 4.4.1 所示的是目前在较重要的中、大型变配电所选用的直流操作电源,大多数为带免维护铅酸蓄电池高频开关电源成套装置。

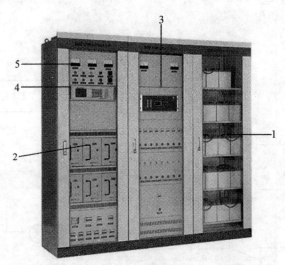

图 4.4.1　铅酸蓄电池高频开关电源成套装置
1—蓄电池室;2—充电模块;3—绝缘监测模块;4—监控模块;5—交流配电单元

由蓄电池供电的直流操作电源,其优点是蓄电池的电压与被保护的网络电压无关,但需修建有特殊要求的蓄电池室,购置大量的充电设备和蓄电池组,辅助设备多,投资大,运行复杂,维护工作量大,加上直流系统接地故障多,可靠性低,因此,现在已逐步被整流电源所代替。

4.4.2　硅整流电容储能直流电源

硅整流型直流操作电源由于取消了蓄电池,大大节省了投资,使直流供电系统简化,建造、安装速度快,运行、维护方便。但当一次系统发生故障时,交流电压可能会大大降低甚至消失,使整流器不能正常供电,整流后的直流电压很低甚至消失,这对继电保护和断路器跳闸回路来说是不允许的。为此,可采用硅整流电容储能装置或复式整流装置的直流操作电源。

硅整流电容储能式直流操作电源主要由交流电源、硅整流器和补偿电容器组成,如图4.4.2所示。为了保证直流操作电源的可靠性,通常采用两组硅整流装置,其交流电源取自低压母线。硅整流器 U1 主要用做断路器的合闸电源,兼向控制回路供电,由于断路器电磁操作机构的合闸功率较大,所以采用三相桥式整流。隔离变压器 T1 除了起隔离交、直流侧的作用外,还可通过调节器二次侧的抽头来保证直流母线电压为 220 V。硅整流器 U2 容量较小,仅用于向控制回路供电,所以采用单相桥式整流。这样,不仅简化了接线,还可以使电容器有

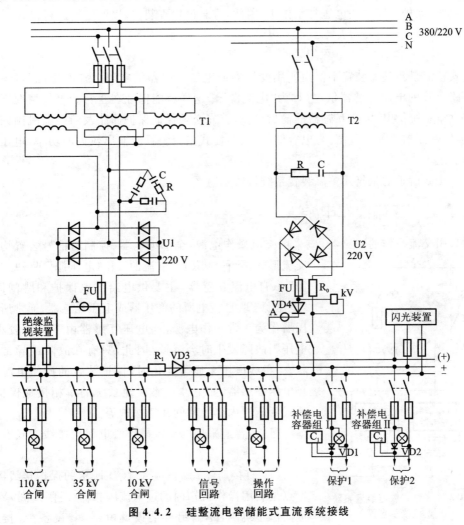

图 4.4.2　硅整流电容储能式直流系统接线

较高的充电电压。两组整流装置之间用限流电阻 R_1 和逆止元件 VD3 隔开,使直流合闸母线仅能向控制母线供电,以防止断路器合闸或合闸母线侧故障时硅整流器 U2 向合闸母线供电。R1 用来限制控制系统短路时流过 VD3 的电流,保护 VD3 不被烧坏。位于硅整流器 U1、U2 前面的电阻、电容串联电路是过电压保护回路,快速熔断器 FU 用做硅整流器的过电流保护。硅整流器 U2 输出端串联的电阻 R_0 用来限制 U2 的输出电流,使之不致过大。储能电容器 C1 供电给高压线路的保护和跳闸回路,储能电容器 C2 供电给其他元件的保护和跳闸回路。在保护回路中装设逆止元件 VD1 和 VD2 的目的,是为了当直流电源电压降低时,使电容器所储能量仅用来补偿本保护回路,而不向其他元件放电。

正常运行时,两台硅整流器同时运行。当电力系统发生短路故障时,直流电压因交流电源电压下降也相应下降,此时利用并联在保护回路中的电容器 C1 和 C2 的储能使断路器跳闸。当故障被切除后,交、直流电压恢复正常,电容器又会充足电能,以供断路器下一次跳闸使用。

储能电容器多采用电解电容器,由于电解电容器容易损坏,电容器组的总容量会逐渐下降,致使整个保护回路失去电压补偿作用,因此,应装设检查装置,以便定期进行检查。

4.4.3　复式整流直流电源

复式整流是指整流装置不仅由所用变压器或电压互感器供电(称为"电压源"),还可由反映短路故障的电流互感器供电(称为"电流源"),这样就能保证在正常和事故情况下不间断地向直流系统供电。电流互感器的输出容量,首先必须保证保护回路及断路器跳闸回路的电源,能使断路器可靠地跳闸。与电容储能比较,复式整流装置能输出较大的功率,电压能保持相对稳定。

图 4.4.3 所示的是复式整流装置系统接线示意图。

4.4.4　交流操作电源

对采用交流操作的断路器,应采用交流操作电源,全部继电器、控制与信号装置均采用交流形式。此种电源分"电流源"和"电压源"两种。"电流源"取自电流互感器,主要供电给继电保护和跳闸回路;"电压源"取自变电所的变压器或电压互感器,通常所用变压器作为正常工作电源,而电压互感器由于容量较小,其电压因故障发生时会降低。因此,只有在故障或异常运行状态、母线电压无显著变化时,保护装置的操作电源才取自电压互感器,如中性点不接地系统的单相接地保护、油浸式变压器内部故障的瓦斯保护等。

目前,普遍采用的交流操作继电保护接线方式有以下几种。

(1) 直接动作式。图 4.4.4(a) 所示的保护接线图,其特点是利用操作机构内的过电流脱扣器(跳闸线圈)YR 直接动作于跳闸,不需另外装设继电器,其设备少,接线简

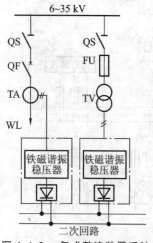

图 4.4.3　复式整流装置系统接线示意图

单,一般仅用于由带瞬时过电流脱扣器的油断路器所构成的电流速断保护。

(2) 利用继电器常闭触点去分流跳闸线圈方式。图 4.4.4(b) 所示的保护接线图中,正常运行时,电流继电器 KA 的常闭触点将跳闸线圈 YR 短接,断路器 QF 不会跳闸。当一次电路发生短路时,继电器动作,其常闭触点断开,于是电流互感器的二次侧短路电流全部流入跳闸线圈而使断路器跳闸。这种接线方式简单、经济,但继电器触点的容量要足够大,因为要用它来断开反映到电流互感器二次侧的短路电流。

(3) 利用速饱和变流器的接线方式。图 4.4.4(c) 所示保护接线图中,正常运行时电流继电器 KA 不动作,其常开触点是断开的,速饱和变流器 TAM 的二次侧处于开路状态(速饱和变流器和电流互感器有所不同,电流互感器的二次侧不允许开路,而速饱和变流器可以在开路下使用,因为速饱和变流器的二次线圈匝数较少,铁芯也较小,所以不会感应出很高的感应电压而影响安全),断路器的跳闸回路没有操作电源,断路器不会跳闸。当一次电路发生短路时,电流继电器动作,其常开触点闭合,接通操作电源回路,使断路器跳闸。

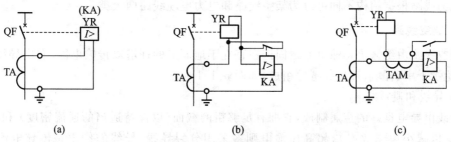

图 4.4.4　电流式交流操作电源继电保护方式接线

(a) 直接动作式的交流操作保护接线图;(b) 去分流跳闸线圈方式的交流操作保护接线图;
(c) 利用速饱和变流器的交流操作保护接线图

采用速饱和变流器的目的在于:① 当短路时限制流入跳闸线圈的电流;② 减小电流互感器的二次负荷阻抗(因饱和后阻抗变小)。但这种接线较复杂,所用的电器较多,一般只有当继电器容量不够时才采用。

交流操作电源具有投资小、接线简单可靠、运行维护方便等优点,但它不适用于较复杂的继电保护、自动装置及其他二次回路等,因此,限制了它的使用范围。交流操作电源广泛用于中小型变电所中采用手动操作或弹簧储能操作及继电保护采用交流操作的场合。

思考与练习题

4-1 什么是电气二次电路(接线)图?它有哪三种形式?

4-2 断路器控制回路的基本要求是什么?

4-3 原理接线图、展开接线图、安装接线图各有何用途?

4-4 试分析灯光监视断路器控制与信号回路的动作过程?

4-5 中央信号可分为哪几类?各自有何特点?

4-6 什么是操作电源?变电所常用的操作电源有哪几种类型?各自有什么特点?

第5章 电力系统运行分析

5.1 电力网的参数计算和等值电路

5.1.1 电力线路的结构

电力线路是电网中不可缺少的主要部分,它的用途除了可输送和分配电能外,还可将几个电网连接起来组成电力系统。

电力线路根据结构不同可分为架空线路和电力电缆线路两大类。

1. 架空线路

架空线路由绝缘子将输电导线固定在直立于地面上的杆塔以传输电能。它由导线、架空地线、绝缘子串、杆塔、接地装置等组成,如图 5.1.1 所示。

1) 导线和避雷线

导线由导电良好的金属制成,它拥有足够粗的截面(以保持适当的通流密度)和较大曲率半径(以减小电晕放电)。超高压输电则多采用分裂导线。导线的作用是传导电流、输送电能。

避雷线(又称架空地线)设置于输电导线的上方,其作用是将雷电流引入大地,以保护电力线路免遭雷击。重要的输电线路通常用两根避雷线。

(1) 导线材料:一般具有电阻率小、机械强度大、质量轻、不易腐蚀、价格便宜、运行费用低等优点。

(2) 导线的结构形式:导线可分为裸导线和绝缘导线两大类,高压线路一般用裸导线,低压线路一般用绝缘导线。裸导线又分为单股导线、多股绞线和钢芯铝绞线三种。单股导线由单根实心金属线构成,如图 5.1.2(a) 所示;多股绞线由单一金属线多股绞合而成,如图 5.1.2(b) 所示;钢芯铝绞线由钢和铝构成,如图 5.1.2(c) 所示。扩径导线如图 5.1.2(d) 所示;空心导线如图 5.1.2(e) 所示;分裂导线如图 5.1.2(f) 所示。

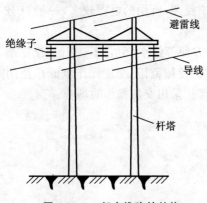

图 5.1.1　架空线路的结构

绝缘子　避雷线　导线　杆塔

工程中一般选用绞线,包括铜绞线(TJ)、铝绞线(LJ)、钢绞线(GJ) 和钢芯铝绞线(LGJ)。一般来说,铝绞线用于 10 kV 及以下线路,钢芯铝绞线用于 35 kV 及以上线路,钢绞线用作避雷线。

(3) 挡距:同一线路上相邻两根电杆之间的水平距离称为架空线路的挡距(或跨距)。

(4) 弧垂:导线悬挂在杆塔的绝缘子上,自悬挂点至导线最低点的垂直距离称为弧垂。

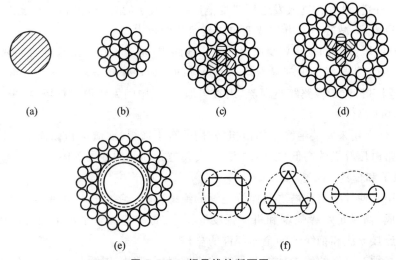

图 5.1.2　裸导线的断面图

(a) 单股导线；(b) 单一金属多股绞线；(c) 钢芯铝绞线；(d) 扩径导线；(e) 空心导线；(f) 分裂导线

(5) 线间距离的规定：380 V 为 0.4～0.6 m，6～10 kV 为 0.8～1 m，35 kV 为 2～3.5 m，110 kV 为 3～4.5 m。

(6) 导线在杆塔上的排列方式：三相四线制低压线路的导线，一般都采用水平排列；三相三线制的导线，可三角排列，也可水平排列；多回路导线同杆架设时，可三角、水平混合排列；电压不同的线路同杆架设时，电压较高的线路应架设在上面，电压较低的线路应架设在下面；架空导线和其他线路交叉跨越时，电力线路应在上面，通信线路应在下面。

2）杆塔

杆塔多由钢材或钢筋混凝土制成，是架空输电线路的主要支撑结构。它用来支撑导线和避雷线，并使导线与导线、导线与大地之间保持一定的安全距离。杆塔要求具有足够的机械强度、经久耐用、便于搬运和架设等特点。

杆塔按材料可分为木杆、钢筋混凝土杆（水泥杆）和铁塔三种类型。按用途可分为直线杆塔（中间杆塔）、转角杆塔、耐张杆塔（承力杆塔）、终端杆塔、换位杆塔和跨越杆塔等。

(1) 直线杆塔：用来悬挂导线，仅承受导线自重、覆冰重及风压，是线路上使用最多的一种杆塔。

(2) 转角杆塔：装设于线路的转角处，必须承受不平衡的拉力。

(3) 耐张杆塔：位于线路的首、末端，主要用来承担线路正常及故障（如断线）情况下导线的拉力，对强度要求较高，图 5.1.3 所示为一个耐张段。

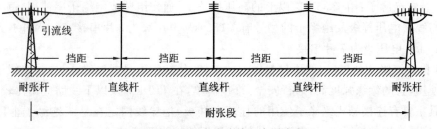

图 5.1.3　架空线路的一个耐张段

（4）终端杆塔：设置在进入发电厂或变电所线路末端的杆塔，由它来承受最后一个耐张段内导线的拉力，以减轻对发电厂或变电所建筑物的拉力。

（5）换位杆塔：用在 110 kV 及以上的电力线路中，是为了在一定长度内实现三相导线的轮流换位，以使三相导线的电气参数均衡而设计的一种特殊杆塔。

（6）跨越杆塔：位于线路跨越河流、山谷等地方，因中间无法设置杆塔，挡距很大，故其高度较一般杆塔为高。

横担：电杆上用来安装绝缘子的横担，常用的有木横担、铁横担和瓷横担三种。横担的长度取决于线路电压等级的高低、挡距的大小、安装方式和使用地点等因素。

3）绝缘子和金具

绝缘子用来使导线与杆塔之间保持足够的绝缘距离，绝缘子串由单个悬式（或棒式）绝缘子串接而成，需满足绝缘强度和机械强度的要求。每串绝缘子个数由输电电压等级决定。金具是用来连接导线和绝缘子的金属部件的总称。

绝缘子必须有良好的绝缘性能和足够的机械强度。常用的绝缘子主要有针式、悬式和棒式三种，如图 5.1.4 所示。

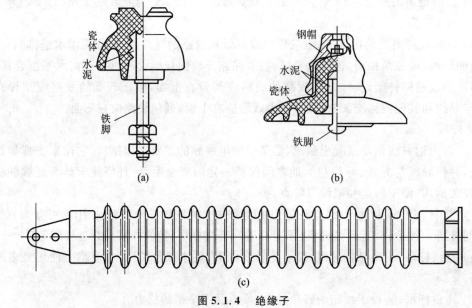

图 5.1.4 绝缘子

（a）针式；（b）悬式；（c）棒式

（1）针式绝缘子：用于 35 kV 及以下线路上，使用在直线杆塔或小转角杆塔上。

（2）悬式绝缘子：用于 35 kV 以上的高压线路上，通常组装成绝缘子串使用，每串绝缘子的个数与线路电压等级及绝缘子的型号有关（35 kV 电压级为 3 片串接，60 kV 电压级为 5 片串接，110 kV 电压级为 7 片串接）。

（3）棒式绝缘子：它是用硬质材料做成的整体，代替整串悬式绝缘子。棒式绝缘子多兼作瓷横担使用，它的绝缘强度高，运行安全，维护简单，在 110 kV 及以下线路应用比较广泛。

金具主要有连接悬式绝缘子使用的挂环和挂板，把导线固定在悬式绝缘子上用的各种线夹，连接导线用的接线管，以及防止导线振动用的护线条、防振锤等。

架空输电线路的设计要考虑它受到的气温变化、强风暴侵袭、雷闪、雨淋、结冰、洪水、湿雾等各种自然条件的影响,还要考虑电磁环境干扰问题。架空输电线路所经路径必须有足够的地面宽度和净空走廊。

架空线路架设及维修比较方便,成本也较低,但容易受到气象和环境(如大风、雷击、污秽等)的影响而引起故障,同时还有占用土地面积,造成电磁干扰等缺点。

2. 电缆线路

电缆的结构包括导体、绝缘层和保护包皮三部分。

(1) 导体:采用多股铜绞线或铝绞线制成,可分为单芯、三芯和四芯等种类。单芯电缆的导体截面是圆形的,三芯或四芯电缆的导体截面除圆形外,更多是采用扇形,如图 5.1.5 所示。

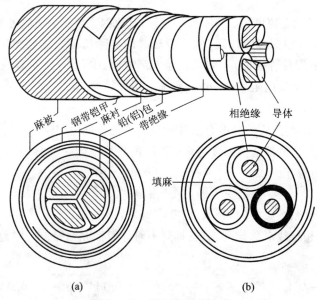

图 5.1.5　常用电缆的构造

(a) 三相统包型;(b) 分相铅(铝)包型

(2) 绝缘层:用来使导体与导体之间、导体与保护包皮之间保持绝缘。绝缘材料一般有油浸纸、橡胶、聚乙烯、交联聚氯乙烯等。

(3) 保护包皮:用来保护绝缘层,使其在运输、敷设及运行过程中免受机械损伤,并防止水分浸入和绝缘油外渗。常用的包皮有铝包皮和铅包皮。此外,在电缆的最外层还包有钢带铠甲,以防止电缆受到外界的机械损伤和化学腐蚀。

电缆的敷设方式有直接埋入土中、电缆沟敷设和穿管敷设等几种。

(1) 直接埋入土中:埋设深度一般为 0.7 ~ 0.8 m,应保证在冻土层以下。

(2) 电缆沟敷设:当电缆条数较多时,宜采用电缆沟敷设,电缆置于电缆沟的支架上,沟面用水泥板覆盖。

(3) 穿管敷设:当电力电缆在室内明敷或暗敷时,为了防止电缆受到机械损坏,一般多采用穿管的敷设方式。

电缆线路不用架设杆塔,占地少,供电可靠,极少受外力破坏,能保证人身安全,没有上

述架空线路的缺点,但造价高,发现故障及检修维护等均不方便。用架空线路输电是最主要的方式。地下线路多用于架空线路架设困难的地区,如城市或特殊跨越地段的输电。

5.1.2 架空线路的参数计算和等值电路

1. 输电线路的参数计算

(1)电阻。导线的直流电阻为

$$R = \rho \frac{l}{A} \tag{5-1}$$

式中:ρ 为导线材料的电阻率($\Omega \cdot \text{mm}^2/\text{km}$);$A$ 为导线的截面积(mm^2);l 为导线的长度(km)。

导线的交流电阻比直流电阻大 $0.2\% \sim 1\%$,其原因主要是:① 应考虑集肤效应和邻近效应的影响;② 所用导线为多股绞线,使每股导线的实际长度比线路长度增大 $2\% \sim 3\%$;③ 导线的额定截面(即标称截面)一般略大于实际截面。因此,导线材料的交流电阻率 ρ 通常都略大于相应材料的直流电阻率。在电力系统实用计算时,常取 $\rho_{\text{Cu}} = 18.8 \ \Omega \cdot \text{mm}^2/\text{km}$,$\rho_{\text{Al}} = 31.5 \ \Omega \cdot \text{mm}^2/\text{km}$。

工程计算中,可以直接从手册中查出各种导线单位长度电阻值 $r_{20}(\Omega/\text{km})$,则 $R = r_{20}l$。但是,手册中给出的 r_{20} 值都是指温度为 20 ℃ 时的导线电阻,当实际运行的温度不等于 20 ℃ 时,应按下式进行修正。

$$r_{\theta} = r_{20}[1 + \alpha(\theta - 20)] \tag{5-2}$$

式中,α 为电阻的温度系数(1/℃),铜取 $0.003 \ 82$/℃,铝取 $0.003 \ 6$/℃。

(2)电抗。当三相导线对称排列,或虽排列不对称但经完全换位,其每相导线单位长度的等值电抗为

$$x_1 = 2\pi f \left(4.6 \lg \frac{S_{\text{av}}}{r} + 0.5 \ \mu_{\text{r}} \right) \times 10^{-4} = 0.144 \ 5 \lg \frac{S_{\text{av}}}{r} + 0.015 \ 7 \ \mu_{\text{r}} \tag{5-3}$$

式中:μ_{r} 为导体的相对磁导率,铜和铝的 μ_{r} 为 1;r 为导线半径(m);S_{av} 为三相导线的线间几何均距(m)。

当三相导线间的距离分别为 S_{ab}、S_{bc}、S_{ca} 时,其线间几何均距为 $S_{\text{av}} = \sqrt[3]{S_{\text{ab}} S_{\text{bc}} S_{\text{ca}}}$。

① 若三相导线呈等边三角形排列,如图 5.1.6(a) 所示,则 $S_{\text{av}} = S$。

② 若三相导线呈水平等距排列,如图 5.1.6(b) 所示,则 $S_{\text{av}} = \sqrt[3]{2S^3} \approx 1.26 \ S$。

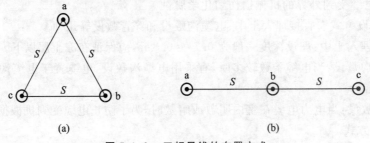

图 5.1.6 三相导线的布置方式

(a)三相导线呈等边三角形排列;(b)三相导线呈水平等距排列

注意:当三相导线不是布置在等边三角形的顶点上时,各相导线的电抗值是不同的,如果不采取措施,将导致电力网运行不对称。消除的办法是将输电线路的各相导线进行换位,使三相导线的电气参数均衡。一次整循环换位如图 5.1.7 所示。

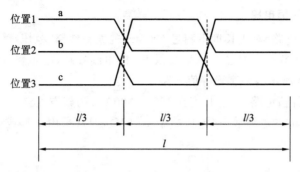

图 5.1.7　一次整循环换位

架空线路的单位长度电抗值 x_1 一般都在 $0.4\ \Omega/\text{km}$ 左右,则 $X = x_1 l$。

(3)电纳。三相导线对称排列,或虽排列不对称但经完全换位后,每相导线单位长度的等值电容(F/km)为

$$C_1 = \frac{0.024\ 1}{\lg \dfrac{S_{av}}{r}} \times 10^{-6} \qquad (5\text{-}4)$$

则其相应的单位长度的电纳(S/km)为

$$b_1 = \omega C_1 = \frac{7.58}{\lg \dfrac{S_{av}}{r}} \times 10^{-6} \qquad (5\text{-}5)$$

在实际计算时,b_1 的值可以从有关的手册中查出,一般架空线路的 b_1 值为 $2.58 \times 10^{-6}\ \text{S/km}$ 左右。因此

$$B = b_1 l \qquad (5\text{-}6)$$

(4)电导。输电线路的电导是反映由于沿线路绝缘子表面的泄露电流和导线周围空气电离产生的电晕而引起的功率损耗的参数。通常,线路的绝缘良好,泄露电流很小,可以忽略不计,故线路电导主要与电晕损耗有关。

线路开始出现电晕的电压称为电晕临界电压。如果线路正常运行时的电压低于电晕临界电压,则不会产生电晕损耗;当线路电压高于电晕临界电压时,将出现电晕损耗,与电晕相对应的导线单位长度的等值电导(S/km)为

$$g_1 = \frac{\Delta P_g}{U^2} \times 10^{-1} \qquad (5\text{-}7)$$

$$G = g_1 l \qquad (5\text{-}8)$$

式中:ΔP_g 为实测三相线路单位长度电晕损耗功率(kW/km);U 为线路的额定电压。

实际上,在设计架空线路时一般不允许在正常的气象条件下(晴天)发生电晕,并依据电晕临界电压规定了不需要验算电晕的导线最小外径,例如,110 kV 的导线外径不应小于 9.6 mm,220 kV 导线外径不应小于 21.3 mm 等。60 kV 及以下的导线不必验算电晕临界电压。对于 220 kV 以上的超高压输电线,通常采用分裂导线或扩径导线以增大每相导线的等

值半径,提高电晕临界电压。

通常由于线路泄漏电流很小,而电晕损耗在设计线路时已经采取措施加以限制,故在电力网的电气计算中,近似认为 $G=0$。

2. 输电线路的等值电路

(1)一字形等值电路:对于长度不超过 100 km 的架空线路(电压等级一般在 35 kV 及以下)和线路不长(电压等级一般在 10 kV 及以下)的电缆线路,电导和电纳均可忽略不计,于是就得到如图 5.1.8 所示的一字形等值电路。

(2)π 形或 T 形等值电路:对于长度在 100~300 km 的架空线路(电压为 110~220 kV)和长度不超过 100 km 的电缆线路(电压高于 10 kV),通常采用 π 形或 T 形等值电路,如图 5.1.9 所示。

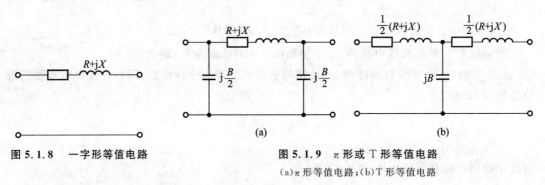

图 5.1.8　一字形等值电路

图 5.1.9　π 形或 T 形等值电路

(a)π 形等值电路;(b)T 形等值电路

5.1.3　变压器的参数计算和等值电路

1. 双绕组变压器

双绕组变压器一般采用 Γ 形等值电路,如图 5.1.10(a)所示。在实际计算中,往往直接用变压器的空载损耗和励磁功率代替电导和电纳,如图 5.1.10(b)所示。对于 35 kV 及以下的变压器,励磁支路的损耗很小,可忽略不计,故其等值电路可简化为图 5.1.10(c)所示的电阻和电抗串联的等值电路。

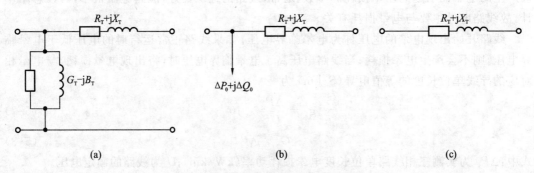

图 5.1.10　双绕组变压器的等值电路

(a)Γ 形等值电路;(b)励磁支路用功率表示的等值电路;(c)简化的等值电路

(1)电阻 R_T。变压器的短路损耗 ΔP_k,实质上就是变压器通过额定电流时高、低压绕组电阻中的总损耗(铜耗),即

$$\Delta P_{\mathrm{k}} = \Delta P_{\mathrm{Cu}} = 3I_{\mathrm{N}}^2 R_{\mathrm{T}} \times 10^{-3} = \frac{S_{\mathrm{N}}^2}{U_{\mathrm{N}}^2} R_{\mathrm{T}} \times 10^{-3}$$

$$R_{\mathrm{T}} = \frac{\Delta P_{\mathrm{k}} U_{\mathrm{N}}^2}{S_{\mathrm{N}}^2} \times 10^3 \qquad (5\text{-}9)$$

式中，R_{T}、U_{N}、S_{N}、ΔP_{k} 的单位分别为 Ω、kV、kVA、kW。

（2）电抗 X_{T}。变压器铭牌上给出的短路电压百分数 $U_{\mathrm{k}}\%$ 是变压器通过额定电流时在阻抗上产生的电压降的百分数，即

$$U_{\mathrm{k}}\% = \frac{\sqrt{3} I_{\mathrm{N}} Z_{\mathrm{T}}}{U_{\mathrm{N}} \times 10^3} \times 100 \approx \frac{S_{\mathrm{N}} X_{\mathrm{T}}}{10 U_{\mathrm{N}}^2}$$

所以

$$X_{\mathrm{T}} = \frac{10 U_{\mathrm{N}}^2 U_{\mathrm{k}}\%}{S_{\mathrm{N}}} \qquad (5\text{-}10)$$

式中，X_{T}，U_{N}，S_{N} 的单位分别为 Ω、kV、kVA。

（3）电导 G_{T}。变压器的电导是用来表示铁芯损耗的。由于空载电流相对额定电流而言很小，因此，可近似认为变压器的空载损耗就是变压器的励磁损耗（铁损），即 $\Delta P_0 \approx \Delta P_{\mathrm{Fe}}$，于是

$$G_{\mathrm{T}} = \frac{\Delta P_{\mathrm{Fe}}}{U_{\mathrm{N}}^2} \times 10^{-3} \approx \frac{\Delta P_0}{U_{\mathrm{N}}^2} \times 10^{-3}(\mathrm{S}) \qquad (5\text{-}11)$$

式中，ΔP_0、U_{N} 的单位分别为 kW、kV。

（4）电纳 B_{T}。变压器的电纳是用来表征变压器的励磁特性的。变压器的空载电流包括有功分量和无功分量，与励磁功率对应的是无功分量。由于有功分量很小，无功分量电流和励磁电流在数值上几乎相等，因此有

$$B_{\mathrm{T}} = \frac{\Delta Q_0}{U_{\mathrm{N}}^2} \times 10^{-3}(\mathrm{S}) \qquad (5\text{-}12)$$

由于

$$I_0\% = \frac{I_0}{I_{\mathrm{N}}} \times 100 = \frac{\sqrt{3} U_{\mathrm{N}} I_0}{\sqrt{3} U_{\mathrm{N}} I_{\mathrm{N}}} \times 100 = \frac{\Delta Q_0}{S_{\mathrm{N}}} \times 100 \qquad (5\text{-}13)$$

则

$$\Delta Q_0 = \frac{I_0\%}{100} S_{\mathrm{N}} \qquad (5\text{-}14)$$

所以

$$B_{\mathrm{T}} = \frac{I_0\% S_{\mathrm{N}}}{U_{\mathrm{N}}^2} \times 10^{-5}(\mathrm{S}) \qquad (5\text{-}15)$$

式中，S_{N}、ΔQ_0、U_{N} 的单位分别为 kVA、kvar、kV。

变压器等值电路中电纳的符号与线路等值电路中电纳的符号相反，前者为负，后者为正，这是因为前者为感性，后者为容性。此外，工程计算中，对于 10 kV 及以下电网可忽略导纳支路。

2. 三绕组变压器

三绕组变压器的等值电路如图 5.1.11 所示。其导纳支路参数 G_{T} 和 B_{T} 的计算公式与双绕组变压器完全相同，各绕组电阻和电抗的计算方法如下。

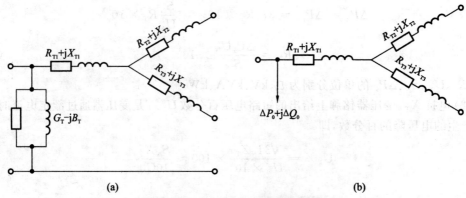

图 5.1.11　三绕组变压器的等值电路

(a) 励磁回路用导纳表示；(b) 励磁回路用功率表示

（1）电阻 R_{T1}、R_{T2}、R_{T3}。三绕组变压器容量比有三种不同类型。

第一种为 100/100/100，即三个绕组的额定容量均等于变压器的额定容量；第二种为 100/100/50，即第三个绕组的容量为变压器额定容量的 50%；第三种为 100/50/100，即第二绕组的容量为变压器额定容量的 50%。

对于容量比为 100/100/100 的变压器，通过短路试验可得到任意两个绕组的短路损耗 $\Delta P_{k(1-2)}$、$\Delta P_{k(2-3)}$、$\Delta P_{k(3-1)}$，则每一个绕组的短路损耗为

$$\left.\begin{aligned}
\Delta P_{k1} &= \frac{1}{2}\left(\Delta P_{k(1-2)} + \Delta P_{k(3-1)} - \Delta P_{k(2-3)}\right) \\
\Delta P_{k2} &= \frac{1}{2}\left(\Delta P_{k(1-2)} + \Delta P_{k(2-3)} - \Delta P_{k(3-1)}\right) \\
\Delta P_{k3} &= \frac{1}{2}\left(\Delta P_{k(2-3)} + \Delta P_{k(3-1)} - \Delta P_{k(1-2)}\right)
\end{aligned}\right\} \tag{5-16}$$

$$\left.\begin{aligned}
R_{T1} &= \frac{\Delta P_{k1} U_N^2}{S_N^2} \times 10^3 \\
R_{T2} &= \frac{\Delta P_{k2} U_N^2}{S_N^2} \times 10^3 \\
R_{T3} &= \frac{\Delta P_{k3} U_N^2}{S_N^2} \times 10^3
\end{aligned}\right\} \tag{5-17}$$

对于容量比为 100/100/50 和 100/50/100 的变压器，短路试验有两组数据是按 50% 容量的绕组达到额定容量时测量的值。因此，应先将各绕组的短路损耗按变压器的额定容量进行折算，然后再计算电阻。如对容量比为 100/100/50 的变压器，其折算公式为

$$\left.\begin{aligned}
\Delta P_{k(2-3)} &= \Delta P'_{k(2-3)}\left(\frac{S_N}{S_{N3}}\right)^2 = \Delta P'_{k(2-3)}\left(\frac{100}{50}\right)^2 = 4\Delta P'_{k(2-3)} \\
\Delta P_{k(3-1)} &= \Delta P'_{k(3-1)}\left(\frac{S_N}{S_{N3}}\right)^2 = \Delta P'_{k(3-1)}\left(\frac{100}{50}\right)^2 = 4\Delta P'_{k(3-1)}
\end{aligned}\right\} \tag{5-18}$$

式中：$\Delta P'_{k(2-3)}$、$\Delta P'_{k(3-1)}$ 为未折算的绕组间短路损耗（铭牌数据）；$\Delta P_{k(2-3)}$、$\Delta P_{k(3-1)}$ 为折算到变压器额定容量下的绕组间短路损耗。

（2）电抗 X_{T1}、X_{T2}、X_{T3}。首先根据变压器铭牌上给出的各绕组间的短路电压百分数

$U_{k(1-2)}\%$、$U_{k(2-3)}\%$、$U_{k(3-1)}\%$，分别求出各绕组的短路电压百分数，然后再计算电抗，即

$$
\left.
\begin{aligned}
U_{k1}\% &= \frac{1}{2}(U_{k(1-2)}\% + U_{k(3-1)}\% - U_{k(2-3)}\%) \\
U_{k2}\% &= \frac{1}{2}(U_{k(1-2)}\% + U_{k(2-3)}\% - U_{k(3-1)}\%) \\
U_{k3}\% &= \frac{1}{2}(U_{k(2-3)}\% + U_{k(3-1)}\% - U_{k(1-2)}\%)
\end{aligned}
\right\}
\tag{5-19}
$$

所以

$$
\left.
\begin{aligned}
X_{T1} &= \frac{10U_{k1}\%U_N^2}{S_N} \\
X_{T2} &= \frac{10U_{k2}\%U_N^2}{S_N} \\
X_{T3} &= \frac{10U_{k3}\%U_N^2}{S_N}
\end{aligned}
\right\}
\tag{5-20}
$$

需要指出的是，制造厂家给出的短路电压百分数已归算到变压器的额定容量下了，因此在计算电抗时，无论变压器各绕组的容量比如何，其短路电压百分数不必再进行折算。

5.1.4　简单电力系统的等值网络

1. 标幺制的概念

在电力系统计算中，各电气量的数值，可以用有名值表示，也可以用标幺值表示。通常在 1 kV 以下的低压系统中宜采用有名值，而高压系统中宜采用标幺值。在高压电网中，通常总电抗远大于总电阻，所以可以只计各主要元件的电抗而忽略其电阻。

某一物理量的标幺值 A^*，等于它的实际值 A 与所选定的基准值 A_d 的比值，即

$$
A^* = \frac{A}{A_d}
\tag{5-21}
$$

式中：A 为有名值；A_d 为任意选定的基准值（与 A 同单位）。

（1）基准值的选取。通常先选定基准容量 S_d 和基准电压 U_d，则基准电流 I_d 和基准电抗 X_d 分别为

$$
I_d = \frac{S_d}{\sqrt{3}U_d}
\tag{5-22}
$$

$$
X_d = \frac{U_d}{\sqrt{3}I_d} = \frac{U_d^2}{S_d}
\tag{5-23}
$$

常取基准容量 $S_d = 100$ MVA，基准电压用各级线路的平均额定电压，即 $U_d = U_{av}$。

（2）线路平均额定电压。该电压是指线路始端最大额定电压与线路末端最小额定电压的平均值。一般取线路平均额定电压为其额定电压的 1.05 倍，如表 5.1.1 所示。

表 5.1.1　线路的额定电压与平均额定电压

额定电压 U_N/kV	0.22	0.38	3	6	10	35	110	220	330	500	1000
平均额定电压 U_{av}/kV	0.23	0.4	3.15	6.3	10.5	37	115	230	345	525	1050

2. 不同基准标幺值之间的换算

（1）先将以额定值为基准的电抗标幺值 X_N^* 还原为有名值

$$X = X_N^* X_N = X_N^* \frac{U_N^2}{S_N} \tag{5-24}$$

（2）选定 S_d 和 U_d 后，则以此为基准的电抗标幺值为

$$X_d^* = \frac{X}{X_d} = X \frac{S_d}{U_d^2} = X_N^* \frac{U_N^2}{S_N} \frac{S_d}{U_d^2} \tag{5-25}$$

若取 $U_d = U_N = U_{av}$，则

$$X_d^* = X_N^* \frac{S_d}{S_N} \tag{5-26}$$

3. 电力系统各元件电抗标幺值的计算

（1）发电机。给出 S_N、U_N 和额定电抗标幺值 X_{NG}^*，则

$$X_G^* = X_{NG}^* \frac{S_d}{S_N} \tag{5-27}$$

（2）变压器。给出 S_N、U_N 和短路电压百分数 $U_k\%$，由于

$$U_k\% = \frac{U_k}{U_N} \times 100 \approx \frac{\sqrt{3} I_N X_T}{U_N} \times 100 = X_{NT}^* \times 100 \tag{5-28}$$

所以

$$X_T^* = X_{NT}^* \frac{S_d}{S_N} = \frac{U_k\%}{100} \frac{S_d}{S_N} \tag{5-29}$$

（3）电抗器。给出的是额定电压 U_{NL}、额定电流 I_{NL} 和电抗百分数 $X_L\%$，其中

$$X_L\% = \frac{\sqrt{3} I_{NL} X_L}{U_{NL}} \times 100 = X_{NL}^* \times 100 \tag{5-30}$$

所以

$$X_L^* = \frac{X_L}{X_d} = \frac{X_L\%}{100} \frac{U_{NL}}{\sqrt{3} I_{NL}} \frac{S_d}{U_d^2} = \frac{X_L\%}{100} \frac{S_d}{S_{NL}} \frac{U_{NL}^2}{U_d^2} = X_{NL}^* \frac{S_d}{S_{NL}} \frac{U_{NL}^2}{U_d^2} \tag{5-31}$$

式中，$S_{NL} = \sqrt{3} U_{NL} I_{NL}$ 为电抗器的额定容量。

（4）输电线路。通常给出线路长度和每千米的电抗值，则

$$X_{WL}^* = \frac{X_{WL}}{X_d} = X_1 L \frac{S_d}{U_d^2} \tag{5-32}$$

4. 不同电压等级电抗标幺值的关系

下面以图 5.1.12 所示具有三个电压等级的电力网为例，说明不同电压等级电抗标幺值的换算方法。

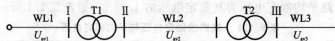

图 5.1.12　具有三个电压等级的电力网

设短路发生在第三段线路,取 $U_d = U_{av3}$,则线路 WL1 的电抗 X_1 折算到短路点的电抗 X_1' 为

$$X_1' = X_1 K_{T1}^2 K_{T2}^2 = X_1 \left(\frac{U_{av2}}{U_{av1}}\right)^2 \left(\frac{U_{av3}}{U_{av2}}\right)^2 = X_1 \left(\frac{U_{av3}}{U_{av1}}\right)^2 \tag{5-33}$$

则 X_1 折算到第三段的标幺值为

$$X_1^* = \frac{X_1'}{X_d} = X_1 \left(\frac{U_{av3}}{U_{av1}}\right)^2 \frac{S_d}{U_{av3}^2} = X_1 \frac{S_d}{U_{av1}^2} \tag{5-34}$$

上式说明:任何一个用标幺值表示的量,经变压器变换后数值不变。图 5.1.12 的等效电路图如图 5.1.13 所示。

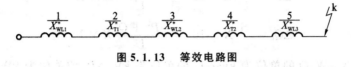

图 5.1.13　等效电路图

5.2　电力系统的稳态运行

5.2.1　电力网功率分布和电压关系

1. 电力网的功率损耗

电力网等值电路由线路和变压器的等值电路组成,因此,电力网的功率损耗分为电力线路功率损耗和变压器功率损耗两部分。

(1) 电力线路功率损耗的计算。潮流计算时,线路一般采用图 5.2.1 所示的 π 形等值电路表示。电力网等值电路中通过同一个电流的阻抗支路(或单元),称为一个电力网环节。图 5.2.1(b) 中点 1 和点 2 之间的阻抗支路就是电力网的一个环节。任何复杂的电力网络都可由一系列电力网环节集合而成。当电流(或功率)通过电力网环节时,环节的阻抗上就会有电压降,并产生功率损耗,使电力网环节首、末端的电压不相等,功率也不相同。

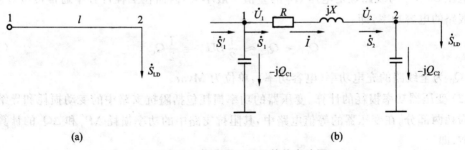

(a)　　　　　　　　　　　(b)

图 5.2.1　线路原理图及等值电路图

(a) 线路原理图;(b) 线路等值电路图

图中 $\dot{S}_{LD}$ 为负荷功率,也称为线路末端功率,$\dot{S}_2$ 为电力网环节末端功率,$\dot{S}_1$ 为电力网环节首端功率,$\dot{S}_1'$ 为线路首端功率。线路阻抗中的功率损耗包含有功功率损耗和无功功率损耗,它们的大小随电流(或功率)的变化而变化,称为变动损耗。如果已知通过线路的线电流

为 I，则阻抗中的功率损耗为

$$\Delta P_1 = 3I^2R \times 10^{-3} \qquad (5\text{-}35)$$

$$\Delta Q_1 = 3I^2X \times 10^{-3} \qquad (5\text{-}36)$$

式中，ΔP_1 为线路电阻中的三相有功功率损耗，单位为 kW，ΔQ_1 为线路电抗中的三相无功功率损耗，单位为 kvar，R 为线路一相的电阻，单位为 Ω，X 为线路一相的电抗，单位为 Ω。

若已知通过线路环节的三相视在功率为 S，线路运行电压为 U，则有 $I = \dfrac{S}{\sqrt{3}U}$，代入式 (5-35) 和式 (5-36)，可得

$$\Delta P_1 = \frac{S^2}{U^2}R \times 10^{-3} = \frac{P^2 + Q^2}{U^2}R \times 10^{-3} \qquad (5\text{-}37)$$

$$\Delta Q_1 = \frac{S^2}{U^2}X \times 10^{-3} = \frac{P^2 + Q^2}{U^2}X \times 10^{-3} \qquad (5\text{-}38)$$

式中，P 的单位为 kW，Q 的单位为 kvar，U 的单位为 kV，ΔP_1 的单位为 kW，ΔQ_1 的单位为 kvar。应该指出，式 (5-37) 和式 (5-38) 中的功率和电压应为线路环节中同一点的值，即：如果功率是环节末端的视在功率 S_2，则电压就应是环节末端电压 U_2；若功率是环节首端视在功率 S_1，则电压就应是环节首端电压 U_1。当 U_2（或 U_1）未知时，一般可用线路额定电压 U_N 代替 U_2（或 U_1）作近似计算。

电力线路上除了阻抗支路中的变动功率损耗外，导纳支路中还会消耗与负荷无关的固定电容功率，也称充电功率。如果已知线路首、末端的运行电压分别为 U_1 和 U_2，则有

$$\left.\begin{aligned} Q_{C1} &= \frac{1}{2}BU_1^2 \\ Q_{C2} &= \frac{1}{2}BU_2^2 \end{aligned}\right\} \qquad (5\text{-}39)$$

式中，Q_{C1} 为靠近线路首端的一半线路所消耗的容性无功功率，单位为 Mvar；Q_{C2} 为靠近线路末端的一半线路所消耗的容性无功功率，单位为 Mvar；B 为线路的总电纳，单位为 S；U_1 为线路首端线电压，单位为 kV；U_2 为线路末端线电压，单位为 kV。

电压 U_1、U_2 与线路额定电压 U_N 的差值一般不大，因而在工程计算中通常可按 U_N 近似计算线路的电容功率，即

$$Q_{C1} \approx Q_{C2} \approx \frac{1}{2}BU_N^2 = \frac{1}{2}Q_C \qquad (5\text{-}40)$$

式中，Q_C 为全线路的充电功率（电容功率），单位为 Mvar。

（2）变压器功率损耗的计算。变压器的功率损耗包括阻抗支路中的变动损耗和导纳中的固定损耗两部分。在变压器的等值电路中，其阻抗支路中的功率损耗 $\Delta P_T'$ 和 $\Delta Q_T'$ 的计算与线路类似，即

$$\left.\begin{aligned} \Delta P_T' &= \frac{S^2}{U^2}R_T = \frac{P^2 + Q^2}{U^2}R_T \\ \Delta Q_T' &= \frac{S^2}{U^2}X_T = \frac{P^2 + Q^2}{U^2}X_T \end{aligned}\right. \qquad (5\text{-}41)$$

导纳支路中的功率损耗为

$$\Delta \dot{S}_0 = (G_T + jB_T)U^2 = \Delta P_0 + j\Delta Q_0 \tag{5-42}$$

① 双绕组变压器功率损耗的计算。双绕组变压器的功率损耗为

$$\Delta P_T = \frac{S^2}{U^2}R_T + \Delta P_0 = \frac{P^2 + Q^2}{U^2}R_T + \Delta P_0 \tag{5-43}$$

$$\Delta Q_T = \frac{S^2}{U^2}X_T + \Delta Q_0 = \frac{P^2 + Q^2}{U^2}X_T + \Delta Q_0 \tag{5-44}$$

式中:ΔP_T 为变压器总的有功功率损耗;ΔQ_T 为变压器总的无功功率损耗;P 为通过变压器阻抗支路的有功功率;Q 为通过变压器阻抗支路的无功功率;S 为通过变压器的视在功率;U 为与 P、Q 对应的变压器运行电压;R_T 为变压器一相绕组电阻;X_T 为变压器一相绕组电抗;ΔP_0 为变压器的空载功率损耗;ΔQ_0 为变压器的励磁功率损耗。

如果用 $R_T = \dfrac{\Delta P_k U_N^2}{S_N^2}$、$X_T = \dfrac{U_k\%U_N^2}{100S_N}$、$\Delta Q_0 = \dfrac{I_0\%S_N}{100}$ 代入式(5-43)和式(5-44)中,并用变压器的额定电压代替式中的运行电压 U,则可得出用变压器铭牌数据计算其功率损耗的公式为

$$\Delta P_T = \Delta P_k \left(\frac{S}{S_N}\right)^2 + \Delta P_0 \tag{5-45}$$

$$\Delta Q_T = \frac{U_k\% S^2}{100 S_N} + \frac{I_0\% S_N}{100} \tag{5-46}$$

式中:ΔP_k 为变压器的短路损耗;S_N 为变压器的额定容量;$U_k\%$ 为变压器的短路电压或阻抗电压百分数;$I_0\%$ 为变压器的空载电流百分数。

② 三绕组变压器功率损耗的计算。根据三绕组变压器的 $\Gamma - Y$ 型等值电路,同理可得其功率损耗的计算式为

$$\Delta P_T = \frac{S_1^2}{U_1^2}R_{T1} + \frac{S_2^2}{U_2^2}R_{T2} + \frac{S_3^2}{U_3^2}R_{T3} + \Delta P_0 \tag{5-47}$$

$$\Delta Q_T = \frac{S_1^2}{U_1^2}X_{T1} + \frac{S_2^2}{U_2^2}X_{T2} + \frac{S_3^2}{U_3^2}X_{T3} + \Delta Q_0 \tag{5-48}$$

式中:S_1、S_2、S_3 为通过变压器高、中、低压阻抗支路的视在功率;U_1、U_2、U_3 为归算到同一电压级、与 S_1、S_2、S_3 相对应的变压器的运行电压;R_{T1}、R_{T2}、R_{T3} 为归算到同一电压级的变压器高、中、低压侧的电阻;X_{T1}、X_{T2}、X_{T3} 为归算到同一电压级的变压器高、中、低压侧的电抗。

同双绕组变压器一样,三绕组变压器的功率损耗也可应用其铭牌数据计算,即

$$\Delta P_T = \Delta P_{k1}\left(\frac{S_1}{S_N}\right)^2 + \Delta P_{k2}\left(\frac{S_2}{S_N}\right)^2 + \Delta P_{k3}\left(\frac{S_3}{S_N}\right)^2 + \Delta P_0 \tag{5-49}$$

$$\Delta Q_T = \Delta Q_{k1}\left(\frac{S_1}{S_N}\right)^2 + \Delta Q_{k2}\left(\frac{S_2}{S_N}\right)^2 + \Delta Q_{k3}\left(\frac{S_3}{S_N}\right)^2 + \Delta Q_0 \tag{5-50}$$

式中,ΔP_{k1}、ΔP_{k2}、ΔP_{k3} 为变压器高、中、低压绕组归算至额定容量后的等效短路损耗;ΔQ_{k1}、ΔQ_{k2}、ΔQ_{k3} 为变压器高、中、低压绕组归算至额定容量后的等效漏磁损耗。

同线路功率损耗计算相同,当变压器的实际运行电压 U 未知时,可用变压器额定电压或网络额定电压替代运行电压,作近似计算。

2. 电力网的电压平衡

(1) 电压降落。电力网任意两点电压的矢量差称为电压降落,记为 $\mathrm{d}\dot{U}$。在图 5.2.1(b) 中,当阻抗支路中有电流(或功率)传输时,首端电压 $\dot{U}_1$ 和末端电压 $\dot{U}_2$ 就不相等,它们之间的电压降落为

$$\mathrm{d}\dot{U} = \dot{U}_1 - \dot{U}_2 = \sqrt{3}\dot{I}_2(R + \mathrm{j}X) = \sqrt{3}\dot{I}_1(R + \mathrm{j}X) \tag{5-51}$$

若已知环节末端电流 $\dot{I}_2$ 或三相功率 $\dot{S}_2$ 和末端线电压 $\dot{U}_2 = U_2\angle 0°$,则可画出线路电压相量图,如图 5.2.2(a) 所示。

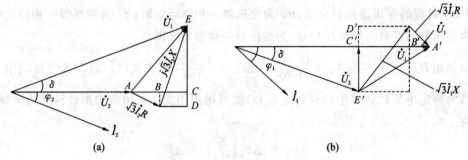

图 5.2.2 线路电压向量图

(a) 末端线路电压相量图;(b) 前端线路电压相量图

由图 5.2.2(a) 推导可得

$$\left.\begin{aligned} \Delta U_2 &= \frac{P_2 R + Q_2 X}{U_2} \\ \delta U_2 &= \frac{P_2 X - Q_2 R}{U_2} \end{aligned}\right\} \tag{5-52}$$

据此可得线路首端电压 U_1 为

$$\dot{U}_1 = \dot{U}_2 + \mathrm{d}\dot{U}_2 = \dot{U}_2 + \Delta U_2 + \mathrm{j}\delta U_2 = U_1\angle\delta \tag{5-53}$$

$$U_1 = \sqrt{(U_2 + \Delta U_2)^2 + (\delta U_2)^2} \tag{5-54}$$

首、末端电压的相位差则为

$$\delta = \arctan\frac{\delta U_2}{U_2 + \Delta U_2} \tag{5-55}$$

同理,若已知环节首端电流 $\dot{I}_1$ 或三相功率 $\dot{S}_1$ 和环节首端线电压 $\dot{U}_1 = U_1\angle 0°$。同样,根据图 5.2.2(b) 可得

$$\dot{U}_2 = \dot{U}_1 - \Delta U_1 - \mathrm{j}\delta U_1 \tag{5-56}$$

$$U_2 = \sqrt{(U_1 - \Delta U_1)^2 + (\delta U_1)^2} \tag{5-57}$$

$$\delta = \arctan\frac{\delta U_1}{U_1 - \Delta U_1} \tag{5-58}$$

其中

$$\left.\begin{aligned} \Delta U_1 &= \frac{P_1 R + Q_1 X}{U_1} \\ \delta U_1 &= \frac{P_1 X - Q_1 R}{U_1} \end{aligned}\right\} \tag{5-59}$$

式(5-52)和式(5-59)中的 P、Q、U 应为同一点的值。当已知功率(或电流)和电压为非同一点的值时，也可用线路额定电压代替实际运行电压。如果通过线路环节的无功功率为容性时，则式中的 Q 需改用负号进行计算。

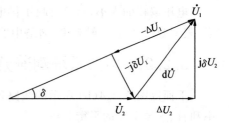

值得指出的是，随着计算条件的不同，电压降落的纵分量和横分量会有不同的值，如图 5.2.3 所示。

图 5.2.3　电压降落相量的两种分解法

(2) 电压损耗。电力网中任意两点电压的代数差，称为电压损耗。对于图 5.2.1(b) 所示的线路环节，其电压损耗为 $|\dot{U}_1|-|\dot{U}_2|$。由图 5.2.2(a) 可写出

$$U_1 = \sqrt{(U_2 + \Delta U_2)^2 + (\delta U_2)^2} \tag{5-60}$$

将式(5-60)按二项式定理展开成级数，取前两项可得

$$U_1 = U_2 + \Delta U_2 + \frac{(\delta U_2)^2}{2(U_2 + \Delta U_2)} \tag{5-61}$$

由于 $\Delta U_2 \ll U_2$，故上式可简化为

$$U_1 = U_2 + \Delta U_2 + \frac{(\delta U_2)^2}{2U_2} \tag{5-62}$$

据此可得电压损耗的计算公式为

$$U_1 - U_2 = \Delta U_2 + \frac{(\delta U_2)^2}{2U_2} \tag{5-63}$$

式(5-63)可用于 110 kV 以上电力网电压损耗的计算，其精确度能满足工程要求。

对于 110 kV 及以下电压等级的电力网，可进一步忽略电压降落横分量 δU_2 而将电压损耗的计算公式简化为

$$U_1 - U_2 = \Delta U_2 \tag{5-64}$$

此时，电压损耗即为电压降落的纵分量。

同理，由图 5.2.2(b) 可得

$$U_1 - U_2 = \Delta U_1 - \frac{(\delta U_1)^2}{2(U_1 - \Delta U_1)} \approx \Delta U_1 - \frac{(\delta U_1)^2}{2U_1} \tag{5-65}$$

$$U_1 - U_2 = \Delta U_1 \tag{5-66}$$

工程实际中，线路电压损耗常用线路额定电压 U_N 的百分数 $\Delta U\%$ 表示，即

$$\Delta U\% = \frac{U_1 - U_2}{U_N} \times 100 \tag{5-67}$$

电压损耗百分数的大小直接反映了线路首端和末端电压偏差的大小。规范规定，电力网正常运行时的最大电压损耗一般不应超过 10%。

(3) 电压偏移。电压损耗的存在，使得电力网中各点的电压值不相等。电力网中任意点的实际电压 U 同该处网络额定电压 U_N 的数值差称为电压偏移。在工程实际中，电压偏移常用额定电压的百分数 $m\%$ 表示，即

$$m\% = \frac{U - U_N}{U_N} \times 100 \tag{5-68}$$

电压偏移的大小，直接反映了供电电压的质量。当电压偏移为负值时，表明 $U < U_N$；反之，表明 $U > U_N$。一般来说，网络中的电压损耗越大，各点的电压偏移也就越大。

5.2.2　电力系统潮流分布

下面以图 5.2.4(b) 所示的线路环节为例，分三种情况分别讨论电力网环节首、末端功率和首、末端电压的平衡关系。

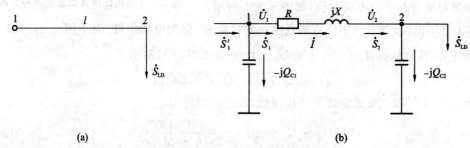

图 5.2.4　线路原理图及等值电路图
(a) 线路原理图；(b) 线路等值电路图

1. 已知线路末端的负荷功率 $\dot{S}_{LD}$ 和线路末端电压 $\dot{U}_2$

(1) 功率平衡关系。根据已知的末端负荷功率写出电力网环节的末端功率为

$$\dot{S}_2 = \dot{S}_{LD} + (-jQ_{C2}) = (P_{LD} + jQ_{LD}) + (-jQ_{C2})$$
$$= P_{LD} + j(Q_{LD} - Q_{C2}) = P_2 + jQ_2 \tag{5-69}$$

求出环节中的功率损耗为

$$\Delta\dot{S} = \frac{P_2^2 + Q_2^2}{U_2^2}(R + jX) = \Delta P + j\Delta Q \tag{5-70}$$

电力网环节的首端功率为

$$\dot{S}_1 = \dot{S}_2 + \Delta\dot{S} = (P_2 + jQ_2) + (\Delta P + j\Delta Q)$$
$$= (P_2 + \Delta P) + j(Q_2 + \Delta Q) = P_1 + jQ_1 \tag{5-71}$$

线路的首端功率为

$$\dot{S}'_1 = \dot{S}_1 + (-jQ_{C1}) = (P_1 + jQ_1) + (-jQ_{C1})$$
$$= P_1 + j(Q_1 - Q_{C1}) = P'_1 + jQ'_1 \tag{5-72}$$

$$\varphi'_1 = \arctan\frac{Q'_1}{P'_1} \tag{5-73}$$

(2) 电压平衡关系。选 $\dot{U}_2 = U_2\angle0°$ 为参考相量，应用式(5-53)和式(5-54)可得电压平衡关系为

$$\dot{U}_1 = \dot{U}_2 + \Delta U_2 + j\delta U_2 = U_2 + \frac{P_2 R + Q_2 X}{U_2} + j\frac{P_2 X - Q_2 R}{U_2} \tag{5-74}$$

2. 已知线路首端功率 $\dot{S}'_1$ 和线路首端电压 $\dot{U}_1$

这种条件下的功率平衡与电压平衡关系可按情况(1)中的方法，从首端至末端进行类似分析。

3. 已知线路末端负荷功率 $\dot{S}_{LD}$ 和线路首端电压 $\dot{U}_1$

工程实际中的大多数情况都属此类计算。其功率平衡和电压平衡计算一般分两步进行：首先，根据 $\dot{S}_{LD}$ 并用线路额定电压代替各点的实际运行电压，从线路末端到首端逐段进行功率平衡计算，直至求出供电点线路首端送出的功率 $\dot{S}_1'$ 为止；其次，根据给定的电压 $\dot{U}_1$ 和功率平衡计算中求出的功率，从首端到末端逐段进行电压平衡计算，直至求出用户端电压 $\dot{U}_2$。

对于图 5.2.4(b) 所示的线路环节，计算的具体步骤如下。

(1) 功率平衡。

$$\dot{S}_2 = \dot{S}_{LD} + (-jQ_{C2}) = (P_{LD} + jQ_{LD}) + (-jQ_{C2})$$
$$= P_{LD} + j(Q_{LD} - Q_{C2}) = P_2 + jQ_2 \tag{5-75}$$

$$\Delta\dot{S} = \frac{P_2^2 + Q_2^2}{U_N^2}(R + jX) = \Delta P + j\Delta Q \tag{5-76}$$

$$\dot{S}_1 = \dot{S}_2 + \Delta\dot{S} = (P_2 + jQ_2) + (\Delta P + j\Delta Q)$$
$$= (P_2 + \Delta P) + j(Q_2 + \Delta Q) = P_1 + jQ_1 \tag{5-77}$$

$$\dot{S}_1' = \dot{S}_1 + (-jQ_{C1}) = (P_1 + jQ_1) + (-jQ_{C1})$$
$$= P_1 + j(Q_1 - Q_{C1}) = P_1' + jQ_1' \tag{5-78}$$

(2) 电压平衡。选择 $\dot{U}_1 = U_1 \angle 0°$ 为参考相量，则有

$$\dot{U}_2 = \dot{U}_1 - \Delta U_1 - j\delta U_1 = \dot{U}_1 - \frac{P_1 R + Q_1 X}{U_1} - j\frac{P_1 X - Q_1 R}{U_1} \tag{5-79}$$

上述平衡关系中，由于采用线路的额定电压代替实际电压计算功率分布，因而是一种近似计算方法，但其精确度一般能满足工程上的要求。

如果要进行精确计算，则应采用迭代法。迭代法的基本步骤是：① 应用假设的末端电压和已知的末端功率逐段向首端推算，求出首端功率；② 再用给定的首端电压和求得的首端功率逐段向末端推算，求出末端电压；③ 用已知的末端功率和计算得出的末端电压向首端推算；④ 如此类推，逐步逼近，直至求出的首端电压和末端功率同已知值相等或接近时为止。利用计算机进行迭代计算很方便，手算时，经过一、二次往返一般也可获得较为精确的结果。

掌握了电力网环节的潮流计算方法，复杂电力网的潮流计算就可以按环节逐个进行。

4. 电力网环节中的功率传输方向

在高压电力网中，一般 $X \gg R$，作为极端情况，令 $R = 0$，便有

$$\dot{U}_1 = \dot{U}_2 + \frac{Q_2 X}{U_2} + j\frac{P_2 X}{U_2} \tag{5-80}$$

即在纯电抗元件中，电压降落的纵分量 $\Delta U_2 = \frac{Q_2 X}{U_2}$ 是因传输无功功率而产生的，电压降落的横分量 $\delta U_2 = \frac{P_2 X}{U_2}$ 则是因传输有功功率而产生的。

由图 5.2.3 可知，电压降落横分量 δU_2 和电力网环节首端电压 U_1 间的关系为 $\frac{\delta U_2}{U_1} =$

$\sin\delta$，将式(5-80)中的 $\delta U_2 = \dfrac{P_2 X}{U_2}$ 代入可得

$$P_2 = \frac{U_1 U_2}{X}\sin\delta \tag{5-81}$$

δ 是传输有功功率的条件，或者说相位差 δ 主要由通过电力网环节的有功功率决定，而与无功功率几乎无关。当 $\dot{U}_1$ 超前 $\dot{U}_2$ 时，$\sin\delta > 0$，P_2 为正值，这表明有功功率是从电压超前端向电压滞后端输送。

由图 5.2.3 还可知，当不计 δU_2 分量时，有

$$U_1 \approx U_2 + \frac{Q_2 X}{U_2}$$

$$Q_2 \approx \frac{U_1 U_2 - U_2^2}{X} = \frac{(U_1 - U_2)U_2}{X} \tag{5-82}$$

式(5-82)表明，高压电力网环节首末端电压间存在的数值差是传输无功功率的条件，或者说电压的数值差主要由通过电力网环节的无功功率决定，而与有功功率几乎无关。当 $U_1 > U_2$ 时，Q_2 为正值，这表明感性无功功率是从电压高的一端向电压低的一端输送。同理可知，容性无功功率是从电压低的一端向电压高的一端输送。实际的网络元件都存在电阻，即 $R \neq 0$，所以，电流（或功率）的有功分量通过电阻时将会使电压降落的纵分量增加；电流（或功率）的感性无功分量通过电阻时则使电压降落的横分量有所减少。

最后应该指出，当线路空载运行时，负荷的有功功率和无功功率均为零，只有末端电容功率 Q_{C2} 通过线路阻抗支路。其末端电压将高于首端电压。这种由线路电容功率使其末端产生工频电压升高的现象称为法拉第效应（俗称电容效应）。在远距离交流输电线路中，这种现象尤为明显。

5. 开式电力网的潮流计算

（1）区域网的潮流计算。应用功率、电压平衡关系式逐个环节进行计算，就可以求出开式电力网的潮流分布。关于区域网的潮流计算的具体计算过程在上一节已经讲述。

（2）地方网的潮流计算。110 kV 以下电压等级的地方网，同区域网相比有如下特点：线路较短，最远的距离一般不超过 50 km；电压等级较低；输送容量较小，最大传输功率一般不超过 10 MW。因此，地方网的功率分布与电压计算较区域网可作如下简化：① 忽略电力网等值电路中的导纳支路；② 忽略阻抗中的功率损耗；③ 忽略电压降落的横分量；④ 用线路额定电压代替各点实际电压计算电压损耗。

由于可作上述四点简化，故地方网的功率分布与电压计算较区域网大为简单。

开式地方网一般只需计算功率分布和最大电压损耗以及电压最低点的电压。一般情况下，功率分布由末端向首端逐个环节推算。最大电压损耗由首端向末端逐点推算。由于地方网的调压设备一般较少，因而线路最大电压损耗是比较重要的运行参数。

一般情况下，对于有 n 个集中负荷的无分支地方电力网，其电源点（假设为 A 点）的输出功率 S_A 为

$$\dot{S}_A = \sum_{i=1}^{n}\dot{S}_i \tag{5-83}$$

式中,$\dot{S}_i$ 为第 i 个负荷点的负荷功率。

网络总的电压损耗 ΔU 为

$$\Delta U = \frac{1}{U_N}\sum_{k=1}^{n}(P_k R_k + Q_k X_k) \tag{5-84}$$

式中,P_k、Q_k 为通过第 k 段线路的有功功率和无功功率;R_k、X_k 为第 k 段线路的电阻和电抗。

实际上,大多数地方网都具有分支线。对于具有分支线的电力网,一般应计算出电源点至各支线末端的电压损耗,然后比较它们的大小,方可确定网络的最大电压损耗和电压最低点。如图 5.2.5 所示具有分支线的开式地方电力网,就应首先计算 ΔU_{Ab}、ΔU_{Ad} 和 ΔU_{Ai},比较它们的大小,然后确定网络的最大电压损耗和电压最低点。

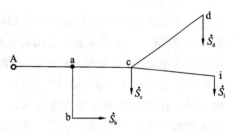

图 5.2.5　具有分支线的开式网络

6. 闭式电力网的潮流计算

两端电源供电网、环网、复杂网,统称为闭式网。与开式电力网相比,闭式电力网的功率分布既与负荷功率有关,又与网络参数和电源电压等因素有关,因而其功率分布的计算要比开式电力网复杂得多。在工程实际中一般都采用计算机算法或近似经典计算方法。

5.2.3　电力系统有功功率平衡及频率调整

1. 频率调整的必要性

在生产实际中,频率变化所引起的异步电动机转速的变化,会严重影响产品的质量和产量,例如,在纺织厂中,频率变化会使纱线运动速度变化而出现次品和废品;频率变化会影响现代工业、国防和科学研究部门广泛应用的各种电子技术设备的精确性;频率变化还会使计算机发生误计算和误打印。

频率的变化对电力系统的正常运行也是十分有害的。频率下降会使发电厂的许多重要设备如给水泵、循环水泵、风机等的出力下降,造成水压、风力不足,使整个发电厂的有功出力减少,导致频率进一步下降,如不采取必要措施,就会产生所谓"频率崩溃"的恶性循环;频率的变化可能会使汽轮机的叶片产生共振,降低叶片寿命,严重时会产生裂纹甚至断片,造成重大事故。另外,频率的下降,会使异步电动机和变压器的励磁电流增大,无功损耗增加,给电力系统的无功平衡和电压调整增加困难。

电力系统中许多用电设备的运行状况都与频率有密切的关系,按用电设备与频率的关系,电力系统的负荷大致可划分为以下几类。

(1)不受频率影响的负荷:指白炽灯泡、电阻器、电热器等电阻性负荷,它们从系统中吸收的三相有功功率是不受频率变化影响的。这类负荷在电力系统中所占的比重不大。

(2)与频率变化成正比的负荷:指拖动金属切削机床或磨粉机等机械工作的异步电动机。这类负荷从系统中吸收的有功功率 P(即电动机的出力)正比于频率 f。

(3)与频率高次方成正比的负荷:拖动鼓风机、离心水泵等机械工作的异步电动机。其力

矩 M 随着频率的变化而变化,是频率 f 的高次方函数。因此,这类异步电动机消耗的有功功率 P(即电动机的出力)正比于频率 f 的高次方。

2. 发电机组调速器的工作原理

发电机组的有功功率输出是靠原动机(如汽轮机、水轮机等)的调速系统自动控制进气(水)量来实现的。

调速系统大致可分为机械液压和电气液压调速两大类,主要由测速、放大传动、反馈和调节对象(进气门或进水阀)等四部分组成。测速组件的任务是测量发电机转子相对额定转速的改变量,它可分为离心测速、液压测速和电压测速等。放大组件的任务,一方面是将测得的转速改变量放大后传递给调节对象,另一方面作用于反馈组件,使此过程中止。调节对象的任务是在放大传动组件的作用下,开大或关小进气门(或进水阀),使进入原动机(汽轮机或水轮机)的进汽量(或进水量)增加或减小,以调节其转子的转速,适应负荷变化。

图 5.2.6 所示为汽轮机离心飞锤式机械液压调速装置,它的结构最简单。图中的测速组件由飞锤、弹簧和套筒组成,它与原动机转轴相连接;放大传动组件由错油门和油动机组成;反馈组件由 ACB 杠杆组成;调节对象为进气门。

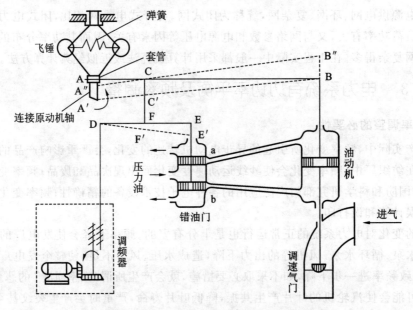

图 5.2.6 汽轮机离心飞锤式机械液压调速装置

正常运行时,发电机的输出功率与原动机的出力平衡,发电机转速恒定,离心飞锤克服弹簧的作用力和其自重而处于某一位置。此时,杠杆 ACB 相应地处于水平位置,错油门活塞使 a、b 孔堵塞,油动机将进气门固定在一定的开度,对应的频率为 f_A,在频率偏移的允许范围内保持恒定。

当负荷功率增加时,由于原动机输入功率未变,致使原动机转轴上出现不平衡转矩,使得原动机转速降低。飞锤在弹簧力的作用下相互靠拢,套筒便由 A 点下降到 A' 点。这时,油动机的活塞上、下油压相等,B 点不动,杠杆 ACB 就以 B 点为支点逆时针旋转到 A'C'B' 的位置。由于调频器没有动作,D 点固定不动,于是杠杆 DFE 就以 D 点为支点顺时针旋转到

DF'E'的位置,错油门活塞被迫下移,使 a、b 孔开启。压力油经 b 孔进入油动机下部,推动其活塞上移,使汽轮机调速气门开度增大,进气量增加,原动机的转速便开始回升。随着转速的回升,套筒从 A'点上移,同时,油动机活塞的上移使 B 点也随之上升。这样杠杆 ACB 就平行上移,并带动杠杆 DFE 以 D 点为支点逆时针旋转。当 C 点及杠杆 DFE 回复到原来位置时,错油门活塞就重新堵住 a、b 油孔,油动机活塞上移停止,调节过程结束。由于进气门开大,B 点上移到 B"点,转速上升,套筒由 A'点上移到 A"点,但不能回复到 A 点。ACB 杠杆处于 A"CB"的位置。

负荷减小时的调节过程可类似进行分析。

这种依靠发电机组调速器自动调节发电机组有功功率输出的过程来调整频率的方法,称为一次调频。负荷变化时,除了已经满载运行的机组外,系统中的每台机组都将参与一次调频。

3. 发电机组的调频器

依靠发电机组的调速器只能实现有差调频,若频率偏移超出允许范围,就必须采取附加措施,对频率作进一步调整。这一任务通常由发电机组的调频器来完成(见图 5.2.6)。调频器由伺服电动机、涡轮、蜗杆等装置组成。在人工操作或自动装置控制下,伺服电动机既可正转也可反转,通过涡轮、蜗杆将 D 点抬高或降低。如频率偏低,就应手动或电动控制调频器使 D 点上移,此时 F 点固定不动,E 点下移,迫使错油门活塞下移,使 a、b 油孔重新开启。压力油进入油动机,推动活塞上移,开大进气门(或进水阀),增加进气量(或进水量),使原动机功率输出增加,机组转速随之上升,适当控制 D 点的移动,总可以使转速恢复到频率偏移的允许范围或初始值。这种通过控制调频器调节发电机组输出功率来调整频率的方法,称为二次调频。二次调频的效果就是平行移动功频静态特性,如将图 5.2.8 中的功频静态特性由曲线 1 平行移到曲线 2,就可使发电机在负荷增加 ΔP_G 后仍能运行在额定频率下。所以,通过二次调频,可以实现频率的无差调节。二次调频是在一次调频的基础上,由一个或数个发电厂来承担的。

4. 电力系统的频率特性

由《电机学》课程知,电力系统的频率 f 是由发电机的转速 n 决定的,即 $f = \dfrac{np}{60}$(p 为发电机极对数)。而发电机的转速则取决于作用在机组转轴上的转矩(或功率)的大小。如果带动发电机旋转的原动机输入的功率扣除励磁损耗和各种机械损耗后,能同发电机输出的电磁功率严格地保持平衡,则发电机的转速就恒定不变,频率也就保持不变。但是,发电机的输出功率是由系统运行状态决定的,全系统发电机输出的有功功率之和,在任何时刻都和系统所消耗的总有功负荷功率(含各种用电设备所需的有功功率和网络的有功功率损耗)相等,因而负荷功率的任何变化都会引起发电机输出功率的相应变化。由于调节原动机输入功率的调节系统的相对迟缓和发电机组转子的惯性,原动机输入功率和发电机输出功率间的绝对平衡是不存在的,也就是说,严格地维持发电机转速不变或频率不变是不可能的。在电能生产中必须根据负荷的变化,采取相应的措施将频率偏移限制在法规规定的范围内。

(1)电力系统综合负荷的有功功率 - 频率静态特性。描述电力系统负荷的有功功率随频率变化的关系曲线,称为电力系统负荷的有功功率 - 频率静态特性,简称为负荷频率特性。

由于工业生产中广泛应用异步电动机,所以,电力系统的综合负荷是和频率密切相关的。虽然负荷和频率间呈现非线性关系,但考虑到在实际运行中频率偏移的允许值很小,因而可认为在额定频率 f_N 附近,电力系统综合负荷的有功功率与频率变化之间的关系近似于一直线,如图 5.2.7 所示。

当频率由 f_N 升高到 f_1 时,负荷有功功率就自动由 P_{LDN} 增加到 P_{LD1};反之,负荷有功功率就自动减少。负荷有功功率随频率变化的大小,可由图 5.2.7 中直线的斜率确定。图中直线的斜率为

$$k_{LD} = \tan\theta = \frac{\Delta P}{\Delta f} \tag{5-85}$$

式中,ΔP 为有功负荷变化量,单位为 MW;Δf 为频率变化量,单位为 Hz;K_{LD} 称为负荷调节效应系数,单位为 MW/Hz。

若将式(5-85)中的 ΔP 和 Δf 分别以额定有功负荷 P_{LDN} 和额定频率 f_N 为基准值的标幺值表示,则频率静态特性斜率的标幺值为

$$k_{LD*} = \frac{\Delta P/P_{LDN}}{\Delta f/f_N} = \frac{\Delta P_*}{\Delta f_*} \tag{5-86}$$

式中,k_{LD*} 称为综合有功负荷的频率调节效应系数。

k_{LD*} 不能人为整定,它的大小取决于全系统各类负荷的比重和性质。不同系统或同一系统的不同时刻,k_{LD*} 值都可能不同。实际系统中的 $k_{LD*} = 1 \sim 3$,它表明频率变化 1% 时,有功负荷功率就相应变化 1% ~ 3%。k_{LD*} 的具体数值通常由试验或计算求得,它是电力系统调度部门运行人员必须掌握的一个重要资料。

当电力系统的综合负荷增大时负荷的频率特性曲线将平行上移,负荷减小时,将平行下移,如图 5.2.7 所示。

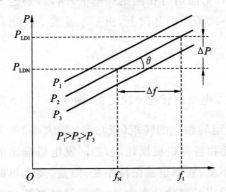
图 5.2.7　负荷的频率静态特性

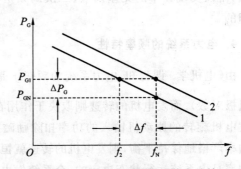
图 5.2.8　发电机组的频率静态特性

(2) 发电机组的有功功率 — 频率静态特性。发电机组输出的有功功率与频率之间的关系称为发电机组的有功功率 — 频率静态特性,简称发电机组的功频特性。

当负荷功率增加时,通过调速器调整原动机的出力,使其输出功率增加,可使频率回升;当负荷功率减少时,通过调速器调整原动机的出力,使其输出功率减少,频率就会下降。此时,发电机组的功频静态特性将如图 5.2.8 所示。

发电机组输出有功功率的大小随频率变化的关系可由图 5.2.8 中直线的斜率来确定。即

$$k_G = -\frac{\Delta P_G}{\Delta f} \tag{5-87}$$

式中，k_G 为发电机组的单位调节功率，单位为 MW/Hz；ΔP_G 为发电机输出有功功率的变化量，单位为 MW；Δf 为频率变化量，单位为 Hz。

式（5-87）中的负号表示 ΔP_G 的变化与 Δf 的变化相反。k_G 也可以表示成以 f_N 和 P_{GN}（发电机输出的额定有功功率）为基准值的标幺值，即

$$k_{G*} = -\frac{\Delta P_G / P_{GN}}{\Delta f / f_N} = -\frac{\Delta P_{G*}}{\Delta f_*} \tag{5-88}$$

式中，k_{G*} 为发电机组的功频静态特性系数。

$$k_G = k_{G*} \frac{P_{GN}}{f_N} \tag{5-89}$$

与 k_{LD*} 不同的是，k_{G*} 可以人为调节整定，但其大小，即调整范围要受机组调速机构的限制。不同类型的机组，k_{G*} 的取值范围不同。一般汽轮发电机组，$k_{G*} = 25 \sim 16.7$；水轮发电机组，$k_{G*} = 50 \sim 25$。

（3）电力系统的频率调整。电力系统的负荷是不可能准确预测的，随时都在发生变化，导致频率也相应地变化。欲使频率变化不超出允许范围，就应进行频率调整。电力系统的频率调整一般分为一次调频与二次调频两个过程，现分别说明如下。

① 一次频率调整。进行一次调频时，仅发电机组的调速器动作。其调频效应可由图5.2.9来说明。正常运行时，发电机组的功频特性（曲线 P_G）和负荷的频率特性（曲线 P_{LD}）相交于点 1，对应的频率为 f_N，功率为 P_1。即在频率为 f_N 时，发电机输出功率和负荷功率达到了平衡。

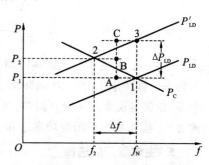

图 5.2.9　电力系统的功频静态特性

若负荷增加 ΔP_{LD}，即将 P_{LD} 曲线平行移到 P'_{LD} 曲线，而发电机组仍维持为原来的功频特性曲线 P_G，则电力系统就会在点 2 达到新的功率平衡。新的平衡点的频率为 f_2，功率为 P_2。此时由于频差 $\Delta f = f_2 - f_N < 0$，所以发电机组会增加功率 $\Delta P_G = -k_G \Delta f$，即图 5.2.9 中的 AB 段；由于负荷本身的调节效应，负荷功率会减少 $\Delta P = -k_{LD} \Delta f$，即图5.2.9中的 BC 段，两者共同作用，平衡了频率为 f_N 时的负荷功率增量 ΔP_{LD}，即

$$\Delta P_{LD} = \Delta P_G + \Delta P = -(k_G + k_{LD})\Delta f = -k_s \Delta f \tag{5-90}$$

$$k_s = k_G + k_{LD} = -\frac{\Delta P_{LD}}{\Delta f} \tag{5-91}$$

式中，k_s 为电力系统的单位调节功率，单位为 MW/Hz。根据 k_s 值的大小，可以确定频率偏移允许范围内系统所能承受的负荷变化量。由于式（5-91）中的 k_{LD} 值不能人为改变，所以，频率变化主要取决于 k_G 的大小。即电力系统的单位调节功率 k_s 的增大，可靠增加发电机组的运行台数来实现，此时有

$$\left.\begin{array}{l} k_{G\Sigma} = \sum\limits_{i=1}^{m} k_{Gi} \\ k_s = k_{G\Sigma} + k_{LD} \end{array}\right\} \tag{5-92}$$

式中,$k_{G\Sigma}$ 为系统所有发电机组的等值单位调节功率;k_{Gi} 为第 i 台机组的单位调节功率。

显然,在负荷功率增量 ΔP_{LD} 相同的情况下,此时频率变化的幅度就会减小。

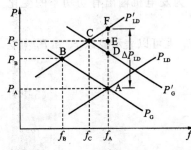

图 5.2.10 频率的一次、二次调整

② 二次频率调整。由于所有发电机组的调速系统均为有差调节特性,因而一次调频只能改善系统的频率。当一次调频不能将频率调整到允许偏移范围内时,就需要在一次调频的基础上再进行二次调频。

二次调频的过程可用图 5.2.10 来说明。设系统原始运行点为 A,它是负荷频率特性 P_{LD} 与发电机组功频特性 P_G 的交点。负荷增加时,负荷频率特性由 P_{LD} 平行移到 P'_{LD},它与 P_G 的交点为 B。此时,频率 f_A 由下降到 f_B,发电机组的输出功率由 P_A 增加到 P_B,此为一次调频。二次调频的作用是将发电机组的功频特性由 P_G 平行上移到 P'_G,它与 P'_{LD} 的交点为 C。此时,频率将由 f_B 上升为 f_C(f_C 仍小于 f_A),机组的输出功率将由 P_B 增加到 P_C。此时负荷增量 ΔP_{LD} 由三部分调节功率所平衡。这三部分调节功率分别为:调速系统一次调频增发的功率 $-k_G \Delta f$,即图中的 DE 段;由于负荷调节效应的作用而自动少取用的功率 $k_{LD} \Delta f$,即图中的 EF 段;调频器二次调频增发的功率 ΔP_{G0},即图中的 AD 段。其数学表达式为

$$\Delta P_{LD} = \Delta P_{G0} - k_G \Delta f - k_{LD} \Delta f \tag{5-93}$$

$$\Delta f = -\frac{\Delta P_{LD} - \Delta P_{G0}}{k_G + k_{LD}} = -\frac{\Delta P_{LD} - \Delta P_{G0}}{k_S} \tag{5-94}$$

式(5-94)表明,由于二次调频增加了发电机组的出力,所以在相同负荷变化量的情况下,系统频率偏移减小了。当二次调频增发的功率 ΔP_{G0} 与负荷增量 ΔP_{LD} 相等时,频差 Δf 就会等于零,也就是说实现了无差调节。当有若干个电厂参加二次调频时,式(5-93)和式(5-94)中的 ΔP_{G0} 应为各电厂增发功率之和。

5. 主调频厂的选择

为了避免在频率调整过程中发生过调或频率长时间不能稳定的现象,频率的调整工作通常在各发电厂间进行分工,实行分级调整,即将所有发电厂分为主调频厂、辅助调频厂和非调频厂三类。主调频厂负责全系统的频率调整工作,一般由一个发电厂担任。若主调频厂不足以承担系统的负荷变化,则辅助调频厂才参与频率的调整,辅助调频厂由 1 ~ 2 个电厂承担。非调频厂一般不参与调频,只按调度部门分配的负荷发电,因而又称为基载厂(或固定出力电厂)。

我国 300 万 MW 以上的大系统的调度规程规定:频率偏移不超过 ±0.2 Hz 时由主调频厂调频;频率偏移超过 ±0.2 Hz 时,辅助调频厂参加调频;频率偏移超过 ±0.5 Hz 时,系统内所有电厂应不待调度命令,立即进行频率的调整,使频率恢复到 50±0.2 Hz 的允许范围内。

由于系统频率主要靠主调频厂负责调整,所以主调频厂选择的好坏,直接关系到频率的质量。主调频厂一般应按下列条件选择:① 具有足够的调节容量和范围;② 具有较快的调节速度;③ 具有安全性与经济性。

除以上条件外,还应考虑电源联络线上的交换功率是否会因调频引起过负荷跳闸或失去稳定运行,调频引起的电压波动是否在电压允许偏移范围之内。

按照调频厂的选择条件,在火电厂和水电厂并存的电力系统中,枯水季节可选择水电厂为主调频厂,在丰水季节则选择装有中温中压机组的火电厂作为主调频厂。

6. 电力系统综合负荷的有功功率的平衡

1) 有功功率平衡方程式

为了保证频率在额定值所允许的偏移范围内,电力系统运行中发电机组发出的有功功率必须和负荷消耗的有功功率平衡。有功功率平衡通常用下式表示。

$$\sum P_G = \sum P_{LD} + \sum \Delta P + \sum P_P$$

式中,$\sum P_G$ 为所有发电机组有功出力之和;$\sum P_{LD}$ 为所有负荷有功功率之和;$\sum \Delta P$ 为网络有功功率损耗之和;$\sum P_P$ 为所有发电厂用电有功功率之和。

2) 备用容量

为了保证供电的可靠性和良好的电能质量,电力系统的有功功率平衡必须在额定参数下确定,而且还应留有一定的备用容量。备用容量按用途可分为以下几种。

(1) 负荷备用容量。为了适应实际负荷的经常波动或一天内计划外的负荷增加而设置的备用。电力网规划设计时,一般按系统最大有功负荷的 2% ～ 5% 估算,大系统取下限,小系统取上限。

(2) 检修备用容量。为了保证电力系统中的机组按计划周期性地进行检修,又不影响在此期间对用户正常供电而设置的备用。机组周期性的检修一般安排在系统最小负荷期间内进行,只有当最小负荷期间的空余容量不能保证全部机组周期性检修的需要时,才另设检修备用。检修备用容量的大小要视系统具体情况而定,一般为系统最大有功负荷的 8% ～15%。

(3) 事故备用容量。为了防止部分机组在系统或自身发生事故退出运行时,不影响系统正常供电而设置的备用。事故备用容量的大小要根据系统中的机组台数、容量、故障率及可靠性等标准确定。一般按系统最大有功负荷的 10% 考虑,且不小于系统内最大单机容量。

(4) 国民经济备用容量。计及负荷的超计划增长而设置的备用容量,其大小一般为系统最大有功负荷的 3% ～ 5%。

备用容量按备用形式分为热备用和冷备用两类。

热备用(或称旋转备用)。热备用容量储存于运行机组之中,能及时抵偿系统的功率缺额。负荷备用容量和部分事故备用容量通常采用热备用形式,并分布在各电厂或各运行机组之中。

冷备用(或称停机备用)。冷备用容量储存于停运机组之中,检修备用和部分事故备用多采用冷备用形式。动用冷备用时,需要一定的启动、暖机和带负荷时间。火电机组需要的时间长,一般 25 ～ 50 MW 的机组需 1 ～ 2 h,100 MW 的机组需 4 h,300 MW 机组需 10 h 以上。水电机组需要的时间短,从启动到满负荷运行,一般不超过 30 min,快的只需要几分钟。

5.2.4　电力系统无功功率平衡及电压调整

保证用户处的电压接近额定电压,是电力系统运行调整的基本任务之一。本节主要介绍电力系统的电压特性,电压调整的原理及方法。

1. 电压调整的必要性

通常用电设备都是按照在电力网的额定电压下运行而设计、制造的,如果用电设备端的运行电压大大偏离其额定电压,其运行性能就会受到影响。

用户中大量使用的异步电动机的最大转矩(功率)是与端电压的平方成正比的。当端电压变化时,其转矩、电流和效率都会发生变化。若额定电压时的电动机转矩为 100%,则当电压下降 10% 时,转矩将降低 19%,会严重影响产品的产量和质量。

对电力系统来说,低电压运行会降低系统并列运行的稳定性;会使发电机、变压器、线路过负荷运行,严重时会引起跳闸,导致供电中断或使并联运行的系统解列。电压过高时,电气设备的绝缘将受到损害。

由于系统中节点很多,网络结构复杂,负荷分布不均匀,网络各节点的电压不可能都一样,也不可能总是额定值。再加上负荷的变动,也会使节点电压波动。因此,电力系统的调压比调频更为复杂。调压的结果只能是在满足负荷正常要求(含负荷的正常波动)的条件下,使各负荷端的电压偏差不超出允许范围。目前,我国规定的电压偏差百分数范围如表 5.2.1 所示。

表 5.2.1 电压偏差百分数范围

电力系统情况	百分数范围
35 kV 及以上电压供电的负荷	正、负偏差的绝对值之和不超过标称电压的 10%
20 kV 及以下三相电压供电的负荷	±7%
220 V 低压单相供电负荷	+7% ~ -10%

2. 电力系统的电压特性

(1)电力系统综合负荷的无功功率 — 电压静态特性。电力系统综合负荷的电压静态特性,是指各种用电设备所消耗的有功功率和无功功率随电压变化的关系,简称负荷的电压特性。由于异步电动机在电力系统负荷中占的比重很大,异步电动机消耗的有功功率几乎与电压无关,而消耗的无功功率对电压却十分敏感。因此,通常所说的综合负荷的电压静态特性主要是指综合无功负荷的电压静态特性,而且主要取决于异步电动机的无功功率 — 电压静态特性。

由于 $X_S \gg R_S, X_m \gg R_m$,且 $X_m \gg X_S$,若令 $X_\sigma = X_S + X_r$。异步电动机的简化等值电路如图 5.2.11 所示,电动机消耗的无功功率为

$$Q_M = Q_m + Q_\sigma = \frac{U^2}{X_m} + 3I^2 X_\sigma \tag{5-95}$$

式中,Q_M 为异步电动机消耗的无功功率;Q_m 为励磁电抗 X_m 中的励磁功率;Q_σ 为漏磁电抗 X_σ 中的无功功率损耗。

综合 Q_m 和 Q_σ 的变化特点,可得异步电动机无功功率—电压静态特性如图 5.2.12 所示。

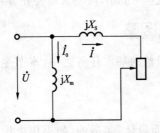
图 5.2.11 异步电动机的简化等值电路

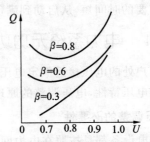
图 5.2.12 异步电动机的无功功率—电压静态特性

即在额定电压 U_N 附近,电动机消耗的无功功率 Q_m 主要由 Q_M 决定,因此 Q_M 会随电压的升高而增加,随电压的降低而减少。但当电压低于某一临界值 U_a 时,漏磁电抗中的无功功率损耗 Q_σ 将在 Q_M 中起主导作用,此时随着电压的下降,Q_M 不但不减小,反而会增大。因此电力系统在正常运行时,其负荷特性应工作在 $U > U_a$ 处。这一特点对于电力系统运行的电压稳定具有非常重要的意义。

(2)发电机的无功功率—电压静态特性。发电机的无功功率—电压静态特性,是指发电机向系统输出的无功功率与电压变化关系的曲线。

在图 5.2.13(a)所示简单电力系统中,若发电机为隐极机,略去各元件电阻,用电抗 X 表示发电机电抗 X_d 与线路电抗 X_L 之和,可得图 5.2.13(b)所示的等值电路。

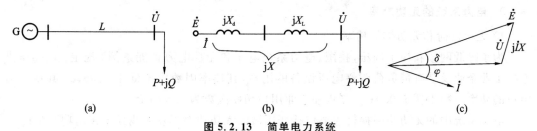

(a)　　　　　　　　　　(b)　　　　　　　　　　(c)

图 5.2.13　简单电力系统

(a)原理图;(b)等值电路;(c)相量图

根据电路可以推导出,当有功功率 P_G 不变时,发电机送至负荷点的无功功率 Q_G 为

$$Q_G = \sqrt{\left(\frac{EU}{X}\right)^2 - P_G^2} - \frac{U^2}{X} \tag{5-96}$$

若励磁电流不变,则发电机电势 E 为常数,无功功率就是电压 U 的二次函数,其特性曲线如图 5.2.14 所示。

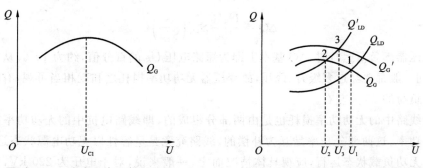

图 5.2.14　发电机电压静态特性　　　**图 5.2.15　电力系统电压静态特性**

当 $U > U_a$ 时,发电机输出的无功功率 Q_G 将随着电压的降低而升高;当 $U < U_a$ 时,电压的降低,非但不能增加发电机无功功率 Q_G 的输出,反而会使 Q_G 减少。因此在正常运行时,发电机的无功特性也应工作在 $U > U_a$ 处。

电力系统的电压运行水平取决于发电机的无功出力 Q_G 和综合负荷无功功率 Q_{LD}(含网络无功功率损耗)的平衡,如图 5.2.15 所示。

当综合无功负荷曲线为 Q_{LD}、发电机输出无功功率曲线为 Q_G 时,两特性曲线在 1 点相交,对应的电压为 U_1,即电力系统在电压 U_1 下运行时能达到无功功率的平衡。若无功负荷由

Q_{LD} 增加到 Q'_{LD}，而 Q_G 不变，则 Q'_{LD} 与 Q_G 两特性曲线将在 2 点相交，对应的电压为 U_2，即电力系统的运行电压将下降到 U_2。这说明无功负荷增加后，在电压为 U_1 时电源所发出的无功功率已不能满足负荷的需要，只能用降低运行电压的方法来取得无功功率的平衡。如能在此时将发电机无功出力增加到 Q'_G，则系统可在交点 3 处达到无功功率的平衡，此时运行电压即可上升为 U_3。

综上所述可知，造成电力系统运行电压下降的主要原因是系统的电源无功功率不足，因此，为提高电力系统的运行质量，减小电压的偏移，必须使电力系统的无功功率在额定电压或其允许电压偏移范围内保持平衡，即要采取措施使无功电源功率与无功负荷和无功损耗功率保持平衡。

3. 电力系统的无功功率

1) 无功负荷和无功损耗功率

为了降低网损和便于调压，我国《电力系统电压和无功电力管理条例》规定：① 高压供电的工业企业及装有带负荷调整电压设备的用户，其功率因数应不低于 0.95；② 其他电力用户的功率因数不低于 0.9；③ 趸售和农业用户功率因数为 0.8 以上。

电力系统中的无功功率损耗主要包括变压器的无功功率损耗和线路的无功功率损耗。

变压器的无功功率损耗由励磁损耗（ΔQ_0）和绕组中的无功功率损耗（ΔQ）两部分组成。励磁损耗占变压器额定容量（S_{TN}）的百分数近似为空载电流 I_0 的百分数，即励磁损耗为

$$\Delta Q_0 = \frac{I_0 \% S_{TN}}{100} \tag{5-97}$$

ΔQ_0 为 $1\% \sim 2\%$，变压器绕组中的无功功率损耗 ΔQ 为

$$\Delta Q = \frac{P^2 + Q^2}{U^2} X_T = \frac{S^2}{U^2} X_T \tag{5-98}$$

$$\Delta Q = \frac{U_s \%}{100} S_{TN} \left(\frac{S}{S_{TN}}\right)^2 \tag{5-99}$$

当变压器满负荷运行时，ΔQ 基本上即为短路电压 U_s 的百分值，约为 10%。从发电厂到用户，中间一般都要经过多级升、降压，故变压器无功功率损耗之和就相当可观，有时可高达用户无功负荷的 75% 左右。

输电线路中的无功功率损耗也是由两部分组成的，即线路电抗中的无功功率损耗和线路的电容功率。这两部分功率是互为补偿的。线路究竟是呈容性以无功电源状态运行，还是呈感性以无功负载状态运行，应视具体情况而定。一般来说，对于电压为 220 kV，长度不超过 100 km 的较短的输电线路，线路将呈感性，消耗无功功率。对于电压为 220 kV，长度为 300 km 左右的较长的输电线路，线路单位长度上的无功功率损耗与电容功率基本上自行平衡，既不消耗无功功率，也不发出无功功率，呈电阻性。当线路长度大于 300 km 时，输电线路将呈容性。

2) 无功电源

电力系统的主要无功电源，除发电机外，还有电力电容器和无功功率静止补偿器等。

（1）发电机。同步发电机既是唯一的有功功率电源，也是重要的无功功率电源。在不影响有功功率平衡的前提下，改变发电机的功率因数，可以调节其无功功率的输出，从而调整系

统的运行电压。当然，发电机的无功功率输出要受其 $P\text{-}Q$ 运行极限的限制。

由图 5.2.16 可知，发电机在额定参数下运行时，发出的无功功率为

$$Q_{GN} = S_{GN}\sin\varphi_N = P_{GN}\tan\varphi_N \tag{5-100}$$

式中，S_{GN} 为发电机的额定视在功率，φ_N 为额定功率因数角。汽轮发电机的额定功率因数一般为 $0.8 \sim 0.85$；水轮发电机的一般为 $0.8 \sim 0.9$。

当系统无功功率不足，而有功备用又较充裕时，可利用靠近负荷中心的发电机降低功率因数运行，增加无功功率以提高电力网的运行电压水平，但发电机的运行点不能超出图 5.2.16 中的阴影线范围。远离负荷中心的发电厂若传输大量的无功功率，势必会引起网络较大的有功和无功功率损耗，并增加网络的电压损耗，这在技术和经济上都是不合理的，因而这类发电厂不宜降低功率因数运行。

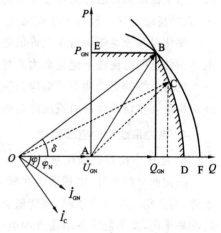

图 5.2.16　发电机运行极限图

（2）电力电容器。电力电容器可以作为无功电源向系统输送无功功率，每相电容由若干个电力电容器组成电容器组，可以采用 △ 形或 Y 形接法。电力电容器提供的无功功率与其安装处的电压平方成正比，即

$$Q_C = \frac{U^2}{X_C} = U^2\omega C \tag{5-101}$$

式中，X_C 为电容器的总容抗。

电力电容器是电力系统中广为使用的一种无功补偿装置，既可集中使用，也可分散装设。它的优点是运行维护方便；有功功率损耗小（只占其额定容量的 $0.3\% \sim 0.5\%$）；单位容量投资小且与总容量的大小几乎无关。也存在如下不足。

① 无功功率调节性能差。由式（5-101）可见，当电压下降时，电容器不但不能增加无功功率输出以提高运行电压，而是按电压的平方级减少无功功率输出。

② 无功功率的改变靠投入或切除电力电容器组来实现。一般最大负荷运行方式时，电容器组全部投入；最小负荷运行方式时，电容器组全部或部分切除。所以，这种调压方式不是平滑无级的，而是阶跃式的。

（3）静止补偿器。静止补偿器（Static Var Compensator，简称 SVC）由特种电抗器和电容器组成，有的是两者之一为可控的，有的是两者都是可控的，是一种并联连接的无功功率发生器和吸收器。静止补偿器既具有电力电容器的结构优点，又具有同步调相机的良好调节特性。

静止补偿器可以迅速地按负荷的变化改变无功功率输出的大小和方向，调节或稳定系统的运行电压，尤其适合作冲击性负荷的无功补偿装置。静止补偿器既可安装在变电所低压侧，也可通过升压变压器直接安装在高压侧或超高压输电线路上，但多数情况是安装在变电所低压侧。

3）无功功率的平衡方程

电力系统无功功率平衡的基本要求是系统中的无功电源功率要大于或等于负荷所需的

无功功率和网络中的无功功率损耗之和。系统无功功率平衡方程式为

$$\sum Q_G = \sum Q_{LD} + \sum Q_p + \sum \Delta Q + \sum Q_{re} \qquad (5\text{-}102)$$

式中，$\sum Q_G$ 为电力系统所有无功电源容量之和；$\sum Q_{LD}$ 为电力系统无功负荷之和；$\sum Q_p$ 为所有发电厂厂用无功负荷之和；$\sum \Delta Q$ 为电力系统无功功率损耗之和，$\sum Q_{re}$ 为无功备用容量之和。为了保证系统运行的可靠性和适应无功负荷的增长需要，还应留有一定的无功备用容量，无功备用容量一般为无功负荷的 $7\% \sim 8\%$。

要使得系统电压运行在允许的电压偏移范围内，应在额定电压或在额定电压所允许的电压偏移范围的前提下建立电力系统的无功功率平衡方程式。

电力系统的无功功率平衡应分别按正常最大和最小负荷的运行方式进行计算。必要时还应校验某些设备检修时或故障后运行方式下的无功功率平衡。

4. 电力系统中的电压管理

1) 电压中枢点的调压方式

由前面分析可知，实现系统在额定电压前提下的无功功率平衡是保证电压质量的基本条件。当无功电源较充足时，系统就会有较高的运行电压水平。但应该指出，仅有全系统的无功功率平衡，并不能使各负荷点的电压都满足电压偏移的要求。要保证各负荷点电压都在允许电压偏移范围内，还应该分地区、分电压等级合理分配无功负荷，进行电压调整。

对电力系统电压的监视、控制和调整一般只在某些选定的母线上实行。这些母线称为电压中枢点。一般选择下列母线为电压中枢点：①区域性发电厂和枢纽变电所的高压母线；②枢纽变电所的二次母线；③有一定地方负荷的发电机电压母线；④城市直降变电所的二次母线。

这种通过对中枢点电压的控制来控制全系统电压的方式称为中枢点调压。

根据电网和负荷的性质，中枢点电压的调整方式有顺调压、逆调压和恒调压三种。

(1) 顺调压。所谓顺调压，就是大负荷时允许中枢点电压低一些，但在最大负荷运行方式时，中枢点的电压不应低于线路额定电压的 102.5%，小负荷时允许中枢点电压高一些，但在最小负荷运行方式时，中枢点的电压不应高于线路额定电压的 107.5%。顺调压是调压要求最低的方式，一般不需装设特殊的调压设备就可满足调压要求，但它只适用于供电距离较短、负荷波动不大的电压中枢点。

(2) 逆调压。在大负荷时升高中枢点的电压，小负荷时降低中枢点的电压，这种中枢点电压随负荷增减而增减的调压方式称为逆调压，具体要求是：最大负荷运行方式时，中枢点的电压要高于线路额定电压 5%；最小负荷运行方式时，中枢点的电压要等于线路额定电压。逆调压方式是一种要求较高的调压方式。要实现中枢点的逆调压，一般需在中枢点装设调相机、有载调压变压器或静止补偿器等特殊的调压设备。

(3) 恒调压(或常调压)。恒调压是指在最大和最小负荷运行方式时保持中枢点电压等于线路额定电压的 $1.02 \sim 1.05$ 倍的调压方式。恒调压方式通常用于向负荷波动甚小的用户供电的电压中枢点，如三班制工矿企业。在负荷变动大的电力网中，要在中枢点实现恒调压，也必须有特殊的调压设备，但对调压设备的要求可比逆调压时低一些。

2) 电压调整的措施

在图 5.2.17 所示发电机通过升、降压变压器和输电线路向用户供电的简单电力系统中,若已知发电机 G 的运行电压为 $\dot{U}_{\mathrm{G}}$,变压器 T1 和 T2 的变比分别为 k_1 和 k_2;高压线路的额定电压为 U_{N};归算到高压侧的网络参数为 $R+\mathrm{j}X$,负荷功率为 $P+\mathrm{j}Q$,忽略线路充电功率、变压器的励磁功率和网络功率损耗,则负荷端的电压 $\dot{U}$ 为

$$U = \left(U_{\mathrm{G}}k_1 - \frac{PR+QX}{U_{\mathrm{N}}}\right)\Big/ k_2 \tag{5-103}$$

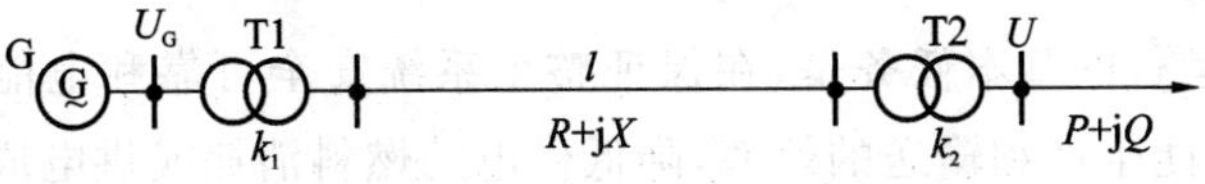

图 5.2.17　电压调整的基本原理

可见,要调整负荷端的电压 U,可采用如下措施:①改变发电机的励磁电流,从而改变发电机的机端电压 U_{G};②改变升、降压变压器的变比 k_1、k_2;③改变网络无功功率 Q 的分布;④改变网络的参数 R、X。

其中改变发电机的励磁电流进行电压调整,是一种最经济、最直接的调压手段。在考虑调压措施时,应予优先考虑。现代同步发电机允许的电压波动为其额定电压的 $\pm 5\%$,在这个范围内都可保证以额定功率运行。

但是,调整多级电压多电源系统中发电机励磁时,会引起系统中无功功率的重新分配。因此,在多级电压供电系统中,发电机调压只能作为一种辅助调压措施。

为了利用变压器的变比调压,双绕组变压器在高压侧,三绕组变压器在高压侧和中压侧都装有分接头开关。容量在 6 300 kVA 及以下的双绕组变压器,高压侧一般设有 3 个分接头,即 $1.05\,U_{\mathrm{N}}$、U_{N} 和 $0.95\,U_{\mathrm{N}}$,其中 U_{N} 为变压器高压侧的额定电压,调压范围为 $\pm 5\%$;容量在 8 000 kVA 及以上的双绕组变压器,高压侧一般设有 5 个分接头,即 $1.05\,U_{\mathrm{N}}$、$1.025\,U_{\mathrm{N}}$、U_{N}、$0.975\,U_{\mathrm{N}}$ 和 $0.95\,U_{\mathrm{N}}$,调压范围为 $\pm 2\times 2.5\%$。对应于 U_{N} 的分接头称为主分接头(或称主抽头),其余为附加分接头。

应该指出,在无功功率有裕度或无功平衡的电力系统中,改变变压器变比调压有良好的效果,应优先采用。但在无功功率不足的电力系统中,不宜采用改变变比调压。由负荷的电压特性分析可知,当改变变比提高用户端的电压后,用电设备从系统吸取的无功功率就相应增大,使得电力系统的无功功率缺额进一步增加,导致运行电压进一步下降。如此恶性循环下去,就会发生"电压崩溃",造成系统大面积停电的严重事故。因此,在无功功率不足的电力系统中,首先应采用无功功率补偿装置补偿无功功率的缺额。

改变电力网无功功率分布的调压是指采用无功补偿装置就近向负荷提供无功功率,这样既能减小电压损耗,保证电压质量,也能减小网络的有功功率损耗和电能损耗。

安装电容器进行无功功率补偿时,可采取集中补偿、分散补偿或个别补偿三种形式。

改变网络参数的常用方法有:按允许电压损耗选择合适的地方网导线截面;在不降低供电可靠性的前提下改变电力系统的运行方式,如切除、投入双回线路或并联运行的变压器;

在 X、R 的高压电力网中串联电容器补偿等。

综上所述可见，电力系统的调压措施很多，为了满足某一调压要求，可以将各种调压措施综合考虑、合理配合，通过技术经济比较，以确定最佳的调压方案。

5.3　电力系统的经济运行

5.3.1　电力网的能量损耗计算方法

电力系统经济运行的基本任务是，在保证整个系统安全可靠和电能质量符合标准的前提下，尽可能提高电能生产和输送的效率，降低供电的燃料消耗或供电成本。

在给定的时间（日、月、季或年）内，系统中所有发电厂的总发电量同厂用电量之差，称为供电量。所有送电、变电和配电环节所损耗的电量，称为电力网的损耗电量（或损耗能量）。在同一时间内，电力网损耗电量占供电量的百分比，称为电力网的损耗率，简称网损率或线损率，即

$$电力网损耗率 = \frac{电力网损耗电量}{供电量} \times 100\% \tag{5-104}$$

网损率是国家下达给电力系统的一项重要经济指标，也是衡量供电企业管理水平的一项主要标志。

由潮流计算已知，电力网各元件的功率损耗或能量损耗通常由两部分组成：一部分与通过元件电流（或功率）的平方成正比，称为变动损耗，如变压器绕组和线路阻抗支路中的损耗；另一部分则与元件两端的电压有关，若不计电压变化的影响，这部分损耗可称为固定损耗，如变压器的铁芯损耗，电缆和电容器绝缘的介质损耗等。固定损耗的计算比较简单，而变动损耗的计算则较为困难，下面着重讨论变动损耗的计算方法。

1. 最大负荷损耗时间法

工程计算中常采用一种简化的方法，即最大负荷损耗时间法来计算能量损耗。

如果线路中输送的功率一直保持为最大负荷功率 S_{max}，在 τ 小时内的能量损耗恰好等于线路全年的实际电能损耗，则称 τ 为最大负荷损耗时间。根据能量损耗的数学表达式为

$$\Delta A = \int_0^{8760} \frac{S^2}{U^2} R \times 10^{-3} \, \mathrm{d}t = \frac{S_{max}^2}{U^2} R\tau \times 10^{-3} \tag{5-105}$$

假定电压恒定，则有

$$\tau = \frac{\int_0^{8760} S^2 \, \mathrm{d}t}{S_{max}^2} \tag{5-106}$$

由式(5-111)可知，最大负荷损耗时间 τ 与用视在功率表示的负荷曲线有关。在功率因数一定时，视在功率与有功功率成正比，而有功功率负荷持续曲线的形状，在某种程度上可由最大负荷利用小时数 T_{max} 决定。由此可知，对于给定的功率因数，τ 与 T_{max} 之间将存在一定关系。通过对一些典型负荷曲线的分析，可得 τ 和 T_{max} 的关系如表 5.3.1 所示。

表 5.3.1　τ 和 $T_{\max}$ 的关系表

$T_{\max}/\text{h}$	τ/h				
	$\cos\varphi = 0.80$	$\cos\varphi = 0.85$	$\cos\varphi = 0.90$	$\cos\varphi = 0.95$	$\cos\varphi = 1.00$
2 000	1 500	1 200	1 000	800	700
2 500	1 700	1 500	1 250	1 100	950
3 000	2 000	1 800	1 600	1 400	1 250
3 500	2 350	2 150	2 000	1 800	1 600
4 000	2 750	2 600	2 400	2 200	2 000
4 500	3 150	3 000	2 900	2 700	2 500
5 000	3 600	3 500	3 400	3 200	3 000
5 500	4 100	4 000	3 950	3 750	3 600
6 000	4 650	4 600	4 500	4 350	4 200
6 500	5 250	5 200	5 100	5 000	4 850
7 000	5 950	5 900	5 800	5 700	5 600
7 500	6 650	6 600	6 550	6 500	6 400
8 000	7 400	—	7 350	—	7 250

在负荷曲线未知的情况下,可根据最大负荷利用小时数 $T_{\max}$ 和功率因数,由表 5.3.1 查出 τ 值,用以计算全年的电能损耗。

如果一条线路上有几个负荷点,如图 5.3.1 所示,则线路的总电能损耗就等于各段线路电能损耗之和,即

$$\Delta A = \left(\frac{S_1}{U_a}\right)^2 R_1 \tau_1 + \left(\frac{S_2}{U_b}\right)^2 R_2 \tau_2 + \left(\frac{S_3}{U_c}\right)^2 R_3 \tau_3 \tag{5-107}$$

式中,S_1、S_2、S_3 分别为各段的最大负荷功率;τ_1、τ_2、τ_3 分别为各段的最大负荷损耗时间。

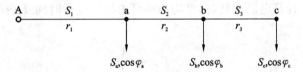

图 5.3.1　接有三个负荷的线路

为了求各线段的 τ 值,需先算出各线段的 $\cos\varphi$ 和 $T_{\max}$。如果已知各点负荷的最大负荷利用小时数分别为 $T_{\max,a}$、$T_{\max,b}$ 和 $T_{\max,c}$,各点最大负荷同时出现,且分别为 S_a、S_b 和 S_c,则有

$$\cos\varphi_1 = \frac{S_a \cos\varphi_a + S_b \cos\varphi_b + S_c \cos\varphi_c}{S_a + S_b + S_c} \tag{5-108}$$

$$\cos\varphi_2 = \frac{S_b \cos\varphi_b + S_c \cos\varphi_c}{S_b + S_c} \tag{5-109}$$

$$\cos\varphi_3 = \cos\varphi_c \tag{5-110}$$

$$T_{max1} = \frac{P_a T_{maxa} + P_b T_{maxb} + P_c T_{maxc}}{P_a + P_b + P_c} \tag{5-111}$$

$$T_{max2} = \frac{P_b T_{maxb} + P_c T_{maxc}}{P_b + P_c} \tag{5-112}$$

$$T_{max3} = T_{maxc} \tag{5-113}$$

有了 $\cos\varphi$ 和 T_{max}，就可从表 5.3.1 中查到适当的 τ 值。

用最大负荷损耗时间计算电能损耗，准确度不高，ΔP_{max} 的计算，尤其是 τ 值的确定都是近似的，而且还不可能对由此而引起的误差作出有根据的分析。因此，这种方法只适用于电力网规划设计中的计算。对于已运行电网的能量损耗计算，此方法的误差太大，不宜采用。

2. 等值功率法

仍以图 5.3.1 所示的简单网络为例，在给定的时间 T 内的能量损耗可用下式计算，即

$$\Delta A = 3\int_0^T I^2 R \times 10^{-3} \mathrm{d}t = 3I_{eq}^2 RT \times 10^{-3} = \frac{P_{eq}^2 + Q_{eq}^2}{U^2} RT \times 10^{-3} \tag{5-114}$$

式中，I_{eq}、P_{eq} 和 Q_{eq} 分别表示电流、有功功率和无功功率的等效值。

$$I_{eq} = \sqrt{\frac{1}{T}\int_0^T I^2 \mathrm{d}t} \tag{5-115}$$

由此可见，电流、有功功率和无功功率的等效值实际上均为一种均方根值。

电流、有功功率和无功功率的等效值也可以通过各自的平均值表示为

$$\left.\begin{array}{l} I_{eq} = GI_{av} \\ P_{eq} = KP_{av} \\ Q_{eq} = LQ_{av} \end{array}\right\} \tag{5-116}$$

式中，G、K 和 L 分别称为负荷曲线 $I(t)$、$P(t)$、$Q(t)$ 的形状系数。

引入平均负荷后，可将式(5-119)改写为

$$\Delta A = 3G^2 I_{av}^2 RT \times 10^{-3} = \frac{RT}{U^2}(K^2 P_{av}^2 + L^2 Q_{av}^2) \times 10^{-3} \tag{5-117}$$

利用式(5-122)计算电能损耗时，平均功率可由给定运行时间 T 内的有功电量 A_p 和无功电量 A_Q 求得，即

$$P_{av} = \frac{A_p}{T},$$

$$\tag{5-118}$$

$$Q_{av} = \frac{A_Q}{T}$$

对各种典型的持续负荷曲线的分析表明，形状系数 K 的取值范围是

$$1 \leqslant K \leqslant \frac{1+\alpha}{2\sqrt{\alpha}} \tag{5-119}$$

式中，α 为最小负荷率。

取形状系数上、下限值平方的平均值为形状系数平均均值 K_{av} 的平方，即

$$K_{av}^2 = \frac{1}{2} + \frac{(1+\alpha)^2}{8\alpha} \tag{5-120}$$

用 K_{av} 代替 K 进行电能损耗计算,当 $\alpha > 0.4$ 时,其最大可能的相对误差不会超过 10%。当 $\alpha < 0.4$ 时,可将曲线分段,只要每一段的最小负荷率都大于 0.4,就能保证总的最大误差在 10% 以内。

对于无功负荷曲线的形状系数 L 也可以作类似的分析。当负荷的功率因数不变时,L 与 K 相等。

5.3.2　电厂间有功功率负荷经济分配

1. 耗量特性

耗量特性是反映发电设备(或其组合)单位时间内能量输入(F)和输出(P)关系的曲线。火电厂的耗量特性如图 5.3.2 所示,其输出为功率(MW),输入为燃料(标准煤 t/h)。水电厂耗量特性形状也大致如此,但其输入是水量(m^3/h)。

耗量特性曲线上某点的纵坐标和横坐标之比,即输入与输出之比称为比耗量 $\mu = F/P$,其倒数 $\eta = P/F$ 为发电厂的效率。耗量特性曲线上某点切线的斜率称为该点的耗量微增率 $\lambda = dF/dP$,它表示在该点运行时输入增量对输出增量之比。以输出功率为横坐标的效率曲线和微增率曲线如图 5.3.3 所示。

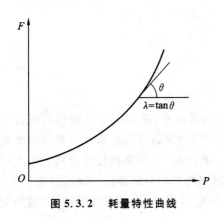

图 5.3.2　耗量特性曲线

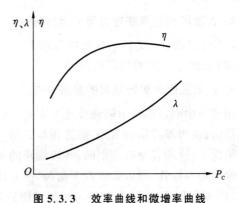

图 5.3.3　效率曲线和微增率曲线

2. 等微增率准则

等微增率准则是指电力系统中的各发电机组按相等的耗量微增率运行,从而使得总的能源损耗最小,运行最经济。等微增率准则的物理意义是明显的。假定两台机组在微增率不等的状态下运行,且 $dF_1/dP_{G1} > dF_2/dP_{G2}$,则可在两台机组总输出功率不变的条件下调整负荷分配。若让 1 号机组的输出功率减少 ΔP,2 号机组的输出功率增加 ΔP,则 1 号机组将减少燃料消耗 $\dfrac{dF_1}{dP_{G1}}\Delta P$,2 号机组将增加燃料消耗 $\dfrac{dF_2}{dP_{G2}}\Delta P$,而总的燃料消耗节约量为 $\Delta F = \dfrac{dF_1}{dP_{G1}}\Delta P - \dfrac{dF_2}{dP_{G2}}\Delta P = \left(\dfrac{dF_1}{dP_{G1}} - \dfrac{dF_2}{dP_{G2}}\right)\Delta P > 0$,这样的负荷调整可以一直进行到两台机组的微增率相等为止。可以证明,等微增率准则也适用于多台机组(或多个发电厂)间的负荷分配。

5.3.3 电力系统无功功率最优分布

电力网的电能损耗不仅耗费一定的动力资源,而且占用一部分发电设备容量。因此,降低网络功率损耗是电力部门增产节约的一项重要任务。下面仅从电力网运行方面介绍几种降低网络功率损耗的技术措施。

1. 减少电力网中无功功率的传送

实现无功功率就地平衡,不仅可改善电压质量,而且对提高电力网运行的经济性也有重大作用。对于简单电力网络,其线路的有功功率损耗可由下式计算,即

$$\Delta P_1 = \frac{P^2}{U^2 \cos^2\varphi} R \tag{5-121}$$

在其他条件不变的情况下,如果能将功率因数由原来的 $\cos\varphi_1$ 提高到 $\cos\varphi_2$,则线路中的功率损耗可降低的百分数为

$$\Delta P_1(\%) = \left[1 - \left(\frac{\cos\varphi_1}{\cos\varphi_2}\right)^2\right] \times 100 \tag{5-122}$$

可见,如果负荷所需的无功功率都能实现就地平衡,网络功率损耗就可以大大降低。

提高功率因数的主要措施有以下两个方面:① 合理选择异步电动机的容量;② 采用并联无功补偿装置。

2. 合理组织或调整电力网的运行方式

(1) 合理确定电力网的运行电压水平。

(2) 组织变压器的经济运行。

3. 在闭式网中实行功率的经济分布

闭式网中的功率按电阻成反比分布时,其功率损耗最小,这种功率分布称为经济分布。应该指出,在每段线路的 R/X 值都相等的均一网络中,功率的自然分布才与经济分布相等。一般情况下,这两者是有差别的。各段线路的不均一程度越大,功率损耗的差别就越大。为了降低网络功率损耗,可以采取以下措施,使非均一网络的功率分布接近于经济分布。

(1) 对环网中比值 R/X 特别小的线段进行串联电容补偿。这种方法既经济,效果又好,并能提高电力系统稳定运行的能力。

(2) 在环网中装设混合型加压调压变压器,由它产生环路电势及相应的循环功率,以改善功率分布。

不管采用哪一种措施,都必须对其经济效果以及运行中可能产生的问题作全面的考虑。

除了上述措施之外,调整用户的负荷曲线,减小高峰负荷和低谷负荷的差值,提高最小负荷率,使形状系数接近于1,也可降低能量损耗。

5.4 电力系统故障分析

5.4.1 短路的概念

所谓短路,是指电力系统正常情况以外的一切相与相之间或相与地之间发生通路的

情况。

(1) 短路的原因:电气设备载流部分绝缘损坏,运行人员误操作等。

(2) 短路的现象:电流剧烈增加,系统中的电压大幅度下降。

(3) 短路的危害主要有以下几种。

① 短路电流的热效应:短路电流通过设备将会使发热急剧增加,短路持续时间较长时,会使设备因过热而损坏甚至烧毁。

② 短路电流的力效应:短路电流将在电气设备中产生很大的电动力,会引起设备机械变形、扭曲甚至损坏。

③ 影响电气设备的正常运行:短路时系统电压大幅度下降,可使系统中的主要负荷异步电动机因电磁转矩显著降低而减速或停转,造成产品报废甚至设备损坏。

④ 破坏系统的稳定性:严重的短路可导致并列运行的发电厂失去同步而解列,破坏系统的稳定性,造成大面积停电。

⑤ 造成电磁干扰:不对称接地短路所产生的不平衡电流,将产生零序不平衡磁通,会对邻近的通信线路等产生严重的电磁干扰。

(4) 短路的种类。短路的种类有三相短路 $k^{(3)}$、两相短路 $k^{(2)}$、单相接地短路 $k^{(1)}$ 和两相接地短路 $k^{(1,1)}$,如图 5.4.1 所示。其中,三相短路为对称短路,其他短路均为不对称短路。

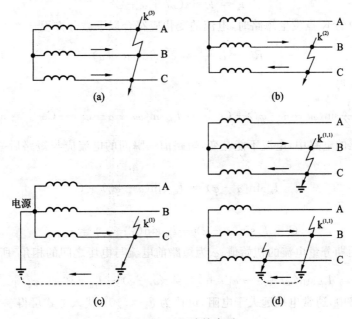

图 5.4.1 短路的类型

5.4.2 恒定电势源供电系统的三相短路

1. 恒定电势源供电系统的概念

恒定电势源供电系统又称无限容量系统、无限大功率电源,是指系统的容量为无限大,内阻抗为零。其特点是在电源外部发生短路,电源母线上的电压基本不变,即认为它是一个

恒压源。通常,当电源内阻抗不超过短路回路总阻抗的 5% ~ 10% 时,就可以认为该电源是无限大功率电源。

2. 恒定电势源供电系统的三相对称短路分析

图 5.4.2(a) 所示为一由无限大功率电源供电的三相对称电路。三相对称可以用图 5.4.2(b) 所示的等值单相电路图来分析。

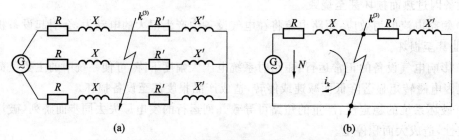

图 5.4.2 无限容量系统中的三相短路

(a)三相电路;(b)等值单相电路

短路发生前,电路处于某一稳定状态,系统中的 a 相电压和电流分别为

$$u_a = U_m \sin(\omega t + \alpha) \tag{5-123}$$

$$i_a = I_m \sin(\omega t + \alpha - \varphi) \tag{5-124}$$

当在电路中的 K 点发生短路时,电流的变化应符合以下微分方程

$$Ri_k + L \frac{\mathrm{d}i_k}{\mathrm{d}t} = U_m \sin(\omega t + \alpha) \tag{5-125}$$

解微分方程得

$$i_k = \frac{U_m}{Z} \sin(\omega t + \alpha - \varphi_k) + Ce^{-\frac{t}{T_a}} = I_{pm} \sin(\omega t + \alpha - \varphi_k) + Ce^{-\frac{t}{T_a}} = i_p + i_{np} \tag{5-126}$$

在含有电感的电路中,电流不能突变,短路前一瞬间的电流应与短路后一瞬间的电流相等。即

$$I_m \sin(\alpha - \varphi) = I_{pm} \sin(\alpha - \varphi_k) + C \tag{5-127}$$

则

$$C = I_m \sin(\alpha - \varphi) - I_{pm} \sin(\alpha - \varphi_k) = i_{np0} \tag{5-128}$$

式中,t_{np0} 为非周期分量电流的初始值;φ 为短路前电流与电压之间的相角。所以

$$i_k = I_{pm} \sin(\omega t + \alpha - \varphi_k) + [I_m \sin(\alpha - \varphi) - I_{pm} \sin(\alpha - \varphi_k)]e^{-\frac{t}{T_a}} \tag{5-129}$$

在短路回路中,通常电抗远大于电阻,可认为 $\varphi_k \approx 90°$,代入上式可得

$$i_k = -I_{pm} \cos(\omega t + \alpha) + [I_m \sin(\alpha - \varphi) + I_{pm} \cos\alpha]e^{-\frac{t}{T_a}} \tag{5-130}$$

分析上式可知,当非周期分量电流的初始值最大时,短路全电流的瞬时值为最大,短路情况最严重,其必备的条件是:① 短路前空载(即 $I_m = 0$);② 短路瞬间电压瞬时值刚好过零值(即当 $t = 0$ 时,$\alpha = 0$),则有

$$i_k = -I_{pm} \cos\omega t + I_{pm}e^{-\frac{t}{T_a}} \tag{5-131}$$

根据上式,可作出短路电流的变化曲线,如图 5.4.3 所示。

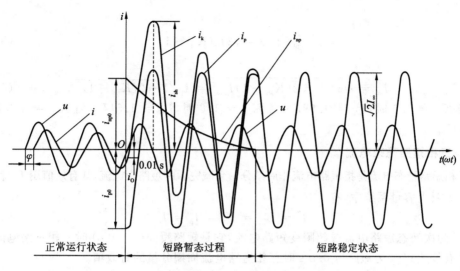

图 5.4.3 无限容量系统三相短路时的短路电流变化曲线

3. 三相短路冲击电流

在最严重短路情况下,三相短路电流的最大瞬时值称为冲击电流,用 i_{sh} 表示。它发生在短路后约半个周期(即 $t = 0.01\ \text{s}$)。所以

$$i_{sh} = I_{pm} + I_{pm}\text{e}^{-\frac{0.01}{T_a}} = I_{pm}(1 + \text{e}^{-\frac{0.01}{T_a}}) = \sqrt{2}K_{sh}I_p \tag{5-132}$$

式中,K_{sh} 为短路电流冲击系数,$K_{sh} = 1 + \text{e}^{-\frac{0.01}{T_a}}$。当回路内仅有电抗,而电阻 $R = 0$ 时,$K_{sh} = 2$,意味着短路电流的非周期分量不衰减;当回路内仅有电阻,而电感 $L = 0$ 时,$K_{sh} = 1$,意味着不产生非周期分量。因此,$1 < K_{sh} < 2$。

在高压电网中短路时,取 $K_{sh} = 1.8$,则 $i_{sh} = 2.55I_p$。

在发电机端部短路时,取 $K_{sh} = 1.9$,则 $i_{sh} = 2.69I_p$。

在低压电网中短路时,取 $K_{sh} = 1.3$,则 $i_{sh} = 1.84I_p$。

4. 三相短路冲击电流有效值

在短路过程中,任一时刻 t 的短路电流有效值 I_{kt},是指以时刻 t 为中心的一个周期内短路全电流瞬时值的方均根值,即

$$I_{kt} = \sqrt{\frac{1}{T}\int_{t-\frac{T}{2}}^{t+\frac{T}{2}} i_k^2 \text{d}t} = \sqrt{\frac{1}{T}\int_{t-\frac{T}{2}}^{t+\frac{T}{2}} (i_{pt} + i_{npt})^2 \text{d}t} \tag{5-133}$$

假设在计算所取的一个周期内周期分量电流的幅值为常数,即 $I_{pt} = I_p = I_{pm}/\sqrt{2}$,而非周期分量电流的数值在该周期内恒定不变,且等于该周期中点的瞬时值,即 $I_{npt} = i_{npt}$,因此

$$I_{kt} = \sqrt{I_{pt}^2 + I_{npt}^2} = \sqrt{I_p^2 + i_{npt}^2} \tag{5-134}$$

当 $t = 0.01\ \text{s}$ 时,I_{kt} 就是冲击电流的有效值 I_{sh},即

$$I_{sh} = \sqrt{I_p^2 + i_{np(t=0.01)}^2} \tag{5-135}$$

由于

$$i_{sh} = I_{pm} + i_{np(t=0.01)} = \sqrt{2}I_p + i_{np(t=0.01)} = \sqrt{2}K_{sh}I_p \tag{5-136}$$

则

$$i_{np(t=0.01)} = \sqrt{2} I_p (K_{sh} - 1) \tag{5-137}$$

所以

$$I_{sh} = \sqrt{I_p^2 + \left[\sqrt{2}(K_{sh}-1)I_p\right]^2} = I_p\sqrt{1 + 2(K_{sh}-1)^2} \tag{5-138}$$

当 $K_{sh} = 1.9$ 时，$I_{sh} = 1.62 I_p$；当 $K_{sh} = 1.8$ 时，$I_{sh} = 1.51 I_p$；当 $K_{sh} = 1.3$ 时，$I_{sh} = 1.09 I_p$。

5. 三相短路稳态电流

三相短路稳态电流是指短路电流非周期分量衰减完后的短路全电流，其有效值用 I_∞ 表示。

在无限大容量系统中，有

$$I'' = I_{0.2} = I_\infty = I_p = I_k \tag{5-139}$$

式中，I'' 为次暂态短路电流或超瞬变短路电流，它是短路瞬间（$t = 0$ s）时三相短路电流周期分量的有效值；$I_{0.2}$ 为短路后 0.2 s 时三相短路电流周期分量的有效值。

6. 无限大容量系统短路电流和短路容量的计算

1）短路电流

短路电流的标幺值 I_k^* 为

$$I_k^* = \frac{I_k}{I_d} = \frac{U_{av}}{\sqrt{3}X_\Sigma} \Big/ \frac{U_d}{\sqrt{3}X_d} = \frac{U_{av}}{U_d} \Big/ \frac{X_\Sigma}{X_d} = \frac{1}{X_\Sigma^*} \tag{5-140}$$

$$I_k = I_d I_k^* = \frac{S_d}{\sqrt{3}U_d} \frac{1}{X_\Sigma^*} \tag{5-141}$$

2）短路容量

短路容量等于短路电流乘以短路点的平均额定电压，即 $S_k = \sqrt{3} U_{av} I_k$ 如用标幺值表示，则为

$$S_k^* = \frac{S_k}{S_d} = \frac{\sqrt{3}U_{av} I_k}{\sqrt{3}U_d I_d} = \frac{I_k}{I_d} = I_k^* = \frac{1}{X_\Sigma^*} \tag{5-142}$$

$$S_k = S_d S_k^* = \frac{S_d}{X_\Sigma^*} \tag{5-143}$$

供电系统短路计算中，供电部门通常给出由电源至某电压级的短路容量 S_k（MVA）或断路器的断流容量 S_{oc}（MVA），则可用式（5-148）求出系统电抗的标幺值为

$$X_S^* = \frac{S_d}{S_k} = \frac{S_d}{S_{oc}} \tag{5-144}$$

5.5 电力系统稳定性

5.5.1 电力系统静态稳定的概念

电力系统的稳定问题，除了与电磁暂态过程有关外，还涉及旋转电机转动的暂态过程，因此，在讨论时不能假设旋转电机的转速不变，而要同时考虑电机转速的改变，构成机电暂态过程。

在小干扰作用下，电力系统运行状态将有小变化而偏离原来的运行状态（即平衡点），如

干扰不消失,系统能在偏离原来平衡点很小处建立新的平衡点,或当干扰消失后,系统能回到原有的平衡点,则称电力系统是静态稳定的。反之,若受干扰后系统运行状态对原平衡状态的偏离不断扩大,不能恢复平衡,则称电力系统是静态不稳定的。

同步发电机的机电特性是由同步发电机转子的运动特性及其电磁功率的变化特性共同决定的。

1. 同步发电机的功角特性

图 5.5.1 所示的简单电力系统,设系统 S 的容量比发电机的容量大得多,即无论发电机 G 向系统输送多大的功率,系统 S 的母线电压 U 在大小和相位上都能维持不变。

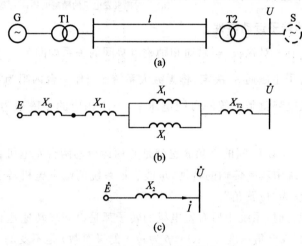

图 5.5.1　简单电力系统

(a) 系统图;(b),(c) 等值电路

忽略变压器的励磁电抗和线路的电容,忽略各元件的电阻,则电力系统的总电抗 X_Σ 为

$$X_\Sigma = X_d + X_{T1} + \frac{X_l}{2} + X_{T2} \qquad (5\text{-}145)$$

不计发电机励磁调节器的作用,即认为发电机的励磁电势 $\dot{E}$ 为常数不变,而其相位角可变。设发电机向系统输送的有功功率 P 为

$$P = UI\cos\varphi \qquad (5\text{-}146)$$

根据图 5.5.2 所示 $\dot{E}$ 和 $\dot{U}$ 电压关系的向量图,可得

$$I\cos\varphi = \frac{E\sin\delta}{X_\Sigma} \qquad (5\text{-}147)$$

代入式(5-146),即有

$$P = \frac{EU}{X_\Sigma}\sin\delta \qquad (5\text{-}148)$$

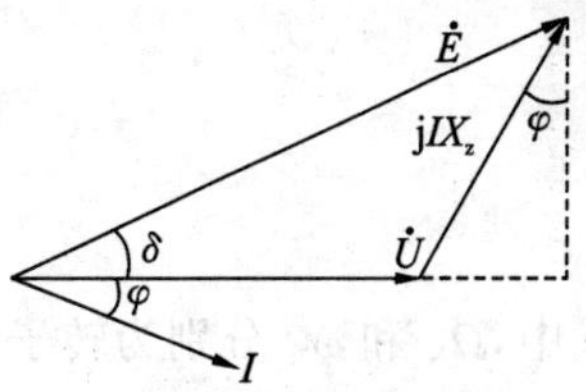

图 5.5.2　发电机电势和机端电压关系的向量图

由上式可知,当发电机的电势 E 和系统电压 U 恒定时,在给定的转移阻抗下,发电机输出的功率 P 是 E、U 间夹角 δ 的正弦函数,如图5.5.3所示。发电机输送的功率极限出现在 $\delta=90°$ 时,其值为 $\dfrac{EU}{X_\Sigma}$。由于功率 P 直接由 δ 决定,所以称 δ 为"功率角",简称"功角",称 $P=f(\delta)$ 为"功角特性"或"功率特性"。

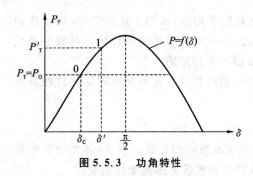

图 5.5.3 功角特性

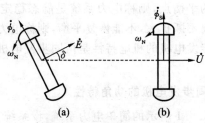

图 5.5.4 位置角的概念

（a）一对磁极发电机的励磁电势；（b）等值发电机的励磁电势

2. 同步发电机的转子运动特性

设发电机转子只有一对磁极，则磁通和励磁电势间的关系如图 5.5.4(a) 所示。发电机 G 的励磁电势 $\dot{E}$ 由其转子主磁通 $\dot{\phi}_0$ 决定。将无穷大系统 S 当作一台内阻为零的等值发电机，则该等值发电机的励磁电势就是系统的母线电压 $\dot{U}$，与之相应的主磁通为 $\dot{\phi}_S$，如图 5.5.4(b) 所示。

由图中可以看出，$\dot{E}$ 和 $\dot{U}$ 间的夹角 δ 也就是并列运行的两台发电机转子轴线间的夹角，即功角 δ 既能表征系统中功率传输的特性，也能表征系统两端发电机转子位置的特性，在这个意义上，功角又可称为"位置角"。

电力系统稳态运行时，系统中所有发电机的转子都是以同步转速运转的，即所有发电机转子的机械角速度 Ω（或电角速度 $\omega = \Omega p$，p 为转子的极对数）是不变的。在传输某一恒定功率 P_e 时，其功角将保持为 δ_0 不变，两端发电机转子轴线间的夹角也保持不变（当 $p = 1$ 时，其值也为 δ_0）。此时由原动机产生的带动转子转动的机械转矩 M_T（称主动转矩）是和发电机输出有功功率所形成的电磁转矩 M_e（称制动转矩）相平衡的。由原动机提供的机械功率 P_T 和发电机输出的电磁功率 P_e 也是相平衡的，即有

$$M_T = M_e \tag{5-149}$$

$$P_T = P_e \tag{5-150}$$

而且，功率与转矩间满足下列关系

$$P_T = M_T \Omega_N = M_T \frac{\omega_N}{P} \tag{5-151}$$

$$P_e = M_e \Omega_N = M_e \frac{\omega_N}{P} \tag{5-152}$$

式中，Ω_N 和 ω_N 分别为转子的额定（或同步）机械角速度和额定（或同步）电角速度。

如果将发电机原动机的出力增大到 P'_T，形成功率增量 $\Delta P = P'_T - P_e$，则作用在发电机转子上的转矩平衡将受到破坏而形成转矩增量 $\Delta M = M'_T - M_e$，使发电机的转子得到加速。由旋转刚体的力学定律可写出

$$J\alpha = \Delta M \tag{5-153}$$

式中，J 为转子的转动惯量，单位为 $\mathrm{kg \cdot m^2}$；α 为转子的机械角加速度，单位为 $\mathrm{rad/s^2}$；ΔM 为转轴上的净加速转矩，单位为 $\mathrm{N \cdot m}$。

将 $\Delta M = M'_{\text{T}} - M_{\text{e}}, \alpha = \dfrac{\text{d}^2\delta}{\text{d}t^2}$ 代入式(5-153),可得

$$J\frac{\text{d}^2\delta}{\text{d}t^2} = M'_{\text{T}} - M_{\text{e}} \tag{5-154}$$

式(5-154)为描述发电机转子运动特性的方程。

实际上,电力系统的机电暂态过程是相当复杂的。在进行机电暂态分析时,除了上述同步发电机的功角特性方程和转子运动方程外,还要考虑原动机所装调速器的性能参数、原动机的工质特性(水、汽)以及转速对功率和转矩间转换关系的影响。

3. 功率平衡点静态稳定分析

仍以图 5.5.1 所示的简单电力系统为例。发电机输出电磁功率的功角特性 $P_{\text{e}} = f(\delta)$,如图 5.5.5 所示。设由原动机输入的功率 P_{T} 保持不变,则 P_{T} 与 P_{e} 曲线有两个交点 a 和 b,所对应的功角分别为 δ_{a} 和 δ_{b}。

虽然在这两个交点处发电机转轴上的输入、输出功率均是平衡的,然而系统在此两点的运行稳定性却是不同的。

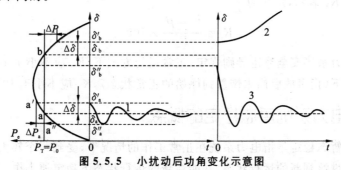

图 5.5.5 小扰动后功角变化示意图

(1)发电机在 a 点运行。设发电机在 a 点运行时,有 $P_{\text{e}} = P_{\text{T}} = P_0$,转子的角速度为 ω_0。当出现瞬间小扰动使功角 δ_{a} 获得一个正增量 $\Delta\delta$ 而上升为 δ'_{a} 后,发电机的电磁功率将出现一个正增量 ΔP_{e}。考虑到转子是惯性元件,瞬间干扰消失后,发电机的功角仍将保持在 $\delta_{\text{a}} + \Delta\delta$ 的位置,从而出现了 $P_{\text{e}} = P_0 + \Delta P_{\text{e}} > P_{\text{T}}$ 的工作条件,在转轴上形成负的加速转矩(即制动转矩)。此时,发电机转子开始减速,使功角 δ 减小。

当 δ 减小到 δ_{a} 时,有 $P_{\text{T}} = P_{\text{e}}$,$M_{\text{T}} = M_{\text{e}}$,转子的加速为零。由于惯性的原因,功角仍将继续减小。而出现 $p_{\text{e}} < p_{\text{T}}$ 的工作条件,在转轴上形成正的加速转矩,阻止 δ 的继续下降。

由于系统正阻尼的存在,功角 δ 的变化将是一个围绕 δ_{a} 的衰减振荡,最后稳定在 δ_{a} 处,如图 5.5.5 中曲线 1 所示。

如果瞬间扰动使功角获得一个负增量$(-\Delta\delta)$而下降到 δ''_{a} 处,则在扰动消失后,也会通过衰减振荡而稳定在 δ_{a} 处。所以发电机在 a 点运行是静态稳定的。

(2)发电机在 b 点运行。当发电机在 b 点运行时,仍然有 $P_{\text{e}} = P_{\text{T}} = P_0$。此时,如果出现一个瞬间小扰动使功角 δ_{b} 获得一个正增量 $\Delta\delta$ 而上升为 δ'_{b} 后,发电机的电磁功率将有一个负增量。出现 $P_{\text{T}} > P_{\text{e}} - \Delta P_{\text{e}}$ 的工作条件,形成正的加速转矩,使发电机加速,导致功角的不断加大,如图 5.5.5 中的曲线 2 所示,最终使发电机与系统失步。

若瞬间扰动使功角获得一个负增量 $(-\Delta\delta)$ 而下降到 δ_b'' 处,发电机的电磁功率将出现一个正增长量,形成负的转矩,使发电机制动,功角 δ 不断下降,此时功角将从 δ_b'' 经衰减振荡后稳定到 δ_a 处,如图 5.5.5 中的曲线 3 所示。

由于系统随时都可能有小扰动出现,所以发电机不可能在 b 点稳定运行,b 点也称不稳定平衡点。

4. 简单电力系统的静态稳定判据

当发电机的工作点在曲线的上升部分,即 $\delta<90°$,$\mathrm{d}p/\mathrm{d}\delta>0$ 时,系统是静态稳定的。当发电机的工作点处于曲线的下降部分,即 $\delta>90°$,$\mathrm{d}p/\mathrm{d}\delta<0$ 时,系统是不稳定的。$\delta=90°$ 是静态稳定的临界角度,此时系统的稳定极限功率 P_l 也就是发电机输送的功率极限 EU/X_Σ。

上述结论只适用于图 5.5.1 所示的简单电力系统且发电机无励磁调节的情况,在多机复杂系统中,系统的功角静态稳定条件是不能简单地用 $\mathrm{d}p/\mathrm{d}\delta$ 的符号来判定的。

5. 静态稳定储备系数

系统的正常运行功率 P_0 和稳定极限功率 P_l 的差值决定了系统的静态稳定储备,用静态稳定储备系数 K_p 表示,定义为

$$K_p = \frac{P_l - P_0}{P_0} \times 100\% \tag{5-155}$$

我国现行电力系统安全稳定导则规定,正常运行方式下,K_p 应不小于 $15\% \sim 20\%$,在事故后的运行方式下(指事故后尚未恢复到原始的正常状态),K_p 应不小于 10%。

5.5.2 电力系统暂态稳定的概念

电力系统的暂态稳定是指电力系统在正常工作的情况下,受到一个较大的扰动后,能从原来的运行状态过渡到新的运行状态,并能在新的运行状态下稳定地工作。

1. 突然切掉一回线时,系统暂态稳定分析

仍以图 5.5.1 所示的简单电力系统为例来讨论。该系统在正常运行时,发电机和系统间的总电抗 $X_{\Sigma I}$ 为

$$X_{\Sigma I} = X_G + X_{T1} + \frac{X_l}{2} + X_{T2}$$

其功角特性为

$$P_I = \frac{EU}{X_{\Sigma I}} \sin\delta$$

如果突然切掉一回线,则发电机和系统间的总电抗将增大为 $X_{\Sigma II}$

$$X_{\Sigma II} = X_G + X_{T1} + X_l + X_{T2}$$

所对应的功角特性将变为

$$P_{II} = \frac{EU}{X_{\Sigma II}} \sin\delta$$

由于 $X_{\Sigma II} > X_{\Sigma I}$,所以其稳定极限功率将降低。图 5.5.6 中同时画出了两种情况下的功角特性曲线。

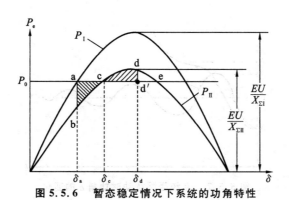

图 5.5.6 暂态稳定情况下系统的功角特性

2. 系统暂态稳定

如果在切除一回线路前，原动机的功率为 P_0，此时发电机工作在功角特性曲线 P_{I} 的 a 点，其功角为 δ_a，那么在切除一回线路后，发电机的工作点将转移到功角特性曲线 P_{II} 上。由于转子的惯性，在线路切除的最初瞬间，发电机转子的转速来不及变化，发电机的功角将仍为 δ_a，因此，发电机的工作点便会由 a 点降至 b 点。也就是说在切除一回线路后，发电机的输出功率将突然减小。又由于决定原动机出力的气门（或水门）的开启是由调速器控制的，而在切断的瞬间，发电机的转速来不及变化，再加之调速器动作的时间常数很大，故可以认为在线路切除后的一段时间内保持不变，即原动机的功率保持为 P_0。因此，在切除一回线路后就会出现原动机的主动转矩大于发电机制动转矩的工作条件，促使发电机转子加速。此时发电机的转速 ω_G 将超出稳定运行时的转速（即系统等值发电机的转速）ω_0，功角 δ 将逐渐增大，发电机的工作点将由 b 点沿功率特性曲线 P_{II} 移向 c 点。

显然，在功角由 δ_a 增加到 δ_c 的过程中，发电机的转子一直是加速的，这样当功角增加到 δ_c 时，虽然发电机的输出功率已和原动机的功率相平衡，发电机的转子将不再得到加速，但此时发电机转子的转速达到了最大值，发电机转子在 bc 段加速过程中所积累的动能也达到了最大值，由于 ω_G 仍大于 ω_0，功角 δ 将继续增大。当功角 δ 大于 δ_c 后，发电机的输出功率将大于原动机的功率，因此，发电机的转子就会逐渐减速，转子的动能逐渐补偿了发电机输出功率高出原动机功率的差值而被系统所吸收，如果当工作点上升到 d 点时，转子在加速过程中积累起来的动能已全部被系统所吸收，功角 δ 将达到最大值 δ_d 而不再增大。但是过程并没有结束，因为在 d 点发电机的输出功率仍大于原动机的功率，发电机的转子将继续得到减速而回到 c 点，以后又越过 c 点，经过一系列振荡后，最后稳定在 c 点。在 c 点发电机的输出功率等于原动机的功率 P_0，而功角则上升为 δ_c。

功角 δ 随时间而变化的情况可由图 5.5.7 所示的曲线 1 表示。由于系统剧烈扰动发生功角振动后，功角 δ 最后能稳定为某一值（图中 δ_c 值）。所以该系统是暂态稳定的。

系统受扰动而发生功角振荡后，如果从 c 点开始的减速过程，在 δ 角上升到 δ_e（即不稳定平衡点 e）时，仍不能结束，也就是说 e 点之前，转子在加速过程中所积累的动能不能被系统吸收完，那么 δ 角将越过 e 点继续增大。但在越过 e 点后发电机的输出功率将小于原动机的功率，因此，转子将重新得到加速而使功角 δ 愈来愈大，此时再要维持同步运行便不可能了。在这种情况下，就出现了系统的暂态不稳定，δ 随时间而变化的情况如图 5.5.7 中的曲线 2 所示。

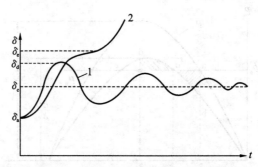

图 5.5.7　系统受强扰动时功角 δ 的变化

3. 简单电力系统暂态稳定方法

根据上面的分析可知,电力系统保持暂态稳定的条件就是转子在加速过程中所积累的动能在减速过程中能全部为系统所吸收。

转子在加速过程中所积累的动能 $A_+ = \int_{\delta_a}^{\delta_c} \Delta M d\delta$。式中,$\Delta M$ 为原动机转矩和发电机制动转矩间的差值。当发电机的转速偏离同步转速不大时,可以认为原动机功率和发电机功率的差值 $\Delta P \infty \Delta M$,因此,在进行稳定分析时可以认为这部分能量正比于图 5.5.6 中的面积 S_{abc}。这部分面积也称为加速面积。

在减速过程中系统所能吸收的能量 $A_- = \int_{\delta_c}^{\delta_d} \Delta M d\delta$。这部分能量正比与面积 S_{cdd},称为减速面积。

显然,只有当加速面积 S_{abc} 小于可能的减速面积 S_{cde} 时,系统才能保持暂态稳定。反之,当加速面积 S_{abc} 大于减速面积 S_{cde} 时,暂态稳定就会破坏。这是判别简单电力系统暂态稳定的基本准则,也称"面积定则"。这一定则只适用于上述简单电力系统。

5.6　远距离输电

5.6.1　交流远距离输电

这里所说的远距离一般指 300 km 以上的距离。由于 50 Hz 工频交流电的 1/4 波长为 1 500 km,与远距离输电线路长度的数量级接近或相当,所以,在对远距离输电线路进行分析计算时,应考虑其电气参数的分布特性,否则计算误差将不能接受。

1. 无损长线方程

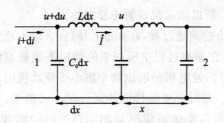

图 5.6.1　远距离输电线路等效电路

设线路单位长度电阻、电感、电容、电导分别为 R_0、L_0、C_0、G_0。在离线路 2 端距离 x 处取一微元段 dx,则微元段 dx 的等效电路如图 5.6.1 所示。由于一般的交流远距离输电线路满足 $R_0 \ll \omega L_0$,$G_0 \ll \omega C_0$,因此,线路可以当作无损长线来讨论。

电压方程

$$u + \mathrm{d}u = L_0 \mathrm{d}x \frac{\partial i}{\partial t} + u \tag{5-156}$$

电流方程

$$i + \mathrm{d}i = C_0 \mathrm{d}x \left[\frac{\partial}{\partial t}(u + \mathrm{d}u) \right] + i \tag{5-157}$$

忽略高阶项,整理后可得

$$\begin{cases} \dfrac{\partial^2 u}{\partial x^2} = L_0 C_0 \dfrac{\partial^2 u}{\partial t^2} \\[2mm] \dfrac{\partial^2 i}{\partial x^2} = L_0 C_0 \dfrac{\partial^2 i}{\partial t^2} \end{cases} \tag{5-158}$$

这是一个标准的二阶偏微分方程(也称为波动方程)。当已知末端电压 $\dot{U}_2$ 和电流 $\dot{I}_2$ 时,可以得出线路任一点的电压 $\dot{U}_x$ 和电流 $\dot{I}_x$ 的表达式为

$$\begin{cases} \dot{U}_x = \dot{U}_2 \cdot \cos(\alpha x) + \mathrm{j} \dot{I}_2 \cdot Z_\mathrm{c} \sin(\alpha x) \\[2mm] \dot{I}_x = \dot{I}_2 \cdot \cos(\alpha x) + \mathrm{j} \dfrac{\dot{U}_2}{Z_\mathrm{c}} \cdot \sin(\alpha x) \end{cases} \tag{5-159}$$

式中,$Z_\mathrm{c} = \sqrt{\dfrac{L_0}{C_0}}$；$\alpha = \dfrac{\omega}{\nu} = \omega \sqrt{L_0 C_0}$。

(1) 从方程两端的变量来看,Z_c 具有电阻的性质,但又不是通常意义上的电阻,称为波阻抗,表征电磁波在传播过程中电压波与电流波之间的关系。

(2) αx 是角度,α 是表征单位长度角度变化的参数,称为相位系数。

从上式可以看出,线路上任意一点的电压、电流与末端的电压、电流有关,与距末端的距离有关。当线路传输的有功功率发生变化时,末端电压会随之改变。假定线路由 1 向 2 传输有功功率 P(不考虑无功功率),则由式(5-159)有

$$\dot{U}_1 = \dot{U}_2 \cos\lambda + \mathrm{j} Z_\mathrm{c} \left(\frac{P}{\overset{*}{U}_2} \right) \sin\lambda \tag{5-160}$$

式中,$\lambda = \alpha l$；$\overset{*}{U}_2$ 为 $\dot{U}_2$ 的共轭。

由式(5-160)不难推导出

$$\frac{U_2}{U_1} = \frac{\sqrt{1 + \sqrt{1 - (P_*)^2 \sin^2(2\lambda)}}}{\sqrt{2}\cos\lambda} \tag{5-161}$$

式中,$P_* = P \Big/ \left(\dfrac{U_1^2}{Z_\mathrm{c}} \right) = P \big/ P_\mathrm{n}$；$P_\mathrm{n} = \dfrac{U_1^2}{Z_\mathrm{c}}$ 称为自然功率。

当 $P_* = 1$,即 $P = P_\mathrm{n}$,则所传输的功率等于自然功率,此时由式(5-161)可得 $U_2/U_1 = 1$,即线路末端电压等于首端电压。同理由式(5-158)不难推导出,在传输功率等于自然功率条件下,线路任意点的电压均与首、末端电压相等。其物理意义为:此时在长线输电系统中,线路电容所吸收的容性无功功率(或发出的感性无功功率),等于线路电感所消耗的无功功率。这说明,超高压线路在传输自然功率时,线路本身不需要从系统吸取或向系统提供无功功率。当线路输送的功率大于自然功率时,线路电感所消耗的无功功率大于线路电容所发出

的无功功率,此时线路末端的电压将低于送端的电压。为此需用串联电容器补偿的方法来降低线路电感所消耗的无功功率,对电压进行补偿。当线路输送的功率小于自然功率时,线路电感所消耗的无功功率小于线路电容所发出的无功功率,此时线路末端电压将高于首端的电压,这种现象称为法拉第效应或电容效应。为此,需用并联电抗器补偿的方法来降低线路电容对无功的吸收,抑制电压升高。

2. 空载线路的电压分布

对于一个单端供电系统,可求得线路末端开路($\dot{I}_2 = 0$)时,沿线电压分布为

$$\dot{U}_x = \dot{U}_2 \cos\alpha x = \dot{U}_1 \frac{\cos\alpha x}{\cos\alpha l} \tag{5-162}$$

线路末端电压和首端电压间的关系为

$$\dot{U}_2 = \frac{\dot{U}_1}{\cos\alpha l} \tag{5-163}$$

式(5-163)表明无损空载长线沿线电压按余弦规律分布,如图5.6.2所示。

当 $\alpha l = \frac{\pi}{2}$ 时,末端电压可以上升到无穷大,此时有 $Z_{BK} = 0$,相应的架空线路长度为

$$l = \frac{\pi}{2\alpha} = \frac{\pi}{2} \frac{\nu}{\omega} = 1\,500(\text{km})$$

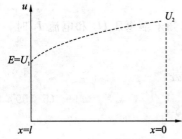

图 5.6.2 空载长线沿线电压分布

即为工频波长的 1/4,称为 1/4 波长谐振。

当长线末端开路时,从首端向线路看去,线路可等值为一个阻抗 Z_{BK},即末端开路的首端入口电抗。由式(5-159)可知

$$Z_{BK} = \frac{\dot{U}_{1(E_2=0)}}{\dot{I}_{1(L_2=0)}} = \frac{\cos\alpha l}{j\frac{\sin\alpha l}{Z_c}} = -jZ_c\cot\alpha l \tag{5-164}$$

也就是说空载线路对于首端来讲相当于一个容抗。电容效应是由长线线路电容电流流经电感所引起的。采用超高压并联电抗器对线路电容进行补偿是限制长线工频过电压的主要手段。

5.6.2 并联电抗器的作用

并联电抗器实际上是一个电感线圈,是超高压电网中重要的无功补偿设备,工程上称为高抗,其主要功能是限制线路工频过电压、补偿线路电容无功、配合中性点小电抗抑制潜供电流等。

1. 对空载长线末端电压的限制

并联电抗器的工作原理是利用电感电流补偿容性电流,削弱电容效应。假设并联电抗器安装在线路末端。可以求出,线路沿线电压分布为

$$\dot{U}_x = \frac{\cos\alpha x + \frac{Z_c}{X_L}\sin\alpha x}{\cos\alpha l + \frac{Z_c}{X_L}\sin\alpha l}\dot{U}_1$$

取 $\tan\beta = \dfrac{Z_c}{X_L}$，线路末端电压为

$$\dot{U}_2 = \frac{\cos\beta}{\cos(\lambda-\beta)}\dot{U}_1$$

最大电压出现在离线路末端 $x=\beta/\alpha$ 处，其值为

$$U_m = \frac{U_1}{\cos(\alpha l - \beta)}$$

所以当线路末端有电抗器时，线路上出现的最高电压将比无电抗器时要低。出现最高电压的地方也移至线路中部，如图 5.6.3 所示。

显然，并联电抗器调整电压的作用与电抗器的容量 Q_L 以及所补偿长线电容的无功功率 Q_c 有关。Q_L 和 Q_c 的比值称为补偿度，用 T_K 表示，可得

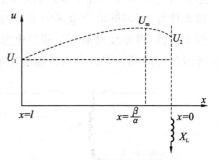

图 5.6.3　末端有并联电抗器时线路的沿线电压分布

$$T_K = \frac{Q_L}{Q_c} = \frac{U_N^2/X_L}{U_N^2 \omega C_0 l} = \frac{1}{X_L \omega C_0 l}$$

$$= \frac{\sqrt{L_0/C_0}}{X_L} = \frac{1}{\omega \sqrt{L_0 C_0} l} = \frac{Z_0}{X_L}\frac{1}{\alpha l} = \frac{\tan\beta}{\alpha l}$$

(5-165)

2. 对潜供电流的抑制

为了保证供电的可靠性，在超高压线路运行中，常采用单相重合闸装置。当发生因雷击闪络等原因产生单相电弧接地故障时，仅切除故障相。此时通过健全相对故障相的静电和电磁耦合，在接地电弧通道中仍将流过不大的感应电流，称为潜供电流或称二次电流。图 5.6.4 中 A、B 相为健全相，C 相为故障相。由于电源中性点是接地的，当 C 相导线在靠近电源端的 f 点发生电弧接地时，在 C 相线路两端的断路器跳闸后，A 相和 B 相电源将经过该两相导线和 C 相导线间的互部分电容 C_{13} 和 C_{23} 对 C 相接地电弧供电，称为潜供电流的横分量（即静电分量）。同时，A 相和 B 相导线电流 $\dot{I}_A$ 和 $\dot{I}_B$ 会通过该两相导线与 C 相导线间的互感 M_{13} 和 M_{23} 在 C 相导线上感应出电动势 E，这个电动势 E 将通过 C 相导线右端的 C_{33} 向 f 点的接地电弧供电，称为潜供电流的纵分量（即电磁分量）。

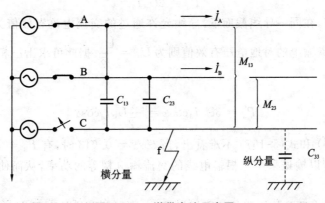

图 5.6.4　潜供电流示意图

潜供电流使接地电弧不能自熄。为消除潜供电流的横分量,可在线间加一组合适的 △ 连接的电抗器将线间互部分电容补偿掉,也可以用一组中性点不接地的 Y 连接的等值电抗器来代替。为消除潜供电流的纵分量,需在各相导线首末端对地间各加一组合适的 Y_0 连接的电抗器,将导线对地的自部分电容补偿掉。为了方便,这些 Y 连接的和 Y_0 连接的电抗器又可简化合并成为中性点对地加装小电抗器 X_n 的 Y 连接的电抗器,如图 5.6.5 所示。

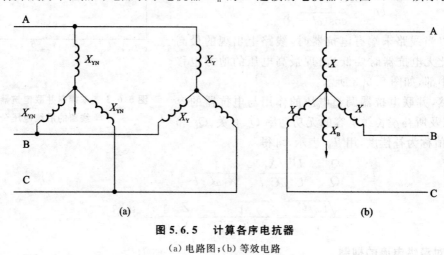

图 5.6.5　计算各序电抗器

(a) 电路图;(b) 等效电路

5.6.3　高压直流输电

高压直流输电是远距离输电的另一重要形式,是用直流电传输电能。直流输电在技术上和经济上有许多不同于交流输电的特点。

1. 直流输电和交流输电的比较

1) 经济比较

直流线路有两根导线,交流线路有三根导线。

假设输电线路每根导线截面相等、对地绝缘水平相同,直流输电的最大对地电压为 $\pm U_d$,导线允许通过的电流为 I_d,则其输送功率 P_d 为

$$P_d = 2U_d I_d \tag{5-166}$$

不计集肤效应,在同一导线截面下,导线允许通过的交流电流有效值为 I_d,而在同一最大对地电压下,交流输电的对地电压有效值则为 $U_a = \dfrac{U_d}{\sqrt{2}}$。据此可求出三相交流输电的输送功率 P_a 为

$$P_a = 3U_a I_d \cos\varphi = \frac{3}{\sqrt{2}} U_d I_d \cos\alpha \tag{5-167}$$

比较式(5-166)和式(5-167)不难看出,当 $\cos\alpha = 0.943$ 时,有 $P_d = P_a$,即采用两根输电线的直流输电可以输送采用三根输电线的交流输电相等的功率,从而使线路的造价降低为交流输电的 2/3。

导线数目的减少还可使线路的功率损耗减少,设每根导线的电阻为 R,则可求出直流输电时的功率损耗 ΔP_d 为

$$\Delta P_{\mathrm{d}} = 2I_{\mathrm{d}}^2 R = \frac{P_{\mathrm{d}}^2}{2U_{\mathrm{d}}^2}R \tag{5-168}$$

交流输电时的功率损耗 ΔP_{a} 为

$$\Delta P_{\mathrm{a}} = 3I_{\mathrm{d}}^2 R = \frac{2}{3}\frac{P_{\mathrm{a}}^2}{U_{\mathrm{d}}^2\cos^2\varphi}R \tag{5-169}$$

由式(5-168)和式(5-169)可求得,当 $P_{\mathrm{d}} = P_{\mathrm{a}}$ 时,有

$$\frac{\Delta P_{\mathrm{d}}}{\Delta P_{\mathrm{a}}} = \frac{3}{4}\cos^2\varphi = \frac{2}{3} \tag{5-170}$$

即在输送功率相同的条件下,采用直流输电时功率损耗可下降为交流输电时的 2/3。因此,采用直流输电线路部分的建设费用和运行费用都更低。

与交流系统中的变电站不同,直流系统线路两端是换流站,作用是将交流升压整流成直流或者将直流逆变成交流降压。因此,直流输电系统中,两端换流站的设备比交流系统中的变电站复杂得多,造价也更高。

换流站由换流变压器、换流器(整流器或逆变器)、滤波器、平波电抗器、无功补偿设备等组成。换流器是换流站的核心部分,由高压晶闸管组成,庞大而复杂,造价昂贵。滤波器和平波电抗器用于消除换流器在交流侧和直流侧产生的谐波。换流器和滤波器专门为直流输电系统配置,因此,换流站的造价比变电站的造价要高出许多。

当输送功率相等时,直流输电系统和交流输电系统相比,单位长度线路造价低,换流站造价高。如果输电距离增加到一定值,直流线路所节省的费用刚好可以补偿换流站所增加的费用,即交直流输电系统的总费用相等,这个距离就称为交直流输电的等价距离。当输电距离大于等价距离时,采用直流输电就比交流输电更为经济。一般来讲,架空线路大于 500 km 时,采用直流输电就更加经济。

2)技术比较

(1)接线方式。交流输电系统的接线方式大体包括星形中性点接地和星形中性点不接地两种方式。

直流输电系统有三种基本接线方式:单极线-地直流输电、单极两线直流输电和双极直流输电。

① 单极线-地直流输电。单极线-地直流输电如图 5.6.6 所示,输电线路由一根导线(通常为负极)和大地所形成的回路组成。该接线方式比较经济,但地电流对地下埋设的金属物,如管道等,腐蚀严重。

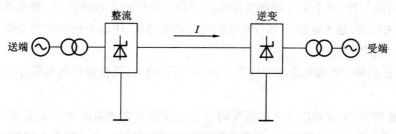

图 5.6.6　单极直流输电

② 单极两线直流输电。单极两线接线方式如图5.6.7所示,其与单极线－地直流输电方式相比,无大地回流所造成的腐蚀问题,且电磁干扰小。

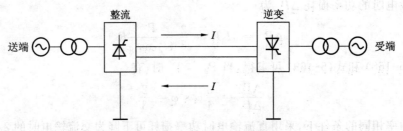

图 5.6.7 单极两线直流输电

③ 双极直流输电。双极直流输电系统如图5.6.8所示,它具有两条输电线,其中一根为正极性,另一根为负极性,线路两端中点接大地。当电网正常运行时,流经大地的电流为零。若某一根线路发生故障,则另一根线路以大地为回路,还可以传输一半的电能,从而提高了输电可靠性。双极直流输电是工程实际中应用得最多的接线方式。

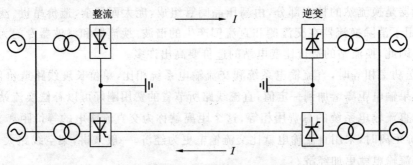

图 5.6.8 双极直流输电

(2) 线路电容电流。直流线路在正常运行时纹波很小,即交流成分很少,所以基本上没有电容电流,沿线电压平稳。交流系统中当线路轻载或空载时,会有电容效应,沿线电压分布不均匀。

(3) 可靠性和灵活性。三相交流输电线路任何一相发生故障时,不能以非全相持续运行。而直流输电系统中,一个极发生故障,可利用另一个健全极和大地继续供电。另外,由于直流线路的导线少,架空线路的绝缘子数量也更少,发生故障的几率也减少。

因此,直流输电具有优良的可靠性和灵活性。

(4) 运行稳定性。如果交流输电线路输送的功率接近稳定极限时,在受到扰动后发电机之间可能失去同步。最大输送功率与输电距离近似成反比,所以系统稳定性是限制交流远距离输电的一个重要因素。

直流输电系统不要求两端的交流系统同步运行。因此,直流输电的输送距离和容量不受稳定性限制。

(5) 潮流调节。交流输电系统的潮流调节是通过调节功率角的大小来实现的,实际上是调节输入到发电机的机械功率,发电机的转子具有惯性,所以,交流输电中潮流调节较慢。

直流输电系统中输送的功率由两端的直流电压决定,直接改变换流器的触发相角就可以实现,功率调节迅速。

2. 直流输电的优缺点及适用场合

与交流输电相比较,直流输电的主要优点有:当输送功率相同时,其线路造价低;当输送功率相同时,其功率损耗小;两端交流电力系统不需要同步运行,输电距离不受电力系统同步运行稳定性的限制;直流线路的电压、电流、功率的调节比较容易和迅速;可以实现不同频率或相同频率交流系统之间的非同步联系;直流输电线路在稳态运行时没有电容电流;每个极可以作为一个独立回路运行,便于检修,可分期投资和建设。

与交流输电相比较,直流输电的主要缺点有:换流装置在运行中需要消耗无功功率,并且产生谐波;换流站造价高;高压直流断路器;大地回流造成的腐蚀及对交流系统的影响。

根据上述特点,直流输电的适用范围主要有:① 远距离大功率输电;② 海底电缆送电;③ 不同频率或相同额定频率非同步运行的交流系统之间的联络;④ 用地下电缆向用电密度高的城市供电。

3. 换流站的工作原理

换流站是直流输电系统中最重要的部分。图 5.6.9 为换流站的基本接线图,主要由换流变压器、换流器(整流器或逆变器)、平波电抗器等组成。

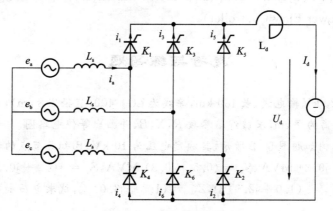

图 5.6.9　换流站的基本接线

图中,e_a、e_b、e_c 为换流变压器提供的三相交流电源,L_s 为电源电感,L_d 为减小直流侧电压电流脉动的平波电抗器,I_d 为负载电流(直流),$K_1 \sim K_6$ 为起换流作用的晶闸管阀。在承受正向电压并且施加触发导通的脉冲信号即可导通,承受反向电压且电流过零时自然关断。改变晶闸管的触发角,可以使换流器在整流状态(称整流器)和逆变状态(称逆变器)间变化。换流器工作在逆变状态,将直流变成交流。换流器工作在整流状态,将交流变成直流。

5.6.4　灵活交流输电系统

随着社会经济的发展,电力系统电网结构和电力负荷越来越复杂、系统日趋庞大,有最终形成统一大电网的趋势。传统交流输电系统在快速发展的同时也产生了一些新的问题,主要有:① 电力系统局部故障如果处理不当,则会造成事故扩大,甚至危及整个系统;② 由于稳定性问题而使线路得不到充分利用;③ 短路电流随系统容量增大,断路器在断流容量和动热稳定性方面可能满足不了要求;④ 电力系统结构越来越复杂,调控手段缺乏,安全运行管理难度大。

在这种形势下,如何根据运行的要求,快速地对电力系统中影响输送功率和电网稳定的电压、阻抗、功角等电量进行调节显得尤为重要。以交流输电系统为例,为控制电压波动和系统无功潮流而采用并联补偿装置;为控制线路在正常运行时所传输的功率,或增加线路传输功率到热稳定极限值,或改善系统稳定性,常在线路中串入可调电容等。但传统的补偿装置是利用机械投切或分接头转换的方式进行参数变换的,不能适应现代电力系统的要求。

灵活交流输电系统 FACTS(Flexible AC Transmission System)是美国电力科学研究院的 N. G. Hingorani 博士于 20 世纪 80 年代后期提出的,它是以大功率晶闸管部件组成的电子开关代替现有的机械开关,灵活自如地调节电网电压、功角和线路参数,使电力系统变得更加灵活、可控、安全可靠。从而能在不改变现有电网结构的情况下提高系统的输送能力,增加其稳定性。

FACTS 控制设备接入电力系统的方式有:并联静止无功补偿器 SVC(Staic Var Compensator);静止同步调相器 STATCOM(Static Synchronous Compensator);串联可控串联补偿器 TCSC(Thyristor Controlled Series Capacitor);串并联统一潮流控制器 UPFC(Unified Power Flow Controller)。

思考与练习题

5-1 一条 220 kV 输电线,长 180 km,导线为 LGJ-400(直径 2.8 cm),水平排列,导线经整循换位,相间距离为 7 cm,求该线路参数 R,X,B,并画出等值电路图。

5-2 电网结构如题图 5-2 所示,其额定电压为 10 kV。已知各节点的负荷功率及参数: $S_2 = (0.3+j0.2)$ MVA,$S_3 = (0.5+j0.3)$ MVA,$S_4 = (0.2+j0.15)$ MVA,$Z_{12} = (1.2+j2.4)$ Ω,$Z_{23} = (1.0+j2.0)$ Ω,$Z_{24} = (1.5+j3.0)$ Ω,试求电压和功率分布。

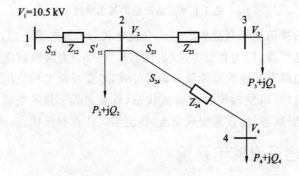

题图 5-2

5-3 某电力系统中,与频率无关的负荷占 30%,与频率一次方成正比的负荷占 40%,与频率二次方成正比的负荷占 10%,与频率三次方成正比的负荷占 20%。求系统频率由

50 Hz 降到 45 Hz 时,相应负荷功率的变化百分值及其负荷的频率调节效应系数。

5-4　在题图 5-4 所示的电力系统中,三相短路分别发生在 f_1 和 f_2 点,试计算短路电流周期分量,如果:(1) 系统对母线 a 处的短路功率为 1 000 MVA;(2) 母线 a 的电压为恒定值。各元件的参数如下:线路 L 为 40 km;$x = 0.4\ \Omega/\text{km}$;变压器 T 为 30 MVA,$V_{\text{S}}\% = 10.5$;电抗器 R 为 6.3 kV,0.3 kA,$X\% = 4$;电缆 C 为 0.5 km,$x = 0.08\ \Omega/\text{km}$。

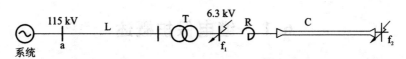

题图 5-4

第6章 继电保护与安全自动装置

6.1 继电保护概述

继电保护,是指电力系统中的元件或系统本身发生了故障或危及安全运行的事件时,向运行值班人员及时发出警告信号,或者直接向所控制的断路器发出跳闸命令,以切除故障或终止危险事件发展的一种自动化措施和设备。

传统意义上,实现这种自动化措施的成套硬件设备,用于保护电力元件(发电机、变压器和线路等)的,通称为继电保护装置;而用于保护电力系统的,则通称为电力系统安全自动装置。换言之,继电保护装置是一种能反映电力系统中电气元件发生故障或不正常运行状态,并动作于断路器跳闸或发出信号的一种反事故自动装置,是保证电力元件安全运行的基本装备;而电力系统安全自动装置则用以快速恢复电力系统的完整性,防止发生长期大面积停电的重大系统事故,如系统失去稳定、电压崩溃和频率崩溃等。

必须指出,随着微机继电保护的发展,继电保护装置与电力系统安全自动装置之间的传统界限日益模糊,应一起满足最新国家标准 GB/T 14285《继电保护装置与电力系统安全自动装置技术规程》。先正确理解它们不同的内涵,对深入理解继电保护的原理和作用仍有实际意义。

6.1.1 继电保护的作用

继电保护装置应当能够自动、迅速、有选择地将故障元件从电力系统中切除,使其他非故障部分迅速恢复正常运行;能够正确反应电气设备的不正常运行状态,并根据要求发出报警信号、减负荷或延时跳闸。

简而言之,继电保护的作用是预防事故的发生和缩小事故影响范围,保证电能质量和供电可靠性。

6.1.2 继电保护的基本原理

继电保护的基本原理是:测量电力系统故障时的参数(电流、电压、相角等,统称为故障量),与正常运行时的参数进行比较,根据它们之间的差别,按照规定的逻辑结构进行状态判别,从而发出警告信号或发出断路器跳闸命令。

继电保护装置的构成原理如图6.1.1所示。

图 6.1.1　继电保护装置构成原理框图

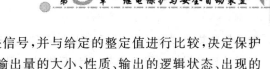

测量部分的作用是从被保护对象输入有关信号,并与给定的整定值进行比较,决定保护是否动作。逻辑部分的作用是根据测量部分各输出量的大小、性质、输出的逻辑状态、出现的顺序或它们的组合,进行逻辑判断,以确定保护装置是否应该动作。执行部分的作用是根据逻辑部分做出的判断,执行保护装置所担负的任务(跳闸或发信号)。

6.1.3　继电保护的分类

继电保护有多种分类方法,常见下述四种分法。

1. 按构成原理分类

根据所提取的用于判别系统是否正常的信息量,继电保护从原理上可分为以下七类:①电流保护;②电压保护;③阻抗保护(距离保护);④方向保护;⑤纵联保护;⑥序分量保护;⑦其他保护,如瓦斯保护、行波保护。

2. 按构成元件分类

按构成元件可分为电磁型保护、感应型保护、整流型保护、晶体管型保护、集成电路型保护和微机保护等类型。

3. 按被保护设备分类

按被保护设备可分为线路保护、发电机保护、变压器保护、母线保护和电容补偿装置保护。

4. 按职责分类

按职责可分为主保护、后备保护和辅助保护。

(1) 主保护:能以最短时限动作、有选择地切除全保护范围内故障的保护。

(2) 后备保护:当本设备主保护或下一级相邻设备保护拒动时,能保证在一定时延切除故障的保护称为后备保护。其中,在本设备上加设的后备保护,称为近后备;而用上一级相邻设备的保护作后备保护,则称为远后备。

(3) 辅助保护:为弥补主保护与后备保护的不足而增设的简单保护,称为辅助保护。

6.1.4　微机继电保护

1. 微机保护的发展

继电保护的发展,从直接动作式的电磁脱扣机构,到机电型距离继电保护大概经历了50年时间;从电子管型的高频保护开始到集成型静态继电保护用了20多年的时间。这些继电保护装置的输入、输出量,以及在继电保护装置各环节的"流通"过程中的"信息"都是"模拟量",因此统称为"模拟型继电保护装置"。

从20世纪70年代开始,计算机技术的迅猛发展带来了新的工业革命,出现了微机继电保护装置,简称"微机保护"。它们除了输入量及部分输出量仍以"模拟量"形式出现外,在继电保护装置各环节的"流通"过程中的"信息"已经变为"数字量",因此又称为"数字继电保护装置"。

计算机在继电保护领域中的应用从20世纪50年代开始,首先计算机用于离线故障分析及继电保护装置整定计算。然后有人尝试直接用计算机构成继电保护。20世纪70年代，世界上掀起了计算机保护的研究热潮。而计算机继电保护的真正的工程应用出现在20世纪80年代。

我国在这方面起步相对较晚，但进展迅速。1984年，华北电力学院（今华北电力大学）杨奇逊教授主持研制的第一套微机保护的样机，在河北马头电厂试运行后通过鉴定。目前，我国已经基本完成了传统的"模拟型继电保护装置"的更新换代工作，微机保护已在各电压等级继电保护中占绝对统治地位。

2. 微机保护的特点

与传统的模拟型继电保护装置相比较，微机保护主要有以下五方面的优点。

（1）性能优越。微机强大的记忆、运算和逻辑判断能力，使微机保护能够更好地实现各种保护，解决更多传统继电保护的难题。

（2）灵活性好。只要修改相应的软件，就可以方便地改变各种特性和功能。

（3）维护调试方便。软件维护调试，比传统复杂的器件接线维护，要简便可靠许多。

（4）可靠性高。由于可实现自诊断、自纠错、抗干扰、冗余等功能，因此，微机保护具有很高的可靠性。

（5）附加功能多。微机保护可实现诸如显示、打印和存储等附加功能。

微机保护的主要问题是其标准化问题。一是硬件结构的标准化，二是通信规约的标准化。国际标准IEC61850的实施，将有助于解决通信规约标准化的问题。

总之，微机保护技术先进，易于智能化和网络化，有助于实现电力系统遥测、遥控、遥信和遥调功能，提高系统管理水平，保障电力系统安全、稳定、可靠、经济运行。

3. 微机保护的基本构成

微机保护的基本构成，可以看成由"软件"和"硬件"两部分构成。

微机保护的"软件"由初始化模块、数据采集管理模块、故障检出模块、故障计算模块与自检模块等组成。根据保护的功能与性能的不同，模块的数量与内容也有所区别，这些程序一般都已经固化在芯片中。微机保护的"软件"的核心部分是故障检出模块和故障计算模块。

微机保护的"硬件"，根据功能一般分为数据采集系统、微型计算机系统、输入／输出接口电路、通信接口电路、人机接口电路和供电电源等六个部分，如图6.1.2所示。

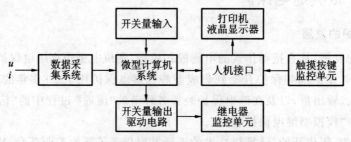

图6.1.2 微机保护的硬件构成框图

（1）数据采集系统。数据采集系统又称模拟量输入系统，由电压形成、模拟滤波器（ALF）、采样保持（S/H）、多路转换开关（MPX）与模数转换器（ADC）几个环节组成。其作用是将电压互感器（TV）和电流互感器（TA）二次输出的电压、电流模拟量经过上述环节转化为成计算机能接受与识别的,而且大小与输入量成比例、相位不失真的数字量,然后送入微型计算机系统进行数据处理及运算。

(2)微型计算机系统。微型计算机系统是微机保护的硬件核心部分,通常由微处理器、程序存储器、数据存储器、接口芯片及定时器等组成。

(3)输入/输出接口电路。将各种开关量通过光电耦合电路、并行接口电路输入到微机保护,并将处理结果通过开关量输出电路驱动中间继电器以完成各种保护的出口跳闸、信号警报等功能。

(4)通信接口电路。微机保护的通信接口是实现变电站综合自动化的必要条件,因此,每个保护装置都带有相对标准的通信接口电路。

(5)人机接口电路。包括显示、键盘、各种面板开关、打印与报警等,其主要功能用于调试、整定定值与变比等。

(6)供电电源。通常采用逆变稳压电源,即将直流逆变为交流,再把交流整流为微机保护所需的直流工作电压。

6.1.5　对继电保护的基本要求

对继电保护主要有四方面的基本要求,即选择性、速动性、灵敏性和可靠性,简称"四性"要求。通常,"四性"要求既相互联系,又相互矛盾。例如,保护快速动作有利于提高自身的可靠性,但与选择性往往发生冲突,而选择性应当是第一位的。大多数情况下,为了保证选择性,只好牺牲部分速动性。

正确全面理解"四性"要求非常重要。它是分析、研究、设计和评价继电保护装置的依据,也是学习继电保护的基本思路。

1. 选择性

保护装置动作时,仅将故障元件从电力系统中切除,使停电范围尽量缩小,最大限度地保证系统中的非故障部分继续运行。

2. 速动性

继电保护装置应以尽可能快的速度将故障元件从电网中切除。

3. 灵敏性

指保护装置对其保护范围内的故障或不正常运行状态的反映能力。保护装置的灵敏性,通常用灵敏系数 K_s 来衡量。

对于反映故障时参数量增加的保护(如过电流保护)

$$K_s = \frac{保护区内故障时反映量的最小值}{保护动作的整定值}$$

对于反映故障时参数量降低的保护(如低电压保护)

$$K_s = \frac{保护动作的整定值}{保护区内故障时反映量的最大值}$$

4. 可靠性

可靠性是指保护范围内故障,保护装置该动时不能拒动;保护范围外故障,不该动时不能误动。

6.2　电力线路的继电保护

电力线路因各种原因可能发生相间和相地短路故障。因此,必须有相应的保护装置来反映这些故障并控制断路器跳闸,以切除故障。本节主要阐述电力线路保护的原理和保护的整定计算。为便于学习,先介绍几个继电保护的基本概念。

启动电流:对反映于电流升高而动作的电流速断保护而言,能使该保护装置启动的最小电流值,称为保护装置的启动电流。

返回电流:能使继电器返回原位的最大电流值,称为继电器的返回电流。

继电特性:无论启动和返回,继电器的动作都是明确干脆的,它不可能停留在某一个中间位置,这种特性称为继电特性。

系统最大运行方式:对每一套保护装置来讲,通过该保护装置的短路电流为最大的方式,称为系统最大运行方式。

系统最小运行方式:对每一套保护装置来讲,通过该保护装置的短路电流为最小的方式,称为系统最小运行方式。

电压死区:当功率方向继电器正方向出口附近发生三相短路、两相接地短路以及单相短路时,由于故障相电压数值很小,使继电器不能动作,这称为继电器的电压死区。

6.2.1　三段式电流保护

根据线路故障对主、后备保护的要求,线路相间短路的电流保护有三种,即无时限电流速断保护、限时电流速断保护和定时限过电流保护。这三种电流保护分别称为相间短路电流保护第Ⅰ段、第Ⅱ段和第Ⅲ段。其中,第Ⅰ、Ⅱ段作为线路主保护,第Ⅲ段作为本线路主保护的近后备保护和相邻线路或元件的远后备保护。第Ⅰ、Ⅱ、Ⅲ段保护,统称为线路相间短路的三段式电流保护。

1. 电流速断保护(电流Ⅰ段)

电力线路上发生相间短路时,故障相的电流会增大,当线路电流超过规定值时,继电器将会动作于跳闸,这就是线路的电流保护。其中,最简单、能瞬时动作的,按流过相邻元件首端短路整定的一种电流保护,叫做无时限电流速断保护。

电流速断保护的作用是保护在任何情况下只切除本线路上的故障,其原理可用图6.2.1所示的单电源辐射网络来说明。假定图中断路器1QF、2QF处均装有无时限电流速断保护。以AB线路断路器1QF处的无时限电流速断保护为例,则必须首先计算AB线路各处三相和两相短路时的短路电流,以确定如何计算该保护的动作电流和如何校验该保护的灵敏度。

整定原则。根据电力系统短路的分析,当电源电势一定时,短路电流的大小取决于短路点和电源之间的总阻抗 Z。若忽略线路的电阻分量,则阻抗值等于电抗值。归算至断路器1QF处的系统等效电源的相电势为 E_s,等效电源的阻抗最大值为 X_{smax}(对应该等效电源系统最小运行方式),最小值为 X_{smin}(对应该等效电源系统最大运行方式),故障点至保护安装

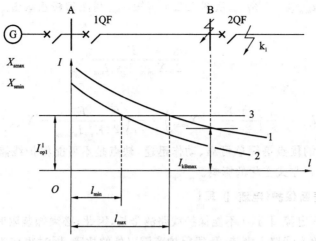

图 6.2.1　无时限电流速断保护整定示意图

处的距离为 l，设每千米线路的电抗为 x_1，则在线路各点三相和两相短路时的短路电流分别为

$$\left.\begin{array}{l} I_{\mathrm{kmax}}^{(3)} = \dfrac{E_{\mathrm{s}}}{X_{\mathrm{smin}} + x_1 l} \\[3mm] I_{\mathrm{kmin}}^{(2)} = \dfrac{\sqrt{3}}{2} \dfrac{E_{\mathrm{s}}}{X_{\mathrm{smax}} + x_1 l} \end{array}\right\} \tag{6-1}$$

其对应的短路电流值如图 6.2.1 中的曲线 1 和 2 所示。

若将断路器 1QF 处无时限电流速断保护装置中使测量元件动作的一次电流称为保护的动作电流，用 $I_{\mathrm{op1}}^{\mathrm{I}}$ 表示。$I_{\mathrm{op1}}^{\mathrm{I}}$ 应整定为

$$I_{\mathrm{op1}}^{\mathrm{I}} = K_{\mathrm{rel}}^{\mathrm{I}} I_{\mathrm{kBmax}} \tag{6-2}$$

式中：$K_{\mathrm{rel}}^{\mathrm{I}}$ 称为电流保护第 Ⅰ 段的可靠系数，可取 $1.2 \sim 1.3$，以保证存在各种误差的情况下（如元件整定误差和非周期分量影响等），该保护在区外短路时不动作；I_{kBmax} 为母线 B 处短路即被保护线路 AB 末端短路时的最大短路电流，AB 线路断路器 1QF 处电流保护第 Ⅰ 段的动作电流可用图 6.2.1 的直线 3 表示。

通过以上分析，可得到下述结论。

(1) 电流速断保护依靠动作电流保证选择性，即被保护线路外部短路时流过该保护的电流总是小于其动作电流，不能动作，而只有在内部短路时，才有可能使流过保护的电流大于其动作电流，使保护动作。也就是说，1QF 处电流保护第 Ⅰ 段的人为延时为 0 s，即电流保护第 Ⅰ 段的动作时间为 $t_{\mathrm{op1}}^{\mathrm{I}} = 0$ s。

(2) 电流速断保护的灵敏度可用保护范围，即它所保护的线路的长度的百分数来表示。因此，在不同运行方式和短路类型时，保护范围（或灵敏度）各不相同，如图 6.2.1 所示，当系统在最大运行方式下三相短路时保护范围最大为 l_{max}，而系统在最小运行方式下两相短路时保护范围最小为 l_{min}。

(3) 电流速断保护不能保护线路全长。应按最小运行方式下的两相短路来校验其保护范围，即采用最不利情况下保护的保护范围来校验保护的灵敏度。一般要求保护范围不小于线

路长度的 15%，即 $l_{\min} \geqslant 15\% l_{AB}$。从图 6.2.1 可知，$l_{\min}$ 可由解析法求得。

由式（6-1）知

$$I_{op1}^{I} = \frac{\sqrt{3}}{2} \frac{E_s}{X_{smax} + x_1 l_{min}}$$

可求得

$$l_{min} = \frac{1}{x_1}\left(\frac{\sqrt{3}}{2}\frac{E_s}{I_{op1}^{I}} - X_{smax}\right) = \frac{1}{x_1}\left(\frac{\sqrt{3}}{2}\frac{E_s}{K_{rel}^{I} I_{kBmax}} - X_{smax}\right) \qquad (6-3)$$

电流速断保护的优点是简单可靠、动作迅速，缺点是不可能保护线路的全长，并且保护范围直接受系统运行方式变化的影响。

2. 限时电流速断保护（电流 Ⅱ 段）

电流速断保护（电流 Ⅰ 段）不能保护线路的全长，因此，必须加装限时电流速断保护（电流 Ⅱ 段），用来切除本线路上电流 Ⅰ 段保护范围以外的故障，同时也作为电流 Ⅰ 段的后备保护。这样，线路上的电流保护第 Ⅰ 段和第 Ⅱ 段共同构成整个被保护线路的主保护，以尽可能快的速度、可靠并有选择性地切除本线路上任一处包括被保护线路末端的相间短路故障。

由于本线路末端和相邻下一线路首端的电气距离完全一样，因此，保护范围必须延伸至相邻的下一线路，方可保证在有各种误差的情况下仍能保护本线路的全长。

为了保证在相邻下一线路出口处短路时保护的选择性，本线路的电流 Ⅱ 段在动作时间和动作电流两个方面均必须和相邻线的无时限电流速断保护配合。

电流 Ⅱ 段的动作电流、动作时间的整定计算如图 6.2.2 所示。

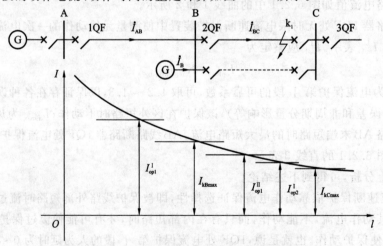

图 6.2.2 限时电流速断保护（电流 Ⅱ 段）整定计算

图 6.2.2 中，设断路器 1QF 处的电流 Ⅱ 段的动作电流和动作时间分别为 I_{op1}^{II} 和 t_{op1}^{II}，为保证保护范围超过 l_{AB}，必须满足

$$I_{op1}^{II} < I_{kBmax}$$

为保证和相邻线路电流保护第 Ⅰ 段（即断路器 2QF 处的无时限电流速断保护）配合，必须满足

$$I_{op1}^{II} > I_{op2}^{I}$$

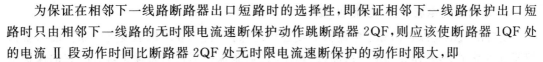

为保证在相邻下一线路断路器出口短路时的选择性，即保证相邻下一线路保护出口短路时只由相邻下一线路的无时限电流速断保护动作跳断路器 2QF，则应该使断路器 1QF 处的电流 Ⅱ 段动作时间比断路器 2QF 处无时限电流速断保护的动作时限大，即

$$t_{op1}^{II} > t_{op2}^{I}$$

以保证在相邻下一线路的出口处短路时，由断路器 2QF 处的无时限电流速断保护首先动作，使断路器 2QF 跳闸切除故障。这时故障电流消失，而断路器 1QF 处的电流 Ⅱ 段的测量元件和逻辑元件均会返回，且无输出，故不能动作跳断路器 1QF。可见，断路器 1QF 处电流 Ⅱ 段的动作电流和动作时间应分别整定为

$$\begin{cases} I_{op1}^{II} = \dfrac{K_{rel}^{II} I_{op2}^{I}}{K_{bmin}} \\ t_{op1}^{II} = t_{op2}^{I} + \Delta t = 0 + \Delta t = \Delta t \end{cases} \tag{6-4}$$

式中，I_{op2}^{I} 为断路器 2QF 处无时限电流速断保护的动作电流。参照式（6-2）计算，即

$$I_{op2}^{I} = K_{rel}^{I} I_{kCmax}$$

式中：t_{op1}^{II} 为断路器 1QF 处带时限流速断保护的动作时间；t_{op2}^{I} 为断路器 2QF 处无时限电流速断保护的动作时间，一般为 0 s；K_{rel}^{II} 为电流保护第 Ⅱ 段的可靠系数，一般取 1.1～1.2；Δt 为时限阶段，它与断路器的动作时间、被保护线路的保护的动作时间误差、相邻保护动作时间误差等因素有关，一般取 0.3～0.6 s，在我国通常取 0.5 s；K_{bmin} 为分支系数最小值。

分支系数 K_b 的定义为在相邻线路第 Ⅰ 段保护范围末端即 k_1 点短路时，流过故障线短路电流与流过被保护线短路电流的比值。如图 6.2.2 中，其分支系数

$$K_b = \dfrac{I_{BC}}{I_{AB}} \tag{6-5}$$

K_b 大小因 A、B 两母线处等值电源的阻抗值不同而不同，也因 BC 之间是否存在并联回路或环路而不同。在图 6.2.2 中，若仅 B 母线有助增电源而 BC 线无并联回路，因为 k_1 点短路时有助增电流 I_B，故 $K_b > 1$；若 B 母线处无电源而与 BC 线有并联回路时，因并联回路有分流而使 $K_b < 1$；若 B 母线处有电源且 BC 间有并联回路时，则 K_b 可能大于 1 也可能小于 1。

电流保护第 Ⅱ 段整定值确定后，也须校验其灵敏度是否满足技术规程的要求，即必须满足

$$K_{sen}^{II} = \dfrac{I_{kBmin}}{I_{op1}^{II}} \geqslant 1.3 \sim 1.5 \tag{6-6}$$

式中，I_{kBmin} 为在本线末端短路时流过 1QF 处保护的最小短路电流；K_{sen}^{II} 为电流 Ⅱ 段的灵敏度，其值在技术规程中规定：当线路长度小于 50 km 时，大于或等于 1.5；当线路长度在 50～200 km 时，大于或等于 1.4；当线路长度大于 200 km 时，大于或等于 1.3。

当该保护灵敏度不满足要求时，动作电流可采用和相邻线路电流保护第 Ⅱ 段整定值配合方案，以降低本线路电流保护第 Ⅱ 段的整定值而提高其灵敏度，整定值为动作时间亦和相邻线电流保护第 Ⅱ 段动作时间配合。这种提高灵敏度的办法牺牲了断路器 1QF 处电流保护第 Ⅱ 段的速动性。当上述电流保护仍不满足灵敏度或动作时间要求时，应考虑采用基于其他原理而灵敏度更高的继电保护，如距离保护、纵联保护等。

3. 定时限过电流保护(电流 Ⅲ 段)

定时限过电流保护简称过电流保护或过负荷保护。它一般用作本线路主保护的后备保护即近后备保护,并作相邻下一线路(或元件)的后备保护即远后备保护,因此,它的保护范围要求超过相邻线路(或元件)的末端。

仍以图 6.2.2 中断路器 1QF 处定时限过电流保护为例,其电流保护第 Ⅲ 段的动作电流应按以下条件进行整定。

(1)正常运行并伴有电动机自启动而流过最大负荷电流时,该电流保护不动作,即要求动作电流满足下式

$$I_{op1}^{Ⅲ} > K_{ss} I_{Lmax} \tag{6-7}$$

式中:K_{ss} 为电动机的自启动系数,由具体接线、负荷性质、试验数据及运行经验等因素确定,一般 $K_{ss} > 1$;I_{Lmax} 为正常情况下,流过被保护线路可能的最大负荷电流。

(2)外部故障切除后,非故障线路的电流 Ⅲ 段在下一母线有电动机启动,且流过最大负荷电流时,应能可靠返回,即要求满足

$$I_{re} = K_{rel}^{Ⅲ} K_{ss} I_{Lmax} > K_{ss} I_{Lmax} \tag{6-8}$$

式中,I_{re} 为电流测量元件的返回电流。

若电流满足式(6-8),则必然满足式(6-7),故取式(6-8)作为整定电流的计算公式,并将返回系数 $K_{re} = I_{re} / I_{op1}^{Ⅲ}$ 代入式(6-8)后,整理得到

$$I_{op1}^{Ⅲ} = \frac{K_{rel}^{Ⅲ} K_{ss}}{K_{re}} I_{Lmax} \tag{6-9}$$

式中:$K_{rel}^{Ⅲ}$ 为电流 Ⅲ 段的可靠系数,一般取 $1.15 \sim 1.25$;K_{re} 为电流测量元件的返回系数,一般取 0.85。

由于电流 Ⅲ 段的动作值只考虑在最大负荷电流情况下保护不动作和保护能可靠返回,而无时限电流速断保护和带时限电流速断保护的动作电流必须躲过某一个短路电流,因此,电流 Ⅲ 段动作电流通常比电流 Ⅰ 段和电流 Ⅱ 段的动作电流小得多,故其灵敏度比电流 Ⅰ 段和电流 Ⅱ 段更高。在线路中某处发生短路故障时,从故障点至电源之间所有线路上的电流保护第 Ⅲ 段的电测量元件均可能动作。为了保证选择性,各线路第 Ⅲ 段电流保护均需增加延时元件且各线路第 Ⅲ 段保护的延时必须相互配合。例如在图 6.2.2 中,断路器 1QF 处第 Ⅲ 段电流保护的动作时间应和相邻线路断路器 2QF 所在线段的第 Ⅲ 段电流保护动作时间配合,断路器 2QF 所在线路的第 Ⅲ 段保护的动作时间应和断路器 3QF 所在线路第 Ⅲ 段保护的动作时间配合,以此类推。各线路定时限过电流保护动作时间的相互配合关系为两相邻线路电流保护第 Ⅲ 段动作时间之间相差一个时限阶段,这种整定方法称为阶梯原则整定方法。

对于所计算的动作电流必须按其保护范围末端最小可能的短路电流进行灵敏度校验。例如,断路器 1QF 处定时限过电流保护的灵敏度校验:当它作为近后备保护时,灵敏度要求大于 1.3;当它作为远后备保护时,灵敏度要求大于 1.2。当灵敏度不满足要求时,可采用低电压启动的过电流保护或基于其他原理而灵敏度更高的继电保护。

电流 Ⅲ 段的主要优点是只需躲过最大负荷电流,因而动作电流小、灵敏度好;其主要缺

点是,当故障越靠近电源端,短路电流越大,此时,过电流保护动作切除故障的时限反而越长。正因为如此,过电流保护很少用作主保护。

4. 电流保护的基本接线方式

电流保护的接线方式,是指保护中电流继电器与电流互感器二次线圈之间的连接方式。目前广泛应用的是三相星形接线(见图 6.2.3)和两相星形接线(见图 6.2.4)。

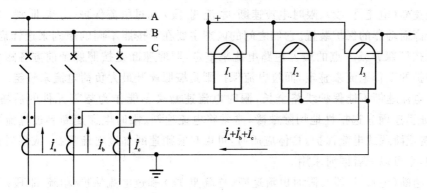

图 6.2.3　电流保护的三相星形接线

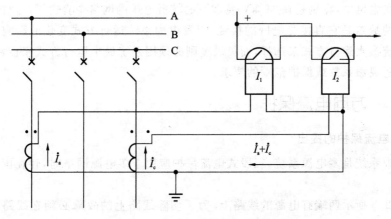

图 6.2.4　电流保护的两相星形接线

三相星形接线是将三个电流互感器与三个电流继电器分别按相连接在一起,互感器和继电器均接成星形,在中线上流回的电流正常时为零,在发生接地短路时,则为三倍零序电流。三个继电器的触点是并联接线的,相当于"或"回路,当其中任一触点闭合后,均可动作与跳闸或启动时间继电器等。由于在每相上均有电流继电器,因此,它可以反映各种相间短路和中性点直接接地电网中的单相接地短路。

两相星形接线用装设在两相(如 A、C 相)上的两个电流互感器与两个电流继电器分别按相连接在一起,它和三相星形接线的主要区别在于 B 相上不装设电流互感器和相应的继电器,因此,它不能反应 B 相中所流过的电流。

三相星形接线广泛应用于发电机、变压器等大型贵重电力设备的保护中,因为它能提高保护动作的可靠性和灵敏度。此外,它也可用于中性点直接接地电网中,作为相间短路和单相接地短路的保护。由于两相星形接线较为简单经济,因此,在中性点直接接地电网和非直接接地电网中,都是广泛地采用它作为相间短路的保护,此外,在分布很广的中性点非直接接地电网中,采用两相星形可以保证有2/3的机会只切除一条线路,这一点比使用三相星形接线是有优越性的。当电网中的电流保护采用两相星形接线方式时,应在所有的线路上将保护装置安装在相同的两相上,以保证在不同线路上发生两点及多点接地时,能切除故障。

5. 阶段性电流保护总体评价

电流速断(电流 Ⅰ 段)、限时电流速断(电流 Ⅱ 段)和过电流保护(电流 Ⅲ 段)都是反应于电流升高而动作的保护装置。它们之间的区别主要在于按照不同的原则来选择启动电流,即速断是按照躲开某一点的最大短路电流来整定,限时速断是按照躲开前方各相邻元件电流速断保护的动作电流来整定,而过电流保护则是按照躲开最大负荷电流来整定。

由于电流速断不能保护线路全长,限时电流速断又不能作为相邻元件的后备保护,因此,为保证迅速而有选择性地切除故障,常常将电流速断、限时电流速断和过电流保护组合在一起,构成阶段式电流保护。具体应用时,可以只采用速断加过电流保护,或限时速断加过电流保护,也可以三者同时采用。

电流速断(电流 Ⅰ 段)、限时电流速断(电流 Ⅱ 段)和过电流保护(电流 Ⅲ 段)组成的三段式电流保护,最主要的优点就是简单、可靠,且在一般情况下也能够满足快速切除故障的要求。因此,在电网中,特别是在 35 kV 及以下的较低电压的网络中获得了广泛的应用。三段式电流保护的缺点是它直接受电网的接线,以及电力系统运行方式变化的影响,例如,整定值必须按系统最大运行方式来选择,而灵敏度则必须用系统最小运行方式来校验,这就使它往往不能满足灵敏系数或保护范围的要求。

6.2.2 方向电流保护

1. 方向电流保护的提出

现代电力系统是多电源系统。三段式电流保护应用于多电源网络时,存在固有的选择性难题。

如图 6.2.5 所示两端有电源的线路上,为了切除线路上的故障必须在线路两侧均装设断路器及其相应的保护。

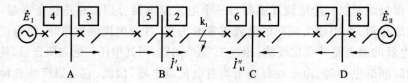

图 6.2.5 双电源网络中电流保护的选择性

假设断路器 8 断开,电源 $\dot{E}_{II}$ 不存在,发生短路时,保护 1、2、3、4 的动作情况和由电源 $\dot{E}_{I}$ 单独供电时一样,它们之间的选择性是能够保证的。

同理,如果 $\dot{E}_{I}$ 不存在,由电源 $\dot{E}_{II}$ 单独供电,此时保护 5、6、7、8 也同样能够保证动作的选择性。若两个电源同时存在,当 k_1 点短路时,按选择性要求,应由距故障点最近的保护 2 和 6 动作切除故障。然而由电源 $\dot{E}_{II}$ 供给的短路电流也将通过保护 1:如果保护 1 采用电流速断且短路电流大于保护装置的启动电流,则保护 1 的电流速断就要误动作;如果保护 1 采用过电流保护,则保护 1 的过电流保护也可能误动作。同理,其他地点短路时,对有关的保护装置也能得出相应的结论。误动作的保护都是在自己所保护的线路反方向发生故障时,由对侧电源供给的短路电流引起的对误动作的保护而言,实际短路功率的方向都是由线路流向母线的。

为了消除这种无选择性的动作,需要在可能误动作的保护上装设一个功率方向闭锁元件,该元件只当短路功率方向由母线流向线路(规定此方向为正)时动作,由线路流向母线(规定此方向为负)时不动作,从而继电保护的动作具有一定的方向性。方向性过电流保护的单相原理接线如图 6.2.6 所示,主要由方向元件、电流元件和时间元件组成。方向元件和电流元件必须都动作以后,才能启动时间元件,再经过预定延时后动作于跳闸。

2. 方向电流保护的构成

方向电流保护的构成,可用图 6.2.6 所示的原理框图来说明。图中:TV 为电压互感器;TA 为电流互感器;KA 为电流测量元件;KW 为功率方向测量元件,在保护线路正方向短路时动作,即短路功率为正(由母线流向线路)时动作;KT 为延时逻辑元件;KS 为信号元件。

为简化保护接线和提高保护的可靠性,电流保护每相的第 Ⅰ、Ⅱ、Ⅲ 段可共用一个方向元件。实际上各开关处电流保护并非一定装设方向元件,而仅在动作电流、动作时间不满足选择性时才加方向元件。一般来说,电流保护的第 Ⅰ 段在动作电流满足选择性时,不加方向元件,电流保护的第 Ⅱ 段在动作电流和动作时间能满足选择性时,不加方向元件。

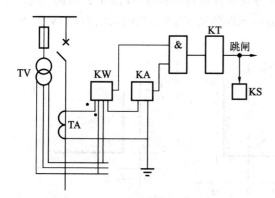

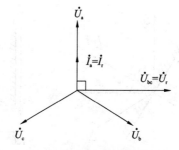

图 6.2.6　方向电流保护的构成原理　　图 6.2.7　功率方向元件 90° 接线的电流、电压关系

3. 功率方向元件

方向电流保护与一般电流保护的差别仅多了一个功率方向元件。功率方向元件原理是利用在保护正、反方向短路时,保护安装处母线电压和流过保护的电流之间的相位变化构成的。

为了保证功率方向元件的方向性和灵敏度,相间短路的功率方向元件一般采用 90° 接线方式。

所谓 90° 接线方式是指系统在三相对称且功率因数为 1 的情况下,接入功率方向元件的电流超前所加电压 90° 的接线。

如图 6.2.7 所示,若接入功率方向测量元件的电流为 $\dot{I}_a$,则按 90° 接线,加入该功率方向测量元件的电压应为 $\dot{U}_{bc}$。

功率方向元件的动作方程为

$$-90° - \alpha \leqslant \arg \frac{\dot{U}_r}{\dot{I}_r} \leqslant 90° - \alpha \qquad (6-10)$$

将式(6-10)的关系用图形表示,即为功率方向元件的动作区域,如图 6.2.8(a) 所示的阴影区。

在图 6.2.8(a) 中,若 $\dot{U}_r$ 反时针旋转 α 角后与 $\dot{I}_r$ 同相,这时功率方向元件处于最灵敏状态,称 α 为功率方向元件的内角,且将此时所加电压 $\dot{U}_r$ 和电流 $\dot{I}_r$ 之间的角 φ_r 称为功率方向元件的最大灵敏角,用 φ_{sen} 表示。

显然,由其定义,参见图 6.2.8,最灵敏角、内角和线路阻抗角之间的关系是

$$\alpha = -\varphi_{sen} = -\varphi_r = -(90° - \varphi_k) \qquad (6-11)$$

功率方向元件的动作不仅与所加的电流、电压间的角度大小有关,还与电流、电压值的大小有关。当 $I_r < I_{oprmin}$ 或 $U_r < U_{oprmin}$ 时,实际上功率方向元件因内部机械运动中的摩擦或电路损耗等都将不会动作。I_{oprmin} 为功率方向元件的最小动作电流,U_{oprmin} 为功率方向元件的最小动作电压。当功率方向元件所加电压小于其最小动作电压时,功率方向元件将拒绝动作,这个使功率方向元件拒绝动作的区域,叫做功率方向元件的死区。

若功率方向元件的内角 $\alpha = 30°$,且 $\dot{I}_r$ 一定时,功率方向元件的动作电压与线路阻抗角之间的关系即 $U_{opr} = f(\varphi_r)$ 的函数关系称为功率方向元件的角度特性,如图 6.2.8(b) 所示。当 $\varphi_r = -\alpha$ 时,$U_{opr} = f(I_r)$ 的函数关系称功率方向元件的伏安特性,如图 6.2.8(c) 所示。两图中所示阴影区,均为功率方向元件的动作区。

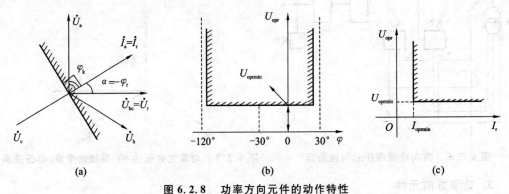

图 6.2.8 功率方向元件的动作特性

(a) 动作区;(b) 角度特性;(c) 伏安特性

4. 三段式电流保护整定举例

例 6-1 图 6.2.9 所示网络中,已知:

(1)线路装有三段式电流保护 1、2、3 和 4。流过线路 AB 和线路 BC 的最大负荷电流分别为 120 A 和 100 A,负荷的自启动系数为 1.8;

(2)保护 3 的第 II 段保护的延时为 0.5 s,第 III 段保护的延时为 1.0 s;线路 AB 第 II 段保护的延时允许大于 1 s;

(3)A 电源电抗 $X_{sAmin} = 15 \ \Omega$,$X_{sAmax} = 20 \ \Omega$;B 电源电抗 $X_{sBmin} = 20 \ \Omega$,$X_{sBmax} = 25 \ \Omega$;

线路电抗 $X_{AB} = 40\ \Omega, X_{BC} = 24\ \Omega$；

（4）AB 电源振荡时，流过 A 侧开关最大电流为 1 770 A；

（5）可靠系数 $K_{rel}^{I} = 1.25, K_{rel}^{II} = 1.15, K_{rel}^{III} = 1.2$；躲开最大振荡电流的可靠系数 $K_{rel}^{os} = 1.15$；返回系数 $K_{re} = 0.85$。

试对保护 1 进行整定（即计算其动作电流、灵敏系数和动作时限）。

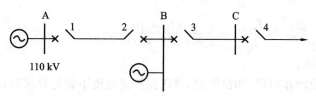

图 6.2.9　例 6-1 网络一次接线图

解　（1）电流 Ⅰ 段保护整定。

AB 线路接有双电源，因此，动作电流必须大于流过 A 侧开关的可能最大电流。

A 电源最大运行方式下，B 母线处最大三相短路电流

$$I_{kBmax}^{(3)} = \frac{115 \times 10^3}{\sqrt{3} \times (15 + 40)}\ A = 1\ 210\ A$$

B 电源最大运行方式下，A 母线处最大三相短路电流

$$I_{kAmax}^{(3)} = \frac{115 \times 10^3}{\sqrt{3} \times (20 + 40)}\ A = 1\ 110\ A$$

因为 $1.15 \times 1\ 770 = 2\ 040 > 1.25 \times 1\ 210 = 1\ 513\ A$，所以动作电流整定应以躲过 AB 电源振荡时流过 A 侧开关最大电流为原则，即

$$I_{op1}^{I} = K_{rel}^{os} I_{osmax} = 1.15 \times 1\ 770\ A = 2\ 040\ A$$

其灵敏度（保护范围）应通过最小运行方式下两相短路电流来校验。对应动作电流的最小保护范围（距离可用电抗表示）可由式（6-3）推得

$$X_{Lmin} = \frac{E}{2I_{op1}^{I}} - X_{sBmin} = \left(\frac{115 \times 10^3}{2 \times 2\ 040} - 20 \right)\ \Omega = 8.19\ \Omega$$

用百分值表示的最小保护范围

$$\frac{l_{min}}{l_{AB}} = \frac{X_{Lmin}}{X_{AB}} = \frac{8.19}{40} \times 100\% = 20.5\% > 15\%$$

可见，满足灵敏度要求。

电流 Ⅰ 段的动作时限为 0 s。

（2）电流 Ⅱ 段整定。

电流 Ⅱ 段的动作电流按式（6-4）整定，即

$$I_{op1}^{II} = \frac{K_{rel}^{II} I_{op2}^{I}}{K_{bmin}}$$

此处

$$I_{op2}^{I} = K_{rel}^{I} I_{kCmax}^{(3)} = 1.25 \times \frac{115 \times 10^3}{\sqrt{3} \times [(15 + 40) /\!/ 20 + 24]}\ A = 1.25 \times 1\ 720\ A = 2\ 150\ A$$

最小分支系数（按电抗分流计算）

$$K_{bmin} = \frac{I_{BC}}{I_{AB}} = \frac{15+40+25}{25} = 3.2$$

故动作电流

$$I_{op1}^{II} = \frac{K_{rel}^{II} I_{op2}^{I}}{K_{bmin}} = \frac{1.15 \times 2\,150}{3.2} \text{ A} = 773 \text{ A}$$

灵敏系数

$$K_{rel1}^{II} = \frac{I_{kBmin}^{(2)}}{I_{op1}^{II}} = \frac{115 \times 10^3}{2 \times (20+40) \times 773} = 1.25 < 1.3$$

灵敏系数不满足要求。

计算电流 II 段动作时限。如前所述,当该保护灵敏度不满足要求时,动作电流可采用和相邻线路电流保护第 II 段整定值配合方案,即

$$t_{op1}^{II} = t_{op2}^{II} + \Delta t = (0.5 + 0.5) \text{ s} = 1.0 \text{ s}$$

(3)电流 III 段整定。

$$I_{op1}^{III} = \frac{K_{rel}^{III} K_{ss}}{K_{re}} I_{Lmax} = \frac{1.2 \times 1.8}{0.85} \times 120 \text{ A} = 305 \text{ A}$$

作近后备时的灵敏系数,同(2)理,求得

$$K_{rel1}^{III} = \frac{I_{kBmin}^{(2)}}{I_{op1}^{III}} = \frac{115 \times 10^3}{2 \times (20+40) \times 305} = 3.14 > 1.5$$

可见灵敏度满足要求。

作远后备时,应以 C 母线处两相最小短路电流,并考虑分支电流的影响,此时分支系数应取最小运行方式下的最大值,即

$$K_b = \frac{I_{BC}}{I_{AB}} = \frac{20+40+20}{20} = 4$$

$$X_{\Sigma} = (20 /\!/ 40) \ \Omega = \frac{20 \times 40}{20+40} \ \Omega = 39 \ \Omega$$

$$I_{kmin}^{(2)} = \frac{115 \times 10^3}{2 \times 39} \text{ A} = 1\,470 \text{ A}$$

$$K_{sen1}^{III} = \frac{1\,470}{4 \times 305} \frac{115 \times 10^3}{2 \times 39} = 1.21 > 1.2$$

灵敏度也满足要求。

电流 III 段的动作时限

$$t_{op1}^{III} = t_{op2}^{III} + \Delta t = (1.0 + 0.5) \text{ s} = 1.5 \text{ s}$$

6.2.3 零序电流保护

前述电流保护如果采用三相完全星形接线,虽然也可以反映中性点接地电网的单相接地短路,但灵敏度不够理想,时限也较长,因此,要考虑装设专用的接地保护即零序电流保护。至于中性点不接地或经高阻抗接地的系统,由于接地电容电流相对较小,同时尚无较完善的保护方式,此处只作简略介绍。

接地短路是电力系统中架空线路上出现最多的一类故障,尤其是单相接地故障可能占所有故障中的 90% 左右。对于大接地电流系统中的单相接地短路,用完全星形接线的相间电流保护可能不满足灵敏度要求,因此,必须装设专门的接地短路保护。反映接地短路的保护主要有反映零序电流、零序电压和零序功率方向的电流保护,接地距离保护及纵联保护等。

1. 中性点直接接地系统中,接地时零序分量的特点

当中性点直接接地电网(或者大接地电流系统)中发生接地短路时,系统中将出现很大的零序电流,这在正常运行时是不存在的,因此,利用零序电流来构成接地保护就具有非常大的优点。

在大接地电流系统中发生接地短路时,可以利用对称分量法将电流、电压分解为正序、负序和零序分量,并利用复合序网表示它们之间的关系。图 6.2.10 绘出了某系统发生单相接地时的零序网络及零序电流电压的分布。

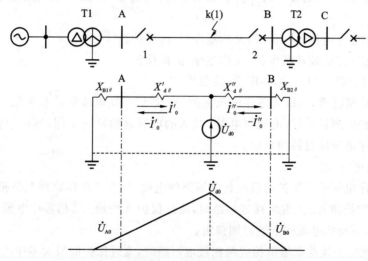

图 6.2.10　单相接地时零序电流与零序电压

由图 6.2.10 可以看出:当发生单相接地时,故障点出现了零序电压,规定零序电压的方向是线路高于大地为正。零序电流可以看成是由故障点的零序电压所产生的,它们经过变压器中性点构成回路。零序电流的正方向,仍然采用由母线流向故障点为正。

由图 6.2.10 零序网络图可见,零序分量具有以下特点。

(1) 故障点的零序电压最高,离故障点越远处的零序电压越低,到变压器接地的中性点处零序电压为 0。

(2) 由于零序电流是由零序电压产生的,因此,零序电流的大小和相位由零序电压和电网中性点至接地故障点的零序阻抗所决定。换言之,零序电流的分布主要取决于线路的零序阻抗和中性点接地变压器的零序阻抗,而与电源的数目和位置无关。当变压器中性点不接地时,零序电流将变为 0,如图中变压器 T1 不接地时,零序电流则为 0。

同时也应指出,即使中性点接地数不变、零序网络及零序阻抗不变,但当电力系统运行方式变化时,由于正序阻抗及负序阻抗的改变,也会间接影响零序电流的大小,但这个影响一般不太大。

(3) 零序功率的正方向与正序功率的正方向相反,而是由故障点指向母线。正序电流滞

后正序电压 $90°$，而零序电流却超前零序电压 $90°$，都以电压为参考相量时，两者电流方向相差 $180°$，所以它们的功率方向相反。

（4）保护安装处（如 A 点）的零序电压为

$$\dot{U}_{A0} = (-\dot{I}_0')Z_{B10}$$

亦即接入保护装置的零序电压与零序电流的相位差，只取决于保护安装处背后变压器的零序阻抗，而与被保护线路的零序阻抗及故障点的位置无关。

2. 大接地电流系统中的零序电流保护

在大接地电流系统中的零序电流保护是利用中性点直接接地，电网中发生接地故障时出现零序电流的特点而构成。在 110 kV 以上的单电源辐射形网络，常常采用无方向的三段式零序电流保护作为接地故障的主保护及后备保护。通常三段式零序电流保护由以下三部分组成。

（1）无时限零序电流速断保护，又称零序 Ⅰ 段保护。

（2）带时限零序电流速断保护，又称零序 Ⅱ 段保护。

（3）零序过电流保护，又称零序 Ⅲ 段保护。

从保护构成情况看，三段式零序电流保护与三段式相间电流保护相类似，其主要区别在于零序电流保护的测量元件（电流继电器）接入的电流量的性质不同，零序电流保护的测量元件是接在零序电流滤过器的出口。

1）零序电流 Ⅰ 段

无时限零序电流速断保护与反映相间短路的电流 Ⅰ 段在动作原理上是相似的。

当在被保护线路 AB 上发生接地短路时，流过保护 A 的最大 3 倍零序电流 $3I_0$。为了保证保护的选择性，其动作电流按下述原则整定。

（1）躲过被保护线路末端单相或两相接地短路时，流过保护的最大零序电流 $3I_{0max}$。

零序 Ⅰ 段与电流 Ⅰ 段一样，它是躲开末端短路整定，因此，它也只能保护本线路的一部分，但是由于线路的零序阻抗远比正序阻抗大（约为三倍），故 $3I_0 = f(l)$ 的曲线较陡，因此，零序 Ⅰ 段的保护范围比相间电流 Ⅰ 段的保护范围大得多。另一方面由于零序电流受运行方式的变化影响小，因此，它的保护范围也比较稳定。

在零序保护中还有一个特殊的问题，那就是即使在单侧电源供电网络中，如果线路末端处的变压器中性点也是接地的，就出现了一个类似"双端供电"网络的状况，因此，零序 Ⅰ 段的整定动作电流也必须大于最大的 $3I_0$ 值（即 $3I_{0max}$），以免发生误动。

（2）躲过断路器三相触头不同时闭合时所出现的最大零序电流。若保护动作时间大于断路器三相不同期时间（快速开关），本条件可不考虑。

（3）在 220 kV 及以上的电网中普遍采用综合重合闸，若在非全相运行时又发生振荡，此时将出现较大的零序电流，有可能使零序保护误动。为此，用综合重合闸闭锁零序 Ⅰ 段（动作电流按条件（1）、（2）所整定的零序 Ⅰ 段，称为灵敏 Ⅰ 段），为了保证此时仍有快速的零序保护，特专门增设一个不灵敏的零序 Ⅰ 段，它按躲过非全相振荡时出现的最大零序电流整定。

综上所述，零序电流 Ⅰ 段可分为两种，灵敏零序 Ⅰ 段的动作电流按（1）、（2）条件中的大的来整定;不灵敏零序 Ⅰ 段的动作电流按第(3)条件整定。

零序 Ⅰ 段的灵敏度应按保护安装处接地短路时的最小零序电流校验,要求大于 2。

2) 零序电流 Ⅱ 段

零序 Ⅱ 段即带时限零序电流速断保护,它的原理及整定计算与用于相间短路保护的电流 Ⅱ 段相似。它能够保护线路全长,但在时间上要比相邻下一线路的零序 Ⅰ 段长一个时限 Δt。它的动作电流应与下一线路的零序 Ⅰ 段相配合,其保护范围不应超过下一线路的零序 Ⅰ 段的保护范围。

零序 Ⅱ 段的灵敏系数应按最小运行方式下,被保护线路 AB 末端发生非对称接地故障时,流经保护安装点的最小零序电流进行校验。

若灵敏度校验不合格,可考虑与相邻线路零序 Ⅱ 段相配合。

零序 Ⅱ 段动作时间的整定方法如下:零序 Ⅱ 段与相邻下一线路零序 Ⅰ 段相配合时,其动作时限一般为 0.5 s;而当零序 Ⅱ 段与相邻下一线路零序 Ⅱ 段相配合时,时限再抬高一级,取为 1 ~ 1.2 s。

3) 零序 Ⅲ 段

零序 Ⅲ 段的作用与相间短路过电流保护类似,在一般情况下用作本线路接地故障的近后备保护和相邻元件接地故障的远后备保护。但在中性点直接接地电网中的终端线路上,它也可以作为接地短路的主保护使用。

零序 Ⅲ 段动作电流的整定可以分为以下三种情况。

(1) 本线路零序过电流保护的电流继电器的动作电流原则上应躲开下一条线路出口处发生三相短路时,保护装置零序电流滤过器中的最大不平衡电流。根据运行经验,一般取零序 Ⅲ 段电流继电器的动作电流为 2 ~ 4 A 就可以躲开不平衡电流,又能保证保护的灵敏度。

(2) 与相邻线路零序 Ⅲ 段保护进行灵敏度配合,即本级灵敏系数一定要小于下一级的灵敏系数。为此,零序 Ⅲ 段的启动电流必须进行逐级配合。

(3) 如果在被保护的安装电网中,任一线路允许非全相运行,则动作电流应躲过非全相运行时出现的零序电流 $3I_0$。

根据上述三条件所确定的整定值,取较大者作为保护 1 零序 Ⅲ 段的整定值。

零序 Ⅲ 段的灵敏度按保护范围末端接地短路时,流过本保护的最小零序电流 $3I_{0min}$ 来校验。作为近后备保护时,灵敏度校验点选在本线末端,要求大于 1.3 ~ 1.5;作为相邻线路的远后备保护时,灵敏度校验点选在相邻线路的末端,要求大于 1.2。

零序 Ⅲ 段的动作时间和相间短路的定时限过电流保护一样,也按逆向阶梯原则整定。应该注意,对相间短路电流保护来说,不论短路故障发生在变化器的 Y 侧还是 △ 侧,短路电流都是从电源流向故障点,其动作时限必须从离电源最远处开始,按阶梯原则选择。而对零序 Ⅲ 段来说,因为 Y,d 接线变压器的 △ 侧发生任何故障时,在 Y 侧的电网不会出现零序电流,在 Y 侧发生接地故障时,变压器 △ 侧绕组中虽然会出现零序电流,但它们只在绕组内形成环流,其引出线上没有零序电流,因此,这种情况下的零序电流保护动作时间不需要和下一级的保护动作时间配合,故其动作时限可取为 0 s,即其零序电流保护是瞬时动作的。可见,通常在同一线路上,零序 Ⅲ 段的动作时限分别小于相间短路过电流保护的动作时限,这是零序 Ⅲ 段的一大优点。

3. 中性点直接接地电网接地短路的零序方向电流保护

在双侧或多侧电源中性点直接接地电网中,电源处变压器中性点一般至少有一台是接地的。由于零序电流的实际流向是由故障点流向各个中性点接地的变压器,因此,在变压器接地数目比较多的复杂网络中,如果仅配置无方向的零序电流保护,就可能失去选择性,导致保护的误动作。为了解决这一矛盾,应在零序电流保护的基础上,加装方向元件,以判别正、反方向的故障,这样的保护称之为零序方向电流保护。

取保护安装处零序电流的正方向为由母线指向线路,零序电压的方向是线路高于大地的电压为正方向。通常保护背侧系统零序阻抗角为 $70° \sim 80°$,故零序电流超前零序电压的相角一般为 $95° \sim 110°$。

零序功率方向继电器的电流线圈接于零序电流滤过器回路,输入电流为 $3I_0$;电压线圈接于电压互感器二次侧开口三角形绕组的输出端,输入电压为 $3U_0$。零序功率方向继电器只反映被保护线路正方向接地短路时的零序功率方向。按规定的电流、电压正方向,当被保护线路发生接地短路时,$3I_0$ 超前 $3U_0$ $95° \sim 110°$,这时继电器应正确动作,并应工作在最灵敏的条件下,亦即继电器的最大灵敏角应为 $-90° \sim -110°$。

目前,在电力系统中,实际使用的零序功率方向继电器都是把最大灵敏角制成 $70° \sim 85°$,即若从其正极性端输入的电流 $3I_0$ 滞后于按正极性端子接入的电压 $3U_0$ 为 $70° \sim 85°$,继电器最灵敏。所以,如把 $3I_0$ 和 $3U_0$ 不加任何改变地均从正极性端子接入继电器,则继电器肯定不工作在最灵敏状态。只有把 $3U_0$ 以相反方向加到继电器正极性端子上时,才能使继电器在最灵敏条件下工作。

因此,实际工作中,应把零序功率方向继电器的电流线圈中标有"*"号的端子与零序电流滤过器上有"*"的端子相连(即同极性相连),以取得 $3I_0$。而把继电器电压线圈上有"*"的端子与零序电压滤过器上没有"*"的端子相连(即异极性相连),以取得 $-3U_0$,保证正方向发生接地故障时,继电器工作在最灵敏的状态下。

根据图 6.2.10 零序电压分布的特点,故障点零序电压最高。当故障点越靠近保护安装处,作用在零序功率方向继电器上的零序电压越高,故零序方向元件没有电压死区。这也是零序方向保护的一大优点。

4. 中性点非直接接地系统保护

1) 中性点不接地系统单相接地的特点

图 6.2.11 所示为一中性点不接地系统。假定电网为空载,并忽略电源和线路上的压降,电网各相对地电容均为 C_0,则三个电容构成一对称负载。正常情况下,电源中性点对地电压为 0,各相对地电压即为相电势。三相对地电压之和与三相电容电流之和均为 0,此时电网中没有零序电压和零序电流。

当发生单相接地时,接地相(如 A 相)的对地电容被短接,则 A 相电位变为 0,此时大地的电位不再和电网中性点等电位,而 B、C 两相对地电压将升高 $\sqrt{3}$ 倍,而电网中性点电压则由 0 升高至相电压。

由于故障相(本例 A 相)电压为 0,所以,电网内所有线路 A 相对地电容电流均为零,而

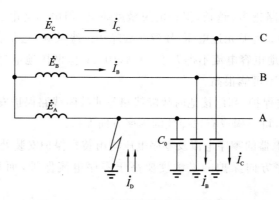

图 6.2.11 中性点不接地系统单相接地

非故障相（本例 B、C 相）由于电压升高其电容电流不为 0，从而出现了零序电容电流。

而所有零序电流将全部汇流到接地点（即故障点），亦即接地点处的电流为各条线路非故障相对地电容电流的总和。

由图 6.2.11 可以看出，所有非故障相的电流都是从母线流向线路的。故障线路始端的零序电流为整个电网非故障线路的零序电流之和，其方向由线路流向母线。

根据对中性点不接地系统接地时电流电压分析，可以总结为以下几点。

（1）接地相电压为 0，非接地相电压升高 $\sqrt{3}$ 倍，系统内出现零序电压，其大小等于故障前电网的相电压，且系统各处零序电压相等。

（2）非故障线路的保护安装处通过的零序电流为该线路本身非故障相对地电容电流之和，方向从母线流向线路，超前零序电压 90°。

（3）故障线路的保护通过的零序电流为所有非故障线路零序电流之和，其方向从线路指向母线，滞后零序电压 90°。

根据以上分析，又考虑到单相接地故障时，故障电流数值不大，三个线电压仍然对称，对负荷供电短时不致有很大影响，线路可以继续供电 $1 \sim 2$ h。

2）中性点不接地系统的接地保护对策

（1）安装绝缘监视装置。利用单相接地时，系统会出现零序电压这一特征而构成的绝缘监视装置是最简单实用的中性点不接地系统单相接地保护方式。

绝缘监视装置的核心是一个零序电压滤过器，它的构成原理已在第 1 章中介绍过。在零序电压滤过器出口接上一个电压继电器及相应的出口回路就可以在系统接地时发出信号。值班人员根据这个信号结合电压表的指示，可以判定接地的相别。如要查寻接地线路，运行人员可依次断开线路，根据零序电压信号是否消失来找到故障线路。根据这个原理，目前已开发了多种形式的自动接地寻找装置，已在部分变电站中使用。

（2）采用零序电流保护。利用故障线路的零序电流大于非故障线路零序电流的特点，可以构成有选择性的零序电流保护并可动作于信号或跳闸。

保护装置动作电流，应按躲开本线路的零序电流来整定。

保护的灵敏度，应按在被保护线路上发生单相接地故障时，流过保护的最小零序电流校验，要求灵敏度大于 1.25。

显然,电网中的线路越多、越长,保护的灵敏度越高,但电网的电容电流过大,就会在接地处产生电弧,引起间歇性弧光过电压,导致非故障相绝缘破坏,这是我们不希望的。我国国标规定,35 kV 电网接地电容电流不得大于 10 A,10 kV 电网接地电容电流不大于 20 A,因此,这种保护的灵敏度不可能很高。

(3)采用零序方向保护。利用接地时故障线路与非故障线路保护安装处零序电流的方向恰好相差 180°的特点,可以构成有选择性的零序方向保护。

零序功率方向继电器的零序电流及零序电压均由装在保护安装处的零序滤过器取得。

从理论上说,零序方向保护的灵敏度要高于零序电流保护,而且不受运行方式变化影响。

3)中性点经消弧线圈接地的系统单相接地的特点及其保护

我国对小电流接地系统规定了接地电容电流的限制,那么,当电网实际的电容电流超过限值时,就必须采取措施,即在电源中性点处接入消弧线圈,使系统变为中性点经消弧线圈接地系统。

中性点经消弧线圈接地的系统单相接地如图 6.2.12 所示。

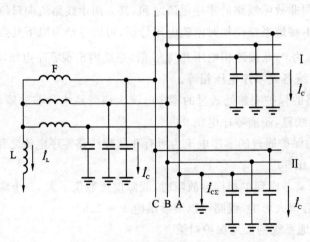

图 6.2.12　中性点经消弧线圈接地系统单相接地

消弧线圈是一种带铁芯的特殊电抗器。在中性点经消弧线圈接地的系统中发生单相接地时,零序电容电流的分布与未接消弧线圈前是相同的,其不同点在于,当系统出现零序电压时,消弧线圈中有一感性电流流过,这样流过接地点的电流变成电感电流和电容电流的向量和。

因为电感电流与电容电流的方向相反,故电感电流实际上起"补偿作用",从而使接地电流减小。根据电感电流对电容电流的补偿程度,可分为完全补偿、欠补偿和过补偿三种补偿方式。为避免谐振,一般采用过补偿($I_L > I_{C\Sigma}$)方式。此时接地电流将呈感性,流经故障线路和非故障线路保护装置安装处的零序电流都是本线路的电容电流,其方向均为母线指向线路,其大小差异也不大,因此,原来用以构成单相接地保护的方式已不再适用。在这类系统中,主要依靠零序电压的监视来检测接地。

6.2.4 距离保护

1. 距离保护的基本概念

距离保护是反映故障点至保护装置安装地点之间的距离（或阻抗），并根据距离的远近而确定动作时间的一种保护装置。

电力系统发展迅速，系统的运行方式变化增大，长距离重负荷线路增多，网络结构复杂化。在这些情况下，电流、电压保护的灵敏度、快速性、选择性往往不能满足要求。

距离保护的基本原理参见图 6.2.13。图中线路 A 侧装设距离保护，由故障点到保护装置安装处间的距离为 l，该保护的保护范围整定的距离为 l_{set}。如上所述，距离保护的动作原理可用方程表示为

$$l < l_{\text{set}}$$

满足此方程时表示故障点在保护范围内，保护装置动作；反之，则不应动作。

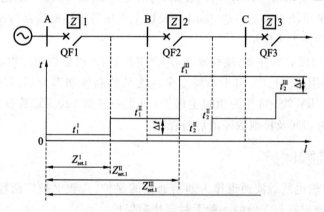

图 6.2.13 距离保护的原理与时限特性

上述距离比较方程两端同乘以一个大于零的输电线每千米的正序阻抗值 z_1，距离的比较就转换成了阻抗的比较，即当保护测量到的阻抗（测量阻抗）小于整定阻抗时，表明故障发生在保护范围内，保护应动作；反之，表明故障发生在保护范围外，保护不应动作。所以，距离保护又称为低阻抗保护。距离保护由阻抗继电器来实现阻抗（即距离）的测量。

2. 距离保护的时限特性

为了满足对保护的基本要求，距离保护也构成阶段式。描述其动作时限，与故障点至保护装置安装点间的距离 l 的关系曲线，称为距离保护的时限特性。广泛应用的三段式阶梯时限特性如图 6.2.13 所示。

距离保护 Ⅰ 段，为保证选择性，其保护范围应限制在本线路内。以保护 1 段为例，它的整定阻抗应小于 Z_{AB}，通常整定为 $(0.8 \sim 0.85) Z_{\text{AB}}$。由于不必和其他线路的保护配合，故第 Ⅰ 段动作不需带时限，仅由继电器的固有动作时间决定。

距离保护 Ⅱ 段，用以弥补第 Ⅰ 段之不足，尽快切除本线路末端 15% ~ 20% 范围内的故障，但为了切除全线上的故障，势必延伸到下一条线路首端部分区域。为了缩短动作时限，距离保护 Ⅱ 段的保护范围要与相邻下一线距距离保护 Ⅰ 段配合。时限也与相邻下一线的保护

Ⅰ段时限配合。距离保护Ⅰ段和距离保护Ⅱ段共同作为线路的主保护。

距离保护Ⅲ段，作为本线路距离保护Ⅰ段和距离保护Ⅱ段的近后备及相邻线路的远后备。其动作时限可与相邻下一线的保护Ⅲ段或保护Ⅱ段动作时限配合。

在超高压网络中，为简化距离保护的接线，也可采用只有Ⅰ、Ⅱ段或只有Ⅱ、Ⅲ段的两段式简化距离保护。

3. 距离保护评价

距离保护的主要优点在于阻抗继电器同时反映电压的降低与电流的增大而动作，因此，距离保护较电流、电压保护有较高的灵敏度。其中，距离Ⅰ段的保护范围不受运行方式变化的影响而保持恒定；Ⅱ、Ⅲ段虽可能因系统运行方式的变化而影响其保护范围或灵敏度，但仍优于电流、电压保护。

距离保护的主要缺点有以下几点。

(1) 不能实现全线瞬动。对双侧电源线路，将有全线30％～40％的范围采用第Ⅱ段时限。这使得距离保护可能不满足一般220 kV及以上电压等级输电线路暂态稳定要求的极限切除时间，因而不便作为主保护。

(2) 装置本身构成的元件多、接线复杂，因而维护较难，可靠性相对也较低。

距离保护的应用范围很广。对于不要求全线速动的高压和部分超高压线路（如35 kV、110 kV及部分220 kV线）可作为相间主保护；对于一般的220 kV及以上线路（包括部分110 kV线），可作为相间及接地故障的后备保护。

6.2.5　高频保护

高频保护是以输电线载波通道作为通信通道的保护。高频保护广泛应用于高压和超高压输电线路，是比较成熟和完善的一种无时限快速保护。

高频保护将线路两端的电流相位（或功率方向）转化为高频信号，然后利用输电线路本身构成一高频（载波）电流的通道，将此信号送至对端，进行比较。因为它不反映被保护输电线范围以外的故障，在定值选择上也无需与下一条线路相配合，故可不带动作延时。

利用输电线路本身作为高频通道时，在传送50 Hz工频电流的输电线上，叠加传送一个高频信号（或称载波信号），高频信号一般采用40～300 kHz的频率，以便与输电线路的工频相区别。输电线经高频加工后就可作为高频通道。高频加工所需的设备称高频加工设备。

目前广泛采用的高频保护，按工作原理的不同可分为两大类，即方向高频保护和相差高频保护。方向高频保护的基本原理是比较线路两端的功率方向，而相差高频保护的基本原理则是比较两端电流的相位。在实现上述两类保护的过程中，都需要解决一个如何将功率方向或电流相位转化为高频信号，以及如何进行比较的问题。

1. 高频闭锁方向保护

目前广泛应用的高频闭锁方向保护，是以高频通道经常无电流而在外部故障时发出闭锁信号的方式构成的。此闭锁信号由短路功率方向为负的一端发出，这个信号被两端的受信机所接收，而把保护闭锁，故称为高频闭锁方向保护。

这种保护的工作原理是利用非故障线路的一端发出闭锁该线路两端保护的高频信号，

而对于故障线路的两端则不需要发出高频信号使保护动作于跳闸,这样就可以保证在内部故障并伴随有通道的破坏时(如通道所在的一相接地或是断线),保护装置仍能够正确动作,这是它的主要优点,也是这种高频信号工作方式得到广泛应用的主要原因之一。

对接于相电流和相电压(或线电压)上的功率方向元件,当系统发生振荡且振荡中心位于保护范围以内时,由于两端的功率方向均为正,保护将要误动,这是一个严重的缺点。而对于反映负序或另序的功率方向元件,则不受振荡的影响。

由以上分析可以看出,距故障点较远一端的保护所感觉到的情况,和内部故障时完全一样,此时主要是利用靠近故障点一端的保护发出的高频闭锁信号,来防止远端保护的误动作。因此,在外部故障时,保护正确动作的必要条件是靠近故障点一端的高频发信机必须启动,而如果两端启动元件的灵敏度不相配合时,就可能发生误动作。

由于采用了两个灵敏度不同的启动元件,在内部故障时,必须启动远端元件,使之动作后断路器才能跳闸,因而降低了整套保护的灵敏度,同时也使接线复杂化。此外,对于这种工作方式,当外部故障时,在远离故障点一端的保护,为了等待对端发来的高频闭锁信号,还必须要求启动元件远端的动作时间大于近端启动元件的动作时间,这样就降低了整套保护的动作速度。以上便是这种保护的主要缺点。

2. 相差动高频保护

其基本原理在于比较被保护线路两端短路电流的相位。在此仍采用电流的给定正方向是由母线流向线路。当保护范围内部故障时,理想情况下,两端电流相位相同,两端保护装置应动作,使两端的断路器跳闸;当保护范围外部故障时,两端电流相位相差接近 $180°$,保护装置则不应动作。

为了满足以上要求,当高频通道经常无电流,而在外部故障时发出高频电流(即闭锁信号)的方式来构成保护时,在实际上可以做成当短路电流为正半周,使它操作高频发信机发出高频电流,而在负半周则不发,如此不断的交替进行。

这样当保护范围内部故障时,由于两端的电流同相位,它们将同时发出闭锁信号,也同时停止闭锁信号,因此,两端收信机所收到的高频电流是间断的。

当保护范围外部故障时,由于两端电流的相位相反,两个电流仍然在它们自己的正半周发出高频信号。因此,两个高频电流发出的时间就相差半个周期(0.01 s)。这样,从两端收信机中所收到的总信号就是一个连续不断的高频电流。相差动高频保护也是一种传送闭锁信号的保护,也具有闭锁式保护所具有的缺点,需要两套启动元件。用来鉴别高频电流信号是连续的还是间断的,并鉴别间断角度的大小,完成这一功能的回路称为相位比较回路。

6.3　变压器保护

6.3.1　变压器常见故障与保护配置

电力变压器是电力系统的重要组成元件,它的故障将对供电可靠性和系统的正常运行带来严重的影响。

电力变压器的故障可以分为油箱内部故障和油箱外部故障。油箱内部故障包括绕组的相间短路、中性点直接接地侧的接地短路和匝间短路。变压器油箱内部故障的危害很大,故障处的电弧不仅烧坏绕组绝缘和铁芯,而且使绝缘材料和变压器油强烈气化,严重时可能引起油箱爆炸。油箱外部故障,主要是绝缘套管和引出线上发生的相间短路和中性点直接接地侧的接地短路。

变压器的异常运行状态主要有过负荷、外部短路引起的过电流、外部接地短路引起中性点过电压、油面降低及过电压或频率降低引起的过励磁等。

为了保证电力系统安全可靠地运行,针对上述故障和异常运行状态,电力变压器应装设下列保护。

(1)瓦斯保护。0.8 MVA 及以上的油浸式变压器和 0.4 MVA 及以上的车间内油浸式变压器,均应装设瓦斯保护。

(2)纵差动保护或电流速断保护。纵差动保护或电流速断保护用来反映变压器绕组、套管及引出线的短路故障,保护动作于跳开各电源侧断路器。

纵差动保护适用于 6.3 MVA 及以上的并列运行变压器、发电厂厂用工作变压器和工业企业中的重要变压器,10 MVA 及以上的单独运行变压器和发电厂厂用备用变压器。

(3)相间短路的后备保护。相间短路的后备保护用来防御外部相间短路引起的过电流,并作为瓦斯保护和纵差动保护(或电流速断保护)的后备。保护延时动作于跳开断路器。

(4)零序保护。对于中性点直接接地系统中的变压器,一般应装设零序保护,用来反映变压器高压绕组及引出线和相邻元件(母线和线路)的接地短路。

(5)过负荷保护。对于 0.4 MVA 及以上的变压器,当数台并列运行或单独运行并作为其他负荷的备用电源时,应装设过负荷保护。对于自耦变压器或多绕组变压器,保护装置应能反映公共绕组及各侧的过负荷情况。过负荷保护经延时动作于信号元件。

(6)过励磁保护。现代大型变压器,额定工作磁密与饱和磁密接近。当电压升高或频率降低时,工作磁密增加,使励磁电流增加。特别是铁芯饱和之后,励磁电流急剧增大,造成过励磁,将使变压器温度升高而遭受损坏。因此,对于大型变压器应装设过励磁保护,按其过励磁的严重程度,保护装置的输出动作于信号元件或跳开断路器。

6.3.2　变压器瓦斯保护

当油浸式变压器油箱内部发生故障时,由于故障点电流和电弧的作用,使变压器油及其他绝缘材料分解,产生气体,它们将从油箱流向油枕。故障程度越严重,产生气体越多,流速越快,甚至气流中还夹杂着变压器油。利用这种气体实现的保护称为瓦斯保护。

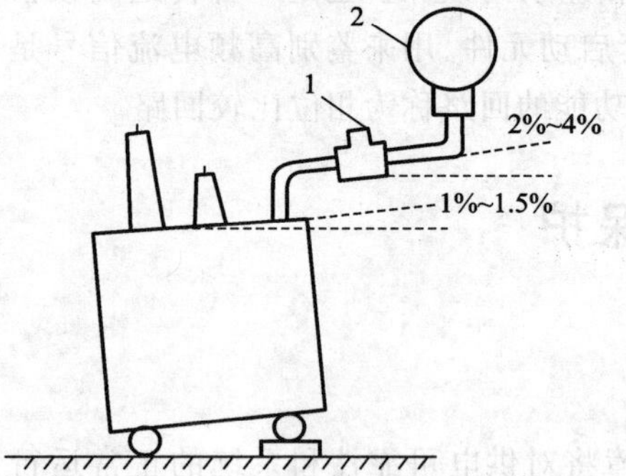

瓦斯继电器是构成瓦斯保护的主要元件。其安装位置如图 6.3.1 所示,瓦斯继电器 1 装于油箱与油枕 2 之间的连接管道中间。为便于气流顺利通过瓦斯继电器,变压器顶盖与水平面应有 1% ～ 1.5% 的坡度,连接管道应有 2% ～ 4% 的坡度。

瓦斯保护动作迅速、灵敏度高、接线简单,能反映

图 6.3.1　瓦斯继电器安装示意图

1— 瓦斯继电器;2— 油枕

油箱内部发生的各种故障,但不能反映油箱外的套管及引出线上的故障。

6.3.3　变压器纵差动保护

1. 变压器纵差动保护的工作原理

变压器纵差动保护的基本工作原理与线路的纵差动保护相同,其单相原理接线如图6.3.2所示。

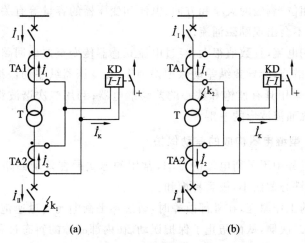

(a)　　　　　　　　**(b)**

图 6.3.2　变压器纵差动保护工作原理

外部故障时(k_1 点)

$$\dot{I}_K = \dot{I}_1 + \dot{I}_2 \approx 0$$

继电器不动作。

内部短路时(k_2 点)

$$\dot{I}_K = \dot{I}_1 + \dot{I}_2 \neq 0, I_K > I_{set}$$

继电器动作。

为了保证纵差动保护的正确工作,就必须适当选择两侧电流互感器的变比,使得在正常运行或外部短路时,两个电流互感器的二次电流相等。

电力系统的大中型双绕组变压器通常采用 Y,△11 接线方式。在正常运行时,Y 侧电流滞后 △ 侧电流 30°。为了使正常运行时纵差动保护两臂中的电流同相,需将变压器 Y 侧的电流互感器接成 △ 形,而将变压器 △ 侧的电流互感器二次绕组接成 Y 形。

2. 纵差动保护的不平衡电流

由于引起变压器纵差动保护不平衡电流的因素增多,使得不平衡电流增大,因此,需要采取相应的措施,以减少不平衡电流对纵差动保护的影响。

(1)电流互感器计算变比与实际变比不同引起的不平衡电流。理论上计算出来的变比称计算变比。实际上,电流互感器的变比已标准化,实际变比选得比计算变比大。这样,在正常运行时,两侧保护臂的电流不等,在差动回路引起不平衡电流。

(2)变压器调压分接头改变引起的不平衡电流。当电力系统运行方式变化时,往往需要

调节变压器的调压分接头,以保证系统的电压水平。调压分接头的改变将引起新的不平衡电流。

(3) 两侧电流互感器的型号不同引起的不平衡电流。

(4) 励磁涌流引起的不平衡电流。变压器在正常运行时,励磁电流很小,一般不超过额定电流的 2% ～ 10%。当变压器空载合闸或外部故障切除后电压恢复时,励磁电流大大增加,其值可达到变压器额定电流的 6 ～ 8 倍,这种励磁电流称为励磁涌流。励磁涌流的大小和衰减速度与电压的初相位、剩磁的大小和方向、电源和变压器的容量等有关。例如,在电压瞬时值为最大时合闸,就不会出现励磁涌流。

励磁涌流是单侧电流,且数值很大,经过电流互感器传变至差动回路形成另一种暂态不平衡电流。若不采取措施,会导致纵差动保护误动作。在变压器纵差动保护中,消除励磁涌流影响的方法主要有:采用具有速饱和铁心的差动继电器;利用二次谐波将纵差动保护制动;鉴别短路电流和励磁涌流波形的差别。

3. 采用 BCH-2 型继电器构成的差动保护

为了减少暂态过程中不平衡电流的影响,常用的方法是在差动回路中接入速饱和变流器。速饱和变流器的铁心截面小,极容易饱和。

速饱和变流器的工作原理,在外部故障时,暂态不平衡电流流过速饱和变流器的一次线圈,它不容易变换到二次侧,从而防止了保护误动。在内部故障的暂态过程中,短路电流也含有非周期分量,继电器不能立即动作,待非周期分量衰减后,保护才能动作将故障切除,这影响差动保护的快速性。

6.3.4 变压器的电流电压过电流保护

根据变压器容量和系统短路电流水平的不同,实现保护的方式有过电流保护、低电压启动的过电流保护、复合电压启动的过电流保护,以及负序过电流保护等。

1. 过电流保护

过电流保护应装在变压器的电源侧,采用完全星形接线,其原理接线如图 6.2.3 所示。动作电流应躲过变压器可能出现的最大负荷电流。

2. 低电压启动的过电流保护

低电压启动的过电流保护的工作原理如图 6.3.3 所示。

电流元件的动作电流,应躲过变压器的额定电流,即

$$I_{op} = \frac{K_{rel}}{K_{re}} I_{NT}$$

低电压元件的动作电压,应躲过正常情况下母线上可能出现的最低工作电压,通常取

$$U_{op} = 0.7 U_{NT}$$

低电压元件灵敏度校验

$$K_S = \frac{U_{op}}{U_{kmax}} \geqslant 1.2$$

式中,U_{kmax} 为最大运行方式下,相邻元件末端三相短路时,保护安装处的最大线电压。

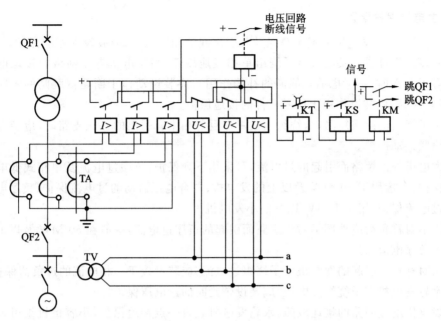

图 6.3.3 低电压启动的过电流保护工作原理

若电压元件的灵敏度达不到要求,可采用复合电压启动的过电流保护。

3. 过负荷保护

过负荷一般情况下都是对称的,因此只装一相,延时动作于预告信号元件。

4. 变压器的接地保护

大接地电流系统的电力变压器,一般应装设接地(零序)保护,作为变压器和相邻元件接地短路的后备保护。

6.4 发电机保护

发电机是电力系统中最主要的设备,其安全运行对保证电力系统的正常工作和电能质量起着决定性的作用,同时发电机本身也是一个十分贵重的电器设备,因此,应该针对各种不同的故障和不正常运行状态,装设性能完善的继电保护装置。

6.4.1 发电机常见故障与保护配置

1. 发电机常见故障与不正常运行状态

故障类型包括定子绕组相间短路、定子绕组一相的匝间短路、定子绕组单相接地、转子绕组一点接地或两点接地、转子励磁回路励磁电流消失等。

不正常运行状态主要有:由于外部短路引起的定子绕组过电流;由于负荷等超过发电机额定容量而引起的三相对称过负荷;由于外部不对称短路或不对称负荷而引起的发电机负序过电流和过负荷;由于突然甩负荷引起的定子绕组过电压;由于励磁回路故障或强励时间过长而引起的转子绕组过负荷;由于汽轮机主气门突然关闭而引起的发电机逆功等。

2. 发电机保护配置

对 1 MW 以上发电机的定子绕组及其引出线的相间短路,应装设纵差动保护。

对直接连于母线的发电机定子绕组单相接地故障,当发电机电压网络的接地电容电流大于或等于 5 A 时(不考虑消弧线圈的补偿作用),应装设动作于断路器跳闸的零序电流保护,小于 5 A 时,则装设作用于信号元件的接地保护。

对定子绕组的匝间短路,当绕组接成星形且每相中有引出的并联支路时,应装设单继电器式的横联差动保护。

对发电机外部短路而引起的过电流,可采用下列保护:负序过电流及单相式低电压启动过电流保护,一般用于 50 MW 及以上的发电机;复合电压启动的过电流保护(负序电压及线电压);过电流保护,用于 1 MW 以下的小发电机。

对由不对称负荷或外部不对称短路而引起的负序过电流,一般在 50 MW 及以上的发电机上装设负序电流保护。

对由对称负荷引起的发电机定子绕组过电流,应装设接于一相电流的过负荷保护。

对水轮发电机定子绕组过电压,应装设带延时的过电压保护。

对发电机励磁回路的接地故障,水轮发电机装设一点接地保护,小容量机组可采用定期检测装置。

对汽轮机励磁回路的一点接地,一般采用定期检测装置,对大容量机组则可装设一点接地保护,对两点接地故障,应装设两点接地保护,在励磁回路发生一点接地后投入。

对发电机励磁消失的故障,在发电机不允许失磁运行时,应在自动灭磁开关断开时连锁断开发电机的断路器,对采用半导体励磁以及 100 MW 以上采用电机励磁的发电机,应增设反映发电机失磁时电气参数变化的专用失磁保护。

对转子回路过负荷,在 100 MW 及以上并采用半导体励磁系统的发电机上应装设转子过负荷保护。

对汽轮机主气门突然关闭,为防止汽轮机遭到破坏,对大容量机组可考虑装设逆功率保护。

当电力系统振荡影响机组安全运行时,在 300 MW 机组上,应装设失步保护。

当汽轮机低频运行造成机械振动、叶片损伤等可装设低频保护。

当水冷却发电机如有可能断水时,可装设断水保护。

6.4.2　发电机纵差动保护

该保护是发电机内部相间短路的主保护,根据启动电流的不同有两种选取原则,与其相对应的接线方式也有一些差别。因为该保护可以无延时地切除保护范围内的各种故障,同时又不反映发电机的过负荷和系统振荡,且灵敏系数一般较高,所以,纵差动保护毫无例外地用作容量在 1 MW 以上发电机的主保护。

在正常运行情况下,电流互感器的二次回路断线时保护装置不应误动。为防止差动保护装置误动作,应整定保护装置的启动电流大于发电机的额定电流。

如在断线后又发生了外部短路,则继电器回路中要流过短路电流,保护装置仍要误动作,故差动保护中一般装设断线监视装置,使得纵差动保护在此情况下能及时退出工作。

保护装置的启动电流按躲开外部故障时的最大不平衡电流整定。

按躲开不平衡电流条件整定的差动保护，其启动值都远较按躲开电流互感器二次回路断线的条件为小，因此，保护的灵敏性就高。但是这样整定后，在正常运行条件下发生电流互感器二次回路断线时，在负荷电流的作用下，差动保护装置就可能误动作，就这点来看其可靠性是较差的。因此，是否需要考虑断线的情况在目前还是有争议的问题。

6.4.3　发电机横差动保护

在大容量发电机中，由于额定电流很大，其每相都是由两个并联的绕组组成的，在正常情况下，两个绕组中的电势相等，各供出一半的负荷电流，而当任一个绕组中发生匝间短路时，两个绕组中的电势就不再相等，因而会由于出现电势差而产生一个均衡电流，在两个绕组中环流。因此，利用反映两个支路电流之差的原理，即可为实现对发电机定子绕组匝间短路的保护，即横差动保护。

6.5　安全自动装置

6.5.1　自动重合闸装置

1. 自动重合闸的作用

自动重合闸装置是指断路器跳闸之后，经过整定的动作时限，能够使断路器重新合闸的自动装置。自动重合闸装置的英文名称为 Automatic Recloser，缩写为 AR。

现代电力系统发生的故障，大多数属瞬时性故障。这些瞬时性故障是大气过电压造成的绝缘子闪络、线路对树枝放电、大风引起的碰线、鸟害等造成的短路，约占总故障次数的 $80\% \sim 90\%$ 以上。当故障线路中的断路器被继电保护装置作用于跳闸之后，电弧熄灭，故障点去游离，绝缘强度恢复到故障前的水平，此时若能在线路断路器断开之后再进行一次重新合闸即可恢复供电，从而提高了供电可靠性。当然，重新合上断路器的工作也可由运行人员手动操作，但手动操作缓慢，延长了停电时间，大多数用户的电动机可能停转，因而重新合闸所取得的效果并不显著，并且加重了运行人员的劳动强度。为此，在电力系统中广泛采用自动重合闸装置，当断路器跳闸之后，它能自动地将断路器重新合闸。虽然电力线路的故障多为瞬时性故障，但也存在永久性故障的可能性，如倒杆、绝缘子击穿等引起的故障。因此，若重合于瞬时性故障，则重合成功，恢复供电；若重合于永久性故障，线路还要被继电保护再次断开，不能恢复正常的供电，则重合不成功。可用重合闸成功的次数与总动作次数之比来表示重合闸的成功率，多年运行资料的统计，成功率一般可达 $60\% \sim 90\%$。

显然，电力线路采用了自动重合闸装置会给电力系统带来显著的技术经济效益，它的主要作用有以下几点。

（1）大大提高了供电的可靠性，减少了线路停电的次数，特别是对单侧电源的单回线路尤为显著。

（2）在高压线路上采用重合闸，还可以提高电力系统并列运行的稳定性。因而，自动重合闸技术被列为提高电力系统暂态稳定的重要措施之一。

（3）在电网的设计与建设过程中，有些情况下由于采用重合闸，可以暂缓架设双回线路，以节约投资。

（4）对断路器本身由于机构不良或继电保护装置误动作而引起的误跳闸，也能起到纠正的作用。

对于自动重合闸的经济效益，应该用无重合闸时因停电而造成的国民经济损失来衡量。由于自动重合闸装置本身的投资很低，工作可靠，因此，在我国各种电压等级的线路上获得了极为广泛的应用。

2．对自动重合闸的基本要求

为充分发挥自动重合闸装置的效益，装置应满足以下几点基本要求。

（1）自动重合闸装置动作应迅速。即在满足故障点去游离（介质绝缘强度恢复）所需的时间和断路器消弧室及断路器的传动机构准备好再次动作所必需时间的条件下，自动重合闸动作时间应尽可能短。从而减轻故障对用户和系统带来的不良影响。

（2）重合闸装置应能自动启动。启动方式可按控制开关的位置与断路器的位置不对应原则来启动（简称不对应启动方式），或由保护装置来启动（简称保护启动方式）。前者的优点是断路器因任何意外原因跳闸，都能进行自动重合，可使"误碰"引起跳闸的断路器迅速合上，提高供电的可靠性。保护启动方式是仅在保护装置动作情况下启动自动重合闸装置，不能挽救"误碰"引起的断路器跳闸。采用保护方式启动时，应注意到保护装置在断路器跳闸后复归的情况，因此，为保证可靠地启动重合闸装置，必须采用附加回路来保证重合闸装置的可靠工作。

（3）自动重合闸装置动作的次数应符合预先的规定。如一次重合闸就只应该动作一次，当重合于永久性故障而断路器被继电保护再次动作跳开后，不应再重合。

（4）自动重合闸装置应有闭锁回路。

（5）在双侧电源的线路上实现重合闸时，应考虑合闸时两侧电源间的同步问题。

（6）自动重合闸在动作以后，应能自动复归，准备好下次动作。

（7）自动重合闸装置应有在重合闸之后或重合闸之前加速继电保护装置动作的可能。但应注意，在进行三相重合时，断路器三相不同时合闸会产生零序电流，故应采取措施防止零序电流保护误动。

3．自动重合闸的分类

自动重合闸可以按不同方法进行分类。按其功能可分为三相自动重合闸，单相自动重合闸装置和综合自动重合闸装置；按允许动作的次数多少可分为一次动作的自动重合闸，两次动作的自动重合闸等；按电力线路所连接的电源情况，可分为单电源线路的自动重合闸和双电源线路的自动重合闸。

对于双电源线路的三相自动重合闸，根据系统的情况，按不同的重合闸方式，可分为三相快速重合闸、非同步自动重合闸、检查线路无压和检查同步的三相自动重合闸、检查平行线路有电流的三相自动重合闸和自同步三相自动重合闸。

按与继电保护配合，可分为重合闸前加速继电保护动作的自动重合闸和重合闸动作后加速继电保护动作的自动重合闸。

6.5.2　单侧电源供电的三相一次重合闸

单侧电源线路是指单电源的辐射状单回线路、平行线路和环状线路,这种线路的重合闸不存在非同步的问题,一般采用三相一次重合闸,即无论线路上发生何种故障,继电保护装置将断路器三相一起断开,然后重合闸装置自动将断路器三相一起合上,当故障为瞬时性时,则重合成功;当故障为永久性时,则继电保护装置再次将断路器断开,不再重合。

目前,在我国电力系统中所使用的重合闸装置有电磁型、晶体管型和微机型三种,由于电磁型自动重合闸装置具有结构简单、工作可靠的优点,仍在 110 kV 及以下的电力线路上广泛采用。晶体管型和微机型自动重合闸常与晶体管继电保护装置和微机型继电保护装置构成成套保护装置,广泛用于 220 kV 及以上高压电力线路。

1. 单侧电源线路自动重合闸时限选择

(1)重合闸动作时限的选择原则。应保证断路器重合时故障点及其周围介质去游离,使绝缘恢复到故障前的水平;应大于断路器操作机构准备好重合的时间;本线路的短路故障切除后,重合时应保证本线路电源侧所有保护装置可靠返回;对于装设在单电源环形网络或并列运行的平行线路上的自动重合闸装置,其动作时限还应大于线路对侧可靠切除故障的时限。

为可靠切除瞬时性故障,提高重合闸成功率,单电源线路的重合闸动作时限一般不小于0.8 s,取 0.8 ~ 1 s。

(2)重合闸复归时间。重合闸复归时间就是电容充电到继电器启动电压的时间。整定时,应保证重合到永久性故障、最长时间段的保护装置以切除故障时断路器不会再次重合闸,确保只重合一次。当重合成功后,准备好再一次动作的时间不小于断路器第二个跳合闸的间隔时间,以确保断路器切断能力的恢复。为满足上述两方面的要求,重合闸复归时间一般取 15 ~ 25 s。

2. 自动重合闸与继电保护的配合

输电线路的电流保护、距离保护从原理上不能实现全线速动。但当与自动重合闸装置配合使用时,可以加速切除故障,以保证系统安全、可靠运行。通常有重合闸前加速保护和重合闸后加速保护两种方式来切除故障。

(1)重合闸前加速保护。重合闸前加速保护简称"前加速"。所谓重合闸前加速就是在重合闸动作之前加速继电保护装置跳闸。任何线路故障,都由保护无时限地跳开断路器,如为瞬时性故障,则线路恢复工作;如是永久性故障,则由带时限的过电流保护有选择地将故障线路切除。前加速保护主要用于 35 kV 以下的线路。

(2)重合闸后加速保护。重合闸后加速保护一般又简称"后加速"。所谓后加速就是重合闸装置动作之后加速继电保护装置跳闸。当线路第一次故障时,保护装置有选择性地动作,然后进行重合。如果重合于永久性故障上,则在断路器合闸后,加速保护装置再动作,瞬时切除故障,与第一次动作是否带时限无关。

"后加速"的配合方式,广泛地用于 35 kV 以上的网络及对重要负荷供电的送电线路上。因为,在这些线路上一般都装有性能比较完善的保护装置,如三段式电流保护、距离保护等。因此,第一次有选择性地切除故障的时间(瞬时动作或带有 0.5 秒的延时)均为系统运行所允许,而在重合闸以后加速继电保护装置的动作(一般是加速第Ⅱ段,也可以加速第Ⅲ段的动作),就可以更快地切除永久性故障。

6.5.3　备用电源自动投入装置

1. 备用电源自动投入的意义

为了提高对电力系统重要用户供电的可靠性,在用户变电所的电源线路侧,通常采用环形电网或双回线路供电。但是,当采用环形电网或双回线路供电时,如果两路电源同时投入运行,则短路电流激增,同时使继电保护更为复杂。很多情况下,电力系统只准投入一路电源。为此,将两路电源线路分为工作电源线路和备用电源线路。仅当工作电源线路发生故障退出运行时,备用电源线路才自动投入运行。

采用备用电源自动投入,一方面可以提高供电可靠性,另一方面可以限制短路电流,简化继电保护装置。因此,备用电源自动投入在电力系统中得到广泛应用。

2. 对备用电源自动投入的基本要求

(1) 任何原因引起工作电源断电时,备用电源都应可靠地自动投入,以保障对用户正常供电的连续性。

(2) 在工作电源线路断路器尚未断开的情况下,不允许备用电源投入。

(3) 在工作电源线路由人工操作分闸时,不允许备用电源投入。

(4) 在工作电源线路失压后,首先应延时断开工作电源线路断路器。该延时的时限应当满足于电力系统继电保护和自动重合闸动作时限配合的需要。

(5) 电压互感器回路断线时,不应引起备用电源自动投入装置误动作。

思考与练习题

6-1　电力系统对继电保护的四个基本要求是什么?分别对这四个基本要求进行解释。

6-2　何谓主保护、后备保护和辅助保护?远后备和近后备保护有何区别?各有何优、缺点?

6-3　微机保护与常规的继电保护相比有哪些特点?

6-4　网络如题图 6-4 所示。试对保护 1 进行电流Ⅰ段、Ⅱ段和Ⅲ段的整定计算,并画出时限特性曲线(线路阻抗取 $0.4\ \Omega/km$,电流Ⅰ段保护的可靠系数取 1.3,电流Ⅱ段保护的可靠系数取 1.1)。(t'''_3、t'''_4 为电流Ⅲ段保护的动作时间。)

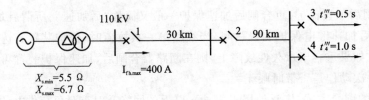

题图 6-4

6-5　何谓 90° 接线?保证采用 90° 接线功率方向继电器在正方向三相和两相短路时,正确动作的条件是什么?采用 90° 接线的功率方向继电器在相间短路时会不会有死区?为什么?

　6-6　功率方向元件的最灵敏角、内角和线路阻抗角之间的关系如何?

　6-7　什么叫距离保护?距离保护所反映的实质是什么?

　6-8　距离保护与电流保护的主要区别是什么?各有何优缺点?

　6-9　试比较方向高频保护和相差高频保护的异同。

　6-10　变压器差动保护中,产生不平衡电流的原因有哪些?它与哪些因素有关?广义而言,差动电流(差动回路中的电流)是否都可算作不平衡电流?差动电流与不平衡电流在概念上有何区别?

　6-11　励磁涌流是在什么情况下产生的?有何特点?

　6-12　发电机可能发生的故障和异常运行状态有哪些?应装设哪些相应保护?

　6-13　自动重合闸的作用是什么?

　6-14　何谓重合闸前加速?何谓重合闸后加速?简要说明它们的工作原理。

　6-15　备用电源自动投入的主要意义是什么?

第7章　电力系统自动化

电力系统自动化是指根据电力系统本身特有的规律,应用自动控制原理,采用各种具有自动检测、决策和控制功能的装置,通过信号系统和数据传输系统对电力系统各元件、局部系统或全系统进行就地或远方的自动监视、调节和控制,来自动地实现电力系统安全生产和正常运行,保证电力系统安全、经济、稳定地向所有用户提供质量良好的电能,并在电力系统发生偶然事故时,能迅速切除故障,防止事故扩大,尽快恢复系统正常运行,保证供电可靠性。

7.1　电力系统通信

7.1.1　概述

电力系统覆盖面积辽阔,但各组成部分相互之间的联系十分密切,需要随时进行准确可靠的信息交互和数据共享。电力系统通信业务主要包括电力调度、远动自动化、语音通信、办公自动化,以及视频会议等。由于电力系统具有其特殊性,体现在电力生产的不间断性、事故出现的快速性,以及电力对国民经济影响的严重性等方面,为了保证电力系统的安全经济远行,必须建立服务于电力系统的专用通信,即电力系统通信网,以实现将各发电厂及变电所的运行情况及时反映到调度所,把调度的指令迅速传送到发电厂、变电所和调度机构,完成系统内部各部门之间的电话及数据信号的传送,对电力系统各部分运行及控制信息进行快速可靠的传送等。可见,电力系统通信是电力系统自动化的重要保证。根据电力系统对通信的特殊需要,电力通信系统具有以下特点。

1. 实时性

实时性即信息的传输延时必须很小。这是由电力系统事故的快速性所要求的。如果利用公用通信网通信,则常会遇到"占线"、"不通"的情况,显然不能满足电力系统的要求。

2. 可靠性

可靠性即信息传输必须高度可靠、准确,否则,很可能会造成控制设备拒动或误动,这在电力系统中是不允许的。

3. 连续性

由于电力生产的不间断性,电力系统的许多信息(如远动信息)是需要占用专门信道、长期连续传送的,这在公网通信中难以实现。

4. 信息量较少

电力通信网主要是传送电力系统的生产、控制、管理信息,故网络传输的信息量比公网少。

5. 网络建设可利用电力系统独特的资源

为实现跨区域、长距离电能的输送,电力系统建设了遍及各地的高压输电线路;为满足城乡广大民众生产生活用电需求,又有纵横交错、密布街道村庄的输配电杆路和沟道。可以说,输配电线路是目前覆盖面最广的网络基础设施,而且基础坚固,较之其他网络,如电信、广电网络等,有着更高的可靠性,这是电力系统建设通信网的一个突出优势。因此,可以充分利用电力系统这一得天独厚的网络资源,比如利用高压输电线进行的载波通信,利用电力杆塔架设光缆等。

电力通信作为电力系统的重要组成部分,起着通信、远动、继电保护、办公自动化等诸多重要作用,它的自动化程度基本体现了电力系统的自动化程度。稳定可靠、高效率的电力通信网络可以提高整个电力系统的安全管理和经营管理工作效率。目前,我国已形成以数字微波为干线覆盖全国的电力通信网络,各支线则充分利用电力线载波、绝缘地线载波、架空电线载波等电力系统特有的通信方式,同时,光纤通信、卫星通信、移动通信、数字程控交换以及数字数据网等通信技术在我国电力通信中也获得了较广泛的应用。因此,电力通信网是多用户、多种通信方式构成的综合通信网。

7.1.2 光纤通信

光纤通信是一种以光波为信息载体,以光导纤维为传输媒介的通信方式。

1. 光纤通信系统的基本组成

光纤通信系统和一般有线通信系统相似,光纤系统在线路上传送信息的运载工具是激光,有线通信是频率比光波低的电信号。光纤通信系统主要由光发送机、光纤光缆、中继器和光接收机组成,如图 7.1.1 所示(图中只画出了一个传输方向)。此外,系统中还包含了一些互联和光信号处理部件,如光纤连接器、隔离器、光开关等。

图 7.1.1 光纤通信系统构成

2. 光纤通信系统的分类

根据调制信号的类型,光纤通信系统可以分为模拟光纤通信系统和数字光纤通信系统。根据光源的调制方式,光纤通信系统可以分为直接调制光纤通信系统和间接调制光纤通信系统。根据光纤的传导模数量,光纤通信系统可以分为多模光纤通信系统和单模光纤通信系统。根据系统的工作波长,光纤通信系统可分为短波长光纤通信系统、长波长光纤通信系统和超长波长光纤通信系统。现在普遍采用的长波长光纤通信系统的工作波长为 $1.1 \sim 1.6\ \mu m$,超长波长光纤通信系统的工作波长大于 $2\ \mu m$,采用的光纤为非石英光纤,具有损耗极低、中继距离极长的优点,是光纤通信的发展方向。

3. 电力系统光纤通信

随着通信网络光纤化趋势进程的加速,我国电力专用通信网在很多地区已经基本完成了从主干线到接入网向光纤过渡的过程。目前,电力系统光纤通信承载的业务主要有语音、数据、宽带业务、IP 等常规电信业务;电力生产专业业务有保护、安全自动装置和电力市场化所需的宽带数据等。当光纤通信应用在保护和安全自动装置中时,则对光缆、中继器等通信设备的可靠性和安全性有着更高的要求。可以说,光纤通信已经成为电力系统安全稳定运行以及电力系统生产生活中不可缺少的一个重要组成部分。因此,随着技术的进步,一些有别于传统光缆的附加于电力线和加挂于电力杆塔上的光电复合式光缆被开发出来,这些光缆被统称为电力特种光缆。电力系统光纤通信与其他光纤通信系统最大区别之一,就是通信光缆的特殊性。电力特种光缆受外力破坏的可能性小,可靠性高,虽然其本身造价相对较高,但施工建设成本较低。特种光纤依托于电力系统自己的线路资源,避免了在频率资源、路由协调、电磁兼容等方面与外界的矛盾和纠葛,有很大的主动权和灵活性。今后进一步大量使用高带宽、强稳定、便维护的光纤进行信息传输是电力系统通信发展的必然趋势。

7.1.3　微波中继通信

1. 微波中继通信的概念

微波中继通信是利用微波作为载波并采用中继(接力)方式在地面上进行的无线电通信。它作为一种成熟的无线通信技术,在国内外已获得广泛应用。微波频段的波长范围为 1 m ~1 mm,频率范围为 300 MHz ~ 300 GHz,可细分为特高频(UHF)频段/分米波频段、超高频(SHF)频段/厘米波频段和极高频(EHF)频段/毫米波频段。由于卫星通信实际上也是在微波频段采用中继(接力)方式进行的通信,只是其中继站设在卫星上而已,因此,为与卫星通信相区别,微波中继通信是限定在地面上的。A、B 两地间远距离地面微波中继通信系统的中继示意如图 7.1.2 所示。

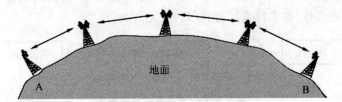

图 7.1.2　微波中继通信示意图

对于地面的远距离微波通信,采用中继方式的直接原因有两个:首先是因为微波波长短,接近于光波,是直线传播,具有视距传播特性,而地球表面是个曲面,因此,若在通信两地直接通信,当通信距离超过一定数值时,电磁波传播将受到地面的阻挡,为了延长通信距离,需要在通信两地之间设立若干中继站,进行电磁波转接;其次是因为微波传播有损耗,随着通信距离的增加信号衰减,有必要采用中继方式对信号逐段接收、放大后发送给下一段,延长通信距离。微波中继通信主要用来传送电话、宽带信号(图像)、数据信号、移动通信系统基地与移动业务交换中心之间的信号等,还可用于通向孤岛等特殊地形的通信线路,以及内河船舶电话系统等移动通信的入网线路。由于微波通信传输容量大,能方便地跨越江河湖泊,设备安装调试比较方便,线路建设成本较低,曾一度成为公用及专用通信网主干线路的主要通信方式。微波通信分为模拟微波通信和数字微波通信,随着传输网络数字化过程的加快,微波通信已逐步以数字制式完全取代了模拟制式,并与卫星通信、光纤通信一起成为当今三大通信传输技术。

2. 数字微波通信系统的组成

数字微波通信系统组成可以是一条主干线,中间有若干支线,其主干线可以长达几百千米甚至几千千米,除了在线路末端设置微波终端站外,还在线路中间每隔一定距离设置若干微波中继站和微波分路站。数字微波通信系统设备由用户终端、交换机、终端复用设备、微波站等组成。狭义地说,数字微波通信系统设备指微波站设备。

3. 微波通信特点

微波通信的优点有:通信频段的频带宽,传输信息容量大;微波频段占用的频带约300 GHz,而全部长波、中波和短波频段占有的频带总和不足 30 MHz;一套微波中继通信设备可以容纳几千甚至几万条话路同时工作,或传输电视图像信号等宽带信号;通信稳定、可靠、抗干扰性强;通信灵活性较大;天线增益高、方向性强;投资少、建设快。

但微波通信也有其无法克服的缺陷:因其经空中传送,易受干扰,在同一微波电路上、向同一方向传输的信号不能使用相同的频率,因此,微波电路必须经无线电管理部门批准才可以建设。此外,由于微波直线传播的特性,在电波波束方向上,不能有高楼阻挡,并且一次造价过高,稳定性差。

目前,虽然光纤通信异军突起,微波通信在通信网中占有的地位有所下降,但其独有的特点(不受地理条件的限制),使它在今后仍将会发挥重要作用。

7.1.4　电力线载波通信

电力线载波通信是电力系统特有的通信方式,用于电力调度所与变电所、发电厂之间的通信,它是利用现有电力线作为信息传输媒介,通过载波方式高速传输模拟或数字信号的一种特殊通信技术,由于使用坚固可靠的电力线作为载波信号的传输介质,因此,具有信息传输稳定可靠、路由合理的特点,是唯一不需要线路投资的有线通信方式。电力线载波通信是先将数据调制成载波信号或扩频信号,然后通过耦合器耦合到 220 V 或其他交/直流电力线甚至是没有电力的双绞线上。电力线载波通信具有物理链路现成、易维护、易推广、易使用、低成本等优点,显示出了良好的前景和巨大的市场潜力。

电力线通信的关键是如何保证在电力线上长距离的可靠通信,在电力线上通信存在以下问题:电力线间歇性噪声较大(某些电器的启动、停止和运行都会产生较大的噪声);信号衰减快,线路阻抗经常波动等。这些问题使电力线通信非常困难,电力线载波通信的关键是采用功能强大的电力线载波专门电路。

1. 频分复用多路通信的基本原理

频分复用是指在一条公共线路或信道上利用不同频率来传送各路相互无关的信息,以实现多路通信的方式,适用于模拟通信系统。载波通信系统就是典型的频分复用多路通信系统。

实现频分复用多路通信,首先必须在发信端把各路原始话音信号的基带频谱 $0.3 \sim 3.4$ kHz,通过"频率搬移"搬到适合线路传输的频带内并依次排列起来,且互不重叠;然后

在线路上传输到收信端,在收信端,利用各路信号所占用的线路传输频带的位置不同,通过"频率分割"把各路信号频带分割出来,再各自进行反"变换",恢复其原来的基带频谱,之后分别由各自对应的用户接收,从而实现了频分复用多路通信。

2. 电力线载波通信系统的组成

电力线载波通信系统的组成示意如图 7.1.3 所示。由此可见,整个系统主要由电力线载波机 ZJ,电力线路和耦合装置组成。其中,耦合装置包括线路阻波器 GZ、耦合电容器 C、结合滤波器 JL 和高频电缆 GL。通常将 A、B 用户间的部分称为电路,而将 A、B 两端载波机外线输出端 D、E 之间的各组成部分统称为电力线高频通道。

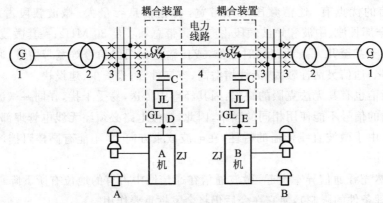

图 7.1.3 电力线载波通信系统组成示意图
1— 发电机;2— 变压器;3— 断路器;4— 电力线

图 7.1.3 中,电力线载波机 ZJ 的作用是对用户的原始信息信号实现调制与解调,并使之满足通信质量的要求。耦合电容器 C 和结合滤波器 JL 组成一个带通滤波器,其作用是通过高额载波信号,并阻止电力线上的工频高压和工频电流进入载波设备,确保人身、设备安全。线路阻波器 GZ 串接在电力线路和母线之间,又称为电力系统一次设备的"加工设备"。加工设备的作用是通过电力电流、阻止高额载波信号漏到电力设备(变压器或电力线分支线路),以减小变电所或分支线路对高频信号的介入衰减,以及同母线不同电力线路上高频通道之间的相互串扰。在电力系统中,载波站一般设置在发电厂或变电所内。

7.1.5 电力系统远动及其规约

1. 电力系统远动基本概念

电力系统由发电厂、变电站、输／配电网络和用电设备等组成,地域分布非常辽阔。为了保证整个系统稳定、可靠、安全、经济地运行,必须对全系统进行统一的调度、控制和管理。为此,调度控制中心必须能对分布于不同地点的发电厂、变电站等进行监视和控制,这就是电力系统远动,或称为远程监控。电力系统远动的具体任务就是:将表征电力系统运行状态和各厂、站设备的实时信息采集到调度中心;把调度中心的命令发往相关厂、站,完成对电力设备的控制和调度。

在远动系统中,远地的监控终端 RTU(Remote Terminal Unit)和调度中心通过适当的通信系统(如微波、光纤、电力线载波等)相联系,相互传递有关数据和命令。如果 RTU 向调度中心传送被测模拟量的实时采样数据,称为远程测量,简称遥测;如果传送的是设备的开关状态信息,则称为遥信;若由调度中心向 RTU 发送改变设备运行状态(如断路器的分 / 合闸)的命令,则称之为遥控;当调度中心需要对厂、站某些设备的运行状态进行调节,例如,改变发电机组的有功出力,则发出相应的调节命令,这就是遥调,即远程调节。遥测、遥信、遥控、遥调统称为"四遥",是远动系统的基本功能。随着科学技术的迅速发展和电力系统自动化水平的不断提高,远程视频监视在近年来获得了广泛的推广和应用,即采用视像系统把远方厂站的设备、环境的实时画面传送到调度中心,给调度自动化系统提供直观的现场信息。这种功能称为遥视,从而使远动系统的基本功能由"四遥"扩充到"五遥"。对电力系统远动的技术要求最主要的是可靠、准确和及时。如果远动提供的遥测、遥信数据有差错或不及时,就有可能导致调度中心判断或决策失误;如果遥控、遥调命令有差错或不及时,则将直接影响到系统的运行,甚至引发严重的后果。

2. 远动系统工作模式

远动系统由厂、站端远动装置 RTU,调度端远动装置及通信系统共同组成。RTU 负责采集现场数据,执行调度端下发的遥控、遥调命令;调度端则接收遥测遥信数据,进行分析处理,做出决策后发出相应的命令;通信系统是两者的传输通道。一般而言,RTU 以微处理器为核心构成,而调度端则往往是一个比较复杂的计算机系统,甚至计算机局域网。通常一个远动系统由一个调度中心和多个远方终端 RTU 所组成。常将调度中心称为主站,远方终端称为从站,或子站。所谓远动系统的工作模式,是指远动信息在主站和从站间的传输方式。基本的工作模式有以下三种。

(1)循环传输模式。从站将所有远动信息按规定格式构成远动数据帧,周期性地主动向主站反复发送,周而复始。

(2)自发传输模式。在这种模式中,只有当从站发生事件(如遥测越限、遥信变位等)时,从站才向主站发送信息;若无事件发生,则不传送。

(3)问答(轮询)传输模式。循环和自发模式都是由从站发起通信,问答模式则是由主站发起通信的。工作过程是主站询问某从站有无信息要发送,若有,则该从站发出远动信息,主站接收后继续询问下一个从站;若无,则主站直接询问下一从站。如此反复循环,故也称为轮询模式。

上述三种模式是三种基本的传输模式,实际运用时往往是它们的组合。如将循环模式和自发模式相结合,正常情况下按循环模式工作,一旦发生紧急事件,则立即转换为自发模式,插入事件信息。事件信息传输成功后,又恢复为正常的循环模式。

3. 电力系统远动规约

规约是一组规则和约定,也就是常说的协议。为了有效地实现双方的通信,通信的发送方与接收方需要预先对数据的传输速率、数据结构、同步方式等进行约定,两侧通信设备应符合和遵守的这些约定,称为通信规约。

电力系统远动规约,对远动系统中各种远动信息的组织办法(信息结构)、各种上行(从站发往主站)、下行(主站发往从站)信息的优先级顺序及主从站间的传送规则均做出了明确的规定,以保证所有信息的正确传输和整个系统的可靠运行。如果不遵循相同的规约,两个通信站就无法进行通信;远动规约不同的远动设备则无法在一起共同组网;远动规约的标准化程度不高,则无法适应市场开放的需要;同时,远动规约的效率高低也直接制约着网络的通信效率。

我国现在执行的远动规约主要是原电力部于 1991 年颁布的《循环式远动规约》,即 CDT(Circle Data Transfer)规约;也有部分地区仍执行较早的部颁《问答式远动规约(试行)》,即 polling 规约。20 世纪 90 年代,国际电工委员会 TC-57 技术委员会先后发布了 IEC60870-5-101、IEC60870-5-102、IEC60870-5-103 和 IEC60870-5-104 等四个远动标准,分别是基本远动任务、电能计量信息、继电保护信息和网络通信的远动通信标准,我国正在逐步采用这些国际标准。

电网调度的通信规约包括三个层次:厂站内系统(站级通信总线以及间隔级采用基于以太网的 IEC61850 系列标准),主站与厂站之间(扩展的 IEC61850 系列标准或者 IEC60870-6TASE.2),主站侧(遵从 IEC61970 系列标准)。统一的通信规约既是通信的需要,也是开放性的需要。

7.1.6　电力通信网络技术

1. 混合通信网络

电力调度自动化系统的目的是保证电力系统安全、稳定、经济地运行,有大量信息要在端站、调度所和电力设备间传递。不同业务信息的传输距离、传输质量要求各有不同,这就要求有一个完善、可靠的通信网络来完成各种业务信息的可靠通信。从地理覆盖范围及采用的网络技术来分,可把整个电力通信网络划分为主干网和本地网两种类型。

主干网指连接国家电力调度中心和各网、省电力公司及特别重要的发电厂站的骨干通信网络,网、省公司与所辖地区电力局的通信干线也可视为主干网的一部分,或视其为主干网的末梢。主干网承担长途通信的任务,目前,主要以光纤和微波为传输链路,普遍采用 IP over SDH 网络技术,最终将过渡到 IP over WDM,微波线路则基本上被光纤所取代。IP over SDH 技术是将 IP 分组通过点到点协议直接映射到 SDH 帧,省掉了中间的 ATM 层,从而保留了 Internet 的无连接特征,简化了网络体系结构,提高了传输效率,降低了成本,易于兼容不同技术和实现网间互联。IP over WDM 也称光因特网,其基本原理和工作方式是:在发送端,将不同波长的光信号组合(复用)送入一极光纤中传输,在接收端,又将组合光信号分开(解复用)并送入不同终端。IP over WDM 由于使用了指定的波长,在结构上将更加灵活,并具有向光交换和全光选路结构转移的可能,极大地提高了带宽和相对的传输速率,还可以支持未来的宽带业务网及网络升级。对主干通信网络的要求主要有带宽大、速率高、误码率低、传输可靠、组态灵活、路由迂回能力强等。

本地网则指局限于较小范围的通信网络,包括城域网和厂站通信系统等。电力调度自动化的功能主要由本地网实现,由于不同业务信息对通信的要求不同,各地通信网络的条件也不一样,没有任何一种单一的通信手段能够全面满足电力调度自动化的需要,因此,电力调度自动化的通信功能往往需由多种通信系统组合在一起构成混合通信网络,共同完成相关功能。常用的通信技术包括电力线路载波、光纤通信、现场总线、无线扩频通信技术等。

2. 通信网络管理与安全

现代电力通信网络地域广阔、结构复杂、设备种类繁多、通信业务不断扩展,而电力系统自动化对通信网络和服务质量要求越来越高,这就要求建立一个完善、统一、先进的网络管理系统,以充分利用通信网资源,降低运行维护费用,为电力系统自动化提供优质的通信服务。网络管理系统功能有五类,即性能管理、故障管理、配置管理、安全管理和账目管理。性能管理负责对通信设备和网络单元的有效性能进行评价;故障管理是对设备和网络的故障进行检测、隔离和校正;配置管理负责系统设备和网络状态管理、系统运行配置、系统升级扩容等;安全管理利用各种安全措施,保证网络的安全运行;账目管理旨在确定网络服务使用情况,并计算服务费用。

此外,目前电力系统的正常运营对于信息系统的依赖性越来越大,为了保障电力系统的安全稳定经济运行,必须从多方面确保电力信息网络的安全。电力信息网络的安全问题包括"电力通信网络"的安全和"电力信息系统"的安全两个大的方面。为了保证电力信息网络的安全,应根据网络实际运行情况和条件,采取全面的技术措施,包括运用防火墙技术、认证加密技术、防病毒技术、入侵检测技术和漏洞扫描技术等。

7.2　电力系统调度自动化

7.2.1　概述

电力系统调度自动化可概述为遥测、遥信、遥控、遥调、遥视这"五遥"功能,电力调度的主要任务就是控制整个电力系统的运行方式,使整个电力系统在正常运行状态下能满足安全生产和经济地向用户供电的要求,在事故状态下能迅速消除故障的影响和恢复正常供电。电力系统中各发电厂、变电所的实际运行状况,线路的有功、无功潮流,以及母线电压等信息,可通过装设在各厂站的运动装置送至调度所。信息送至调度所后,由调度中心的运行人员和计算机系统,对当前系统运行状态进行分析计算,将计算结果和决策命令通过远动的下行通道送至各个厂所,从而实现电力系统的安全经济运行。

电力系统调度自动化发展到现在已经历了几个不同的阶段。在20世纪30年代电力系统建立调度中心之初是没有自动装置的,当时调度员只能依靠电话与发电厂和变电所联系,无法及时和全面地了解电网的变化,在事故的情况下只能凭经验进行处理。20世纪40年代出现了早期的电力系统调度自动控制系统,具有对电力系统运行状态的监视(包括信息的收集、处理和显示),远距离的开关操作,自动发电控制及经济运行,以及制表、记录和统计等功能。这个系统称为数据采集与监控系统(SCADA,Supervisory Control And Data Acquisition)。它可将电网中各发电厂和变电所的有关数据集中显示到模拟盘上,使整个电力系统运行状态展现在调度员面前,及时将开关变化和数值越限报告给调度员,这增强了调度员对电力系统的感知能力,减轻了调度员监视电力系统运行状态的负担。20世纪50年代发展了自动发电控制(AGC,Automatic Generation Control),包括负荷频率控制(LFC,Load Frequency Control)和经济调度(EDC,Economic load Dispatch Control)两大部分,增强了调度员控制电力系统的能力;20世纪60年代发展了负荷预测、发电计划和预想故障分析,这为调度员提供了辅助决策工具,增强了调度员对电力系统分析与判断的能力。尽管如此,仍不能满足现代工业和人民生活对电能质量及供电可靠性越来越高的要求,而且人们对系统运行经济性也越来越重视。要全面解决这些问题,就需要对大量数据进行复杂的计算。在20世纪60年代到70年代,电力系统的自动化技术经历了一次重要的变化,即由模拟技术转向数字技术。整个数据采集过程,包括远程终端(RTU,Remote Terminal Unit)、输入输出通道和发电厂控制器逐步由模拟型发展成数字型,在调度中心的数据收集、自动发电控制和网络分析等功能均由数字计算机完成。在20世纪60年代中期,西方一些国家的电力系统曾相继发生了大面积的停电事故,引起世界的振动。人们开始认识到,安全问题比经济调度更加重要。因此,人们开始认识到计算机系统应首先参与电力系统的安全监视和控制。这样,就出现了能量管理系统(EMS,Energy Management System)。能量管理系统是以计算机为基础的现代电力系统的综合自动化系统,主要针对发电和输电系统,用于大区级电网和省级电网的调度中心,将数据采集与监控、自动发电控制和网络分析等功能有机联系在一起,使处于独立或分离的自动化提高到一个统一的管理系统水平。根据能量管理系统的技术发展的配电管理系统(DMS,Distribution Management System)主要针对配电和用电系统,用于10 kV以下的电网。用户侧管理DSM(Demand Side Management)属于负荷自我管理,其原理是用户按电价躲避峰荷用电,但分时电价(TOU,Time Of Use)应由配电管理系统提供。EMS的发展主要基于计算机技术和电力系统应用软件技术两方面。

随着技术的进步,电力系统自动化正向综合自动化水平发展。数据库技术的发展使数据能为更多的应用软件服务,人机交互技术由初期以打印为主改为以显示器为主,由字符型走向全图型,响应速度越来越快,画面编辑越来越方便,表现能力越来越强。20世纪90年代发展的视窗、平滑移动、变焦,以及三维图形等技术大大方便了调度员使用能量管理系统,使他们可以在调度室的屏幕上形象而直观地观察和控制电力系统,从而缩短了与电力系统各部分间的距离。电力系统调度自动化的设计应符合现行行业标准DL/T 5003—2005《电力系统调度自动化设计技术规程》。

电网调度实行分级管理,主要分为国家电网调度中心、大区电网调度中心、省级电网调度中心、地区电网调度中心、县级电网调度中心等级别。分级调度可以简化网络的拓扑结构,使信息的传送变得更加合理,从而大大节省了通信设备,并提高了系统运行的可靠性。为了保证电力系统的安全、经济、高质量地运行,对各级调度都规定了一定的职责。由于各级调度中心的职责不同,对其调度自动化系统的功能要求也是不同的。另外,调度自动化系统的功能也有层次之分。其运行应满足行业标准DL/T 516—2006《电力调度自动化系统运行管理规程》。

7.2.2　数据采集和监控(SCADA)

1. SCADA主要功能

SCADA是调度自动化系统的最基础的功能,也是地区或县级调度自动化系统的主要功能。它主要包括以下几个方面。

(1)数据采集。采集的数据包括模拟量、状态量、脉冲量、数字量等。断路器状态、隔离开关状态、报警和其他信号等均用状态量表示,电压、功率、温度和变压器抽头位置等则用数字量表示。

(2) 信息的显示和记录。它包括系统或厂站的动态主接线实时的母线电压、发电机的有功和无功出力、线路的潮流、实时负荷曲线、负荷日报表的打印记录、系统操作和事件顺序记录信息的打印等。

(3) 命令和控制。它包括断路器和有载调压变压器分接头的远方操作,发电机有功和无功出力的远方调节。

(4) 越限告警。对需要报警的值设定上、下限,越限时即报警,同时越限数据变色,并根据需要打印记录。

(5) 实时数据库和历史数据库的建立。

(6) 数据预处理。它包括遥测量合理性的检验、数字滤波、遥信量的可信度检验等。

(7) 事故追忆。对事故发生前后的运行情况进行记录,以便分析事故的原因。

(8) 多种网络互联功能。可通过网桥或路由器与管理信息系统 MIS 互联,共享双方服务器中的数据。支持多种网络协议,可根据用户要求采用不同的网络通信协议与其他计算机网络互联。

(9) 性能计算和经济分析功能。系统可以提供在线性能计算的功能、计算机组,以及辅机的各种效率和性能值,如热耗、气耗、煤耗、厂用电、热效率等,给运行人员和管理人员提供操作和运行管理信息。

(10) 开关量变态处理功能。开关量输入信号主要来自各种开关量变送器,如温度、压力、液位、流量、差压开关,以及反映辅机工作状态的继电器触点。开关量的处理主要是监测开关量的状态变化。

2. SCADA 主要控制组件

(1) 控制服务器。控制服务器作为与低层控制装置通信的监控软件的主机。

(2) SCADA 服务器或主控端设备(MTU)。SCADA 服务器是作为 SCADA 系统主导者的设备。位于远程现场站点的 RTU 和 PLC 装置,通常作为从属设备。

(3) 远程终端设备(RTU)。RTU 是设计用于支持 SCADA 远程站点的专用数据采集与控制设备。RTU 现场设备,往往配备无线射频接口以支持有线通信无法实现的远程情况。有时,PLC 被实现为现场设备用作 RTU,在这种情况下,PLC 常常被称为 RTU。

(4) 可编程逻辑控制器(PLC)。PLC 是基于计算机的固态装置,已经发展成为具有控制复杂程序的能力的控制器。RTU 广泛地应用于 SCADA 系统中,因为它经济、通用、灵活而且可配置。

(5) 智能电子装置(IED)。IED 是"聪明的"传感器／执行元件,具有采集数据、与其他装置通信及执行本地过程与控制所需的智能性。IED 可以在一个装置内组合模拟输入传感器、模拟输出、低级控制功能、通信系统和程序存储器。在 SCADA 中使用 IED 便于在本地实现自动控制。

(6) 数据历史库。数据历史库是用于记录 SCADA 所有过程信息的集中数据库。存储在该数据库中的信息可以取出用于各种分析,从统计性的过程控制到企业级规划。

(7) 输入／输出(I/O)服务器。I/O 服务器是负责收集、缓存并支持访问来自 PLC、RTU 和 IED 等次级控制组件的过程信息的控制组件。I/O 服务器可以设置于控制服务器或单独的计算机平台。I/O 服务器还用于与第三方控制组件接口,比如人机界面和控制服务器。

3. 计算机数据采集系统的基本结构及特点

(1)小型计算机数据采集系统。小型计算机具有较高的运算速度和处理能力,可以进行大量的、复杂的运算和数据处理;小型计算机具有比较强的外部设备驱动能力,因此,可以满足各种不同层次的数据处理要求;小型计算机一般配有比较完善的指令系统,而且能够支持多种高级语言,具有更加完善的操作系统和应用软件。

(2)微型计算机数据采集系统。系统的结构简单,容易实现,能够满足中、小规模数据采集系统的要求;微型计算机对环境的要求不像小型计算机那样苛刻,能够在比较恶劣的环境下工作;微型计算机的价格低廉,可降低数据采集系统的投资,即使是比较小的系统,也可以采用它;采用微型计算机的数据采集系统可以作为分布式数据采集系统的一个基本组成部分进一步扩充。

(3)分布式数据采集系统。系统的适应能力强,无论是大规模的系统,还是中小规模的系统,分布式系统都能够适应;系统的可靠性高,由于采用了多个以微处理机为核心的智能装置,所以,它不像小型计算机系统那样一旦 CPU 发生故障,就会造成整个 DAS 系统瘫痪;系统的实时响应性好,系统中各个微处理机之间是真正"并行"工作的,所以,实时响应特性比较好,这一点对于数据采集这类应用来说还并不显得特别重要,但对于系统来说,这是一个很突出的优点。

4. SCADA 系统的基本流程

操作员或工程师用人机界面(HMI)来配置整定值、控制算法及调节和建立控制器中的参数。MHI 也显示过程状态信息和历史信息。远程诊断维护程序用于防止、识别故障和故障后的恢复。控制环包括用于测量的传感器、控制器硬件、控制阀等执行元件、断路器、开关和电动机,以及变量的通信。控制量由传感器送到控制器。控制器解析信号并基于整定值产生相应的操纵量,将它传递给执行元件。扰动后的过程变化带来新的传感器信号,用以识别过程的状态,再传给控制器。整个过程如图 7.2.1 所示。

我国目前使用的远程量测终端主要有布线式数字远动装置和微机远动装置两种,其主

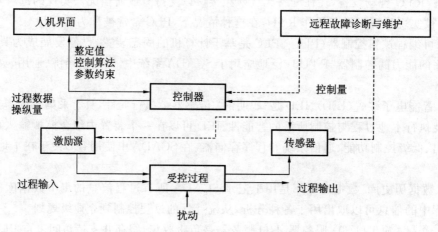

图 7.2.1　SCADA 系统基本流程

要功能为:收集现场的量测量(遥测)和状态量(遥信),接收调度中心的命令并对现场设备进行控制;对采集的数据进行简单处理,如数字滤波、越限报告等;与主站通信,进行通信规约处理。

数据传送有两种方式:一是应主站要求的直接报告方式,二是在量测量变化(超过死区)或状态量变位时的例外报告方式。当前,数据收集普遍按两种形式进行:一是循环式,即现场发送端循环不断地将数据送给主站的接收端,需独占信道;二是应答式,由主站依次查询远程终端有无信息发送,几个终端可以共用同一信道。主站计算机系统分为集中式和分布式两大类,近年来分布式系统发展很快。

7.2.3 自动发电控制(AGC)

1. 自动发电控制(AGC)的功能

制订发电计划和进行发电控制是电力系统调度的一项重要内容。其目标是使整个系统中发电机的出力随时跟踪连续变化的负荷的需求,使系统的发电机输出与负荷需求平衡,频率保持在规定范围内,并使整个系统运行在最经济状态。在自动化的调度系统中,这个任务是由能量管理系统(EMS)中的自动发电控制(AGC)软件完成的。虽然一个控制区负责本地区内负荷的供应,但互联系统的基本特性是所有的发电机均通过调速器对频率变化作出响应,而整个互联系统内各控制区的频率是相同的。当系统中增加一新负荷时,首先由所有的机组转动部分储存的动能来供给此新增的负荷,整个系统的频率开始下降,接着所有机组的调速器动作增加机组出力,使系统频率在稍低的水平达到一个新的稳态,系统的负荷与机组出力平衡。AGC的任务是重新调整机组出力使频率恢复到初始值。

自动发电控制功能是以 SCADA 功能为基础而实现的功能,一般写成 SCADA + AGC。自动发电控制是为了实现下列目标。

(1) 对于独立运行的省网或大区统一电网,AGC 自动控制网内各发电机组的出力,以保持电网频率为额定值。

(2) 对跨省的互联电网,各控制区域 AGC 的功能目标是既要求承担互联电网的部分调频任务,以共同保持电网频率为额定值,又要保持其联络线交换功率为规定值。

(3) 对周期性的负荷变化按发电计划调整出力,对偏离预计的负荷,实现在线经济负荷分配。

2. 自动发电控制(AGC)的控制原理

电力系统对负荷变动导致的频率变动有三种调节方式,即一次、二次和三次调频。一次调频即由调速系统来完成的自动调频,响应速度最快,但由于调节器为有差调节,当负荷变动幅度大时系统的频差也大,因此,一次调频不能满足频率质量的要求。为达到无差调频的目的,需要对系统进行二次调频。二次调频主要是 AGC 通过计算全系统频率的余缺并发出控制命令对频率进行调节,也就是通过区域调节控制使区域控制误差 ACE(Area Control Error)调整到零,从而达到无差调节要求。三次调频是由经济调度程序对系统中所有按给定负荷曲线运行的发电机组分配调整任务,它通常以发电成本最小为目标。

目前,世界上安装了很多种不同形式的 AGC 系统。这些系统有相同点,也有很多不同之

处。现代 AGC 控制仍在不断发展中。AGC 控制的总体框图如图 7.2.2 所示。调速器／透平本身虽不属于 AGC 系统，但图中表示了它在 AGC 中的作用。AGC 包括三个回路：机组单元控制、区域跟踪控制和区域调整控制。

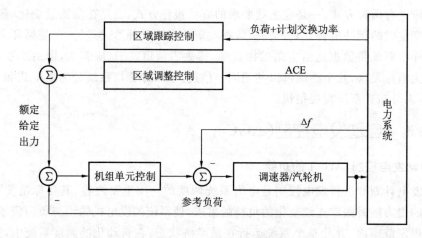

图 7.2.2　AGC 控制框图

机组单元控制提供发电机输出的闭环控制，是基本的控制环节。其任务是调整机组的控制误差使机组的实际出力与给定出力误差为零。

区域跟踪控制确定机组给定出力的确定机组出力基点及区域间交换功率等。

区域调整控制实现负荷频率控制功能，确定参与调频机组间的功率分配，使区域控制误差 ACE 为零，是 AGC 的核心。它在参与调频机组间按 ACE 大小分配定额。这个闭环控制系统可分为两个层次：一层为负荷分配回路，AGC 通过 RTU、通信通道及 SCADA 获得所需的实时量测数据，由 AGC 程序形成以区域控制偏差（ACE）为反馈信号的系统调节功率，根据机组的实测功率和系统的调节功率，按经济分配的原则分配给各机组，并计算出各机组或电厂的控制命令，再通过 SCADA、通信通道及 RTU 送到电厂的机组调功装置；另一层是各机组的控制回路，它调节机组出力（二次调节）使之跟踪 AGC 的控制命令，最终达到 AGC 的控制目的。

现有的 AGC 是在每一个控制区内的一种局部控制。一个控制区一般对应于一个电力公司的供电区。"局部"是指不从其他控制区取得控制信号，这种控制是建立在联络线潮流测量和本地区系统频率测量之上的。这种控制是数字式的，其计算周期为 1～4 s。

3. 国外自动发电控制的发展趋势

国外自动发电控制的发展趋势有以下几方面。

（1）与网络分析相结合，改进线损修正和安全约束调度（尤其是最优潮流）。

（2）在线机组耗热特性测试和电厂效率系统的建立，实时电价计算。

（3）基于现代控制理论的动态经济调度的研究。

（4）零散发电（小水电和风力发电）的预测和跟踪。

（5）综合燃料计划，控制环境污染。

7.2.4 经济调度控制(EDC)

EDC 是在给定的电力系统运行方式中,在保证频率质量的条件下,以全系统的运行成本最低方式,将有功负荷需求分配于各可控的发电机组,并在调度过程中考虑电力系统安全可靠运行的约束条件。与 AGC 相配套的在线经济调度控制是实现调度自动化的一项重要功能。

1. 经济调度控制的功能和应用

电力系统中的负荷,无论是计划分量还是随机分量,都随着时间在不断变化,而且这种变化又将影响输电网中的负荷分布及传输损耗(简称网损)。为了跟踪系统负荷及网损的变化,系统的总发电出力也必须作相应的调整。但如何将当前所需的总发电出力分配给数以百计的各类发电机组,则可能有无数种方案,这主要取决于发电分配功能所采取的目标函数。

经济调度控制的主要目标函数是在使系统的总发电出力与负荷及网损相平衡的约束条件下,令所有机组的发电成本最低。其目标函数和约束条件的数学表达式分别为

$$\min F = \sum_{i=1}^{N} f_i(P_{gi})$$

$$P_{\text{load}} + P_{\text{loss}} - \sum_{i=1}^{N} P_{gi} = 0$$

式中,P_{gi} 为第 i 台机组的有功出力,$i = 1, 2, \cdots, N$;P_{load} 为系统总负荷;P_{loss} 为系统总网损;$f_i(p_{gi})$ 为第 i 台机组发电成本函数;N 为发电机组总数。

EDC 一般每 5 min(或当调度员改变机组控制方式或经济调度限值时)计算一次,求得各机组的基准出力;LFC(负荷频率控制)则每 2~8 s 计算一次,求得各机组当前的调节量。两个输出(基准出力和调节量)合成为送往机组的控制命令,使机组的出力处于理想水平,如图 7.2.3 所示。

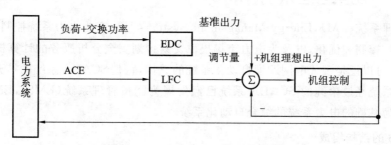

图 7.2.3 EDC+LFC 功能简图

为了平滑两次 EDC 所求得的基准出力的跳跃,每次 LFC 计算时用插值法近似修正上次 EDC 所求得的基准出力。另外,不少 EMS 还提供一种开环的研究性经济调度,将所有手动控制的机组也纳入经济调度计算中,其结果并不作为控制信号,而只是显示于调度员的监控屏幕上,作为决定是否切换手动机组或受控机组的控制方式时的参考依据,因此这一功能又称为建议型经济调度。

2. 经济调度的主要约束

一般我们所说的计算是在平衡约束下进行的,但在实际应用中涉及的约束则是多方面

的。比如在机组级就得考虑机组级的最大与最小出力限制、调节速率限制、禁止运行区限制等。在系统级,得考虑备用约束、燃料约束、废气排放约束、输电能力约束等。

原则上,所有的算法仍然可行,只需结合不同的约束要求加以相应改进。如考虑备用约束时,一种方法是将约束包括于拉格朗日函数中,即增加一求解变量(对应于备用约束项的拉格朗日乘子);另一方法称为双通道(double pass)或倒置(upside down),即当经济调度解不满足备用要求时,相应减小机组的出力约束上限值,然后采用该修正过的约束再求解一次经济调度。此外,还可将备用约束包括于线性规划算法中求解。再如考虑废气排放约束时,可先建立一个类似于成本函数的废气排放函数,然后选用所介绍的搜索寻优法来求解,或采用与处理线损类似的方法,在经济调度求解公式中增加一废气排放惩罚因子。

3. 经济调度控制的最新研究

(1) 有约束的经济调度。经济调度有以下约束条件需要考虑:预测的系统状态条件、传输极限、区域发电限制、燃料限制、环保约束、运行备用、动态安全水平、机组调节速率、机组成本曲线等。其中系统状态条件预测涉及动态经济调度,这相当于将动态经济调度作为一个动态最优跟踪问题,利用一个滑动窗口来预见调度目标,其性能在很大程度上受短期负荷预报的可靠性与精度的影响。由于当前面临了更多的运行约束条件,所以,必须改进现有的经济调度功能及其算法。

(2) 环境保护约束。考虑到环境污染对生态平衡的影响(如酸雨及臭氧层的破坏),一些法律规定各电厂控制 SO_2 的输出量,以减小空气污染。这一约束直接影响到经济调度控制的目标函数及调度方式。另外,水源管理及燃料控制等也都有直接的影响,因此,需要开发新的经济调度及规划软件与算法,通过建立合适的模型来满足长、短期调节所需考虑的环境保护约束,同时维持系统联网的可靠性及经济运行。

7.2.5 能量管理系统(EMS)

能量管理系统(EMS,Energy Management System)是一套为电力系统控制中心提供数据采集、监视、控制和优化,以及为电力市场提供交易计划安全分析服务的计算机软、硬件系统的总称,也可以说是现代电网调度自动化系统的总称,它是 SCADA 系统的扩充。电力调度自动化主站系统经过单纯的 SCADA 系统已经发展为能量管理系统(EMS),EMS/SCADA 是以计算机为基础的电力系统的综合自动化系统。

1. EMS 的结构组成

能量管理系统是一个复杂的计算机应用系统,其结构可用图 7.2.4 表示。

它包括为上层电力应用提供服务的支撑软件平台和为发电及输电设备安全监视与控制、经济运行提供支持的电力应用软件,其目的是用最小成本保证电网的供电安全性。其基础部分包括:计算机和网络设备等硬件、操作系统、EMS 支持系统;其应用部分除了包括SCADA、AGC、EDC 外,还增加了状态估计、安全分析、调度员模拟培训等一系列功能。新增功能简介如下。

(1) 状态估计(SE,State Estimator)。电力系统状态估计是电力系统高级应用软件中的一个重要模块,许多安全和经济方面的功能都要用可靠数据集作为输入数据集。而可靠数据

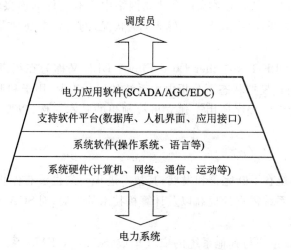

图 7.2.4 能量管理系统结构图

集就是状态估计程序的输出结果。因此,状态估计是一切高级软件的实现基础,真正的能量管理系统必须有状态估计功能。状态估计是根据有冗余的测量值对实际网络的状态进行估计,得出电力系统状态的准确信息,并产生"可靠的数据集"。状态估计从实时网络的冗余测量值中,获取一组电力系统的母线电压幅值和相角,采用统计的估计方法来进行计算。SE 包括下面一些必不可少的功能:网络模型生成器 NWB(Net Work Builder)、可观测性程序 OR(Observability Routine)、坏数据检出与辨识、变压器抽头处理和母线负荷预报。

(2)安全分析(SA,Security Analysis)。安全分析可以分为静态安全分析和动态安全分析两类。

静态安全分析。一个正常运行着的电网常常存在着许多潜在危险因素,静态安全分析的方法就是对电网的一些可能发生的事故进行假想的在线计算机分析,校核这些事故发生后电力系统稳态运行方式的安全性,从而判断当前的运行状态是否有足够的安全储备。当发现当前的运行方式安全储备不够时,就要修改运行方式,使系统在有足够安全储备的方式下运行。

动态安全分析。动态安全分析就是校核电力系统是否会因为一个突然发生的事故而导致失去稳定,校核因假想事故发生后电力系统能否保持稳定运行的稳定计算。由于精确计算工作量大,难以满足实施预防性控制的实时性要求,因此,人们一直在探索一种快速而可靠的稳定判别方法。

(3)调度员模拟培训(DTS,Dispatcher Training Simulator)。调度员模拟培训主要是使调度员熟悉本系统的运行特点、熟悉控制设备和电力系统应用软件的使用;培养调度员处理紧急事件能力;试验和评价新的运行方法和控制方法。

调度自动化系统是随着电力系统发展的需要和计算机技术及通信技术提供的可能而变化的,电网调度自动化技术的发展,可以使电网运行的安全性和经济性达到更高的水平。我国电力系统调度目前已基本实现主干通道光纤化、信息传输网络化、电网调度智能化、运行指标国际化和管理手段现代化。随着计算机技术的飞速发展,电力调度自动化也日新月异,更多新领域、新方向都在开发研究之中。

(4)网络拓扑(NT,Network Topology)。NT 又称为网络状态处理器(NSP,Network

Status Processor),用以辨识电力系统每个独立网络中所有元件的连接情况。根据独立网络中现有电源和接地开关开合(一般为人工输入)的状况,网络状态处理器辨识该网络元件是否带电、无电或接地。

(5)调度员潮流(DLF,Dispatcher Load Flow)。DLF 又称为在线潮流(OLLF,On Line Load Flow),可在实时或模拟状态下分析电力系统的运行工况,用于和调度员会话或供运行规划工程师研究用。此潮流程序还用于建立事故预想的基本案例,以及在优化潮流 OPF 中作为子程序使用。

2. EMS 的发展

SCADA/EMS 系统在不断完善和发展,其技术进步一刻也没有停止过。当今,随着电力系统对 SCADA/EMS 系统需求的提高以及计算机技术的发展,对 SCADA/EMS 系统提出新的要求,概括地说有以下几点。

(1)SCADA/EMS 系统与其他系统的广泛集成。SCADA/EMS 系统是电力系统自动化的实时数据源,为 EMS 系统提供大量的实时数据。同时在模拟培训系统、管理信息系统(MIS)等系统中都需要用到电网实时数据,而没有这个电网实时数据信息,所有其他系统都成为"无源之水"。所以,在这近十年来,SCADA 系统如何与其他非实时系统的连接成为 SCADA 研究的重要课题。现在的 SCADA 系统已经成功地实现了与 DTS(调度员模拟培训系统)、企业 MIS 系统的连接。SCADA 系统与电能计量系统、地理信息系统、水调动自动化系统、调度生产自动化系统,以及办公自动化系统的形成 SCADA 系统的一个发展方向。

(2)变电所综合自动化。以 RTU、微机保护装置为核心,将变电所的控制、信号、测量、计费等回路纳入计算机系统,取代传统的控制保护屏,能够降低变电所的占地面积和设备投资,提高二次系统的可靠性。

(3)专家系统、模糊决策、神经网络等新技术研究与应用。利用这些新技术模拟电网的各种运行状态,并开发出调度辅助软件和管理决策软件,由专家系统根据不同的实际情况推理出最优化的运行方式或排除故障的方法,以达到合理、经济地进行电网电力调度,提高运输效率的目的。

(4)面向对象技术、Internet 技术及 JAVA 技术的应用。面向对象技术(OOT)是网络数据库设计、市场模型设计和电力系统分析软件设计的合适工具,将面向对象技术(OOT)运用于 SCADA/EMS 系统是发展趋势。

随着 Internet 技术的发展,浏览器界面已经成为计算机桌面的基本平台,将浏览器技术运用于 SCADA/EMS 系统,将浏览器界面作为电网调度自动化系统的人机界面,对扩大实时系统的应用范围,减少维护工作量非常有利;在新一代的 SCADA/EMS 系统中,传统的界面将保留,主要供调度员使用,新增设的 Web 服务器供非实时用户浏览,以后将逐渐统一为一种人机界面。

JAVA 语言综合了面向对象技术和 Internet 技术,将编译和解释有机结合,严格实现了面向对象的四大特性:封装性、多态性、继承性、动态联编,并在多线程支持和安全性上优于 C++,以及其他诸多特性,JAVA 技术将导致 EMS/SCADA 系统的一场革命。

7.3 电厂自动化系统

7.3.1 概述

对各类发电厂的安全生产和经济运行实现自动控制是现代电力系统的必然要求。电厂自动化系统是一个集计算机、控制、通信、网络及电力电子为一体的综合系统,不仅可以完成对单个电厂,还可以进一步实现对梯级流域、甚至跨流域的电厂群的经济运行和安全监控。电厂自动化系统随电厂类型的不同而有所区别,火电厂的自动化系统主要有计算机监视和数据系统、机炉协调主控系统、锅炉自动控制系统、汽机自动控制系统、电气控制系统,以及辅助设备自动控制系统等。水电厂的自动化系统则需要控制水轮机、调速器及发电机励磁自动控制,以及辅助设备自动控制等。大型火电厂的监视和控制系统经过了对动力机械自动模拟控制、功能设备分散方式的数字控制、分层分散方式的数字控制三个阶段,其特征是各发电机组所用的计算机系统彼此孤立。今天已发展到采用分层开放式工业自动化系统构成火电厂综合自动化系统。水电厂自动化的控制对象分散,包括水轮发电机组、开关站、公用设备、闸门及船闸等。按控制对象为单元设置多套相应的装置,构成水电厂现场控制单元,完成控制对象的数据采集和处理、机组等主要设备的控制和调节,以及装置的数据通信等。水电厂采用分布式处理,一般与电厂分层控制相结合,形成水电厂分层、分布式控制系统。

7.3.2 电厂自动化系统的构成

电厂自动化从生产到管理一般分为三个层次:下层的控制操作层,面向运行操作者;中间的生产管理层,面向生产和技术管理者;上层的经营管理层,面向行政和经营管理者。目前,我国许多电厂均建立了面向运行操作者的集散控制系统(DCS)和面向经营管理层的管理信息系统(MIS),而在 DCS 和 MIS 间还有必要建立一套面向电厂生产管理层的厂级监控信息系统(SIS),形成"管控一体化"的厂级综合自动化系统。这是当前电厂自动化发展的重点。

在安全保障、稳定发电、降低人员劳动强度等基本上已经满足的情况下,进一步改进电厂自动化水平,提高生产效率是电厂的重要任务,而优良的系统集成是电厂企业实现这一目标的必由之路。电厂计算机集成过程系统(CIPS)模型的体系结构可从总体上描述电厂自动化集成体系的基本内容、层次,以及相互关系。

计算机集成过程系统(CIPS),是指针对流程工业的特点,综合应用计算机技术、现代化管理技术、信息技术、控制技术、自动化技术和系统工程技术来改造传统意义上的流程工业,实现生产环节集成,人员、技术、经营管理三要素的综合控制和管理,以及物料流和信息流有机集成,并优化运行的复杂大系统。从目前我国发电厂信息技术体系的现状出发,根据电厂生产管理、过程控制与总体优化、信息集成的需求,发电厂 CIPS 应该由管理信息系统(MIS),厂级实时监控信息系统(SIS),过程自动化系统(包括集散控制系统 DCS、数据采集系统 DAS、可编程控制器 PLC 以及远动终端 RTU 等)和计算机网络/数据库支撑系统等四个子系统组成。

电厂 CIPS 体系结构可由一个三维模型(如图 7.3.1)表示。

一个火电厂的 CIPS 集成框架如图 7.3.2 所示。

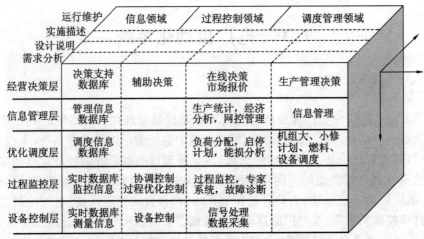

图 7.3.1 电厂 CIPS 的体系结构

电厂 CIPS 在计算机通信网络和分布式数据库的支持下,实现信息与功能的集成、管理与决策的综合,最终形成一个能适应生产环境不确定性和市场需求多变性的全局最优的高质量、高柔性、高效益的智能电力生产系统。

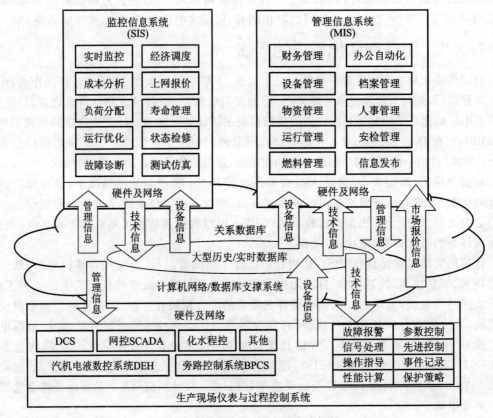

图 7.3.2 火电厂 CIPS 的集成框架

7.3.3　电厂自动化系统的功能

电厂 SIS(厂级实时监控信息系统)的主要功能如下。

1. 全厂各生产系统实时信息显示

该功能以画面、曲线、棒状图等形式显示机组及其辅助设备的运行状态、参数、系统图,为厂级生产管理人员提供实时信息。同时记录生产过程的主要数据,生成各职能部门需要的全厂各类生产、经济指标统计报表。

2. 性能计算和经济性分析

该功能用于计算单元机组各主辅设备的效率等性能参数。主要有锅炉、汽轮机、凝汽器、给水加热器、锅炉给水泵及给水泵汽轮机、空气预热器、过热器、再热器、泵与风机等性能计算。它以获得最佳发电成本为目标,将机组和辅助设备的当前各性能参数与理想值进行计算比较,将偏差以百分数形式显示于屏幕,以使运行人员矫正偏差。

3. 在线性能监测与分析

该功能的主要目的是通过收集和分析有用、实时的运行数据,实现对电厂运行条件的优化,以改善电厂的性能参数和经济性。系统能计算实际系统性能参数与性能参数的应达值之差,指出造成参数偏差的原因。还要计算这些偏差将造成的设备异常或损耗,并发出警报,且能提供长期记录。系统根据性能参数的偏差值,在监视屏上显示运行人员可控参数,使运行人员通过调整设备减小偏差。

4. 预测与预防性维护

在生产过程中对设备的多种性能指标进行实时检测和评估,再根据预先确定的数学模型进行分析、计算和预测,实现机组寿命管理、设备状态监视和故障诊断。

5. 全厂负荷优化调度

在出现电力市场交易中心后,传统的计划经济模式改为通过电厂或机组的电量竞价模式分配负荷,调度中心把实时负荷指令直接下达到电厂的监控系统。此时,利用 SIS 可改变电网总调对电厂负荷的控制方式,总调不再直接控制机组,而改为对全厂监控系统发出负荷指令。后者根据总调来的预测负荷曲线,结合机组负荷响应性能,实现各机组的负荷最优分配,以获取全厂最大的经济效益,并可根据需要分别制定出实时优化、短期优化和中期优化,有利于电厂的经济运行,也有利于厂网分开、竞价上网的商业化运行方式的实现。

7.4　变电站综合自动化

7.4.1　概述

一个变电站主要包括一次系统和二次系统两大部分。此外,实现对变电站运行工况的测量、监视、控制、信息显示、信息远传的变电站(发电厂)远动系统已显示出越来越重要的作用。通常,也将厂站远动系统纳入二次系统的范畴。随着电力系统规模的迅速扩大,容量大、参数高的电力设备被广泛使用,为保证这些设备安全、可靠地运行,必须采用自动化技术,这是应考虑的一个方面。为了提高系统运行的安全性和可靠性,向用户提供质量指标更高的电能,变电站自动化技术也必须同步提高,这是必须考虑的另一个方面。

变电站自动化是在原来的变电站常规二次系统基础上发展起来的。常规变电站将大量现场一次设备,如变压器、断路器、母线、电压互感器(TV)、电流互感器(TA)等,同安装在控制室内的单项自动化装置(如继电保护、重合闸、故障录波和测距、各种变送器、远动装置、测量仪表等)之间,用大量电缆一一对应地连接起来。其设备复杂,占地面积大,功能分立。随着大规模集成电路、现代信号处理技术和计算机监控技术的发展,将原来变电站二次系统的监视与控制、远动、继电保护、故障记录等等功能进行功能的综合和优化设计,形成两级单元(即间隔级单元和中央单元),完全取消了传统的集中控制屏。二次回路极为简洁,控制电缆大量减少,构成一个统一的计算机系统来完成变电站自动化功能,包括变电站远方监视与控制、远动和继电保护、测量和故障记录,运行参数自动打印等,可以实现无人值班运行。

传统的 35 kV 以上电压等级变电站的二次回路部分是由继电保护、当地监控、远动装置、故障录波和测距、直流系统与绝缘监视及通信等各类装置组成的,它们各自采用独立的装置来完成自身的功能且均自成系统,由此不可避免地产生各类装置之间功能相互覆盖,部件重复配置。20 世纪 80 年代,由于微机技术的发展,远动终端、当地监控、故障录波等装置相继更新换代,实现了微机化。但当时的变电站自动化系统实际上是在 RTU 基础上加上一台微机为中心的当地监控系统,未涉及继电保护,这是我国变电站自动化技术的第一阶段。

20 世纪 90 年代,由于数字保护技术(即微机保护)的广泛应用,使变电站自动化取得实质性的进展。20 世纪 90 年代初研制的变电站自动化系统是在变电站控制室内设置计算机系统作为变电站自动化的心脏,另设置一数据采集和控制部件用以采集数据和发出控制命令。微机保护柜除保护部件外,每柜有一管理单元,其串行口与变电站自动化系统的数据采集及控制部件相连接,传送保护装置的各种信息和参数,整定和显示保护定值,投/停保护装置。此类集中式变电站自动化系统可以认为是我国变电站自动化技术的第二阶段。

近年来,随着计算机技术、网络技术及通信技术的飞速发展,同时结合变电站的实际情况,各类分散式变电站自动化系统纷纷研制成功和投入运行。分散式系统的特点是各现场输入/输出单元部件分别安装在中低压开关柜或高压一次设备附近,现场单元部件可以是微机保护和监控功能的二合一装置,用以处理各开关单元的继电保护和监控功能,也可以各自保持其独立性。在变电站控制室内设置计算机系统,对各现场单元部件进行通信联系。通信方式除了采用常用的串行接口如 RS232C,RS422/485 等以外,更多地采用了网络技术,如 Lon Works 或 CAN 等现场总线型网。至于变电站自动化的功能,则将遥测、遥信、采集及处理,遥控命令执行和继电保护功能等均由现场单元部件独立完成,并将这些信息通过网络送至后台主计算机,而变电站自动化的综合功能均由后台主计算机系统承担。此类分散式变电站自动化系统可视为第三阶段。

上述各类变电站自动化系统的推出,由于技术的发展,虽有时间先后,但并不存在前后替代的情况,可根据变电站的实际情况,合理选配各类系统。如以 RTU 为基础的变电站自动化系统可用于已建变电站的自动化改造,而分散式变电站自动化系统更适用于新建高压变电站。

随着计算机、通信和电子技术的飞速发展,变电站自动化中必然会引入相关的新技术。变电站自动化设备和装置将向一体化、智能化方向发展。例如一次设备和二次功能的一体化,变电站内变压器、断路器等一次主要设备和控制、保护、监视、数据采集、数据传输等二次功能的一体化。又如以往二次功能中人工介入部分将由智能化元器件来代替。同时,由于变电站(尤其是高压、超高压变电站)中高电压、大电流的导线和设备,使周围环境处于强大的电磁场影响之下,加之上面提到的一次设备和二次功能的一体化,使强、弱电设备组成一体,造成控制、保护、自动化等二次设备深入现场,面临恶劣的电磁环境,突出了电磁兼容问题。以往由于开关操作和短路故障产生的暂态过程、雷电流的侵入等使保护误动作、自动化设备损坏等情况时有发生。因此,引入提高设备电磁兼容性的新技术,也将成为变电站自动化技术的发展热点。

7.4.2　变电站综合自动化系统的构成

变电站综合自动化系统经历了集中式、分层分布式等几个发展阶段。

1. 集中式变电站综合自动化系统结构

集中式是指用一台计算机(工控机)完成上述综合自动化的全部功能。对于大容量高压变电站,需要保护和控制的设备很多,用集中式结构时可靠性、灵敏性不能满足要求,随着计算机价格的不断下降,到 20 世纪末,变电站综合自动化向分层分布式结构发展。

2. 分层分布式变电站综合自动化系统结构

分层分布式变电站综合自动化系统是将变电站信息的采集和控制分为管理层、站控层和间隔层三个级分层布置。在结构上采用主从 CPU 协同工作方式,各个功能模块(通常是各个从 CPU)之间采用网络技术或串行方式实现数据通信,多 CPU 系统提高了处理并行多发事件的能力,解决了集中式结构中一个 CPU 计算处理的瓶颈问题,方便了系统扩展和维护,局部故障不影响其他模块(部件)正常运行。

3. 分散与集中相结合的分布式变电站综合自动化系统结构

这是目前国内外最为流行、受到广大用户欢迎的一种综合自动化系统,如图 7.4.1 所示。它采用"面向对象",即面向电气一次回路或电气间隔(如一条出线、一台变压器、一组电容器等)的方法进行设计,间隔层中各数据采集、监控单元和保护单元制作在一起,设计在同一机箱中,并将这种机箱就地分散安装在开关柜或其他一次设备附近。这种间隔单元的设备相互独立,仅通过光纤或电线网络由站控机对它们进行管理和交换信息。这是将功能分布和物理分散两者有机结合的结果。通常,能在间隔层内完成的功能一般不依赖通信网络。

这种组态模式集中了分布式的全部优点,此外还最大限度地压缩了二次设备及其繁杂的二次电缆,节省土地投资;这种结构形式本身配置灵活,从安装配置上除了能分散安装在间隔开关柜上外,还可以实现在控制室内集中组屏或分层组屏,即一部分集中在低压开关室内,而高压线路保护和主变压器保护装置等采用集中组屏的系统结构,称为分散与集中相结合的结构。它不仅适合应用在各种电压等级的变电站中,而且在高压变电站中应用更趋于合理,经济效益更好。

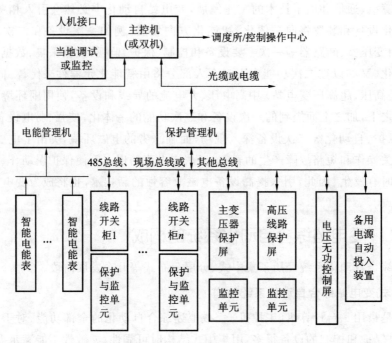

图 7.4.1　分散与集中相结合的分布式变电站综合自动化系统结构示意图

变电站综合自动化系统主要由保护系统、监控系统和信息管理系统三大部分组成,在结构上多为分布式结构,并引入计算机局域网(LAN)技术,将站内所有的智能化装置(IED)连接起来。网上节点可分成主站和子站两大类。其系统构成如图 7.4.2 所示。

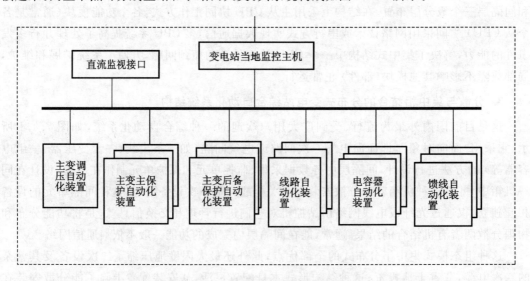

图 7.4.2　变电站综合自动化系统构成

变电站综合自动化系统采用分布式结构有两种组态方式,即全分散式和局部分散式。

(1) 全分散式。采用全分散式变电站综合自动化系统时,将各子站即多功能微机保护装置分散就地安装在一次设备上,各子站之间、子站与主战之间用通信电缆或光缆连成 LAN,

除此之外几乎不再需要有连线。这种系统的优点是变电所二次接线简单清晰,节省大量电缆,大大减少控制室面积,比较适合城市变电站。

(2)局部分散式。局部分散式即分布式结构集中组屏方式。采用这种方式,将多功能微机保护装置集中组屏安装,通常将组屏安装在保护小间内,保护小间设在一次设备附近,根据变电站的电压等级和规模可设几个保护小间,以便就近管理,节省电缆,比较适合 220 kV 及以上大型变电站。

7.4.3 变电站综合自动化系统的功能

变电站综合自动化功能由电网安全稳定运行和变电站建设、运行维护的综合经济效益要求所决定。变电站在电网中的地位和作用不同,变电站自动化系统有不同的功能。具体可归纳为以下几点。

1. 监控子系统的功能

监控子系统将取代常规的测量系统,取代针式仪表,改变常规的操作机构和模拟盘,取代常规的告警、报警、中央信号、光字牌等,取代常规的远动装置等。监控子系统的功能有数据采集、数据库的建立与维护、顺序事件记录及事故追忆、故障记录、录波和测距功能、操作控制功能、安全监视功能、人机联系功能、打印功能、数据处理与记录功能、谐波的分析与监视、报警处理、画面生成及显示、在线计算及制表功能、电能量处理、远动功能、运行管理功能等,此外还具有时钟同步、防误闭锁、同步、系统自诊断与恢复,以及与其他设备接口等功能。

2. 微机保护系统功能

微机保护系统功能是变电站综合自动化系统的最基本、最重要的功能,它包括变电站的主设备和输电线路的全套保护:高压输电线路保护和后备保护;变压器的主保护、后备保护,以及非电量保护;母线保护;低压配电线路保护;无功补偿装置保护;所用变保护等。

3. 后备控制和紧急控制功能

当地后备控制和紧急控制功能包括人工操作控制、低频减负荷、备用电源自投和稳定控制等。

实现变电站综合自动化的主要目的不仅是用以微机为核心的保护和控制装置来代替传统变电站的保护和控制装置,其关键还在于实现信息交换。通过控制和保护互连、相互协调,允许数据在各功能块之间相互交换,可以提高他们的性能。

7.4.4 变电站综合自动化系统的特点

从上述变电站综合自动化系统的概念、构成和功能中,可看出变电站综合自动化系统有以下几个突出的特点。

1. 功能综合化

变电站综合自动化系统是一个技术密集、多种专业技术相互交叉、相互配合的系统,是以微电子技术、计算机硬件和软件技术、数据通信技术为基础发展起来的。传统变电站内全部二次设备的功能均综合在此系统中。监控子系统综合了原来的仪表屏、操作屏、模拟屏和变压器柜、远动装置、中央信号系统等功能;保护子系统代替了电磁式或晶体管式继电保护装置;还可以根据用户的需要,将微机保护子系统和监控子系统结合起来,综合故障滤波、故障测距、自动低频减负荷、自动重合闸和小电流接地选线等自动装置功能。这种综合性功能是通过局域通信网络中各微机系统硬、软件的资源共享来实现的。

2. 分层、分布化结构

综合自动化系统内各子系统和各功能模块由不同配置的单片机和微型计算机组成,采用分布式结构,通过网络、总线将各子系统连接起来。一个综合自动化系统可以有多个微处理器同时并行工作,实现各种功能。另外,按照各子系统功能分工的不同,综合自动化系统的总体结构又按分层原则来组成。

3. 操作监视屏幕化

变电站实现综合自动化后,不论有人值班还是无人值班,操作人员可在变电站内或是在主控站、调度室内,面对彩色大屏幕显示器进行变电站的全方位监视与操作。

4. 运行管理智能化

变电站综合自动化的另一个最大的特点之一是运行管理智能化。智能化不仅实现了许多自动化的功能,而且具有故障自诊断、自恢复和自闭锁等功能。这对于提高变电站的运行管理水平和安全可靠性具有非常重要的意义。

5. 通信手段多元化

计算机局域网络技术和光纤通信技术在综合自动化系统中得到了普遍应用。因此,系统具有较高的抗电磁干扰能力,能够实现高速数据传送,满足了实时性要求,组态灵活、易于扩展、可靠性高,大大简化了常规变电站繁杂量大的各种电缆。

6. 测量显示数字化

变电站实现综合自动化后,微机监控系统彻底改变了传统的测量手段,常规指针式仪表全被显示屏上的数字显示所取代,这不仅减轻了人员的劳动,而且大大提高了测量精度和管理的科学性。

总之,变电站实现综合自动化可以全面地提高变电站的技术水平和运行管理水平,使其能适应现代化电力系统运营的需要。

思考与练习题

7-1 试简述电力系统自动化概念及其主要内容。

7-2 试述光纤通信、微波中继通信、电力线载波通信的概念。

7-3 试述电力系统调度自动化的发展过程。

7-4 如何实现自动发电控制?

7-5 试述电厂自动化系统的构成。

7-6 什么是变电站综合自动化系统?

第 8 章　高电压工程

8.1　高电压绝缘

用作高压电气设备绝缘的电介质有气体、液体、固体及其复合介质。一切电介质在电场作用下都会出现极化、电导和损耗等电气物理现象。电介质的电气特性，主要表现为它们在电场作用下的导电性能、介电性能和电气强度，它们分别以四个主要参数，即电导率 γ（或绝缘电阻率 ρ）、介电常数 ε、介质损耗角正切 $\tan\delta$ 和击穿电场强度（简称击穿场强）E_b 来表示。

电气设备的外绝缘一般由气体介质和固体介质联合组成。例如，架空输电线路的绝缘和电器的外绝缘是靠空气间隙和空气与固体介质的复合绝缘来实现的，气体绝缘的金属封闭式组合电器（简称 GIS）则是由 SF_6 气体间隙和 SF_6 气体中的固体绝缘支撑作为绝缘的。用作外绝缘的固体介质有电瓷、玻璃和以硅橡胶为代表的合成材料。电气设备的内绝缘则往往由液体介质和固体介质联合组成，例如，油变压器的内部绝缘是由变压器油和固体绝缘组合，电容器油和电缆油作为固体绝缘材料的浸渍剂分别用于电容器和电缆的内绝缘。用作内绝缘的固体介质有绝缘纸、绝缘纸板、塑料薄膜等，电机绝缘的主要绝缘介质是云母，制造户内绝缘子的材料主要是环氧树脂。

介质发生击穿时，通过介质的电流剧烈地增加，发生击穿时的临界电压称为电介质的击穿电压，相应的电场强度称为电介质的击穿场强。电介质的击穿场强决定了电介质在电场作用下保持绝缘性能的极限能力。以下主要介绍气体、液体和固体介质的击穿特性。

8.1.1　气体电介质的绝缘特性

气体绝缘介质不存在老化的问题，而且在击穿后有完全的绝缘自恢复特性，再加上空气，其成本非常廉价，因此，气体成为在高电压工程中最常见的绝缘介质。常用的气体介质除空气外，还有 SF_6 气体等。

1. 电晕放电

在极不均匀场中，当电压升高到一定程度后，在空气间隙完全击穿之前，大曲率电极（高场强电极）附近会有薄薄的发光层，有点像"月晕"，在黑暗中看得较为真切，发出咝咝声，嗅到臭氧气味，这种放电现象称为电晕。

输电线路发生电晕时会引起功率损耗和电能损耗，形成的高频电磁波对无线电和高频通信产生干扰，发出的噪声有可能超过环境保护的标准，还会使导线表面发生腐蚀，减少导线使用寿命。解决的途径是：以好天气时导线不发生电晕的条件来选择架空导线的尺寸；采用分裂导线以减小导线的等效半径等。

开始出现电晕时的电压称为电晕起始电压 U_c。三相三角形架设的输电导线，在标准大气

压下的电晕起始电压 U_c，由实验总结出的经验公式来计算，表达式为

$$U_c = 49.3 m_1 m_2 \delta r \lg \frac{D_m}{r} (kV) \tag{8-1}$$

式中，理想光滑导线 $m_1 = 1$，绞线 $m_1 = 0.8 \sim 0.9$；天气好时 m_2 为 1，天气不好时可按 0.8 估算；δ 为气体相对密度；D_m 为导线的几何均距；r 为导线半径，单位为 cm。

2. 极性效应

极不均匀电场中，同一间隙在不同电压极性作用下的电晕起始电压不同，间隙击穿电压也不同，称为极性效应。例如，棒－板间隙是典型的极不均匀场，棒电极为正极性时电晕起始电压比棒电极为负极性时略高。棒电极为负极性时的击穿电压比棒电极为正极性时要高得多。

输电线路绝缘和高压电器的外绝缘都属于极不均匀电场，因此，交流电压击穿都发生在外施电压的正半周，考核绝缘冲击特性时应施加正极性的冲击电压。气体绝缘的金属封闭式组合电器中，SF_6 气体间隙属稍不均匀电场，因此，施加负极性电压时击穿电压比正极性时略低。

3. 气体介质的电气强度

在实际的工程应用中，比较普遍的是通过参照一些典型电极的击穿电压来选择绝缘距离，或者根据实际电极布置情况，通过实验来确定击穿电压。空气间隙放电电压主要受到电场情况、电压形式，以及大气条件的影响。

1）持续作用电压下的击穿

直流与工频电压均为持续作用的电压，这类电压随时间的变化率很小，在放电发展所需的时间范围内（以 μs 计），可以认为外施电压没什么变化。

（1）均匀电场中的击穿。高压静电电压表的电极布置是均匀电场的一个实例。实际工程中很少见到比较大的均匀电场间隙。特点是：无击穿的极性效应；击穿所需时间极短；其直流击穿电压、工频击穿电压峰值，以及 50% 冲击击穿电压（指多次施加冲击电压时，其中 50% 导致击穿的电压值）实际上是相同的，且击穿电压的分散性很小。击穿电压（峰值）可用以下经验公式表示

$$U_b = 24.22 \delta d + 6.08 \sqrt{\delta d} \tag{8-2}$$

式中，d 为间隙距离，单位为 cm；当 d 在 $1 \sim 10$ cm 范围内时，击穿强度 E_b（用电压峰值表示）约等于 30 kV/cm。

（2）稍不均匀电场中的击穿。稍不均匀电场中的击穿特点是击穿前无电晕，极性效应不很明显，直流击穿电压、工频击穿电压峰值及 50% 冲击击穿电压几乎一致。高压实验中测量电压用的球间隙，测量介质损耗角正切时所用的标准电容器、单芯电缆及 GIS 的分相封闭母线中的同轴圆柱电极，都是稍不均匀电场间隙的应用实例。一球接地，直径为 D 的球间隙的击穿电压 U_b 与间隙距离 d 的关系，如图 8.1.1 所示。高电压测量标准空气间隙（GB/T 311.6—2005）规定

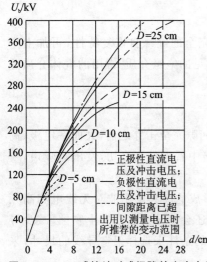

图 8.1.1　一球接地时球间隙的击穿电压
U_b 与间隙距离 d 的关系

测量电压用标准空气间隙的制造与使用,并适用于电压峰值的测量。同轴圆柱电极击穿电压 U_b 的表达式为

$$U_b = E_{max} d/f \tag{8-3}$$

式中,E_{max} 为击穿时间隙的最大场强;d 为间隙距离;f 为间隙的电场不均匀系数。

(3) 极不均匀电场中的击穿。电场不均匀程度对击穿电压的影响减弱,极间距离对击穿电压的影响增大。在工程上遇到极不均匀的电场时,可以根据棒—板和棒—棒这些典型电极的击穿电压数据来做估算。如果电场分布对称,则可参照棒—棒(或尖—尖)电极的数据。在直流电压中,极不均匀场中直流击穿电压的极性效应非常明显。同样间隙距离下,不同极性间,击穿电压相差一倍以上,尖—尖电极的击穿电压介于两种极性尖—板电极的击穿电压之间。而在工频电压下的击穿,无论是棒—棒电极还是棒—板电极,其击穿都发生在棒电极处于工频电压的正半周峰值附近。

2) 雷电冲击电压下的击穿

图 8.1.2 表示雷电冲击电压的标准波形和确定其波前与波长时间的方法(波长指冲击波衰减至半峰值的时间)。标准雷电波的波形规定是

$$T_1 = 1.2\ \mu s \pm 30\%;\quad T_2 = 50\ \mu s \pm 20\%$$

根据国内外实践,冲击击穿电压大多是 50% 放电电压。同一间隙的 50% 冲击击穿电压与稳态击穿电压 U_0 之比,称为冲击系数 β,其表达式为

$$\beta = \frac{U_{b50}}{U_0} \tag{8-4}$$

均匀电场和稍不均匀电场间隙的冲击击穿通常发生在波峰附近,其冲击系数接近于 1。极不均匀电场间隙冲击击穿常发生在波尾部分,其冲击系数大于 1。

在冲击电压下一般用间隙上出现的电压最大值和间隙击穿时间的关系曲线来表示间隙的冲击绝缘特性,此曲线称间隙的伏秒特性曲线,如图 8.1.3 所示。在高压绝缘配合中伏秒特性曲线具有重要意义。

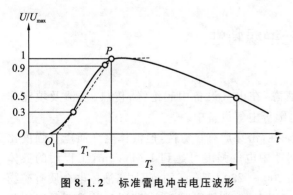

图 8.1.2　标准雷电冲击电压波形

T_1—波前时间;T_2—半峰值时间;U_{max}—冲击电压峰值

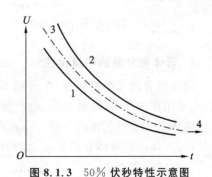

图 8.1.3　50% 伏秒特性示意图

1—0% 伏秒特性;2—100% 伏秒特性;

3—50% 伏秒特性;4—50% 冲击击穿电压

3) 操作冲击电压下空气的绝缘特性

电力系统在操作或发生事故时,因状态发生突然变化引起电感和电容回路的振荡产生过电压,称为操作过电压。我国采用 IEC 推荐的 250/2 500 μs 的操作冲击电压标准波形。长

空气间隙的操作冲击击穿通常发生在波前部分,因而其击穿电压与波前时间有关而与波尾时间无关。在操作过电压作用下,棒—板间隙的击穿电压比棒—棒间隙的击穿电压低得多。在设计高压电力装置时应注意尽量避免出现棒—板型气隙。与工频击穿电压的规律性类似,长气隙在操作波电压作用下也呈现出显著的饱和现象,特别是棒—板型气隙,其饱和程度更加突出。

4. 提高气体击穿电压的措施

(1) 改进电极形状。通过改进电极形状、增大电极曲率半径,以改善电场分布,可以有效提高间隙的击穿电压。改变电极形状的方法有:变压器套管端部加球形屏蔽罩,采用扩径导线等;电极边缘做成弧形,或尽量使其与某等位面相近;穿墙高压引线上加金属扁球,墙洞边缘做成近似垂链线旋转体。

(2) 利用空间电荷对原电场的畸变作用。利用放电自身产生的空间电荷来改善电场分布,以提高击穿电压。例如,导线与平板间隙中,当导线直径减小到一定程度后,间隙的工频击穿电压反而显著提高。此方法仅在持续电压作用下有效。

(3) 采用极不均匀场屏障。在极不均匀场的空气间隙中,放入薄片固体绝缘材料(如纸或纸板)以提高间隙的击穿电压。工频电压下,在尖—板电极中设置屏障可以显著地提高击穿电压;雷电冲击电压下,设置屏障的效果比稳态电压下要小一些。

(4) 采用高气压。在极不均匀电场间隙中采用高气压的效果并不明显,因此,采用高气压时应尽可能改进电极形状。在稍不均匀电场中,电极应仔细加工光洁;气体要过滤,滤去尘埃和水分;充气后需放置较长时间静化后再使用。

(5) 采用高电气强度气体。目前得到应用的高电气强度气体只有 SF_6,广泛应用于大容量高压断路器、高压充气电缆、高压电容器、高压充气套管,以及全封闭组合电器中。SF_6 为温室气体,应减少使用,发展趋势为采用 SF_6 含量较少的 N_2-SF_6 混合气体。混合气体(SF_6 气体的含量为 20% 时)的绝缘强度为纯 SF_6 气体绝缘强度的 75% 左右。

(6) 采用高真空。采用高真空也是削弱了电极间气体的电离过程。目前真空间隙只在真空断路器中得到应用。

8.1.2　液体和固体电介质的绝缘特性

1. 液体电介质的绝缘特性

液体电介质又称绝缘油,在常温下为液态,在电气设备中起绝缘、传热、浸渍及填充作用,主要用在变压器、油断路器、电容器和电缆等电气设备中。

液体电介质与气体电介质一样具有流动性,击穿后有自愈性,但液体电介质电气强度比气体的高,纯净的液体介质很小的均匀场间隙中电气强度可达到 1 MV/cm,工程用的液体介质击穿场强很少超过 300 kV/cm,一般在 200 ~ 250 kV/cm 的范围内。液体电介质有矿物绝缘油、合成绝缘油和植物油三大类。实际应用中,也常使用混合油,即用两种或两种以上的绝缘油混合成新的绝缘油,以改善某些特性,如耐燃性、析气性、自熄性、局部放电特性等。

电气设备对液体介质的要求,首先是电气性能好,如绝缘强度高、电阻率高、介质损耗及介电常数小(电容器则要求介电常数高);其次,还要求散热及流动性能好,即黏度低、导热好、物理及化学性质稳定、不易燃、无毒,以及其他一些特殊要求。

2. 提高液体介质击穿场强的措施

纯净液体介质的击穿场强虽高,但其精制、提纯极其复杂,而且在电气设备制造过程中又难免会有杂质重新混入;此外,在运行中也会因液体介质劣化而分解出气体或低分子物,所以,工程用液体介质总或多或少含有一些杂质。例如,油常因受潮而含有水分,还常含有由纸或布脱落的纤维等固体微粒。因此,油中杂质对击穿场强有很大的影响,减少杂质的影响起着决定性的作用。

(1)过滤。使油在压力下通过滤油机中的滤纸,即可将纤维、碳粒等固态杂质除去,油中大部分水分和有机酸等也会被滤纸所吸附。对于运行中的变压器,常用此法来恢复变压器油的绝缘性能。

(2)防潮。绝缘件在浸油前必须烘干,必要时可用真空干燥法去除水分。

(3)祛气。将油加热,喷成雾状,并抽真空,可以达到去除油中水分和气体的目的。对于电压等级较高的电器设备,常要求在真空下灌油。

(4)用固体介质减小油中杂质的影响。常用措施为覆盖层、绝缘层和屏障。

3. 固体电介质的绝缘特性

固体介质广泛用作电气设备的内绝缘,常见的有绝缘纸、纸板、云母、塑料等。高压导体总是需要用固体绝缘材料来支撑或悬挂,这种固体绝缘称为绝缘子,而用于制造绝缘子的固体介质有电瓷、玻璃、硅橡胶等。高压绝缘子从结构上可以分为以下三类。

(1)(狭义)绝缘子。用作带电体和接地体之间的绝缘和固定连接,如悬式绝缘子、支柱绝缘子、横担绝缘子等。电工陶瓷绝缘子在绝缘子的发展历史中占据了主导地位,钢化玻璃目前仅用于盘形悬式绝缘子,由环氧引拨棒和硅橡胶伞裙护套构成的合成绝缘子是新一代的绝缘子,具有强度高、重量轻、耐污闪能力强等明显优点。

(2)套筒。用作电器内绝缘的容器,多数由电工陶瓷制成,如互感器瓷套、避雷器瓷套及断路器瓷套等。

(3)套管。用作导电体穿过接地隔板、电器外壳和墙壁的绝缘件,如穿越墙壁的穿墙套管,变压器、电容器的出线套管等。

与气体、液体介质相比,固体介质的击穿场强较高,是非自恢复绝缘,不像气体、液体介质那样能自行恢复绝缘性能。每次冲击电压下固体介质发生部分损伤,留下有不能恢复的痕迹,如烧焦或熔化的通道、裂缝等,多次作用下部分损伤会扩大而导致击穿。这种现象即为固体介质的累积效应。固体介质击穿的特点是击穿场强与电压作用时间有很大的关系。如图 8.1.4 所示,随电压作用时间的不同,固体电介质的击穿有热击穿、电击穿和电化学击穿三种形式。

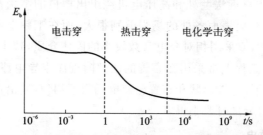

图 8.1.4　固体介质击穿场强与电压作用时间的关系

（1）电击穿。电击穿的主要特征是：击穿场强高（大致在 5～15 MV/cm 范围），实用绝缘系统是不可能达到的。均匀电场中电击穿场强反映了固体介质耐受电场作用能力的最大限度，所以，通常称之为耐电强度或电气强度。

（2）热击穿。如果介质中产生的热量总是大于散热，则温度不断上升，造成材料的热破坏而导致击穿。热击穿所需时间较长，常需要几个小时，即使在提高试验电压时也常需要好几分钟。电介质的热击穿与材料的性能、绝缘结构及电压种类、环境温度等有关。如在直流电压下，正常未受潮的绝缘很少发生热击穿。交流电压的频率提高时，热击穿的可能性比工频时大得多，如中频感应加热设备的电容器，一般需要在夹层中通冷却水加以冷却。

（3）电化学击穿。对绝缘施加电压几个月甚至几年后，击穿场强仍在下降，这是由于介质长期加电压引起介质劣化。介质劣化的主要原因往往是介质内气隙的局部放电造成的。介质中可长期存在局部放电而并不击穿。局部放电产生的活性气体，如 O_3，NO，NO_2 等，对介质将产生氧化和腐蚀作用，此外由于带电粒子对介质表面的撞击，也会使介质受到机械的损伤和局部的过热，导致介质的劣化。然后或快或慢地随时间发展至固体介质劣化损伤逐步扩大，致使介质击穿。因此，在设计时，应使绝缘在工作电压下不发生局部放电，一是尽量消除气隙或设法减小气隙的尺寸，二是设法提高空穴的击穿场强。如钢管油压电缆中用高压油来消除电缆绝缘层中可能出现的气隙，就是一个应用实例。

8.1.3 沿面放电及防污闪技术

1. 沿面放电

在各种绝缘设备中，都有沿固体绝缘表面放电的问题，如使用数量极大的高压绝缘子和套管的沿面放电。沿整个固体绝缘表面发生的放电称为闪络，在放电距离相同时，沿面闪络电压低于纯气隙的击穿电压。因此在工程中，很多情况下事故往往是由沿面闪络造成的。

稍不均匀电场与均匀电场中的沿面放电相似。固体介质的引入并不影响电极间的电场分布，但放电总是发生在界面，且闪络电压比空气间隙的击穿电压要低得多。沿面闪络电压与固体绝缘材料特性有关，如石蜡的闪络电压比瓷和玻璃高。这是因为石蜡表面不易吸附水分的缘故。此外介质表面粗糙，也会使电场分布畸变，从而使闪络电压降低。此外，固体介质是否与电极紧密接触对闪络电压也有很大影响。若固体介质与电极间存在气隙，会使原电场分布畸变，从而使闪络电压降低。

极不均匀电场中沿面放电可分为两类：具有强垂直分量时的沿面放电和具有弱垂直分量时的沿面放电。套管中靠近法兰处和高压电机绕组出槽口的结构都属于具有强垂直分量的情况。在这种结构中，介质表面各处的场强差别很大，而在工频电压作用下会出现滑闪放电。增大固体介质的厚度，或采用相对介电常数较小的固体介质，减小表面电阻率 ρ_s，都可提高滑闪放电电压。例如，工程上常采用在套管的法兰附近涂半导电漆的方法来减小 ρ_s。电场具有弱垂直分量的情况下，电极形状和布置已使电场很不均匀，其沿面闪络电压与空气击穿电压的差别相比，强垂直分量时要小得多。

2. 绝缘子的污秽放电

户外绝缘子常会受到工业污秽或自然界盐碱、飞尘等污染。干燥情况下，对闪络电压没多大影响。但当绝缘子表面污层被湿润，其表面电导剧增使绝缘子泄漏电流急剧增加，则对闪络电压的影响增大。沿面放电中最容易对电力系统造成很大危害的是污闪，即由于污秽导致产生的闪络。

1) 影响污闪的因素

(1) 污秽的性质和污染程度。污秽的电导率越高和介质表面沉积的污秽量越多，则闪络电压越低。这实际上说明表面泄漏电流越大，闪络电压越低。

(2) 湿润的方式。最容易发生污闪的气象条件是雾、露、融雪和毛毛雨等，在这些条件下污层易达到饱和湿润的状态但不被冲洗掉。

(3) 泄漏距离。在污层表面电导率一定时，泄漏距离越长，剩余电阻的阻值越大，绝缘子的泄漏距离是影响污闪电压的重要因素。

(4) 外施电压的形式。由于污闪是局部电弧不断拉长的过程，因此，电压作用时间越短就越不容易导致闪络。

2) 污秽等级的划分

目前，在世界范围内应用的最广泛的方法是等值盐密法。这种方法就是把绝缘子表面的污秽密度，用与绝缘子表面单位面积上污秽物导电性相当的等值盐（NaCl）量来表征，即污秽等值附盐密度（简称等值盐密）（mg/cm^2）。

我国国家标准《高压架空线路和发电厂、变电所环境污区分级及外绝缘选择标准》（GB/T 16434—1996）中给出了污秽分级标准，同时规定了不同污秽等级时所要求的单位爬电比距，所谓爬电比距是指绝缘子每 1 kV 额定线电压的爬电距离。这给工程应用带来很大方便。

3. 防治污闪的措施

绝缘子的污闪影响电力系统的安全运行，为了提高线路和变电所的运行可靠性可采取以下措施。

(1) 提高表面憎水性。在绝缘子表面涂上憎水性物质有有机硅油、有机硅脂、地蜡等，比如 RTV 涂料就是一种室温硫化硅橡胶涂料，这种涂料使用寿命比半导体釉长得多。

(2) 提高污闪电压。在制造过程中增加爬电比距。比如对于悬式绝缘子串，通常会增加其片数或采用大爬距绝缘子。

(3) 定期或不定期清扫，对于防止绝缘子表面积聚污秽非常有用。

(4) 使用其他材质的绝缘子。通过采用新型材料制造绝缘子，可以达到更好的效果。比如用耐老化性能好、憎水性强的硅橡胶制造绝缘子，其闪络电压在同等值盐密度条件下，有可能达到传统瓷绝缘子的两倍以上。半导体釉绝缘子的污闪电压要高些，但易老化。

8.2　高压绝缘试验

电气设备绝缘预防性试验已成为保证现代电力系统安全可靠运行的重要措施之一。根据行业标准 DL/T 596—2005《电力设备预防性试验规程》，这种试验除了在新设备投入运行前在交接、安装、调试等环节中进行外，更多的是对运行中的各种电气设备的绝缘定期进行检查，以便及早发现绝缘缺陷，及时更换或修复，防患于未然。

绝缘缺陷可分为两大类:第一类是集中性缺陷,如绝缘子瓷体内的裂缝、发电机定子绝缘因挤压磨损而出现的局部破损、电缆绝缘层内存在的气泡等;第二类是分散性缺陷,指电气设备整体绝缘性能下降,如电机、变压器、套管等设备的有机绝缘材料受潮、老化、变质等。当绝缘内部出现缺陷后,就会在它们的电气特性上反映出来,通过测量这些特性的变化来发现潜在的缺陷,然后采取措施消除隐患。这就是进行绝缘预防性试验的主要目的。

由于缺陷种类很多、影响各异,所以,绝缘预防性试验的项目也就多种多样。绝缘预防性试验可以分为非破坏性试验和破坏性试验两大类。非破坏性试验是在较低的电压下或用其他不会损伤绝缘的办法来测量绝缘的各种特性,从而判断绝缘的内部缺陷。破坏性试验又称为耐压试验,这类试验对绝缘的考验是严格的,特别能发现那些危险性较大的集中性缺陷,缺点是,可能因耐压试验对绝缘造成一定的损伤。

8.2.1 电气设备的预防性试验

1. 绝缘电阻与吸收比的测试

绝缘电阻与吸收比是反映绝缘性能的最基本的指标之一,通常用兆欧表(俗称摇表)来测量。在设备维护检修时,广泛地用作常规绝缘试验。通常以加压后 60 s 时测得的电阻值作为该试品的绝缘电阻。以测定的加压后 15 s 及 60 s 时的绝缘电阻值 R_{15} 及 R_{60} 的比值作为绝缘的吸收比 K,即 $K = R_{60}/R_{15}$。

常用兆欧表的电压有 500 V、1 000 V、2 500 V、5 000 V 等几种。对于额定电压为 1 000 V 及以上的设备,应使用 2 500 V 或 5 000 V 的兆欧表进行测试。

兆欧表有三个接线端子,即线路端子 L,接地端子 E 和屏蔽端子 G,被试品接在 L 和 E 端子之间,屏蔽线接在屏蔽端子 G 上,用以消除被试物表面泄漏电流的影响。

测量绝缘电阻与吸收比的步骤及注意事项如下。

(1)试验前(后)应将试品接地放电一定时间。尤其对电容量较大的试品,一般要求放电时间为 5 ～ 10 min。这是为了避免被试品上可能存留残余电荷而造成测量误差,以及危及安全。

(2)正确接线,高压测试连接线应尽量保持架空,确需使用支撑时,要确认支撑物的绝缘对被试品绝缘测量结果的影响极小。

(3)对带有绕组的被试品,应先将被测绕组首尾短接,再接到 L 端子;其他非被测绕组也应先首尾短接后再接到应接端子。

(4)测量吸收比时,应待电源电压达稳定后再接入试品,并开始计时。

(5)绝缘电阻与试品温度有十分显著的关系。绝缘温度升高时,绝缘电阻大致按指数率降低,吸收比的值也会有所改变。所以,测量绝缘电阻时,应准确记录当时绝缘的温度,而在比较时,也应按相应温度时的值来比较。

(6)每次测试结束时,应在保持兆欧表电源电压的条件下,先断开 L 端子与被试品的连线,以免试品对兆欧表反向放电,损坏仪表。

一般吸收比 $K < 1.3$,就可判断为绝缘可能受潮。显然,只有试品电容比较大时,吸收现象才明显,才能用来判断绝缘状况。对大型发电机还可以采用 10 min 与 1 min 的绝缘电阻比值作为极化指数。除受潮外,当绝缘有严重集中性缺陷时,K 值也可以反映出来。例如,当发

电机定子绝缘局部发生裂纹,形成了贯通性导电通道时,K 值便大大降低而接近于 1。

根据绝缘电阻或吸收比的值来判断绝缘状况时,不仅应与规定标准相比较,更应与过去的历史数据相比较,与同类设备的数据相比较,还应将同一设备的不同相的数据相比较。测量绝缘电阻或吸收比能有效地发现下列缺陷:总体绝缘质量欠佳;绝缘受潮;两极间有贯穿性的导电通道;绝缘表面情况不良。测量绝缘电阻或吸收比不能发现下列缺陷:绝缘中的一般局部缺陷,如非贯穿性的局部损伤、含有气泡、分层脱开等;绝缘的老化,因为已经老化的绝缘,其绝缘电阻还可能是相当高的。

目前,数字兆欧表已经基本上取代了手摇式的兆欧表。数字兆欧表由高压发生器、测量桥路和自动量程切换显示电路等三大部分组成。BY2671 数字兆欧表是近来比较常用的一种测量绝缘电阻的仪器,能输出 500 V、1 000 V、2 000 V 和 2 500 V 四个等级电压,量程可自动转换,相当于四块手摇指针式兆欧表。具有输出功率大、带载能力强、抗干扰性能好、不需人力作功;一目了然的面板轻触键操作使测量更加方便、迅捷,可以使用交流或直流电源;测量结果由 LCD 数字显示,读数直观,消除了指针式仪表的视觉误差;仪表开启高压键后 1 min 时,自动报警,锁定示值 5 s,以便计算吸收比。

2. 泄漏电流的测试

泄漏电流的测试是利用高压直流装置和微安表测量流过被试绝缘的泄漏电流,与用兆欧表测量绝缘电阻的原理和适用范围一样,不同的是测量泄漏电流使用的电压较高(10 kV 及以上),因此,能更有效地发现一些尚未完全贯通的集中性缺陷。例如,分别在 20 kV 和 40 kV 电压下测量额定电压为 35 kV 及以上变压器的泄漏电流值,能较灵敏地发现瓷套开裂、绝缘纸筒沿面炭化、变压器油劣化及内部受潮等缺陷。另一方面,这时施加在试品上的直流电压是逐渐增大的,这样就可以在升压过程中监视泄漏电流的增长动向。此外,在电压升到规定的试验电压值后,要保持 1 min 再读出最后的泄漏电流值。在这段时间内,还可观察泄漏电流是否随时间的延续而变大。当绝缘良好时,泄漏电流应保持稳定,且其值很小。

本试验项目所需的设备仪器和接线方式都与后面要介绍的直流高电压试验相似,如图 8.2.1 所示为试验简单接线。其中,交流电源经调压器接到试验变压器 T 的初级绕组上,其电压用电压表 PV1 测量。试验变压器输出的交流高压经高压整流元件 VD(一般采用高压硅堆)接在稳压电容 C 上,为了使直流电压的脉动系数不大于 3%,C 值一般需 0.1 μF 左右。R 为保护电阻,通常采用水电阻,以限制初始充电电流和故障短路电流不超过整流元件和变压器的允许值。整流所得的直流高压可用高压静电电压表 PV2 测得,而泄漏电流则以接在被试品 TO 高压侧或接地侧的微安表来测量。如果被试品的一极固定接地,且接地线不易解开

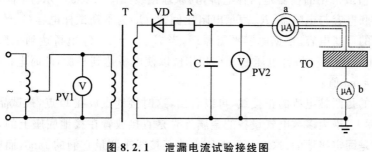

图 8.2.1　泄漏电流试验接线图

时,微安表可接在 a 处,微安表及其接往 TO 的高压连线均应加等电位屏蔽(如图中虚线所示),以减小测量误差。当被试品 TO 的两极都可以做到不直接接地时,微安表就可以接在 b 处,这时不必设屏蔽。

在进行泄漏电流试验时,主要测量随时间变化的电流曲线。根据泄漏电流曲线,可以判断绝缘是否受潮、未贯通的集中缺陷等,如图 8.2.2 所示。良好的绝缘,泄漏电流值较小,且随电压呈线性上升,如曲线 1 所示;如果绝缘受潮,电流值变大,但基本上仍随电压线性上升,如曲线 2 所示;曲线 3 表示绝缘中已有集中性缺陷存在,应尽可能找出原因加以消除;如果在电压尚未到直流耐压试验电压 U_t 的 1/2 时,泄漏电流就已急剧上升,如曲线 4 所示,则该设备在运行电压下(不必出现过电压)就有发生击穿的危险。

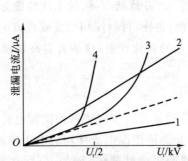

图 8.2.2 某设备绝缘的泄漏电流变化曲线
1— 良好绝缘;2— 受潮绝缘;3— 有集中性缺陷的绝缘;
4— 有危险的集中性缺陷的绝缘

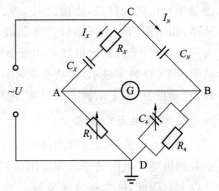

图 8.2.3 西林电桥原理接线图

3. 介质损耗角正切的测量

介质损耗角正切 $\tan\delta$ 是交流电压作用下电介质中电流的有功分量和无功分量的比值,是一个无量纲的数,反映的是电介质内单位体积中功率损耗的大小,是绝缘品质的重要指标。测量 $\tan\delta$ 值是判断电气设备绝缘状态的一种灵敏有效的方法。因为在一定的电压和频率下,介质损失角正切值 $\tan\delta$ 与绝缘介质的形状、大小无关,只与介质的固有特性有关。测量 $\tan\delta$ 可以有效地发现绝缘受潮、穿透性导电通道、绝缘内所含气泡的游离、绝缘分层和脱壳,以及绝缘有脏污或劣化等缺陷。但是,测量 $\tan\delta$ 不能灵敏地反映大容量发电机、变压器和电力电缆(它们的电容量都很大)绝缘中的局部性缺陷,这时应尽可能将这些设备分解成几个部分,然后分别测量它们的 $\tan\delta$。

测量 $\tan\delta$ 值最常用的仪器是西林电桥,其原理接线如图 8.2.3 所示。图中,C_x、R_x 为被测试样的等效并联电容与电阻,$R_3 R_4$ 表示电阻比例臂,C_N 为平衡试样电容 C_x 的标准,C_4 为平衡损耗角正切的可变电容。根据电容平衡原理,当 $Z_x Z_4 = Z_N Z_3$ 电桥达到平衡。测试时通过反复调节 R_3 和 C_4 来改变桥臂电压的大小和相位以使电桥达到平衡,此时电桥中 C_4 的 μF 值就是被试品的 $\tan\delta$ 值。

上面介绍的是西林电桥的正接线,可以看出,这时接地点放在 D 点,被试品 C_x 的两端均对地绝缘。实际上,绝大多数电气设备的金属外壳是直接放置在接地底座上的,换言之,被试品的一极往往是固定接地的。这时就不能用上述正接线来测量它们的 $\tan\delta$,而应改用反接线法进行测量。

利用西林电桥测量 tanδ 时,应将套管等试品表面擦干净,还可加屏蔽,以消除电磁场的干扰;测定 tanδ 时所加的电压,最好接近于被试品的正常工作电压;最后应将不同温度下测得的 tanδ 值换算至 20℃ 时的 tanδ 值。

数字化测量 tanδ,不仅可以很容易地调节电桥平衡,而且可以防止外界干扰。其工作原理是利用传感器从试品上取得所需的电压信号 U 和电流信号 I,经前置 A/D 转换电路数字化后,送至数据处理计算机或单片机,经数据处理后算出电流电压之间的相位差 φ,最后得到 tanδ 的测量值。其原理如图 8.2.4 所示。

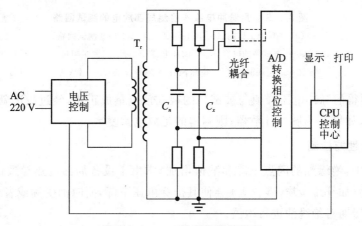

图 8.2.4 tanδ 数字化测量原理

4. 局部放电的测试

当电气设备内部绝缘发生局部放电时,将伴随着出现许多现象,如电脉冲、介质损耗的增大和电磁波辐射,以及光、热、噪音、气体压力的变化和化学变化。局部放电的测试就是根据这些现象来判断是否存在局部放电,局部放电的测试已成为确定产品质量和进行绝缘预防性试验的重要项目之一。

局部放电的测试方法可以分为非电的和电的两类。非电的方法有使用超声波探测仪的噪声检测法,光检测法和用气相色谱仪的化学分析法。在多数情况下,非电的方法都不够灵敏,属于定性测量,即只能判断是否存在局部放电,而不能借以进行定量的分析,而且有些非电测量必须打开设备才能进行,很不方便。电的方法有:脉冲电流法和介质损耗法,目前,该方法得到广泛应用,比较成功的方法是脉冲电流法。

脉冲电流法测的是视在放电量,有三种基本测试回路,即并联、串联、桥式,如图 8.2.5 所示。检测原理是:耦合电容器为被试品和测量阻抗之间提供一个低阻抗的通道。被试品一发生局部放电,因被试品 C_x、耦合电容 C_k 和检测阻抗 Z_m 构成的回路内有电流流过,就可由检出阻抗把与脉冲电流成比例的脉冲电压检测出来,检测到的信号通过放大器送到测量仪器上,通过校准就能得出视在放电量。它不仅可以判断局部放电的有无,还可以判定放电的强弱,且灵敏度高。

三种测试回路的基本测试目的都是使在一定电压作用下的被试品 C_x 中产生的局部放电电流脉冲流过检测阻抗 Z_m,然后把 Z_m 上的电压或 Z_m 及 Z'_m 上的电压差加以放大后送到检

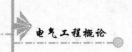

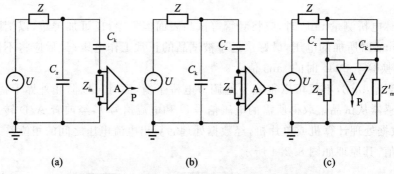

$$图\ 8.2.5\quad 用脉冲电流法检测局部放电的测试回路$$

(a) 并联测试回路；(b) 串联测试回路；(c) 桥式测试回路

C_x— 被试品的电容；C_k— 耦合电容；Z_m，Z'_m— 测量阻抗；

Z— 低通滤波器；U— 电压源；P— 测量仪器；A— 放大器

测仪器 P，所测得的脉冲电压峰值与被试品的视在放电量成正比，经过校准就能直接读出视在放电量的值，如果 P 为脉冲计数器，则测得的是放电重复率。

5. 绝缘油性能检测

运行过程中，绝缘油的闪点下降和酸值增加，常由于设备局部过热导致油分解所致。绝缘油受潮、脏污（如纤维尘埃、碳化等）会使其击穿电压下降，同时油受潮或者变质时，$\tan\delta$ 增加，因此，需要定期对绝缘油进行检测。

变压器油的检测内容很多，除电气性能外，还有许多物理、化学性能的检测。电气性能的检测有：电阻率的测量；介质损耗因数（$\tan\delta$）的测量；介电常数的测量；电气强度的检测。物理、化学性能的检测有：酸值检测；凝固点检测；闪火点检测；黏度检测；变压器油的气相色谱分析和液相色谱分析。

（1）电气强度检测。将变压器油倒入标准油杯中，以一定速率上升的交流电压加在油杯上，直至变压器油击穿，变压器油击穿时的电压，即为此次变压器油的击穿电压。通过油的击穿试验，以及在专用的试验电极中测油的 $\tan\delta$，可以检查油的电气性能。

（2）气相色谱检测。当电器中存在局部过热、电弧放电或某些内部故障时，绝缘油或固体绝缘材料会发生裂解，就会产生较大量的各种烃类气体和 H_2、CO、CO_2 等气体，因而把这类气体称为故障特征气体。分析油中溶解气体的成分、含量及其随时间而增长的规律，就可以鉴别故障的性质、程度及其发展情况。这对于测定缓慢发展的潜伏性故障是很有效的，而且这项检测可以不停电进行。相应的国家标准《变压器油中溶解气体分析和判断导则》（GB/T 7252-2001），适用于变压器、电抗器、电流互感器、电压互感器、充油套管、充油电缆等。

8.2.2　绝缘状态的在线检测

以上所述的电气绝缘预防性检测都是在电气设备处于离线的情况下进行的，这些检测存在几个缺点：一是需要停电进行，而不少重要的电力设备不能轻易地停止运行；二是检测间隔周期较长，不能及时发现绝缘故障；三是停电后的设备状态与运行时的设备状态不相符,影响诊断的正确性。在线检测是在电力设备运行的状态下连续或周期性检测绝缘的状况,因而可以避免以上缺点,另外建立一套电气绝缘在线检测系统也是实施电力设备状态维修和建设无人值守变电站的基础。

电气绝缘在线检测是一门多学科交叉融合的综合技术,自 20 世纪 70 年代以来,随着传感、信息处理及电子计算机技术的快速发展,电气绝缘在线检测与故障诊断的技术水平不断提高,在线检测产品大量投入市场。例如,据美国某发电厂统计,运用在线检测和状态维修体系后,每年可获利125 万美元。英国中央发电局(CEGB)的统计表明,对充油电力设备采用气相色谱在线检测及诊断技术后,使变压器的年维修费用从 1 000 英镑减少为 200 英镑。日本资料表明,在线检测技术的应用使每年维修费用减少 25% ～ 50%,故障停机时间则可减少75%。可见,在线检测和状态维修带来的经济效益是十分显著的。

电气绝缘在线检测项目有:变压器油中溶解气体的现场检测、局部放电检测及介质损耗角正切检测,这些检测方法的基本原理在前面已经阐述,需要加上传感、信息处理及电子计算机技术做到在线工作。

8.2.3　电气设备的耐压试验

1. 工频高电压试验

工频交流高电压试验是检验电气设备绝缘强度最直接和最有效的方法。它可以反映电气设备绝缘耐受电压的水平,有效地发现导致绝缘抗电强度降低的各种缺陷,判断电气设备能否继续运行,是避免电气设备在运行中发生绝缘事故的重要手段。工频高电压试验时,对电气设备绝缘施加比工作电压高得多的试验电压,为避免试验时损坏设备,工频高电压试验必须在一系列非破坏性试验合格后,才允许进行工频高电压试验。对于 220 kV 及以下的电气设备,一般用工频高电压试验来考验其耐受工作电压和操作过电压的能力。运行经验表明,凡经受住 1 min 工频高电压试验的电气设备,一般都能保证安全运行。

以试验变压器或其串级装置作为主设备的工频高电压试验(包括耐压试验)的基本接线如图 8.2.6 所示。调压器 AV 应能按规定的升压速度连续、平稳地调节电压,使高压侧电压在 $0 \sim U$ 的范围内,均匀地加以调节以满足试验的需求。L_f 和 C_f 构成谐波滤波器,是为了改善工频试验变压器输出波形,若主要需减弱三次谐波,则 $L_f C_f$ 回路可按 $3\omega L_f = 1/(3\omega C_f)$ 来选

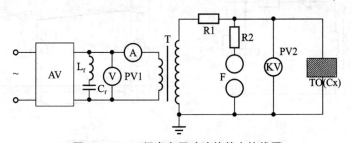

图 8.2.6　工频高电压试验的基本接线图

AV— 调压器;L_f,C_f— 谐波滤波器;PV1— 低压侧电压表;

T— 工频高压装置;R1— 变压器保护电阻;R2— 测量球隙保护电阻;

F— 测量球隙;PV2— 高压静电电压表;TO— 被试品

择其参数,ω 为基波角频率,滤波电容一般可选取 $6 \sim 10 \mu$F。若还需减弱五次谐波,则可再并联另一个 $L'C'$ 串联谐振回路。保护电阻 R1 用来限制短路电流和阻尼放电回路的振荡过程,其阻值一般可按 $0.1 \Omega/V$ 选取。保护电阻 R2 用于保护球电极,电压表 PV1、PV2 和测量球隙 F 用以测量电压,被试品接在高压引线和接地线之间。

工频高电压试验的实施方法如下:按规定的升压速度提升作用在被测试品 TO 上的电压,直到等于所需的试验电压 U 为止,这时开始计算时间。为了让有缺陷的试品绝缘来得及发展局部放电或完全击穿,达到 U 后还要保持一段时间,一般取 1 min 就足够。如果在此期间没有发现绝缘击穿或局部损伤(可通过声响、分解出的气体、冒烟、电压表指针剧烈摆动、电流表指示急剧增大等异常现象作出判断)的情况,即可认为该试品的工频耐压试验合格通过。

2. 直流高电压试验

在被试品的电容量很大的场合,如电力电缆,用工频交流高电压进行绝缘试验时会出现很大的电容电流,这就要求工频高压试验装置具有很大的容量,但一般很难做到,这时常用直流高电压试验来代替工频高电压试验。随着高压直流输电技术的发展,出现了越来越多的直流输电工程,因而必然需要进行多种内容的直流高电压试验,如测量电气设备泄漏电流需进行高压直流电压下的试验。因此,直流高压试验有重要的实际意义,能考验电器设备的抗电强度,它能反映设备受潮、劣化和局部缺陷等多方面的问题,目前在发电机、电动机、电缆、电容器的绝缘试验中广泛地应用。

高压试验室中通常采用将工频高电压经高压整流器而变换成直流高电压的方法。直流电压的特性由极性、平均值、脉动等来表示。高压试验的直流电源在提供负载电流时,脉动电压要非常小,即直流电源必须具有一定的负载能力。直流高电压的产生有半波整流、倍压整流和直流高压串级装置(或称串级直流高压发生器),利用倍压原理能产生出更高的直流试验电压。常用的半波整流电路如图 8.2.7 所示,输出的额定直流电压(算术平均值)$U_d = (U_{max} + U_{min})/2$,脉动系数 $S = 1/(2fCR_X)$。测量直流高电压,IEC 推荐使用标准棒 — 棒间隙,其测量不确定度在 $\pm 3\%$ 以内,也可以用静电电压表、旋转电位计或高压高阻分压器等进行测量。

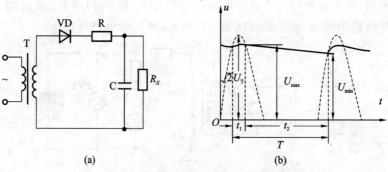

图 8.2.7 半波整流电路及输出电压波形图

(a) 半波整流电路;(b) 输出电压波形图

T— 高压试验变压器;VD— 整流元件(高压硅堆);C— 滤波电容器;

R— 保护电阻;R_X— 试品电阻;U_T— 试验变压器 T 的输出电压;

U_{max}、U_{min}— 输出直流电压的最大值、最小值

3. 冲击电压试验

电力系统中的高压电气设备除了承受长期的工作电压作用外,在运行过程中还可能承受短时的雷电过电压和操作过电压的作用。为了研究电气设备在遭受雷电过电压和操作过电压时的绝缘性能,许多电气设备在型式试验、出厂试验或大修后需进行冲击电压试验。

冲击电压试验接线图如图 8.2.8 所示。冲击电压发生器是产生冲击电压波的装置,它也是高压试验室的基本设备之一。其冲击电压产生的基本原理如下。

(1) 充电过程。由试验变压器 T 和高压硅堆 VD 构成的整流电源,以峰值电压 U 经保护电阻 r 及充电电阻 R 向主电容 $C_1 \sim C_4$ 充电。在充电过程中火花球隙均不击穿,各球隙支路呈开路,若充电过程足够长,所有电容器都可充到 U。因而点 2、4、6、8 的对地电位均为 $-U$,而点 1、3、5、7 均为地电位。

(2) 放电过程。当需要启动冲击电压发生器时,可向点火球隙 G_1 的针极送去一脉冲电压,针极和球表面之间产生火花放电,引起点火球隙放电,$G_2 \sim G_4$ 各球隙相继放电,将主电容 $C_1 \sim C_4$ 串联起来,最后隔离球隙 G_0 也放电,此时输出电压为 $C_1 \sim C_4$ 上的电压总和,即为 $-4U$,向试品放电。合理选择波头电阻 R_t 和波尾电阻 R_f 就可以得到所需要的冲击电压波形。

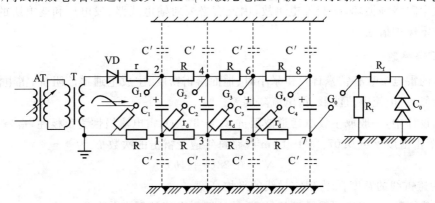

图 8.2.8　冲击电压试验接线图

冲击电压的测定包括峰值测量和波形记录两个方面。目前最常用的测量冲击电压的方法有:分压器-示波器;测量球隙;分压器-峰值电压表。球隙和峰值电压表只能测量电压峰值,示波器则能记录波序,即不仅指示峰值而且能显示电压随时间的变化过程。

电气设备内绝缘的雷电冲击耐压试验采用三次冲击法,即对被试品施加三次正极性和三次负极性雷电冲击试验电压($1.2/50~\mu s$ 全波)。对变压器、电抗器类设备的内绝缘,还要进行雷电冲击截波($1.2/2 \sim 5~\mu s$)耐压试验。

进行内绝缘冲击全波耐压试验时,应在被试品上并联一球隙,并将它的放电电压整定得比试验电压高 15% ~ 20%(变压器电抗器类)或 5% ~ 10%(其他类试品),目的是为了防止意外出现过高冲击电压而损坏试品。

电力系统外绝缘的冲击高压试验通常采用 15 次冲击法,即对试品施加正、负极性冲击全波试验电压各 15 次,相邻两次冲击的时间间隔应不小于 1 min,在每组 15 次冲击的试验中,如果击穿或闪落不超过 2 次,则认为外绝缘合格。

内、外绝缘的操作冲击高电压试验方法与雷电冲击全波试验完全相同。

8.3　电力系统过电压及其保护

电力系统的过电压包括雷电过电压(又称大气过电压)和内部过电压。过电压会威胁输电线路和电气设备的绝缘,影响供电的安全,还会威胁到人身、设备的安全。目前,人们主要是设法躲避和限制雷电的破坏性,基本措施就是加装避雷针、避雷线、避雷器、防雷接地等防雷保护装置。这样的操作依据是行业标准 DL/T 620—1997《交流电气装置的过电压保护和绝缘配合》。

8.3.1　雷电及防雷保护装置

雷电过电压是雷云放电引起的电力系统过电压,又称大气过电压、外部过电压。雷电过电压可分为直击雷过电压和感应雷过电压两种。直击雷过电压是由于雷电放电,强大的雷电流直接流经被击物产生的过电压。感应雷过电压是雷击线路附近大地,由于电磁感应在导线上产生的过电压。由于雷电现象极为频繁,产生的雷电过电压可达数千千伏,足以使电气设备绝缘发生闪络和损坏,引起停电事故,因此有必要对输电线路、发电厂和变电所的电气装置采取防雷保护措施。

1. 雷电参数

主要的雷电参数有雷暴日及雷暴小时、地面落雷密度、主放电通道波阻抗、雷电流极性、雷电流幅值、雷电流等值波形、雷电流陡度等。

防雷设计中,一般取主放电通道波阻抗 $Z_0 = 300\ \Omega$,雷电流极性为负极性,雷暴日 $T_d = 40$,地面落雷密度 $\gamma = 0.07$。每 100 km 线路每年遭受雷击的次数 N 为

$$N = 0.28(b + 4h) \tag{8-5}$$

式中,b 为避雷线的宽度;h 为架空导线的平均高度。

雷电流幅值。一般我国雷暴日超过 20 的地区雷电流的概率分布为

$$\lg P = -\frac{I}{88} \tag{8-6}$$

式中,P 为雷电流幅值超过 I 的概率;I 为雷电流幅值,kA。

对除陕南以外的西北、内蒙古的部分雷暴日小于 20 的地区,雷电流的概率分布为

$$\lg P = -\frac{I}{44} \tag{8-7}$$

雷电流等值波形。用双指数波拟合雷电流等值波形,如图 8.3.1(a) 所示,比较准确,但计算复杂。一般线路防雷设计中可采用等值斜角波,如图 8.3.1(b) 所示,其波头陡度 a 由雷电流幅值 I 和波头时间 τ_f 决定,$a = I/\tau_f$,其波尾部分是无限长的,又称斜角平顶波。与雷电波的波头较近似的波形是半余弦波,如图 8.3.1(c) 所示,其波头部分的表达式为

$$i = \frac{I}{2}(1 - \cos\omega t) \tag{8-8}$$

式中,ω 为角频率,由波头 τ_f 决定,$\omega = \pi/\tau_f$。半余弦波头仅在大跨越、特殊杆塔线路防雷设计中采用。

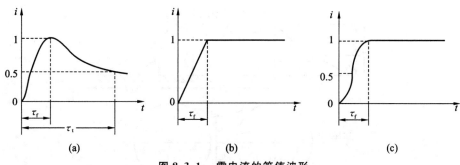

图 8.3.1　雷电流的等值波形

（a）双指数波；（b）斜角波；（c）半余弦波

雷电流陡度。雷电流陡度是指雷电流随时间上升的速度。标准取波头形状为斜角波，波头按 $2.6\ \mu s$ 考虑，雷电流陡度 $a = I/2.6$。

2. 避雷针防雷原理及保护范围

避雷针一般用于保护发电厂和变电所，可根据不同情况装设在配电构架上，或独立架设。避雷针是明显高出被保护物体的金属支柱，其针头采用圆钢或钢管制成，其作用是吸引雷电击于自身，并将雷电流迅速泄入大地，从而使被保护物体免遭直接雷击。避雷针需有足够截面的接地引下线和良好的接地装置，以便将雷电流安全可靠地引入大地。

避雷针的保护范围是指被保护物体在此空间范围内不致遭受直接雷击。保护范围是按照保护概率99.9％确定的空间范围（即屏蔽失效率或绕击率0.1％）。电力系统防雷的计算采用折线法，建筑物、信息系统的防雷计算采用滚球法。折线法确定避雷针的保护范围，方法如下。

（1）单支避雷针。单支避雷针的保护范围如图 8.3.2 所示，在被保护物高度 h_x 水平面上的保护半径 r_x 应按下列公式计算。

$$\begin{cases} \text{当}\ h_x \geqslant \dfrac{h}{2}\ \text{时}；r_x = (h - h_x)p = h_a p & (8\text{-}9) \\[2mm] \text{当}\ h_x < \dfrac{h}{2}\ \text{时}；r_x = (1.5h - 2h_x)p & (8\text{-}10) \end{cases}$$

式中，r_x 为避雷针在 h_x 水平面上的保护半径，单位为 m；h_x 为被保护物的高度，单位为 m；h 为避雷针的高度，单位为 m；h_a 为避雷针的有效高度，单位为 m。P 为高度影响系数，$h \leqslant 30$ m，$P = 1$；30 m $< h \leqslant 120$ m，$p = 5.5/\sqrt{h}$；当 $h > 120$ m 时，取其等于 120 m。

（2）两支等高避雷针。两支等高避雷针的保护范围如图 8.3.3 所示。两针外侧的保护范围按单支避雷针的计算方法确定。两针间的保护范围由于相互屏蔽效应而使保护范围增大，其范围按通过两针顶点及保护范围上部边缘最低点 O 的圆弧确定，圆弧的半径为 R_0'。O 点为假想避雷针

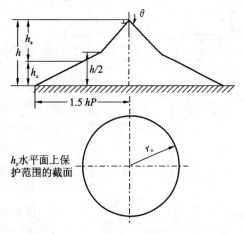

图 8.3.2　单支避雷针的保护范围

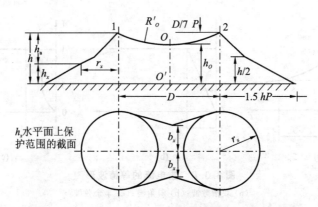

图 8.3.3　高度为 h 的两支等高避雷针的保护范围

的顶点,其高度按下式计算。

$$h_O = h - \frac{D}{7p} \quad (8\text{-}11)$$

式中,h_O 为两针间保护范围上部边缘最低点高度,单位为 m;D 为两避雷针间的距离,单位为 m。

两针间 h_x 水平面上保护范围的一侧最小宽度 $b_x = 1.5(h_O - h_x)$。两针间距离与针高之比 D/h 不宜大于 5。

3. 避雷线防雷原理及保护范围

避雷线,通常又称架空地线,简称地线。避雷线的防雷原理与避雷针相同,主要用于输电线路的保护,也可用来保护发电厂和变电所,近年来许多国家采用避雷线保护 500 kV 大型超高压变电所。避雷线用于输电线路时,除了防止雷电直击导线外,同时还有分流作用,以减少流经杆塔入地的雷电流从而降低塔顶电位,避雷线对导线的耦合作用还可以降低导线上的感应雷过电压。

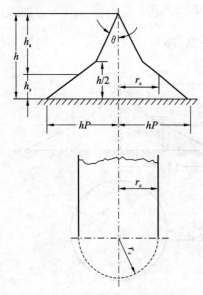

图 8.3.4　单根避雷线的保护范围

单根避雷线的保护范围如图 8.3.4 所示,在高为 h_x 的水平面上每侧保护范围的宽度按下列公式计算。

$$\begin{cases} 当 h_x \geqslant \dfrac{h}{2} \ 时;r_x = 0.47(h - h_x)p & (8\text{-}12) \\[2mm] 当 h_x < \dfrac{h}{2} \ 时;r_x = (h - 1.53h_x)p & (8\text{-}13) \end{cases}$$

式中,r_x 为 h_x 水平面上每侧保护范围的宽度,单位为 m;h_x 为被保护物的高度,单位为 m;h 为避雷线的高度,单位为 m。图 8.3.4 中,当避雷线的高度 $h \leqslant 30$ m 时,$\theta = 25°$。

两根等高平行避雷线的保护范围如图 8.3.5 所示。两线外侧的保护范围按单根避雷线的计算方法确定。两线间各横截面的保护范围由通过两避雷线 1、2 点及保护范围边缘最低点 O 的圆弧确定。O 点的高度应按下式计算。

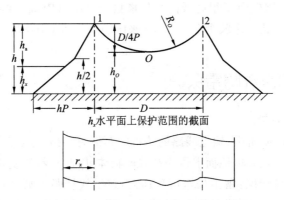

图 8.3.5 两根平行避雷线的保护范围

$$h_O = h - \frac{D}{4p} \tag{8-14}$$

式中，h_O 为两避雷线间保护范围上部边缘最低点的高度，单位为 m；D 为两避雷线间的距离，单位为 m。

表示避雷线对导线的保护程度，工程中采用保护角 α 来表示，如图 8.3.6 所示。保护角是指避雷线和外侧导线的连线与避雷线的垂线之间的夹角。保护角越小，避雷线就越能可靠地保护导线免遭雷击。

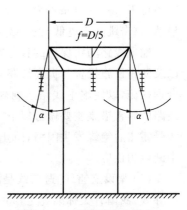

图 8.3.6 避雷线的保护角

4. 避雷器

避雷器是专门用以限制线路传来的雷电过电压或操作过电压的一种防雷装置。避雷器实质上是一种过电压限制器，与被保护的电气设备并联连接，当过电压出现并超过避雷器的放电电压时，避雷器先放电，从而限制了过电压的发展，使电气设备免遭过电压损坏。

为了使避雷器达到预期的保护效果，必须正确使用和选择避雷器，一般有以下基本要求。首先，避雷器应具有良好的伏秒特性曲线，并与被保护设备的伏秒特性曲线之间有合理的配合；其次，避雷器应具有较强的快速切断工频续流、快速自动恢复绝缘强度的能力。

避雷器的常用类型有保护间隙、管型避雷器、阀式避雷器和金属氧化物避雷器（常称氧化锌避雷器）四种。

金属氧化物避雷器（MOA）出现于 20 世纪 70 年代，因其性能比碳化硅避雷器更好，现在已在全世界得到广泛应用。MOA 具有保护性能好，无续流、通流容量大、运行安全可靠，体积小、重量轻、结构简单，元件通用性强、运行维护方便，使用寿命长、造价相对较低等优点，使得其在电力系统中的应用越来越广泛。由于其无续流的特性，还可制成直流避雷器及其他特殊用途的避雷器，如适用于气体绝缘变电所（GIS）中的避雷器、地下电缆系统的避雷器、高海拔地区的避雷器、严重污秽地区的避雷器等。

目前，世界各国还成功地把重量大大减轻的硅橡胶伞套的 MOA 应用到输电线路上，以

提高雷电活动强烈、土壤电阻率很高或降低杆塔接地电阻有困难等地区输电线路的耐雷水平。另外，还可以沿线安装硅橡胶伞套的 MOA 来限制操作过电压，以及限制紧凑型输电线路的相间操作过电压。

8.3.2 电力系统防雷保护

1. 输电线路的防雷保护

在整个电力系统的防雷中，输电线路的防雷问题最为突出。这是因为输电线路绵延数千千米、地处旷野，又往往是周边地面上最为高耸的物体，因此极易遭受雷击，有避雷线的线路遭受直击雷一般有三种情况：雷击杆塔塔顶；雷击避雷线挡距中央；雷电绕过避雷线击于导线。此外，线路落雷后，沿输电线路侵入发、变电所的雷电侵入波也是威胁发、变电所电气设备，造成发、变电所事故的主要因素之一。

输电线路防雷性能的优劣，工程中主要用耐雷水平和雷击跳闸率两个指标来衡量。耐雷水平是指雷击线路绝缘不发生闪络的最大雷电流幅值（单位为 kA）。高于耐雷水平的雷电流击于线路将会引起闪络，反之，则不会发生闪络；雷击跳闸率是指折算到雷暴日数为 40 的标准条件下，每 100 km 线路每年由雷击引起的跳闸次数。这是衡量线路防雷性能的综合指标，显然，雷击跳闸率越低，说明线路防雷性能越好。

输电线路防雷保护的任务在于：考虑线路通过地区的雷电活动强弱、该线路的重要性，以及防雷设施投资与提高线路耐雷性能所得到的经济效益等因素，通过技术经济比较，采取合理措施，以使输电线路达到规程规定的耐雷水平值的要求，尽可能降低雷击跳闸率。输电线路的防雷措施主要做好以下"四道防线"：防止输电线路导线遭受直击雷；防止输电线路导线受雷击后绝缘发生闪络；防止雷击闪络后建立稳定的工频电弧；防止工频电弧出现后引起中断电力供应。

（1）架设避雷线。避雷线是高压输电线路最基本的防雷措施，其主要作用是防止雷电直击导线。我国有关标准规定，330 kV 及以上输电线路应全线架设双避雷线；220 kV 输电线路宜全线架设双避雷线；110 kV 线路一般全线架设避雷线，但在少雷区或运行经验证明雷电活动轻微的地区可不沿全线架设避雷线；35 kV 及以下线路，一般不沿全线架设避雷线。避雷线对导线的保护角一般采用 20°～30°。220～330 kV 输电线路的双避雷线线路，保护角一般采用 20°左右，500 kV 输电线路一般不大于 15°，山区宜采用较小的保护角。杆塔上两根避雷线间的距离不应超过导线与避雷线间垂直距离的 5 倍。

（2）降低杆塔接地电阻。对于一般高度的杆塔，降低杆塔接地电阻是提高线路耐雷水平防止反击的有效措施。标准规定，有避雷线的线路，每基杆塔（不连避雷线时）的工频接地电阻，在雷季干燥时不宜超过表 8.3.1 所列数值。

表 8.3.1 有避雷线的线路杆塔的工频接地电阻

土壤电阻率/Ω·m	100 及以下	100～500	500～1 000	1 000～2 000	2 000 以上
接地电阻/Ω	10	15	20	25	30

（3）架设耦合地线。雷电活动强烈的地方和经常发生雷击故障的杆塔和线段，在降低杆塔接地电阻有困难时，可以在导线下方 4～5 m 处架设耦合地线。

（4）采用不平衡绝缘方式。在现代高压及超高压线路中，同杆架设的双回路线路日益增多，对此类线路在采用通常的防雷措施尚不能满足要求时，可使二回路的绝缘子串片数有差异，这种不平衡绝缘方式可以降低双回路雷击同时跳闸率。

（5）采用中性点非有效接地方式。对于 35 kV 及以下的线路，一般不采用全线架设避雷线的方式，而采用中性点不接地或经消弧线圈接地的方式。绝大多数的单相接地故障能够自动消除，不致引起相间短路和跳闸。雷击跳闸率约可降低 1/3 左右。

（6）装设避雷器。一般在线路交叉处和在高杆塔上装设管型避雷器以限制过电压。在雷电活动强烈、土壤电阻率很高，或降低杆塔接地电阻有困难等地区，装设重量较轻的复合绝缘外套金属氧化物避雷器。

（7）加强绝缘。对于大跨越杆塔，超高压、特高压线路杆塔，可采用在杆塔上增加绝缘子片数，全高超过 40 m 有避雷线的杆塔，每增高 10 m，应增加一个绝缘子，适当增加导线与避雷线间空气距离，减小保护角等措施。对 35 kV 及以下线路，可采用瓷横担绝缘子以提高冲击闪络电压。

（8）装设自动重合闸装置。由于雷击造成的闪络大多能在跳闸后自行恢复绝缘性能，所以重合闸成功率较高，据统计，我国 110 kV 及以上高压线路重合闸成功率为 75％～90％；35 kV 及以下线路为 50％～80％。因此，各级电压的线路都应尽量装设自动重合闸装置。

2. 发电厂和变电所的防雷保护

发电厂和变电所是电力系统的枢纽，设备相对集中，一旦发生雷害事故，往往导致发电机、变压器等重要电气设备的损坏，这些设备更换和修复困难，并会造成大面积停电，严重影响国民经济和人民生活。因此，发电厂和变电所的防雷保护要求十分可靠。

发电厂和变电所遭受雷害一般来自两方面，一是雷直击于发电厂、变电所；二是雷击输电线路后产生的雷电波沿该导线侵入发电厂、变电所。

对直击雷的防雷保护，一般采用避雷针或避雷线，根据我国的运行经验，凡装设符合规程要求的避雷针（线）的发电厂、变电所绕击和反击事故率是非常低的，约每年每百所 0.3 次。

由于雷击线路的现象比较频繁，沿线路侵入的雷电波的危害是发电厂、变电所雷害事故的主要原因，雷电流幅值虽受到线路绝缘的限制，但发电厂、变电所电气设备的绝缘水平比线路绝缘水平低，主要措施是在发电厂、变电所内安装合适的避雷器以限制电气设备上的过电压峰值，同时设置进线保护段以限制雷电流幅值和降低侵入波的陡度。对于直接与架空线路相连的发电机（一般称为直配电机），除在电机母线上装设避雷器外，还应装设并联电容器以降低电机绕组侵入波的陡度，保护电机匝间绝缘和中性点绝缘不受损坏。

变电所的进线段保护是对雷电侵入波保护的一个重要辅助措施，就是在临近变电所 1～2 km 的一段线路上加强防护。当线路全线无避雷线时，这段线路必须架设避雷线；当沿全线架设有避雷线时，则应提高这段线路的耐雷水平，以减少这段线路内绕击和反击的概率。进线段保护的作用在于限制流经避雷器的雷电流幅值和侵入波的陡度。

未沿全线架设避雷线的 35～110 kV 架空送电线路，当雷直击于变电所附近的导线时，流过避雷线的电流幅值可能超过 5 kA，而陡度也会超过允许值，因此，应在变电所 1～2 km 的进线段架设避雷线作为进线段保护，要求保护段上的避雷线保护角宜不超过 20°，最大不

应超过 $30°$；110 kV 及以上有避雷线架空送电线路，把 2 km 范围内进线作为进线保护段，要求加强防护，如减小避雷线的保护角 α 及降低杆塔的接地电阻。使进线保护段范围内的杆塔耐雷水平达到要求。$35 \sim 110$ kV 变电所的进线段保护接线如图 $8.3.7$ 所示，FE 为管型避雷器。

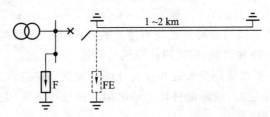

图 8.3.7 $35 \sim 110$ kV 变电所的进线保护接线

对于 35 kV 小容量变电所，可根据负荷的重要性及雷电活动的强弱等条件适当简化保护接线，即进线段的避雷线长度可减少到 $500 \sim 600$ m，或者用电抗器。

中性点不接地的变压器，如采用分级绝缘且未装设保护间隙，应在中性点装设雷电过电压保护装置，宜选变压器中性点用金属氧化物避雷器。中性点如采用全绝缘，此时中性点一般不加保护，但变电所为单进线且为单台变压器运行时，也应在中性点装设雷电过电压保护装置。变压器和高压并联电抗器的中性点经接地电抗器接地时，中性点上应装设金属氧化物避雷器保护。

三绕组变压器在低压绕组直接出口处对地处加装避雷器，当低压绕组接有 25 m 以上金属外皮电缆时，因对地电容增大，可不必再装避雷器。

配电变压器的防雷保护，为了避免变压器低压侧绕组的损坏，必须将低压侧的中性点也连接在变压器的金属外壳上，即构成变压器高压侧避雷器的接地端点、低压绕组的中性点和变压器金属外壳三点联合接地。

3. 防雷接地

接地就是指将电力系统中电气装置和设施的某些导电部分，经接地线连接至接地极。埋入地中并直接与大地接触的金属导体称为接地极，兼作接地极用的直接与大地接触的各种金属构件、金属井管，钢筋混凝土建筑物的基础、金属管道和设备等称为自然接地极。电气装置、设施的接地端子与接地极连接用的金属导电部分称为接地线。接地极和接地线合称接地装置。

（1）发电厂、变电所的接地保护。电力系统中的工作接地、保护接地和防雷接地是很难完全分开的，发电厂、变电所中的接地网实际是集工作接地、保护接地和防雷接地为一体的良好接地装置。一般的做法是：除利用自然接地极以外，根据保护接地和工作接地要求敷设一个统一的接地网，然后再在避雷针和避雷器安装处增加 $3 \sim 5$ 根集中接地极以满足防雷接地的要求。按照工作接地要求，发电厂、变电所电气装置保护接地的接地电阻应满足

$$R_{\mathrm{e}} \leqslant \frac{2\,000}{I} \tag{8-15}$$

式中，R_{e} 为考虑到季节变化的最大接地电阻，单位为 Ω；I 为计算用的流经接地装置的入地短路电流，单位为 A。当接地装置的接地电阻不符合上式要求时，可通过技术经济比较增大接地电阻，但不得大于 5 Ω。

接地网以水平接地极为主,应埋于地表以下 $0.6 \sim 0.8$ m,以免受到机械损坏,并可减少冬季土壤表层冻结和夏季水分蒸发对接地电阻的影响,网内铺设水平均压带,做成如图 8.3.8 所示的长孔接地网,或做成方孔接地网。接地网中两水平接地带之间的距离 D 一般可取为 $3 \sim 10$ m,按保护接地的接触电位差和跨步电位差校核以后再予以调整,接地网的外缘应围绕设备区域连成闭合环形,角上圆弧形半径为 $D/2$,入口处铺设成帽檐式均压带。这种接地网的总接地电阻一般在 $0.5 \sim 5$ Ω 的范围内。

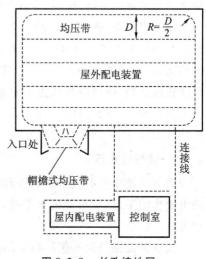

图 8.3.8 长孔接地网

（2）输电线路的接地保护。高压线路每一杆塔都有混凝土基础,它也起着接地极的作用,其接地装置通过引线与避雷线相连,目的是使击中避雷线的雷电流通过较低的接地电阻而进入大地。高压线路杆塔的自然接地极的工频接地电阻简易计算式 $R \approx k\rho$,各种型式接地装置简易计算式系数 k 列于表 8.3.2 中,ρ 为土壤电阻率。多数情况下单纯依靠自然接地电阻是不能满足要求的,需要装设人工接地装置,才能满足线路杆塔接地电阻要求,如表 8.3.1 所列。

表 8.3.2 各种型式接地装置的工频接地电阻简易计算式系数 k

杆塔形式	钢筋混凝土杆				铁 塔			门形杆塔			V 形拉线的门形杆塔		
	单杆	双杆	拉线单、双杆	一个拉线盘	深埋式	装配式	深埋装配综合	深埋式	装配式	深埋装配综合	深埋式	装配式	深埋装配综合
系数 k	0.3	0.2	0.1	0.28	0.07	0.1	0.05	0.04	0.06	0.03	0.045	0.09	0.04

8.3.3　内部过电压及其防护

在电力系统内部,由于断路器的操作或发生故障,使系统参数发生变化,引起电网电磁能量的转化或传递,在系统中出现过电压,这种过电压称为内部过电压。内部过电压包括暂时过电压和操作过电压。暂时过电压包括工频电压升高和谐振过电压,其持续时间比操作过电压长。操作过电压即电磁暂态过程中的过电压,一般持续时间在 0.1 s（五个工频周波）以内,常见的操作过电压主要包括切断空载线路过电压、合闸空载线路过电压、切除空载变压器过电压和断续电弧接地过电压等几种。前三种属于中性点直接接地的系统。

1. 工频电压升高

工频电压升高是决定过电压保护装置工作条件的重要依据,所以,它直接影响到避雷器的保护特性和电力设备的绝缘水平。由于工频电压升高是不衰减或弱衰减现象,持续时间很长,对设备绝缘及其运行条件也有很大影响。

工频电压升高的原因有:空载长线的电容效应,不对称短路引起的工频电压升高和甩负荷引起等。

实际运行经验表明:在一般情况下,工频电压升高对 220 kV 等级以下、线路不太长的系统的正常绝缘的电气设备是没有危险的,220 kV 及以下的电网中不需要采取特殊措施来限制工频电压升高。但对超高压、远距离传输系统绝缘水平的确定却起着决定性的作用。在 330～500 kV 超高压电网中,应采用并联电抗器或静止补偿装置等措施,将工频电压升高限制到 1.3～1.4 倍相电压以下。在线路末端接入电抗器,相当于减小了线路长度,因而降低了电压传递系数,可以降低线路的末端电压。电抗器可以安装在线路的末端、首端、中间,其补偿度及安装位置的选择,必须综合考虑实际系统的结构、参数、可能出现的运行方式及故障形式等因素,然后确定合理的方案。

2. 谐振过电压

电力系统中含有大量的电感和电容元件,这些元件组成了各种不同的振荡电路,在一定的电源作用下,就有可能发生振荡,可以产生线性谐振、参数谐振和铁磁谐振等三种类型的谐振。

线性谐振条件是等值回路中的自振频率等于或接近电源频率。其过电压幅值只受回路中损耗(电阻)的限制。实际电力系统中,往往可以在设计或运行时避开这种谐振,因此完全满足线性谐振的机会极少,但要注意,即使在接近谐振条件下,也会产生很高的过电压。

参数谐振条件是系统中某些电感元件的电感参数在某种情况下发生周期性的变化,所需能量来源于改变参数的原动机,不需单独电源,一般只要有一定剩磁或电容的残余电荷,参数处在一定范围内,就可以使谐振得到发展。由于回路中有损耗,电感的饱和会使回路自动偏离谐振条件,使过电压得以限制。

铁磁谐振条件是电路中的电感元件因带有铁心,会产生饱和现象,这种含有非线性电感元件的电路,在满足一定条件时,会发生铁磁谐振。电力系统中发生铁磁谐振的机会是相当多的。国内外运行经验表明,它是电力系统某些严重事故的直接原因。

铁磁谐振的限制措施有以下几项。

(1) 改善电磁式电压互感器的激磁特性,或改用电容式电压互感器。

(2) 在电压互感器开口三角绕组中接入阻尼电阻,或在电压互感器一次绕组的中性点对地接入电阻。

(3) 在有些情况下,可在 10 kV 及以下的母线上装设一组三相对地电容器,或用电缆段代替架空线段,以增大对地电容,但从参数搭配上应该避免谐振。

(4) 在特殊情况下,可将系统中性点临时经电阻接地或直接接地,或投入消弧线圈。

3. 切断空载线路过电压

我国在 35～220 kV 电网中,都曾因切除空载线路时过电压引起过多次故障。多年的运行经验证明若使用的断路器的灭弧能力不够强,以致电弧在触头间重燃时,切除空载线路的过电压事故就比较多,因此,电弧重燃是产生这种过电压的根本原因。

切断空载线路过电压的影响因素和限制措施有以下几项。

(1) 断路器的性能。改进断路器的灭弧性能,使其尽量不重燃。采用灭弧性能好的压缩空气断路器以及六氟化硫断路器等可大大改善其灭弧性能,基本上达到了不重燃的要求。

(2) 中性点的接地方式。中性点非有效接地的系统中,三相断路器在不同的时间分闸会形成瞬间的不对称电路,中性点会发生位移,过电压明显增高,一般情况下比中性点有效接地的切断空载线路过电压高出约 20%。

（3）母线上有其他出线。这相当于加大母线电容,电弧重燃时残余电荷迅速重新分配,改变了电压的起始值使其更接近稳态值,使得过电压减小。

（4）过电压在线路上会产生强烈的电晕,要消耗能量,电源及线路损耗使过电压降低。线路侧装有电磁式电压互感器等设备,它们的存在将使线路上的剩余电荷有了附加的释放路径,降低线路上的残余电压,从而降低了重燃过电压。

（5）断路器加装分闸电阻。这也是降低触头间的恢复电压、避免电弧重燃的一种有效措施。图 8.3.9 是一种断路器的接线方式。在分闸时先断开主触头 1,经过一定时间间隔后再断开辅助触头 2。合闸时的动作顺序刚好与上述相反。这种分闸电阻 R 的阻值一般处于 1 000 ～ 3 000 Ω 的范围内。

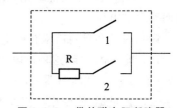

图 8.3.9　带并联电阻断路器
1— 主触头;2— 辅助触头;R— 并联电阻

（6）利用避雷器保护。安装在线路首端和末端的 MOA 或磁吹避雷器,也能有效地限制这种过电压的幅值。

4. 合闸空载线路过电压

电力系统中,空载线路合闸过电压也是一种常见的操作过电压。通常分为两种情况,即正常操作和自动重合闸。由于初始条件的差别,重合闸过电压的情况更为严重。近年来,由于采用了种种措施(如采用不重燃断路器、改进变压器铁芯材料等)限制或降低了其他幅值更高的操作过电压,空载线路合闸过电压的问题就显得突出。特别在超高压或特高压电网的绝缘配合中,这种过电压已经成为确定系统设备绝缘水平的主要依据。

合闸空载线路过电压的影响因素和限制措施有以下几项。

（1）合闸相位。合闸时电源电压的瞬时值取决于它的相位,相位的不同直接影响着过电压幅值,合闸相位是随机量,遵循统计规律。若需要通过专门的控制装置选择在触头间电位极性相同或电位差接近于零时完成合闸,以降低甚至消除合闸和重合闸过电压。

（2）线路上残余电荷。在线路侧接有电磁式电压互感器,那么它的等值电感和等值电阻与线路电容构成一阻尼振荡回路,使残余电荷在几个工频周期内泄放一空。线路若装设并联电抗器和静止补偿装置(SVC),对重合闸而言,当断路器断开后,线路电容和电抗器形成衰减的振荡电路,不但影响残余电荷的幅值,而且影响残余电荷的极性,降低工频电压升高。

（3）线路损耗。线路上的电阻和过电压较高时线路上产生的电晕都构成能量的损耗,消耗了过渡过程的能量,而使得过电压幅值降低。

（4）装设并联合闸电阻。如图 8.3.9 所示,合闸时应先合辅助触头 2,R 对振荡起阻尼作用,使过渡过程中的过电压最大值有所降低,这一阶段经过 8 ～ 15 ms。第二阶段将主触头 1 闭合,将 R 短接,使线路直接与电源相连,完成合闸操作。合闸过电压的高低与电阻值 R 的关系呈 V 形曲线,某一适当的电阻值下可将合闸过电压限制到最低。对 500 kV 开关并联电阻,当采用 450 Ω 的并联电阻时,过电压可限制在 2 倍以下。

（5）装设避雷器保护。在线路首、末端(线路断路器的线路侧)安装 MOA 或磁吹避雷器。均能对这种过电压进行限制,如果采用的是现代 MOA 避雷器,就有可能将这种过电压的倍数限制到 1.5 ～ 1.6,因而可不必在断路器中安装合闸电阻。

5. 切除空载变压器过电压

切除空载变压器也是电力系统中常见的一种操作。正常运行时,空载变压器表现为一个励磁电感。因此,切除空载变压器就是开断一个小容量电感负荷,这时会在变压器和断路器上出现很高的过电压。系统中利用断路器切除空载变压器、并联电抗器及电动机等都是常见的操作方式,它们都属于切断感性小电流的情况。

在切断感性小电流时,由于能量小,断路器在工频电流过零前是电弧电流截断而强制熄弧。弧道中的电流被突然截断,由于截流留在电感中的磁场能量转化为电容上的电场能量,从而产生过电压。

影响因素和限制措施有以下几项。

(1) 断路器性能。这种过电压的幅值近似地与截流数值成正比,切除小电流性能好的断路器(如 SF_6、空气断路器)由于截流能力强,其过电压较高。另外,截流后在断路器触头间如果引起电弧重燃,使变压器侧的电容电场能量向电源释放,也降低了这种过电压。

(2) 变压器参数。变压器的电感 L_T 越大、C_T 越小,过电压愈高。采用优质导磁材料,变压器绕组改用纠结式绕法,以及增加静电屏蔽等措施使对地电容 C_T 有所增大,使过电压有所降低。

此外,变压器的相数、中性点接地方式、断路器的断口电容,以及与变压器相连的电缆线段、架空线段都会对切除空载变压器过电压产生影响。

(3) 采用避雷器保护。这种过电压的幅值是比较大的,国内外大量实测数据表明:通常它的倍数为 2 ~ 3,有 10% 左右可能超过 3.5 倍,极少数高达 4.5 ~ 5.0 倍,甚至更高。但是这种过电压持续时间短、能量小,因而要加以限制并不困难。

6. 电弧接地过电压

当中性点不接地系统中发生单相接地时,经过故障点将流过数值不大的接地电容电流。随着电网的发展和电压等级的提高,单相接地电容电流随之增加,一般 6 ~ 10 kV 电网的接地电流超过 30 A,35 ~ 60 kV 电网的接地电流超过 10 A 时,电弧以断续的形式存在,就会产生电弧接地过电压。

110 kV 及以上电网大多采用中性点直接接地的运行方式,当发生单相短路时,继电保护作用于断路器跳闸切除故障,不存在电弧接地过电压。35 kV 及以下电压等级的配电网,采用中性点经消弧线圈接地的运行方式。消弧线圈补偿流过故障点的容性接地电流,使电弧能自行熄灭,系统自行恢复到正常工作状态,还可以降低故障相上的恢复电压上升的速度,减小电弧重燃的可能性。

8.4　电力系统绝缘配合

电力系统的运行可靠性主要由停电次数及停电时间来衡量。尽管停电原因很多,但绝缘的击穿是造成停电的主要原因之一,随着系统电压等级的提高,输送容量的增大,一旦出现故障,损失便非常巨大。另一方面,电力系统电压等级的提高,输变电绝缘部分的投资占总投资的比重越来越大。既要限制可能出现的高幅值过电压,保证设备与系统安全可靠地运行,又要降低对各种输变电设备绝缘水平的要求,减少主要设备的投资费用,绝缘配合问题日益得到重视。

绝缘配合就是综合考虑电气设备在电力系统中可能承受的各种电压、保护装置的特性和设备绝缘对各种作用电压的耐受特性，合理地确定设备必要的绝缘水平，以使设备的造价、维修费用和设备绝缘故障引起的事故损失，达到在经济上和安全运行上效益最高的目的。这就要求在技术上处理好各种电压、各种限压措施和设备绝缘耐受能力三者之间的配合关系，以及在经济上协调设备投资费、运行维护费和事故损失费(可靠性)三者之间的关系。在上述绝缘配合总体原则确定的情况下，对具体的电力系统如何选取合适的绝缘水平，还要按照不同的系统结构、不同的地区以及电力系统不同的发展阶段来进行具体的分析。

绝缘配合的最终目的就是确定电气设备的绝缘水平，所谓电气设备的绝缘水平是指设备可以承受(不发生闪络、放电或其他损坏)的试验电压值。考虑到设备在运行时要承受运行电压、工频过电压及操作过电压，对电气设备绝缘规定了短时工频试验电压，对外绝缘还规定了干状态和湿状态下的工频放电电压；考虑到在长期工作电压和工频过电压作用下内绝缘的老化和外绝缘的抗污秽性能，规定了设备的长时间工频试验电压；考虑到雷电过电压对绝缘的作用，规定了雷电冲击试验电压等。

对于 220 kV 及以下的设备和线路，雷电过电压一直是主要威胁，因此，在选取设备的绝缘水平时应首先考虑雷电冲击的作用，即以限制雷电过电压的主要措施为基础来确定设备的冲击耐受电压，而一般不采用专门限制内部过电压的措施。

在超高压系统中，随着电压等级的提高，操作过电压的幅值随之增大，对设备与线路的绝缘要求更高，绝缘的造价以更大比例的提高。例如，在 330 kV 及以上的超高压绝缘配合中，操作过电压起主导作用。处于污秽地区的电网，外绝缘的强度受污秽的影响大大降低，恶劣气象条件时就会发生污闪事故。因此，此类电网的外绝缘水平主要由系统最大运行电压决定。另外，在特高压电网中，由于限压措施的不断完善，过电压可降到 $1.6 \sim 1.8(\text{p}_\mu)$ 甚至更低。

绝缘配合中不考虑谐振过电压，应在设计和运行中避开；不考虑线路绝缘与变电站绝缘间的配合。

思考与练习题

8-1 提高气体间隙击穿电压的措施有哪些？

8-2 影响液体电介质击穿电压的主要因素有哪些？

8-3 试述固体电介质的击穿形式及其特点。

8-4 防止污闪的措施有哪些？

8-5 绝缘预防性试验有哪些项目？

8-6 对照交流耐压试验一般接线图，试述交流耐压试验的步骤和注意事项。

8-7 某原油罐高 10 m，顶端直径 10 m，若采用单根避雷针保护，且要求避雷针与油罐距离不得小于 5 m，试计算该避雷针的高度。

8-8 试述各级电压线路防雷的具体措施。

8-9 内部过电压可分成哪几大类？各有何特点？

8-10 消除电弧接地过电压的途径有哪些？

第9章 电气工程设计

9.1 电气工程设计的基本知识

9.1.1 电气工程设计与工程建设的关系

1. 工程设计以工程建设为服务对象

工程设计的任务就是在工程建设中贯彻国家基本建设方针和技术经济政策,做出切合实际、安全适用、技术先进、综合经济效益好的设计。工程建设就是工程设计的服务对象。

电气工程设计就是根据工程要求,针对工程的特点,合理布局和调配它们去执行各种作用,制作出合符需要的设计。

2. 工程设计是建设工程本身的灵魂

设计是工程建设的关键环节。电气工程直接关系到工程的立项、建筑工程功能的发挥,在整个工程项目中起着非常重要的作用。

3. 工程设计是工程施工的龙头

设计文件是安排工程建设项目和组织施工安装的主要依据,是施工过程中各专业技术人员指导、监督各工种具体实施的蓝本。做好设计工作对工程建设的工期、质量、投资费用和建成投产后的运行安全、可靠性和生产的综合经济效益起着决定性的作用。设计质量直接关系施工安全和施工效益。稍有不慎,就会造成巨大浪费,留下事故隐患,后患无穷。

4. 工程设计是各学科综合的纽带

随着科学技术的发展,电气工程设计的内容更为丰富,较之以往在下述方面就有大幅度的发展:① 供电可靠与高质的要求上升;② 电气功能扩大;③ 安全要求更广、更严;④ 系统更复杂、更综合。

9.1.2 电气工程设计的原则与要求

1. 电气工程设计的一般原则

(1)贯彻国家有关工程设计的政策、法令和原则:设计要符合现行国家标准和设计规范;对节约能源、节约用地、节约有色金属和环境保护等重要问题应采取有效的技术措施。

(2)安全可靠和先进合理的原则:做到保障人身和设备安全、供电可靠、技术先进、经济合理;采用低耗、高效、性能先进的电器产品;设备布置要便于施工和维护管理。

(3)贯彻近期为主,考虑发展的原则:应根据工程特点、规范和发展需要,正确处理近期建设与远期发展的关系,做到远、近结合,以近期为主,考虑发展扩建的余地。

（4）从全局出发，统筹兼顾的原则：按照负荷类别、用电容量工程特点、地区供电条件，合理确定设计方案，同时要与有关建筑结构、生产工艺、给排水、暖通等工种专业协调配合。

2. 电气工程设计的一般要求

工程设计为工程建设提供的就是绘制、编写的成套图纸和文字说明（含计算资料），称为技术文件。对技术文件的基本要求有以下几点。

（1）正确性。全套技术文件必须正确无误，应能达到规定的性能指标，满足开展下列工作所需的要求：① 编制施工方案，进行施工和安装；② 编制工程预算，实施招、投标；③ 安排设备、材料具体订货；④ 制作、加工非标设备。

（2）完整性。整套文件中的图纸、说明及其他资料必须要满足上述施工各方面及今后管理维护的需要。各行业对设计不同阶段均有具体的设计深度规定，不能随意精减。设计内容中有缺项的，必须阐明原因，注明处理方案。引用图纸、规定，须注明标号，必要时要附出图纸。

（3）统一性。文件中的图例、符号、名称、数据、标注、字体等必须前后一致，不得中途更改、丢失。尤其多人分工设计的大项目，项目负责人更要注意。凡是有国家标准的，尽可能选用国家标准，其次才是其他标准。如无国家标准，或必须用于不同含义时，必须另加说明。

同时，还得注意共同设计的各专业间的密切配合。

9.1.3　电气工程设计的依据和基础资料

1. 电气工程设计的基本依据

1）项目批复文件

文件应包括来源、立项理由、建设性质、规模、地址及设计范围与分界线等内容。初步设计阶段要依据正式批准的初步设计任务书。施工图设计阶段依据有关部门对初步设计的审批修改意见及建设单位的补充要求。此时不得随意增、减内容。如设计人员对某具体问题有不同意见时，通过双方协商，达成一致后，应以文字形式确定下来作为设计依据。

2）供电范围总平面图及供电要求

该项内容包括电源、电压、频率、偏差、耗电情况，用电连续性、稳定性、冲击性、频繁性、连锁性及安全性，防尘、防腐、防爆、温度、湿度的特殊要求。建设方五年内用电增长及规划。工厂本身全年计划产量及计划用电量。对电气专业的要求，包括自动控制、连锁关系和操作方式等。

3）地区供电可能性

（1）电源来源，回路数、长度，引入方位，供电引入方式（专用或非专用）是架空或埋地。

（2）供电电压等级，正常电源外的备用电源，保安电源，以及检修用电的提供。

（3）高压供电时，供电端或受电母线短路参数（容量、稳态电流、冲击电流、单相接地电流）。

（4）供电端继电保护方式的整定值（动作电流及动作时间）。供电端对用户进线的继电保护时限及方式配合要求。

（5）供电计量方式（高供高量、高供低量或低供低量）及电费收取（含分时收费）办法。

（6）对功率因数，干扰指标及其他要求。

4）气象资料

通常是向当地气象部门索取，应是近 20 年当地最新资料。一般包括年均温、最热月最高

温、一年中连续三次的最热日昼夜均温、年雷电小时及雷电日数、土壤电阻率、最大风速等。

5）地区概况

2. 电气工程设计的基础资料

相关电气工程设计、规程、规范按使用范围分为以下几类。

（1）表达方式方面。它主要是各种类型的图形符号、数字符号、文字及字母的表示，导线标记及接线端子标准，以及制定规则。与之相关的标准包括：GB4026-2010《人机界面标志标识的基本方法和安全规则 — 设备端子和特定导体终端标识及字母数字系统的应用通则》；GB4728 电气简图用图形符号国家标准汇编；GB6988-2008《电气技术用文件的编制》；GB4884-8《绝缘导线的标记》等。

（2）设计规范方面。按不同设计内容及对象有众多的规程、规范，其中常用的电气设计规范见表 9.1.1 列举。

表 9.1.1　国家和部颁标准常用电气设计规范

标 准 代 号	标 准 名 称	标 准 代 号	标 准 名 称
GB50055-2011	通用用电设备配电设计规范	GB/T 50063-2008	电力装置的电测仪表装置设计规范
GB50052-2009	供配电系统设计规范	GB50061-2010	66 kV 及以下架空电力线路规范
GB50062-2008	电力装置的继电保护和自动装置设计规范	GB50059-2011	35 ～ 110 kV 变电路设计规范
GB50054-2011	低压配电设计规范	GB50053-2013	20 kV 及以下变电所设计规范
GB50217-2007	电力工程电缆设计规范		

（3）施工及验收标准。这部分内容间接影响设计工作，如国家技术监督局和建设部联合发布出版的 GB50254-2006《电气装置工程施工及验收规范》。

3. 工具性资料

（1）设计手册。这是最为必备的工具书，目前常用的是《电力工程电气设计手册》。

（2）常用综合图集。这类图集往往是作者根据自身经验多方收集综合汇总，十分实用的资料。在工程应用中非常普遍，往往被视为经典。

（3）常用资料集。

（4）产品设备样品集。

任何一项电气工程设计都离不开设备、器件和材料的选型，为此，设计人员必须掌握产品的各种外部及部分内部特性。

9.2　电气工程设计的内容

电气工程设计范围很广泛，它包括发配电系统、输变电系统、变配电系统、电力、照明、防雷、接地、自动控制和弱电部分的有线广播、有线通信、电气消防、保安监控系统等。

9.2.1　设计过程的三个阶段

对于投资规模较大、技术要求高、工艺复杂的大中型工业项目或大型民用建筑工程项目设计通常分为初步设计、技术设计和施工设计三个阶段，也有分为方案设计、初步设计和施工设计三个阶段。对于中小型工程项目或虽然投资较大但工艺较成熟、技术要求不是太高的项目，一般采取初步设计（或扩大初步设计）和施工设计两个阶段。对于规模较小的工程项目，且经技术论证认可的，可直接进入施工设计阶段。

1. 方案设计（又称可行性研究报告）

方案设计是基本建设前期工作的重要内容，是项目决策阶段的设计程序之一。方案设计是在项目决策前对建设项目在技术经济上，以及其他方面的可行与否，多个实施方案的对比选择作最终的研究论证，是建设项目投资决策的依据。

（1）设计的步骤。工程项目的建设申请得到批准后，即进入可行性研究阶段。首先选定工程位置，并研讨建设规模、组织定员、环境保护、工程进度、必要的节能措施、经济效益分析及负荷率计算等。其次，要收集气象地质资料、用电负荷情况（容量、特点和分布），地理环境条件等与修建有关的重要资料。并和涉及的有关部门或个人（如电管部门、跨越对象、修建时占用土地等）协商解决具体问题，并取得这些主管部门等的同意文件。设计人员还应提出设想的主结线方案、各级电压出线路数和走向、平面布置等内容，并进行比较和选择。联合其他专业，将上述问题和解决办法等内容拟出"可行性研究报告"，还需协助有关部门编制"设计任务书"。对于规模较小、投资不大的供电设计项目，上述过程也可从简、从略。

（2）达到的要求。根据工程项目的要求，提出技术上先进、可靠，经济上合理的方案，并根据遴选确定的方案编写初步设计文件。初步设计阶段的内容和要求应满足：① 计算工程项目的最大用电容量和电能需求量；② 确定供电系统方案；③ 根据供电方案选择主要电气设备和线路器材清单，以满足订货需要；④ 编写设计说明书；⑤ 绘制供电系统的总体布置图、主电路图和变配电所的平面布置图等；⑥ 编制工程概算、控制工程投资额。

2. 初步设计（又称扩初设计）

初步设计是基本建设前期工作的重要组成部分，是工程建设设计程序中的重要阶段，是项目决策后，根据设计任务书的要求和有关设计基础资料所作出的具体实施方案初稿。当项目无方案设计阶段，此初步设计为扩大了的初步设计（包含方案设计），简称扩初设计。一般初步设计占整个电气工程设计工作量的30%～40%（施工图设计占50%～60%）。如果说施工图是躯体，则初步设计是灵魂。经批准的初步设计（含概算书）是工程施工图设计的依据。

1）设计的步骤

根据上级下达的设计任务书所给条件，各个专业开始进行初步设计。图9.2.1所示为初步设计步骤示例，是以中型工厂变配电系统为例介绍设计的实施步骤。框图中虚线上部即为电气专业初步设计内容，虚线下部为相关专业后续内容。有可行性研究报告时，尽可能参照报告中的基础资料数据，从各个用电设备的负荷计算开始；无可行性研究报告时，需自行收集基础资料。图中各个环节皆需经过充分的计算、分析、论证和方案选择。最后提出经筛选的较优方案，并编写"设计说明书"。说明书中要详细列出计算、比较和论证的数据、短路电流计算用系统接线图及等效阻抗示意图、选用或设计的继电保护和自动装置的二次接线图、操作电源、设备选择、照明设计、防雷保护与接地装置、电气布置及电缆设施、通信装置、主要设备材料及外委加工订货计划、土地征用范围、基建及设备投资概算等内容。此外，还要提出经过

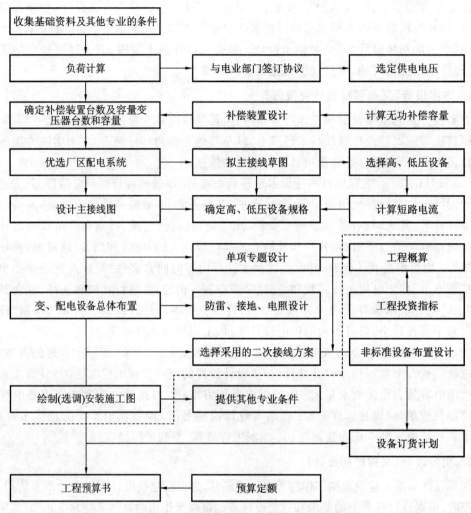

图 9.2.1 （变配电系统）初步设计步骤示例

签署手续的必需图纸。初步设计只供审批之用，不做详细施工图。说明书还要求内容全面、计算准确、文字工整、逻辑严谨、词句精练。

2）电气专业的工作

（1）根据建设方使用要求及工艺、建筑专业的设计，按照方案设计的原则绘制供电点、干线分布等简图。根据负荷容量需要系数法计算结果，确定变、配电所设备规模大小，提出平布图及系统图。

（2）按负荷分类计算，确定供电及控制方式，确定采用的变压器，高、低压配电屏型号规格及其安装位置布置。功率因数补偿方式，供电线路、过电压及接地保护。

（3）阐述动力控制方式（几地控制、何方式控制），绘制动力的位置，确定控制屏、箱、台控制范围。动力电压等级及动力系统形式，导线选择与敷设，安全保护及防触电措施。

（4）确定电气照明的标准，主要区域、场所关键部位的单位照度容量及采用灯型，绘成必要的简图或表格，确定应急照明及电源切换的方式。

(5) 建筑物防雷保护等级。接闪器、引下线及接地系统形式及作法。

(6) 弱电及自控系统构成，主要设备选择，弱电或中央控制室布置。必要时提供控制方案构成。

(7) 提出设备材料表及必要图纸，满足工程概算及订货需要。(包括供货时间要求)

3) 设计文件

该阶段设计文件以设计说明书为核心，电专业也仅在"施工方案技术"一章提供内容。但设计图纸单独列为设计文件或作为附件。

4) 达到的要求

初步设计深度应满足：① 经过方案比较选择确定最终采用设计方案；② 根据选定的设计方案，满足主要设备及材料的订货；③ 根据选定的设计方案，确定工程概算，控制工程投资；④ 作为编制施工图设计的基础。

3. 施工图设计

施工图设计是技术设计和施工图绘制的总称。施工图设计阶段是根据已批准的初步设计文件或方案设计文件进行编制，其内容以图纸为主。施工图设计的深度应满足以下要求：① 绘制全套施工图纸，包括变配电所平面图、剖面图，有关设备的安装图，以及部件的制作安装图，使其达到根据图纸能进行安装的标准；② 编制设备材料型号规格详细清单；③ 根据图纸修正工程概算或编制工程项目预算；④ 必要时编写施工说明书。

(1) 设计的步骤。初步设计经上级审查批准后，便可根据审查结论和设备材料的供货情况，开始施工图设计。施工图设计说明书中要求编制技术组织措施、各专业间施工综合进度表，协作设计单位的设计分工协议，本工程电气施工图总目录，并简要介绍施工图设计原则及与初步设计不同部分之改进方案的论证，并做出工程预算书。

通用部分尽量调用国家标准图集中对应图纸，这样设计者省时省力、保证质量的同时，也可加快设计进度。非标准部分则需设计者精心设计制图，并说明设计意图和施工方法。

注意协作专业的互相配合问题，注意图纸会签，防止返工、碰车现象等。对于规模较小的工程，也可以将上述三个阶段合并成 1 ～ 2 次设计完成。此时，图纸目录中先列新绘制的图纸，后列选用的标准图或重复利用图。

(2) 设计文件。本阶段基本上是以设计图纸统一反映设计思想。设计说明分专业，有时还分子项编写，常在设计图中列出一张设计说明，往往包括对施工、安装的具体要求，且通常为首页。尽管本阶段图纸量最大、最集中。但还得处理好标准图引用、已有图复用问题。

(3) 达到的要求。施工图设计应满足以下要求：① 指导施工和安装；② 修正工程概算或编制工程预算；③ 安排设备、材料的具体订货；④ 非标准设备的制作、加工。

9.2.2 设计文件的三组成

整个设计技术文件应包括设计(文字)说明书、设计计算书及设计图纸三大部分。这三部分在上述三个不同的设计阶段占有不同的比重成分。按其比重成分的重要性列出表 9.2.1，表中星号越多，对应的重要程度越高。

表 9.2.1 设计技术文件在各阶段之比重表

设 计 作 法	方 案 设 计	初 步 设 计	施 工 图 设 计
设计说明书	* *	* * *	*
设计计算	*	* *	*
设计图纸	*	* *	* * * *

三个设计阶段中,最后落实到施工的是施工图设计阶段。施工图设计阶段中设计图纸是最重要的设计技术文件。因此,在整个设计全过程中,工程设计技术图纸是关键所在,也是设计人员设计思想意图构思和施工要求的综合体现。

1. 设计说明书

设计说明书是初步设计阶段必须提出的重要设计文件,而施工设计阶段的设计文件主要是施工图纸,设计说明只是作为施工图纸的补充,凡施工图纸中已表述清楚的,一般不再另写设计说明书。设计说明书一般包括以下几方面的内容。

(1) 阐明设计主题。必须说明设计的工程项目名称、任务要求及分工情况;简要说明设计的依据,整个工程项目的批准设计的文件及与当地供电、环保等有关部门的批复协议文件,与本工程其他专业所提供的设计资料、要求等;如属扩建或改建工程,应说明原有工程与新建工程之间的相互关系;整个说明书要反映出设计的指导思想与遵循的设计原则。

(2) 突出设计方案。要突出设计方案的选择比较,对主方案(如变配电所的主结线方案)一般要求选择 2 ~ 3 个比较合理的方案进行经济技术比较,从中优选一个最佳方案;方案比较要简明,分析要全面,论述要有理有据。

(3) 文字要精练,计算应简明。文字叙述要直截了当,不要滥用修饰词,特别是编写"前言"时要实事求是,切忌夸张;文字说明要简练、准确,符合现代汉语规范,讲究标点符号用法,避免语法、修辞和逻辑错误,字迹要工整清楚,避免错别字;计算应简单明了,力戒烦琐,尽量采用图表。

(4) 条理分明,结构层次清晰。除"前言"和"结束语"外,设计说明书的中间主体部分应尽量采用条款分明的形式罗列叙述,或采用图表形式,做到条理分明;按照设计的程序,安排好设计说明书的层次结构,既有层次分明又有逻辑联系。设计说明书要统一编写页码,并要编写"目录"。

2. 设计计算书

工程项目的设计计算书是设计过程的重要程序,是设备选型、材料选择的基本依据,此文件不需要交付施工单位,由设计单位作为内部技术档案存档备查和校审之用。电气工程设计计算书一般包括下列内容。

(1) 用电负荷的计算。用电负荷的计算分为计算负荷和尖峰负荷两类计算,计算负荷是作为按发热条件选择变压器、开关电器和导线、电线截面,以及确定补偿容量之用;尖峰负荷是作为检验电压水平和选择、整定保护设备之用。

(2) 短路电流计算。对一般中小型电力用户来说,供电电源的大型电力系统可看作是无限大容量系统。其基本特点是母线电压维持不变,依此在计算短路电流时,一般采用标幺值法或欧姆法。

（3）供配电用母线、输电线、导线主干线的电压降和发热计算。此项计算主要在于检验母线、输电、导线在正常工作和短路时的最高允许温度和短路时的热稳定，以及电压降是否符合规定要求的验算。

（4）变、配电所一次设备的选择。选择变、配电所一次设备时，不应只考虑技术条件，还要满足工作要求、环境条件，以及技术先进性和经济合理性等要求。其一般要求是：首先应满足正常运转、短路过程的动稳定和热稳定，以及过电压情况下的工作要求；其次是按当地环境条件，如海拔高度、化工污染、热带潮湿地区等进行校核；再次应考虑技术上的先进和经济上的合理。

（5）继电保护整定计算。中小型变配电所（站）常用继电器保护的整定计算项目有：带时限的过电流保护、电流速断保护、过负荷保护、单相接地保护和零序电流保护等。在计算上述保护装置的动作电流和动作时间的同时，还需进行灵敏度的计算。

此外还包括照明系统的照度计算、防雷设计计算、接地装置的计算等。

部分计算及相应的设备、材料选择，按表分别列出。

3. 设计图纸

初步设计一般应提供下列图纸：变配电所的主电路系统图、平面图、供电系统总布置图、低压及照明配电系统图、弱电系统图及平面布置或其他图纸。

施工设计应绘制全套施工图纸，包括变配电所平面图、剖面图，有关设备的安装图，二次控制和继电保护原理图、结线图，零部件的加工制作安装图等。

9.2.3　设计图的分类

1. 电气图的分类

以"图形符号"、"带注释图框"简化外形的方式表示电气专业内各系统、设备及部件，并以单线或多线方式连接起来，表示其相互联系的简图。按 GB 6988 可分为 15 种。

（1）系统图：表示系统基本组成及其相互关系和特征，如动力系统图，照明系统图。其中一种以方框简化表示的，又称为框图。

（2）功能图：不涉及实现方式、仅表示功能的理想电路。供近一步深化、细致绘制其他简图作为依据的图。

（3）逻辑图：不涉及实现方式，仅用二进制逻辑单元图形符号表示的图。它是数字系统产品重要的设计文件，绘制前必先作出采用正、负逻辑方式的约定。

（4）功能表图：以图形和文字配合表达控制系统的过程、功能和特性的对应关系，但是不考虑具体执行过程的表格式的图。它实际上是功能图的表格化，有利于电气专业与非电专业间技术交流。

（5）电路图：图形符号按工作顺序排列，详细表示电路、设备或成套装置基本组成和连接关系，而不考虑实际位置的图。此图便于理解原理、分析特性及参数计算，是电气设备技术文件的核心。

（6）等效电路图：将实际元件等效变换形成为理论的或理想的简单元件，表达其功能联系的图，主要供电路状态分析、特性计算。

（7）端子功能图：以功能图、表图和文字这三种方式表示功能单元全部外接端子的内部功能。它是较高层次电路图的一种简化，代替较低层次电路图的特殊方式。

（8）程序图：以元素和模块的布置形式，清楚地表达程序单元和程序模块间的关系，便于对程序运行分析、理解的图。计算机程序图即是这类图的代表。

（9）设备元件表：把成套设备、设备和装置中各组成部分与其名称、型号、规格及数量列成的表格。

（10）接线图表：表示成套装置、设备和装置的连接关系，供接线、测试和检查的简图或表格。接线表可补充或代替接线图。电缆配置图表是专门针对电缆而言的。

（11）单元接线图／表：仅表示成套设备或设备的一个结构单元内连接关系的图或表，是上述接线图表的分部表示。

（12）互连接线图／表：仅表示成套设备或设备的不同单元间连接关系的图或表，也称线缆接线图。表示外连接物性，不表示内连接。

（13）端子接线图／表：表示结构单元的端子与其外部（必要时还反映内部）接线连接关系的图或表，用来表示内部、内与外的连接关系。

（14）数据单：对特定项目列出的详细信息资料的表单，供调试、检修、维修用。

（15）位置图／简图：以简化的几何图形表示成套设备、设备装置中各部件的位置，主要供安装就位的图。应标注的尺寸任何情况下不可少标、漏标。印制板图是一种特殊的位置图。位置图应按比例绘制，简图有尺寸标注时可放松。

以上15种图表中，（1）～（8）重在表示功能关系；（10）～（13）重在表示位置关系；（14）、（15）重在表达连接关系；（9）是统计列表。

2. 电气工程图的分类

电气工程图表明建筑中电气工程的构成、功能、原理，并提供必要的技术数据作为安装、维护的依据。它是电气工程中应用特别广泛的图，因工程规范不同，其图纸数量、种类也不同，常用以下几类。

（1）目录、说明、图例、设备材料表。图纸目录包括：图纸名称、编号、张数、图纸大小及图纸序号等，可以通过它对整个设计技术文件有全面的了解。

设计／施工说明：阐述设计依据，建筑要求和施工原则、建设特点、安装标准及方法、工程等级及其他要求等有关设计／施工的补充说明。主要交代不必用图，以及用图无法交代清楚的内容。

设备材料明细表：列出工程所需设备、材料的名称、型号、规格和数量，供设计预算和施工预算参考。具体要求、特殊要求往往一并表示，与图标不一致的图例此时也表示出来。其材料数量只作概算估计，不作供货依据。

（2）电气系统图。它是表现电气工程供电方式、电能输送、分配及控制关系和设备运行情况的图纸。只表示电路中元件间连接，而不表示具体位置、接线情况等，可反映出工程概况。强电系统图主要反映电能的分配、控制及各主要元件设备的设置、容量及控制作用。弱电系统图主要反映信号的传输及变化，各主要设备、设施的布置与关系都是以单线图的方式表示。

（3）电气平面图及电气总平面图。以建筑平面图为依据，表示设备、装置与管线的安装位置、线路走向、敷设方式等平面布置，而不反映具体形状的图。多用较大的缩小比例，是提供安装的主要依据。常用的有变／配电、动力、照明、防雷、接地、弱电平面图。

电气总平面图是在建筑总平面图(或小区规划图)上表示电源、电力或者弱电的总体布局。要表示清楚各建筑物及方位、地形、方向,必要时还要标注出施工时所需的缆沟、架、人孔、手孔井等设施。

(4)设备布置图。是表示各种设备及器件平面和空间位置,安装方式及相互关系的平面、立面、剖面及构件的详图。它多按三视图原则绘出,常用的有变／配电、非标准设备、控制设备布置图。最为常用且重要的是配电室及中央控制室平剖面布置图。

(5)安装接线／配线图。表示设备、元件和线路安装位置、配线及接线方式,以及安装场地状况的图。用以指导安装、接线和查障、排障。常用的有开关设备、防雷系统,接地系统安装接线图。

二次接线图是与下述原理图配套表示设备元件外部接线和内部接线的图。复杂的接线图还配有接线表,简单的接线图附在原理图侧。

(6)电气原理图。电气原理图依照各部分动作原理,多以展开法绘制,表示设备或系统工作原理,而不考虑具体位置和接线的图,用以指导安装、接线、调试、使用和维修,是电气工程图中的重点和难点。常用的是各种控制、保护、信号、电源等的原理图。

电气原理图要反映设备及元件的启动、信号、保护、连锁、控制和测量这类动作原理及实现功能,通常技术性最强。

(7)详图。它是表示设备中某一部分具体安装和做法的图。前面所述屏、箱、柜和电气专业通用标准图多为此,往往又称为大样图。非标准屏、箱、柜及复杂安装,一般出此图。有条件尽可能利用或参照通用标准图。

9.2.4　电气工程图的特点

1. 简图是表示的主要形式

简图是用图形符号,带注释的围框或简化外形表示系统或设备中各组成部分之间相互关系的一种图。

简化指的是表现形式简化,而其含义确是极其复杂和严格的。阅读、绘制,尤其同是设计电气工程图,必须具备综合且坚实的专业功底。

简化也就是一些安装,使用、维修方面的具体要求未一一在图中反映,也没有必要条条注释。这部分内容在有关标准、规范及标准图中有明确表示,设计中可以"参照×××"等方式简略。

并非所有的电气工程图都是这种形式,如配电室、变压器室、中央控制室的平面布置、立面及剖面图应严格按比例、尺寸、形状绘制,这类图更接近建筑图纸;又如安装制造图,则接近机械图作法。

2. 设备、元件及其连接是描述的主要内容

电路须闭合,其四要素是电源、用电设备或元件、连接导线、控制开关或设备。因此我们必须以基本原理、主要功能、动作程序及主体结构四个方面去构思。对动作元件、设备及系统的特点、功能往往是从应用角度来构思,相对来说外部特性重于内部特性。

3. 功能方式及位置方式是两种基本布局方式

位置布局是表示清楚空间的联系,而功能布局是要注意表示跨越空间的功能联系,这是机械、建筑图比较直观的集中表示法很少出现的。设计时必须充分利用整套图纸,系统图表示关系,电路图表示原理,接线图表示联系,平面布置图表示布局,文字标注及说明作补充。

4. 图形符号、文字符号和项目代号是基本的要素

为此必须明确和熟悉各类规程、规范的内容、含义、区别,对比以及相互联系。

9.3 电气设计 CAD 简介

9.3.1 计算机绘图通用 CAD 法

CAD 是 Computer Aided Design 的缩写,意思为计算机辅助设计。它是计算机继科学计算、数据处理、信息加工及自动化控制等四大应用之外的又一个重大应用,而且发展十分迅速。电气设计 CAD 是 CAD 内容中的一个重要部分 —— 计算机绘图。

(1)AutoCAD。AutoCAD 是由美国 AutoDESK 公司 1982 年推出,至今不断完善,已成为流行的计算机 CAD 软件包,该软件包甚至可以说是这方面的标准和代表。市场上的某种 CAD 应用软件不能与其交换,某输入、输出设备不与其兼容,将没有市场生命力。

该软件包采用人机对话方式,易学易用,可绘任意二维和三维图形。功能强大,可在多种操作系统和外设的支持下运行,适用面广,还可与高级语言,数据库进行数据交换。内含 Auto LISP 便于二次开发。AutoCAD 具有良好的用户界面、开放体系结构,并为用户提供二次开发和功能扩展的多种方法和手段。

(2)MICRO STATION。美国 INTERGRAPH 公司将其工作站上交互式图形设计系统(IGDS),完整地移植到计算机而推出了三维 CAD 系统。它打破传统计算机 CAD 系统的设计观念,使其面目一新。

三维 CAD 系统具有用户界面友好,采用虚拟存储技术,强劲的三维渲染功能,引用工作站 IGDS 保证大型工程完整、统一、省机时、省空间,易于对非图形数据存取、查询、操作、加工,是阵容强大的开发工具并具有多种接口。

9.3.2 电气绘图 CAD

1. AutoCAD

AutoCAD 是由美国 AutoDESK 公司开发的通用计算机辅助绘图与设计软件包,是一个交互式绘图软件,是用于二维及三维设计、绘图的系统工具,用户可以使用它来创建、浏览、管理、打印、输出、共享及准确复用富含信息的设计图形。

AutoCAD 是目前世界上应用最广的 CAD 软件,市场占有率位居世界第一。AutoCAD 软件具有如下特点。

(1)具有完善的图形绘制功能。

（2）具有强大的图形编辑功能。

（3）可以采用多种方式进行二次开发或用户定制。

（4）可以进行多种图形格式的装换，具有较强的数据交换能力。

（5）支持多种硬件设备。

（6）支持多种操作平台。

（7）具有通用性、易用性，适用于各类用户。

在中国，AutoCAD 已成为工程设计领域中应用最为广泛的计算机辅助设计软件之一。AutoCAD 主要具有以下功能。

（1）二维绘图与编辑。创建二维图形对象，标注文字，创建图块。

（2）三维绘图与编辑。创建曲面模型和实体模型。

（3）尺寸标注。

（4）视图显示方式设置。

（5）绘图实用工具。

（6）数据库管理功能，可将图形对象与外部数据库的数据关联。

（7）图形输入 / 输出。

（8）允许用户进行二次开发。用户可以通过 AutoDESK，以及数千家软件开发商开发的五千多种应用软件把 AutoCAD 改造成为满足各专业领域适用的专用设计工具。这些领域中包括电气、建筑、机械、测绘、电子，以及航空航天等。

此外，从 AutoCAD 2000 开始，该系统又增添了许多强大的功能，如 AutoCAD 设计中心（ADC）、多文档设计环境（MDE）、Internet 驱动、新的对象捕捉功能、增强的标注功能，以及局部打开和局部加载的功能，从而使 AutoCAD 系统更加完善。

2. EES

EES 大型电气工程设计软件是北京博超技术开发公司开发的大型智能化电气工程设计专用软件，现行的 EES2007 运行于 Windows 下的 Auto CAD R14 环境下。它是完全采用 Auto CAD R14 核心技术 Object ARX 和 VC ++ 研制的电气软件。EES 的特点如下。

（1）Windows 操作界面。不必记忆命令、没有操作步骤、不需懂英文、不用敲键盘，只需按鼠标的按键就能完成绘图、计算、整定、校验、标注、材料统计等全部设计过程。

（2）共享 Windows 资源。尽享 Windows 强大功能、丰富资源的种种便利，便捷的文字输入、海量的字型字库、无限制的打印机绘图驱动、多窗口多任务的混合作业。

（3）智能化专家设计系统。完成了从辅助制图到辅助设计的根本变革，即使设计者专业水平有限，分析计算时间不充分或只有大致思路，也可将设计做完善。提高设计速度的同时也明显提高设计质量。以配电设计为例，只按鼠标的一个键，一分钟内就完成负荷计算、变压器选择、无功补偿、配电元件整定及配合校验、线路及保护管的选择、短路校验、压降校验、启动校验等全套设计。其结果满足上、下级元件保护线路配合，保证最大短路及最小短路均可靠分断，保证启动及运行状态母线及末端电压水平满足规范。

（4）动态设计模糊操作。动态可视化技术使设计一目了然，结果一步到位，避免不必要的修改。模糊操作功能使用户操纵的大致光标位置即自动转换成准确的绘图定位，避免紧盯屏幕，频繁缩放，不断修改。

（5）全面开放性。图形库、数据库、菜单全由用户按自己需要扩充、修改，如同定制，不懂计算机的用户也可使用。

（6）准确的材料统计。采用动态工程数据库，元件图形与其型号、规格等工程参数构成一个整体，避免了一般软件外挂数据文件进行材料统计时，由于图形与数据不能同步操作而产生统计错误。

（7）突出的实用性。EES充分体现了工程设计的灵活性，再辅以友好的人机界面和领先的汉化技术，使EES特别容易使用，出图效率比手工作业提高数倍，实用效果突出。

（8）良好的兼容性。不分版本地将Auto CAD图形文件读进，能方便与ABD、AEC、HOUSE、APM、HICAD等所有建筑软件相连接，建筑专业上使用任何公司、任何版本、任何支持环境的软件，均可直接调用。

EES主要的设计功能如下。

1）高低压供配电系统设计

（1）提供上千种定型配电柜方案，系统图表达方式高度灵活，可适应各单位个性化需求生成订货设备表。

（2）自由定义功能以模型化方式自动生成任意配电系统。

（3）低压配电设计系统根据回路负荷自动整定配电元件及线路、保护管规格，并进行短路、压降及启动电压水平和能力校验。设计结果不但满足系统正常运行，而且满足上下级保护元件配合，保证最大短路可靠分断、最小短路分断灵敏度，保证电机启动母线电压水平和电机端电压和启动能力，并自动填写设计结果。

（4）模拟系统实际运行方式，计算单台至三台双绕组、三绕组变压器独立与并联运行的9 192种可能运行方式下任意方式的各项短路电流，输出详细计算书和等值电流图，进行高压设备选型及校验。

（5）以填表方式进行负荷计算，同步自动进行无功补偿计算。根据负荷计算结果选择变压器容量及低压侧母线规格。

2）全套弱电及综合布线系统设计

可以进行综合布线、消防、公寓对讲、有线广播、闭路电视、电话、共用天线等所有弱电系统图的设计。

3）电气控制二次原理设计

（1）超强的自动化绘制电气控制原理图功能。自动标注设备代号和设备端子号，自动分配和标注节点编号。标注方式既满足新国标，也可兼顾旧国标。从原理图自动生成端子排接线、材料表和控制电缆清册。在原理图上自动生成外引端子。图面索引功能，可使用户看到指定设备的线圈、节点、相同安装位置的设备在原理图上的分布，并可进行各种微机监控原理接线设计。

（2）可自动化生成端子排，可绘制、编辑任意形式端子排。

（3）绘制盘面、盘内布置图，绘制标字框、光字牌及代号说明。

（4）参数化绘制转换开关闭合表。

（5）提供百余套交、直流操作标准二次接线图和常用风机、水泵、发电机及通用电机控制原理标准图集供检索调用。

（6）全套继电保护计算整定。

4）平面设计

（1）智能化平面专家设计体系。用于动力、照明、消防及全套弱电平面的设计。

（2）具有自由、动态、矩阵、穿墙、环行五种设备放置方式。动态可视化设备布置功能使你在设计时同步看到灯具的布置过程和效果。

（3）自动及模糊接线使线路布置变得极为简单，并可直接绘制各种专业线型。

（4）智能赋值功能根据设计经验和本人习惯自动完成设备及线路选型，并对设备和线路进行各种形式的标注。

（5）自动生成单张或多张图纸的材料表。

（6）自动生成照明系统。按设计者设计意图和习惯分配照明箱和照明回路，自动进行照明系统负荷计算，并生成照明系统图。系统图形式可任意设定，完全满足各设计单位的不同设计习惯。按照规范检验回路设备数量、检验相序分配和负荷平衡，以闪烁方式自动验证照明箱、线路及设备连接，设备及回路分配的调整。保证照明系统合理性，照明平面和系统互动调整构成完善的智能化平面设计体系。

5）防雷接地设计

（1）采用滚球法计算，可计算任意根、不等高避雷针的保护范围。在布置避雷针的同时，按防雷类别自动计算并显示保护范围。

（2）以拖动方式调整避雷针保护半径，则自动反算避雷针高度。

（3）可同时计算显示一个避雷针在多个不同高度时的保护半径。

（4）自动剪切多根避雷针之间的公共保护范围。

（5）生成任意指定部分的保护断面图。

（6）自动标注避雷针。

（7）生成避雷针保护范围表。

（8）计算垂直、水平和复合接地极的接地电阻。

（9）绘制避雷针、带、网，绘制接地极、接地线。

6）变配电站控制室设计

（1）提供户外变电间隔集成方案，也可参数化定义生成任意形式的变电间隔布置。变电间隔平、断面图自动同步生成，平面总成，生成材料表。

（2）由供配电系统图自动生成配电室开关柜布置图，同步绘制柜下沟、柜后沟及沟间开洞，自动标注尺寸。可同时或选择生成开关柜布置平面、立面、侧面图。

（3）由变压器规格自动确定变压器尺寸及外形，可同时或选择生成变压器平面、立面、侧面图。

（4）参数化绘制电缆沟、桥架平面布置。

（5）自动生成变配电室任意指定断面图。

（6）参数化绘制电缆沟、桥架断面布置图，并按规范自动校验端面布置的合理性。

（7）提供近百种标准变压器室平断面布置图。

7）辅助功能

（1）提供 35 本常用电气工程设计规范，使用 EES 同时可查阅设计规范。规范内容可以在绘图文件中直接引用，制图标准和常用设计手册也可在线屏幕查询。

（2）全屏文本编辑系统。编辑框、屏幕、外部文件混合编辑排版，多放置基准、动态放置文

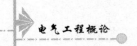

本;动态调整文本字高宽;多行文本行距可调;数字递增;可扩充专业词组。

(3)图层管理改换任意图层的颜色、线形、线宽、层名及显示控制。

(4)图块自动入库,无需做幻灯,自动修改相应专业菜单。

(5)参数化定义,自动绘制各式表格;存储、调用表格;自动填写、编辑表格。

(6)绘制各种形式的剖折线、断面线和标注符号。

(7)提供可扩充全套图框、表格,图戳、表头自动填写,自动生成整个工程的图纸目录。

3. IDq

IDq是浩辰软件与国内众多建筑设计院、工业设计院联合研制开发的用于大型电气工程的电气专业设计软件,主要应用于大型电气工程设计、工业及民用建筑工程的电气设计。

4. SuperWORKS

SuperWORKS IEC 版是在 AutoCAD 基础上开发的支持新的电气制图图家标准及 IEC标准的专业电气设计 CAD 软件,适用于 FA/PA(工厂自动化及过程自动化)领域的工业控制系统的设计,可以帮助电气及自动化工程师轻松进行电气原理图绘制、修改,材料明细的统计、生成,并可自动生成端子表、电缆表、接线表、开闭表及接线图。

5. TElec

天正电气 TElec 以 AutoCAD2002 ~ 2009 为平台,是天正公司总结多年从事电气软件开发经验,结合当前国内同类软件的各自特点,搜集大量设计单位对电气软件的设计需求,向广大设计人员推出的全新智能化软件。在专业功能上,该软件体现了功能系统性和操作灵活性的完美结合,最大限度地贴近工程设计,TElec 8 不仅适用于民用建筑电气设计,也适用于工业电气设计。

9.4　变配电工程设计示例

本书以某 110 kV 变电站的设计为例,介绍变电站电气部分初步设计的内容和步骤。

9.4.1　设计任务及要求

某地需新建一座 2×50 MV·A,110/10 kV 的降压变电站。为了提高运行可靠性、提高劳动生产率、降低建设成本、带动企业科技进步、提高整体管理水平,要求本站尽量按照无人值班变电站的要求设计。

9.4.2　设计原始资料

1. 本变电站的建设规模

(1)变电站类型为 110 kV 降压变电站。

(2)变电站的容量为 2×50 MV·A;年最大利用小时数为 4 200 h。

2. 电力系统部分

(1)本变电站在电力系统中的地位和作用是:为终端变电站,满足周围地区的负荷增长要求。

(2) 接入系统的电压等级为 110 kV,为两回进线,分别接两个附近的变电站,输电线长分别为 8 km 和 12 km,如图 9.4.1 所示。

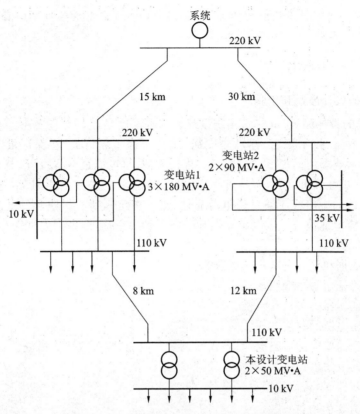

图 9.4.1 本变电站与电力系统连接的接线图

(3) 电力系统总装机容量为 8 000 MW,$X_1 = X_2 = 0.4$,$X_0 = 0.6$,短路容量为 2 800 MV·A。

(4) 有关变电站的电气参数。

220 kV 变电站 1:三绕组变压器容量为 $S = 180$ MV·A,变比 220/110/10,阻抗电压为 $U_{k1-2} = 8.7\%$,$U_{k1-3} = 33\%$,$U_{k2-3} = 23.3\%$,YN,yn0,d11,中性点接地运行,额定电压为 $220 \pm 8 \times 1.25\%/121/10.5$ V。

220 kV 变电站 2:三绕组变压器容量为 $S = 90$ MV·A,变比 220/110/35,阻抗电压为 $U_{k1-2} = 13.4\%$,$U_{k1-3} = 21.8\%$,$U_{k2-3} = 7.3\%$,YN,yn0,d11,中性点接地运行,额定电压为 $220 \pm 7 \times 1.46\%/121/38.5$ V。

3. 负荷情况

(1) 10 kV 侧共有 26 回线路(其中 2 回为备用),每回出线最大负荷均设定为 3 000 kW,最小负荷按最大的 70% 计算。

(2) 负荷同时率取 0.85,$\cos\phi = 0.8$,$T_{\max} = 4\ 200$ h/g。

(3) 所用电率为 1%。

4. 环境条件

(1) 本站位于郊区,有公路可达。

(2) 海拔高度为 92 m,土壤电阻率为 2.5×10^4 Ω·cm,地下深处(0.8 m)温度为 28.0℃,最热月(7月)最高气温月平均值为 34.0℃,最冷月(1月)最低气温月平均值为 8.0 ℃,雷暴日数为 63.2(日／年)。

9.4.3 主接线设计

1. 主接线的设计原则和步骤

(1) 主接线的设计原则。电气主接线设计的基本原则是以设计任务书为依据,以国家经济建设的方针、政策、技术规定、标准为准绳,结合工程实际情况,在保证供电可靠、调度灵活、满足各项技术要求的前提下,兼顾运行、维护方便,尽可能地节省投资,就近取材,力争设备元件的设计先进性和可靠性,坚持可靠、先进、经济、适用、美观的原则。结合主接线设计的基本原则,所设计的主接线应满足供电可靠性、灵活、经济,留有扩建和发展的余地。在进行论证分析时,更应辩证地统一供电可靠性和经济性的关系,方能做到先进性和可行性。

(2) 主接线的设计步骤。

① 对设计依据和原始资料进行综合分析。

② 拟定可能采用的主接线形式。

③ 确定主变压器的容量和台数。

④ 确定厂用电源的引接方式。

⑤ 论证是否需要限制短路电流,若需限制短路电流,应采取什么措施。

⑥ 对拟订的方案进行技术、经济比较,确定最佳方案。

⑦ 选择断路器、隔离开关等电气设备。

2. 主接线方案的拟订

电气主接线是根据电力系统和发电厂(变电站)具体条件决定的,它以电源和出线为主体,当只有两台变压器和两条输电线路时,采用桥形接线,所用断路器数目最少。在进出线数目较多时,为方便电能汇集和分配,设置母线作为中间环节,使接线简单清晰,运行方便,有利于安装和扩建。但设有母线后,配电装置占用面积较大,使用断路器等设备数增加,因而有时也采用无母线的接线方式。

在对原始资料分析的基础上,结合对电气主接线的可靠性、灵活性等基本要求的综合考虑,初步拟定以下三种主接线形式。

3. 主接线方案的技术比较

(1) 单母线分段接线。单母线分段接线如图 9.4.2 所示。

优点:简单清晰,设备少,投资少,运行操作方便,当某一进线断路器故障或检修时,可维持两台变压器同时运行向负荷供电。

缺点:可靠性和灵活性较差。

(2) 无母线接线。线路变压器组接线是无母线接线的一种方式,如图 9.4.3 所示。

缺点:由于无汇流母线,不利于电能的汇集和平衡分配,且当某一进线断路器故障或检修时,该回路必须暂时停运,导致过负荷运行。

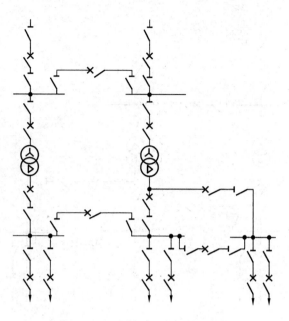

图 9.4.2　单母分段接线(高压侧)

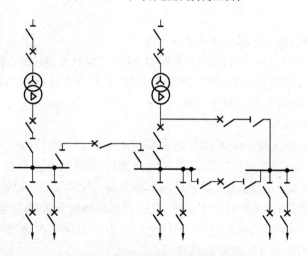

图 9.4.3　线路变压器组接线(高压侧)

（3）内桥形接线。内桥形接线如图 9.4.4 所示。

优点：高压断路器数量少,两个回路只需三台断路器。

缺点：变压器的切除和投入较复杂,需动作两台断路器,影响一回线路暂时停运;桥形断路器检修时,两个回路需解列运行。当进线断路器检修时,线路需较长时间停运。

根据以上分析比较,无母线接线可靠性差,故放弃无母线接线方式。从技术上选择单母线分段接线和内桥接线再作经济比较。

4. 主变压器的选择

1）相数确定原则

主变压器采用三相或单相,考虑变压器的制造条件、可靠性要求及运输条件等因素。具

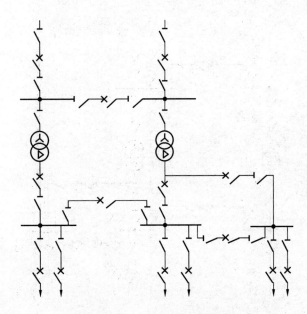

图 9.4.4　内桥接线(高压侧)

体考虑到以下原则。

(1) 不受运输条件限制,可选用三相变压器。

(2) 对 500 kV 及以上电力系统的主变压器选择,除按容量、制造水平、运输条件确定外,更重要的是考虑负荷和系统情况,保证供电可靠性,进行综合分析。在满足技术经济的条件下确定选用单相变压器,还是三相变压器。

2) 绕组连接方式的确定

变压器三相绕组的连接组别必须保证和系统电压相位一致,否则,不能并列运行。电力系统绕组的连接方式只有星形"Y"和三角形"△"两种,因而可根据具体工程来确定。

我国 110 kV 及以上电压,变压器三相绕组都采用 YN 连接;35 kV 采用 Y 连接,其中性点多通过消弧线圈接地;35 kV 及以下电压,变压器三相绕组都采用 D 连接。

变电站中,考虑到系统或机组的同步并列要求,以及限制三次谐波对电源的影响因素,主变联结组别一般都选用 YN,d11 常规接线。

根据以上原则,主变压器绕组连接方式采用 YN,d11。

3) 调压方式的确定

为了保证发电厂或变电站的供电质量,电压必须维持在允许范围内。通过变压器分接头开关的切换,改变变压器高压绕组的匝数,从而改变其变比,实现电压调整。切换方式有两种:不带负荷切换,称为无激磁调压,调整范围通常在 2×2.5% 以内;另一种是带负荷切换,称为有载调压,调整范围可达 30%,但结构较复杂,价格较贵。只有在以下情况才予以选用有载调压。

(1) 接于出口电压变化大的发电厂的主变压器,特别是潮流方向不固定,且要求变压器二次电压维持在一定水平时。

(2) 接于时而为送端、时而为受端,且有可逆工作特点的联络变压器,为保证供电质量,要求母线电压恒定时。

（3）发电机经常在低功率因数下运行。

根据该站的实际情况，主变压器调压方式选择有载调压。

4）冷却方式的选择

冷却方式采用强迫油循环风冷却。

5）容量、台数的确定

当两台变压器并联运行时，一台变压器停运，另一台变压器应能承担 70% 左右的总负荷。根据负荷情况

$$P = 70\% \times 3\,000 \times 24 \times 0.85\ \text{kW} = 42\,840\ \text{kW}$$
$$S = 42\,840/0.8\ \text{kVA} = 53\,550\ \text{kVA}$$

则选取两台额定容量为 50 000 kVA 的变压器。

根据以上选择结果，查阅设计手册，变压器参数如表 9.4.1 所示。

表 9.4.1　主变压器参数

型　号	额定容量/kVA	电压 /kV		损耗 /kW		空载电流/%	阻抗电压/%
		高压	低压	空载	负载		
SFPZ$_7$-50000/110	50 000	110	10.5	59.7	216	1.0	10.5

5. 主接线方案的经济性比较

1）概述

方案必须满足电力系统运行、检修和发展的基本技术要求。同时，在满足技术要求的若干方案中作经济性比较，选取投资及年运行费用最小的方案。

2）经济性比较的内容

（1）综合总投资。

（2）年运行费用 U 的计算。

3）经济性比较项目计算式

（1）综合总投资的计算。

$$Z = Z_0(1 + a/100)$$

式中，Z_0 为主体设备投资，包括变压器、开关设备、配电装置及明显的增修桥梁、公路和拆迁的费用；a 为不明显的附加费用比例系数，如基础加工、电缆沟道开挖费用等，对 220 kV 取 70，110 kV 取 90。

（2）年运行费用计算。主接线中电气设备的年运行费用 U 主要包括变压器的电能损耗及设备的检修、维护和折旧等费用，按投资百分率计算，即

$$U = a \times \Delta W + U_1 + U_2（万元）$$

式中，U_1 为检修维护费用，取 $(0.022 \sim 0.042)Z$，Z 为综合投资费用；U_2 为折旧费，取 $0.0582Z$；a 为电能损耗折算系数，取平均售电价；ΔW 为变压器电能损失。

双绕组变压器电能损耗计算式为

$$\Delta W = \sum\left[n(\Delta P_0 + k\Delta Q_0) + (1/n)(\Delta P + k\Delta Q)(S/S_N)^2\right]t$$

式中，n 为相同变压器台数；S_N 为每台变压器额定容量，单位为 $kV \cdot A$；S 为 n 台变压器负担的总负荷，单位为 $kV \cdot A$；t 为对应负荷 S 使用的小时数，单位为 h；ΔP_0、ΔQ_0 为每台变压器的空载有功损耗和无功损耗，单位为 kW 和 kvar；ΔP、ΔQ 为每台变压器的短路有功损耗和无功损耗，单位为 kW 和 kvar；k 为单位无功损耗引起的有功损耗系数，系统中的变压器取 $0.1 \sim 0.15$。

(3) 本站具体经济计算。查阅《电力系统设计参考资料》并将其单价扩大为原来的 4 倍。

单母线分段　　　　$(70.8 - 9.27 \times 2) \times 4$ 万元 $= 209.04$ 万元

内桥接线　　　　　33.6×4 万元 $= 134.4$ 万元

主变　　　　　　　43×4 万元 $= 172$ 万元

断路器　　　　　　13×4 万元 $= 52$ 万元

隔离开关　　　　　1.7×4 万元 $= 6.8$ 万元

综合总投资　　　　$Z = Z_0(1 + a/100), \quad a = 90$

单母分段

$$Z = (172 \times 2 + 209.04 + 52 \times 5 + 6.8 \times 8) \times (1 + 90/100) \text{ 万元}$$
$$= 1\,648.14 \text{ 万元}$$

内桥接线

$$Z = (172 \times 2 + 134.4 + 52 \times 3 + 6.8 \times 6) \times (1 + 90/100) \text{ 万元}$$
$$= 1\,282.88 \text{ 万元}$$

年运行费用

$$U = a \times \Delta W + U_1 + U_2 = (0.07 \times \Delta W + 0.042 \times Z + 0.058 \times Z) \text{ 万元}$$
$$= (0.07 \times \Delta W + 0.1 \times Z) \text{ 万元}$$

$$\Delta W = \sum\left[n(\Delta P_0 + k\Delta Q_0) + (1/n)(\Delta P + k\Delta Q)(S/S_N)^2\right]t$$
$$= \left[2 \times (59.7 + 0.1 \times 500) + (1/2) \times (216 + 0.1 \times 5\,250)\right.$$
$$\left. \times \left(\frac{24 \times 4\,000 \times 0.85/0.8}{50\,000}\right)^2\right] \times 4\,200 \text{ kW} \cdot \text{h}$$
$$= 739.7 \times 10^4 \text{ kW} \cdot \text{h}$$

① 单母线分段

$$U = (0.07 \times 739.7 \times 10^4 \times 10^{-4} + 0.1 \times 1\,648.14) \text{ 万元}$$
$$= 216.59 \text{ 万元}$$

② 内桥接线

$$U = (0.07 \times 739.7 \times 10^4 \times 10^{-4} + 0.1 \times 1\,282.88) \text{ 万元}$$
$$= 180.07 \text{ 万元}$$

从以上的总投资和年运行费用计算可看出，投资省的方案年运行费用也少，所以确定内桥接线为最佳方案。

9.4.4　短路电流计算

1. 短路电流计算的目的及方法

当电力系统发生短路时,由于电源供电回路阻抗的减少,以及突然短路时的瞬变过程,使短路回路中的电流值大大增加,可能超过该回路额定电流的许多倍。短路还会引起电网中电压的下降,特别是短路点处的电压下降最多。短路电流计算方法如下。

1) 运算步骤

(1) 计算各元件标幺值,作出等值电路。

(2) 进行网络简化,求出各个电源点与短路点间的电抗,即转移电抗。

(3) 将转移电抗换算成各电源的计算电抗。

(4) 查运算曲线,得到各电源在某一时刻的短路电流标幺值。

(5) 将标幺值换算成有名值并求和,即短路电流。

2) 计算机算法

计算机算法是利用对称分量法原理进行计算的。首先,假设网络是线性的迭加原理,将三相实际网络分解为正序、负序、零序三个网络,并假定正常情况下,网络是对称的,即三个序网是各自独立的。然后,运用迭加原理,将各个序网的电压、电流分解为正常分量和故障分量。最后,根据故障类型的边界条件,将三个序网连成一个完整网络,应用线性交流电路理论,计算出三个序网电压、电流的故障分量,再与正常分量相加,便可得三序电压、电流的实际值,再由三序电压、电流计算出三相实际网络电压和电流。采用计算机算法有下列基本假设。

(1) 不计元件的电阻,只计电抗。

(2) 不计输电线路对地电纳。

(3) 不计变压器的非标准变比。

(4) 不计负荷或负荷用恒定电抗表示。

(5) 发电机次暂态电动势的 E'' 标幺值均为 1,幅角均为 0。

2. 短路点的确定

为了使所选导体和电器具有足够的可靠性、经济性和合理性,并在一定时期内适应系统的发展需要,作选择、验算用的短路电流按下列条件确定。

(1) 容量和接线,按本工程设计最终容量计算,其接线应采用可能发生最大短路电流的接线方式。

(2) 短路种类,按三相短路计算。

(3) 短路点的确定,一般选以下地点作短路点:① 发电机、变压器回路的断路器;② 母联断路器;③ 带电抗的出线回路;④ 各电压级母线。

3. 短路电流计算

1) 参数计算(略)

取基准容量 $S_b = 100\text{ MV·A}$,各级基准电压 U_b 为其平均额定电压,所有阻抗均换算成标么值计算。系统等值电路如图 9.4.5 所示。

系统网络简化,得简化的系统网络如图 9.4.6 所示。

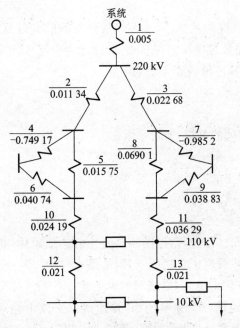

图 9.4.5　系统等值电路

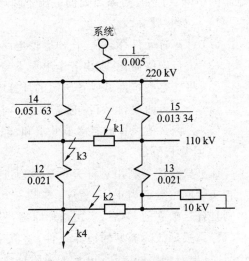

图 9.4.6　系统网络简化电路

2)计算各短路点的短路电流

短路电流(标幺值及有名值)计算结果表,如表 9.4.2 所示(过程略)。

表 9.4.2　短路电流计算结果表

短路点	标幺值	基准电流 I_b	有名值 /kA
k1	0.220 7	40.165	8.865 6
k2	0.049 56	439.899	21.802
k3	23.685 5	0.502	11.891 1
k4	6.792 5	5.498	37.349

9.4.5　电气设备的选择与校验

1. 设备选择原则及条件

设备选择原则及条件详见第 2 章 2.6 节。

2. 高压断路器、隔离开关选择

(1)110 kV 断路器、隔离开关选择结果如表 9.4.3 所示,方法详见第 2 章 2.6 节。

(2)10 kV 断路器、隔离开关选择结果如表 9.4.4 所示。

表 9.4.3　110 kV 断路器、隔离开关选择结果表

计算数据	LW$_1$-110/1600-31.5	GW$_4$-110D/600-50
$U_{NS} = 110$ kV	$U_N = 110$ kV	$U_N = 110$ kV
$I_{max} = 295$ A	$I_N = 1\,600$ A	$I_N = 600$ A
$I'' = 8.865\,6$ kA	$I_{Nbr} = 31.5$ kA	—
$i_{sh} = 22.607\,3$ kA	$i_{Ncl} = 80$ kA	—
$Q_k = 251.517$ kA$^2 \cdot$ s	$I_t^2 \cdot t = 2\,976.75$ kA$^2 \cdot$ s	$I_t^2 \cdot t = 980$ kA$^2 \cdot$ s
$i_{sh} = 22.607\,3$ kA	$i_{es} = 80$ kA	$i_{es} = 50$ kA

表 9.4.4　10 kV 断路器、隔离开关选择结果表

计算数据	ZN$_{12}$-10/3150-40	GN$_{10}$-10T/4000-160
$U_{NS} = 10$ kV	$U_N = 10$ kV	$U_N = 10$ kV
$I_{max} = 3\,091.5$ A	$I_N = 3\,150$ A	$I_N = 4\,000$ A
$I'' = 21.802$ kA	$I_{Nbr} = 40$ kA	—
$i_{sh} = 55.59$ kA	$i_{Ncl} = 100$ kA	—
$Q_k = 251.517$ kA$^2 \cdot$ s	$I_t^2 \cdot t = 2\,976.75$ kA$^2 \cdot$ s	$I_t^2 \cdot t = 980$ kA$^2 \cdot$ s
$i_{sh} = 55.59$ kA	$i_{es} = 100$ kA	$i_{es} = 160$ kA

3. 母线选择

(1)10 kV 侧母线的选择。已知母线的额定电压为 10 kV，短路电流 $I_2'' = 21.802$ kA，$I_\infty^{(3)} = 21.802$ kA，最大负荷年利用小时数为 4 200 h，变压器后备保护 $t_b = 3$ s，断路器全开断时间 $t_{kd} = 0.2$ s，地区最热月平均温度为 34 ℃，母线按三相水平布置，相间距离 $a = 0.7$ m。

10 kV 侧母线选择两条标准槽形母线 $125 \times 50 \times 6.5(h \times b \times c)$，绝缘子距取 1.5 m。

(2)变压器与 10 kV 侧母线连接线选择。已知线路额定电压为 10 kV，短路电流 $I_2'' = 21.802$ kA，$I_\infty^{(3)} = 21.802$ kA，最大负荷年利用小时数为 4 200 h，变压器后备保护 $t_b = 3$ s，断路器全开断时间 $t_{kd} = 0.2$ s，地区最热月平均温度为 34 ℃，母线按三相水平布置，相间距离 $a = 0.7$ m。

变压器与 10 kV 侧母线连接线选用两条标准槽形母线 $150 \times 65 \times 7(h \times b \times c)$，绝缘子距取 1.5 m。

9.4.6　设计结果

(1)设计说明书。

(2)电气系统图。

电气系统图见图 9.4.7 变电站主接线图。

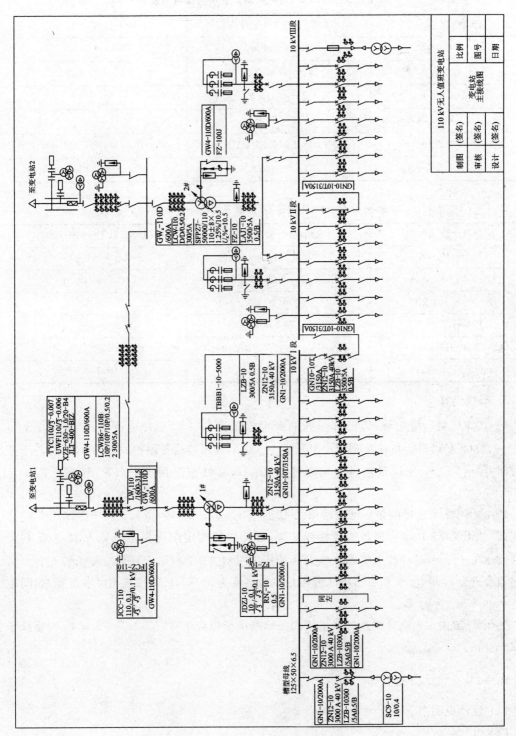

图9.4.7 110 kV变电站主接线图

思考与练习题

9-1 试述电气工程设计的主要内容及相关步骤。

9-2 电气工程制图有何特点?

9-3 试述当前较常用的电气设计 CAD 软件。

9-4 查找相应的设计标准,了解电气设计的图形符号及文字符号。

第 10 章　电气工程建设监理

10.1　工程建设监理概述

建设监理是指对工程建设活动的主体或参与者的建设行为及活动（决策、设计、施工、安装、采购、供应等）进行监督、检查、评价、控制和确认，并通过计划、组织、协调和疏导等方式，使其建设行为符合规范要求，确保其合法性、科学性、合理性、经济性和有效性，使建设工程的质量、进度、投资和安全等目标得以实现。

10.1.1　工程建设监理的性质

工程建设监理是指针对具体的工程项目建设，社会化、专业化的工程建设监理单位接受项目业主的委托和授权，依据国家批准的工程项目建设文件和工程建设法律法规和工程建设委托监理合同以及业主所签订的其他工程建设合同，进行工程建设的微观监督和管理活动，以实现项目投资的目的。工程建设监理应具有服务性、科学性、独立性和公正性等性质。

1. 服务性

监理的服务对象是建设单位，既要按照委托监理合同规定的授权范围代表建设单位进行管理，但又不能完全取代建设单位的管理活动。建设工程监理的主要手段是规划、控制、协调；主要任务是控制建设工程的投资、进度、质量和安全；基本目的是协助建设单位在计划的目标内将建设工程建成并投入使用。在工程建设中，监理人员利用自己的知识、技能和经验、信息以及必要的试验、检测手段为建设单位提供管理服务。不直接进行设计、施工，不承包造价，不利润分成。

2. 科学性

监理组织的科学性体，要求监理企业应当有足够数量的、管理经验丰富和应变能力强的监理工程师，要有一套健全的管理制度、现代化的管理手段和掌握先进的管理理论、方法和手段。监理运作的科学性，要求监理人员积累足够的技术经济资料和数据，有严谨的工作作风和工作态度，按实事求是、创造性的方法和手段开展监理工作。

3. 独立性

监理单位应是一个独立的法人机构，与建设单位和承包单位没有任何隶属关系和其他利益关系。工程监理单位应严格按照有关法律、法规、规章、工程建设文件、工程建设技术标准、建设工程委托监理合同、有关的建设工程合同等规定实施监理。在开展监理活动的过程中，应建立自己的组织并按自己的工作计划、程序、流程、方法、手段，根据自己的判断独立地开展工作。

4. 公正性

公正性是监理单位和监理工程师的基本职业道德准则，是对监理行业的必然要求。工程

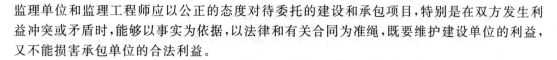

监理单位和监理工程师应以公正的态度对待委托的建设和承包项目,特别是在双方发生利益冲突或矛盾时,能够以事实为依据,以法律和有关合同为准绳,既要维护建设单位的利益,又不能损害承包单位的合法利益。

10.1.2 建设工程监理的任务和目的

建设工程监理的中心任务就是对工程建设项目的目标进行有效地协调控制,即对投资目标、进度目标和质量目标有效地进行协调控制。中心任务的完成是通过各阶段具体的监理工作任务的完成来实现的。

建设工程监理的目的是"力求"实现工程建设项目目标;即全过程的建设工程监理要"力求"在计划中的投资、进度和质量目标内全面实现建设项目的总目标,阶段性的建设工程监理要"力求"实现本阶段建设项目的目标。

建设工程监理的中心任务可以概括为"四控制、二管理、一协调"。所谓四控制就是质量控制、投资控制、进度控制和安全控制。二管理是指合同管理和信息管理。一协调是对各参加工程建设的有关单位之间工作配合关系的协调。

合同管理主要是指监理工程师依据监理委托合同对于程承包合同等合同的管理,内容包括施工承包合同和监理委托合同两方面的管理。合同文件是合同管理的基本依据,也是监理单位实施管理工作的基本准则。因此,要做好监理工作,就必须详细了解和非常熟悉合同文件。既要掌握已经形成的最终合同文本,还要了解这些条款或规定的来龙去脉以及合同文件的某些主要部分,如合同条款,同时也要熟悉报价单、规范和图纸,把合同文件作为一个整体来掌握。合同管理的基本方法有合同分析、合同文档管理、合同动态跟踪管理及索赔管理等。

信息是现代社会中组织对复杂系统研究、规划、设计、施工及运营决策的不可缺少的重要资源。在现代工程建设项目管理中,信息对工程项目建设投资决策、项目规划设计、项目的施工管理和项目建成后的运营等方面都起着决定性的影响和关键性的作用。

信息管理是建设监理的一个重要内容。及时掌握准确、完整、有用的信息,可以使监理工程师耳聪目明、卓有成效地完成监理任务,因此,监理工程师应重视信息管理工作,掌握信息管理方法。

协调是以公平合理地处理双方的权利和责任为准则,以事实为依据,以法律和有关合同为准绳,既要维护建设单位的利益,又不能损害承包单位的合法利益。

10.1.3 建设工程监理的依据

建设工程监理的依据是政府批准的工程建设文件,有关的法律法规、规章和标准规范以及依法订立的工程合同。

1. 工程建设文件

工程建设文件包括批准的可行性研究报告、建设项目选址意见书、建设用地规划许可证、建设工程规划许可证、批准的施工图设计文件、施工许可证等。

2. 有关的法律、法规、规章和标准规范

有关的法律、法规、规章和标准规范包括《建筑法》《合同法》《招标投标法》《建设工程质量管理条例》《工程监理企业资质管理规定》《工程建设标准强制性条文》《建设工程监理规范》等,以及有关的工程技术标准、规范和规程。

3. 建设工程委托监理合同和有关的建设工程合同

有关的建设工程合同包括咨询合同、勘察合同、设计合同、施工合同,以及设备采购合同等。

10.1.4 电气工程建设监理的范围

1. 电力工程建设监理的范围

按监理委托合同和监理规划的要求,电气专业监理工程范围如下。

(1) 电气一次主接线及变配电。

(2) 发 — 变电组及厂用电系统。

(3) 直流系统。

(4) 附属车间配电系统。

(5) 防雷接地系统及设备控制。

(6) 二次接线、保护和自动装置。

(7) 厂内及系统通信。

2. 建筑供配电电气工程建设监理的范围

(1) 室外电气。架空线路及杆上电气设备安装。

(2) 变配电室。变压器、箱式变电所安装。成套配电柜、控制(屏、台)和动力、照明配电箱(盘)安装。裸母线、封闭母线、插接式母线安装。

(3) 供电干线。电缆桥架安装和桥架内电缆敷设。电缆沟内和电缆竖井内电缆敷设。电线导管、电缆导管和线槽敷设。槽板配线、钢索配线。电缆头制作、接地。

(4) 电气动力。低压电动机、电加热器及电动执行机构检查接线。

(5) 电气照明安装。普通灯具安装,专用灯具安装,景观灯具安装,开关、茶座、风扇安装。建筑物照明通电试运行。

(6) 备用和不间断电源。柴油发电机组安装和不间断电源安装。

(7) 防雷和接地。避雷引下线安装、接闪器安装、接地装置安装。

10.1.5 工程建设监理的责任

监理单位或监理人员在接受监理任务后应努力向项目业主或法人提供与之水平相适应的服务。相反,如果不能够按照监理委托合同及相应法律开展监理工作,按照有关法律和委托监理合同,委托单位可按监理委托合同对监理单位进行违约金处罚,或对监理单位起诉。如果违反法律,政府主管部门或检察机关可对监理单位及负有责任的监理人员进行提起诉讼。法律、法规规定的监理单位和监理人员的责任有以下几项。

1. 建设监理的普通责任

对于工程项目监理,不按照委托监理合同的约定履行义务,对应当监督检查的项目不检查或不按规定检查,给建设单位造成损失的,应承担相应的赔偿责任。这里所说的普通责任只是在建设单位与监理单位之间的责任。当建设单位不追究监理单位的责任时,这种责任也就不存在了。

2. 建设监理的违法责任

(1) 与承包单位串通,为承包单位谋取非法利益,给建设单位造成损失的,应当与承包单位承担连带赔偿责任。

(2) 与建设单位或建筑施工企业串通,弄虚作假,降低工程质量的,责令改正、处以罚款、降低资质等级、吊销资质证书;有违法所得的予以没收;造成损失的,承担连带赔偿责任。

(3) 监理单位经营责任 —— 转让监理业务等(擅自开业,超越范围,故意损害甲、乙方利益,造成重大事故),责令改正,没收违法所得;停业整顿、降低资质等级;吊销资质证书。

建设监理的违法责任在于违反了现行的法律,法律要运用其强制力对违法者进行处理。

10.2　工程进度控制

施工进度控制是一个动态、循环、复杂的过程,也是一项效益显著的工作。

进度计划控制的一个循环过程包括计划、实施、检查、调整四个小过程。计划是指根据施工的具体情况,合理编制符合工期要求的最优计划;实施是指进度计划的落实与执行;检查是指在进度计划的落实与执行过程中,跟踪检查实际进度,并与计划进度对比分析,确定两者之间的关系;调整是指根据检查对比的结果,分析实际进度与计划进度之间的偏差对工期的影响,采取切合实际的调整措施,使计划进度符合新的实际情况,在新的起点上进行下一轮控制循环,如此循环进行下去,直到完成施工任务。

通过进度计划控制,可以有效地保证进度计划的落实与执行,减少各单位和部门之间的相互干扰,确保施工工期目标以及质量、成本目标的实现。同时也为可能出现的施工索赔提供依据。

10.2.1　施工进度控制的任务

施工进度控制的主要任务是编制施工总进度计划并控制其执行,按期完成整个施工任务;编制单位工程施工进度计划并控制其执行,按期完成单位工程的施工任务;编制分部分项工程施工进度计划,并控制其执行,按期完成分部分项工程的施工任务;编制季度、月(旬)作业计划,并控制其执行,完成规定的目标等。

施工进度控制与成本控制和质量控制一样,是施工中的重点控制之一。它是保证施工按期完成,合理安排资源供应,节约工程成本的重要措施。

10.2.2　影响施工进度的因素

由于工程的施工特点,尤其是较大和复杂的施工,工期较长,影响进度因素较多。编制计划和执行控制施工进度计划时必须充分认识和估计这些因素才能克服其影响,使施工进度尽可能按计划进行,当出现偏差时,应考虑有关影响因素,分析产生的原因。其主要影响因素及相应对策见表 10.2.1。

表 10.2.1　影响施工进度的因素及相应对策

种　　类	影 响 因 素	相 应 对 策
项目经理部内部因素	(1) 项目经理部管理水平低。 (2) 施工组织不合理,人力、机械设备调配不当,解决问题不及时。 (3) 施工技术措施不当或发生事故。 (4) 与相关单位关系协调不善等。 (5) 质量不合格引起返工。	项目经理部的活动对施工进度起决定作用,因而要改进以下几点。 (1) 提高项目经理部的组织管理水平、技术水平。 (2) 提高施工作业层的素质。 (3) 重视与内外关系的协调。

种 类	影 响 因 素	相 应 对 策
相关单位因素	(1) 设计图纸供应不及时或有误。 (2) 业主要求变更设计。 (3) 实际工程量有增减变化。 (4) 材料供应、运输等不及时或质量、数量、规格不符合要求。 (5) 水电通信等部门、分包单位没有认真履行合同或违约。 (6) 资金没有按时拨付等。	相关单位的密切配合与支持,是保证施工进度的必要条件,项目经理部应做好以下几点。 (1) 与有关单位以合同形式明确双方协作配合要求,严格履行合同,寻求法律保护,减少和避免损失。 (2) 编制进度计划时,要充分考虑向主管部门和职能部门进行申报、审批所需的时间,留有余地。
不可预见因素	(1) 施工现场水文地质状况比设计合同文件预计的要复杂得多。 (2) 严重自然灾害。 (3) 战争、政变等政治因素等。	(1) 该类因素一旦发生就会造成较大影响,应做好调查分析和预测。 (2) 有些因索可通过参加保险,规避或减少风险。

10.2.3　施工进度控制的方法和措施

1. 施工进度控制方法

施工进度控制方法主要是规划、控制和协调。规划是指确定施工总进度控制目标和分进度控制目标,并编制其进度计划。控制是指在施工实施的全过程中,进行施工实际进度与施工计划进度的比较,出现偏差及时采取措施调整。协调是指协调与施工进度有关的单位、部门和工作队组之间的进度关系。

2. 施工进度控制的措施

施工进度控制采取的主要措施有组织措施、技术措施、合同措施和经济措施。施工进度控制措施具体见表 10.2.2。

表 10.2.2　施工进度控制措施

措施种类	措 施 内 容
组织措施	(1) 落实各层次的进度控制的人员、具体任务和工作责任。 (2) 建立施工进度实施和控制的组织系统。 (3) 按照施工的结构、进展的阶段或合同结构等进行项目分解,确定其进度目标,建立控制目标体系。 (4) 确定进度控制工作制度,如检查时间、方法,协调会议参加人员、时间和地点等。 (5) 对影响进度的因素分析和预测。
技术措施	(1) 尽可能采用先进施工技术和新方法、新材料、新工艺、新技术,保证进度目标实现。 (2) 落实施工方案,在发生问题时,能适时调整工作之间的逻辑关系,加快施工进度。
合同措施	对分包单位签订施工合同的合同工期与有关进度计划目标相协调,即以合同形式保证工期进度的实现。

措施种类	措施内容
合同措施	(1) 保持总进度控制目标与合同总工期相一致。 (2) 分包合同的工期与总包合同的工期相一致。 (3) 供货、供电、运输、构件加工等合同规定的提供服务时间与有关的进度控制目标一致。
经济措施	(1) 落实实现进度目标的保证资金。 (2) 签订并实施关于工期和进度的经济承包责任制。 (3) 建立并实施关于工期和进度的奖惩制度。

施工进度控制的程序如图 10.2.1 所示。

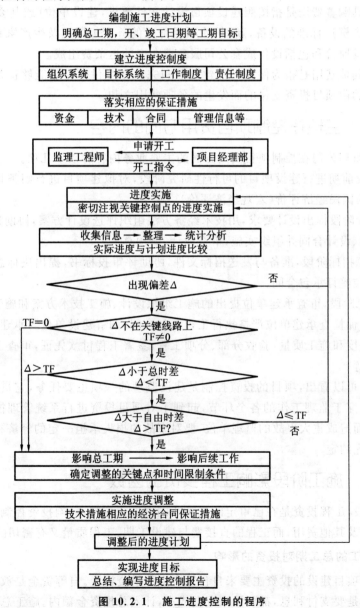

图 10.2.1　施工进度控制的程序

10.3   工程投资控制

电力建设项目投资是指完成一项电力建设工程所花费的全部费用,即该工程项目有计划地进行固定资产再生产,形成相应无形资产和铺底流动资金的一次性费用总和。它主要由建筑工程费用、安装工程费用、设备工器具购置费用和工程建设其他费用组成。

建筑安装工程费用是指建设单位用于建筑和安装工程方面的投资,包括用于建筑物的建造及有关准备、清理等工程的投资。用于需要安装设备的安置、装配工程的投资,是以货币表现的建筑安装工程的价值,其特点是必须通过兴工动料、追加活劳动才能实现。

设备工器具购置费用是指按照建设项目设计文件要求,建设单位(或其委托单位)购置或自制达到固定资产标准的设备,新、扩建项目配置的首套工器具及生产家具所需的投资。它由设备工器具原价和包括设备成套公司服务费在内的运杂费组成。

工程建设其他费用是指为保证工程建设顺利完成和交付使用后能够正常发挥效用,未纳入以上两项的由项目投资支付的而发生的各项费用之和。

10.3.1   监理在控制项目费用方面的内容

工程建设监理公司在控制项目费用方面的主要业务内容有以下几项。

(1)在建设前期进行建设项目的可行性研究阶段,对拟建项目进行财务评价(微观经济评价)和可能的国民经济评价(宏观经济评价)。

(2)在设计阶段提出设计要求,用技术经济方法组织评选设计方案,协助选择勘察、设计单位,商签勘察、设计合同并组织实施,审查设计、概预算。

(3)在施工招标阶段,准备与发送招标文件,协助评审投标书,提出决标意见,协助建设单位与承建单位签订承包合同。

(4)在施工阶段,审查承建单位提出的施工组织设计、施工技术方案和施工进度计划,提出改进意见;督促检查承建单位严格执行工程承包合同,调解建设单位与承建单位之间的争议,检查工程进度和施工质量,验收分部、分项工程,签署工程付款凭证,审查工程结算,提出竣工验收报告等。

综上所述,可以看出,项目的投资控制是建设监理的一项主要任务,它贯穿于工程建设的各个阶段,贯穿于监理工作的各个环节,起到了对项目投资进行系统管理控制的作用。因监理工作过失而造成重大事故的监理单位,要对事故的损失承担一定的经济补偿,补偿办法由监理合同事先约定。

10.3.2   施工阶段影响工程投资的因数

在施工阶段,工程投资是在已审定的概算范围内进行控制,影响投资控制主要是工程直接费、间接费以及其他费用,而工程的直接费与建设工期、工程质量又有密切的关系。

1. 项目施工的总工期对投资的影响

目前,我国项目建设的投资主要来自自筹资金和借贷资金。自筹资金是放弃使用的机会成本,贷款资金是要支付利息,都要计入资金成本,计入总投资金额内。施工总工期超过计划

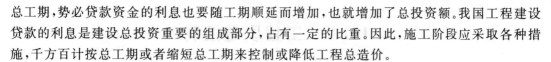

总工期,势必贷款资金的利息也要随工期顺延而增加,也就增加了总投资额。我国工程建设贷款的利息是建设总投资重要的组成部分,占有一定的比重。因此,施工阶段应采取各种措施,千方百计按总工期或者缩短总工期来控制或降低工程总造价。

2. 工程直接费对投资的影响

(1) 材料成本对投资的影响。材料成本的价格是由预算定额价确定的。编制预算价格的部门依据不同时间,结合市场供求情况和价格政策,确定价位,适时公布。但在施工过程中实际发生的材料价格是按当时市场供给的价格进行采购,市场价格是由市场的货源、市场经济来决定价位的。因此,预算价和市场价是有可能不同的,会发生材料差价。

(2) 人工成本对投资的影响。人工成本是由人工效率和工资水平决定。在预算定额中,依据项目施工内容,对人工的用量和人工单价(即工资)也作了具体的规定。但在实际施工中,由于工程地点、项目内容的复杂性以及工程变化情况、工程组织水平等,可能存在着差异。对于人工成本的控制同材料差价和材料量一样,也必须依照合同来处理,监理工程师应弄清楚合同的承包方式,以及所包括的具体内容。

(3) 机械使用成本对投资的影响。施工机械成本是按台班成本差和租赁价格差进行控制。

(4) 措施费对投资的影响。措施费包括:环境保护费、文明施工费、安全施工费、临时设施费、夜间施工增加费、二次搬运费、大型机械进出场及安拆费、混凝土、钢筋混凝土模板及支架费、脚手架搭拆费、已完工程及设备保护费、施工排水、降水费等。各专业工程的专用措施费项目的计算方法由各地区或国务院有关专业主管部门的工程造价管理机构自行制定。

3. 间接费对投资的影响

间接费是随直接费上升而增加,为控制间接费必须加强工程管理。管理科学化则效益高,投资省,所以进行科学的管理是当今时代的需要,也是控制工程投资的需要。

4. 市场物价对投资的影响

在工程概、预算中,必须考虑到市场物价变化引起的风险,作为建设单位要充分地考虑,而项目施工单位在工程承包时也必须考虑,监理工程师在市场物价影响投资的处理时,首先依据工程施工合同所约定的价格条款进行处理。同时也控制双方无充分理由不能随意对合同的费用进行增减。

10.3.3　建设监理投资控制的措施

建设监理投资控制的措施有组织措施、经济措施、技术措施和合同措施。组织措施包括落实项目监理班子中投资控制人员,明确投资控制人员的任务分工、管理职能分工、确定投资控制的工作流程。经济措施包括编制投资切块、分解的规划和详细计划;编制资金使用计划并控制其执行;投资的动态控制,计划值与实际值的比较,提出控制报表;付款审核。技术措施包括挖掘节约投资的潜力,这些潜力分别在设计、施工、工艺、材料及设备之中,进行技术经济比较论证。合同措施包括确定合同结构,合同中有关投资条款的审核,参与合同谈判,处理合同执行中的变更与索赔。

10.4 工程质量控制

10.4.1 质量控制的任务

监理单位受业主授权和委托,对项目进行质量控制,监理工程师对项目建设作全过程监控,根据合同条款,在项目实施过程中,对每道工序进行质量跟踪、监督、检查,最终实现业主确定的质量目标。

监理工程师对质量控制承担监理责任,起着质量控制的主导作用。在设计、施工中出现质量问题,应由承包人承担主要责任,对于承包单位没有按图纸、规范办事,造成了经济损失的,承包人应承担自身原因造成的全部经济损失;由于设计图纸原因造成工程质量问题的,设计单位应承担主要责任。

工程质量的好坏,主要取决于承包人的施工水平和管理水平,监理工程师的质量控制工作也必须通过对承包人实际工作的监督管理才能发生作用。因此,监理工程师应该把承包人的质量管理工作纳入自己的控制系统之中,监理工程师要熟悉全面质量管理的各个环节,要督促承包人做好全面质量管理工作,并与承包人的质量保证体系密切配合,确保质量控制目标的实现。

1. 设计质量的监控

(1)明确设计质量的要求与标准。

(2)做好设计成果的审查,尤其是做好方案审查和图纸审查。

(3)做好协调工作,包括设计与外部有关方面(设备、材料供应等)的协调,以及涉及内部各专业之间的协调。

(4)在施工阶段的建立过程中,有权进行施工图的审核,对设计图纸中的质量或功能缺陷等问题提出质疑,并要求有关单位修改。

(5)对于在施工阶段提出的设计变更也有权进行审核。

2. 施工准备阶段的质量控制

材料、设备、配件等的质量如果不符合要求,会直接影响有关工程的质量,监理工程师应当严格监督有关部门按照合同和设计要求的质量标准,组织采购、订货、包装与运输;材料、设备、配件进场时要严格按标准进行检查和验收;进场后应严格监督,按要求储存、保管,在使用前应由监理工程师对其可用性加以确认。

3. 施工过程中的质量监控

施工阶段质量控制是工程项目全过程质量控制的关键环节。工程质量很大程度上取决于施工阶段的质量控制。其中心任务是要通过建立、健全有效的质量监督工作体系来确保工程质量达到合同规定的标准和等级要求。为此,监理工程师应做到以下几点。

(1)根据质量目标,加强对施工工艺的管理。

(2)监督承建单位严格按工艺标准和施工规范、操作规程进行生产。

(3)加强工序控制,严格执行检查认证制度,严格控制每道工序的质量,对重要环节还要进行旁站监督、中间检查和技术复核,尤其要加强对隐蔽工程和各环节结合点的控制,以防止质量隐患。

(4) 对于不符合质量标准的,应及时加以处理。

4. 工程质量验收

(1) 隐蔽工程验收,如直埋电缆、电线暗管等的验收。

(2) 检查验收分部、分项工程,认证并处理工程质量事故与质量缺陷。

(3) 对单位工程质量验收的核定。

(4) 工程项目竣工验收。

10.4.2　施工过程中质量监控的方法

监理工程师在施工过程中对质量控制的方法有两个:一是审核有关工程资料,二是现场检查监督。

1. 审核有关工程资料

(1) 在施工过程中,监理工程师对进场的施工材料、半成品和构配件应审核有关质量证明文件(出厂合格证、质量保证书、试验报告、准用证、备案证明资料等),确保工程质量有可靠的物质基础。

(2) 审核施工单位提交的有关工序生产的质量证明文件(检验记录和试验报告)。

(3) 隐蔽工程的自检、报验记录。

(4) 施工自检记录以及阶段验收记录。

(5) 审批有关设计变更、修改设计图纸等工作。

(6) 审核应用新技术、新工艺、新材料、新结构等技术鉴定书,审批其应用申请报告,确保新技术质量。

(7) 审批工程质量缺陷或质量事故的处理报告,确保工程质量缺陷或质量事故处理的质量。

2. 现场检查监督

(1) 工序施工中的跟踪监督、检查与控制,主要检查施工过程中人员、机械设备、材料、施工方法和工艺、施工环境条件、工程质量等是否均符合规范要求,以确保质量目标的实现。

(2) 对于重要的对工程质量有重大影响的工序还应在现场进行施工过程的旁站监理,确保施工质量。

(3) 隐蔽工程施工检查,在施工单位自检的基础上,监理工程师应进行工序质量检查验收,确认其质量合格后,才允许覆盖。

(4) 遇到有质量问题却暂时无法解决时,应下达停工令,整改完毕,达到质量标准后,根据施工单位的复工申请,监理工程师应现场验收后批复开工。

(5) 进行检验批、分项、子分部、分部工程验收以及工程阶段验收。

(6) 对于施工难度大的工程结构或容易产生质量问题的部位,监理工程师应现场监督,跟踪检查。

10.4.3　现场质量检验的作用

现场质量检验工作是根据一定标准、借助一定检测手段来评价工程产品的性能特征或

质量状况的工作。现场质量检验的作用是保证和提高施工阶段的质量,其主要作用有以下几个方面。

(1)现场质量检查是质量控制的重要手段。在质量控制中,需要将进场的工程材料、半成品、构配件等的实际质量与规定的某一标准进行比较,判断其质量状况是否符合标准,这就需要进行现场检验。

(2)现场质量检验是质量分析、质量控制和质量保证的基础。因为质量检验为质量分析与质量控制提供了所需依据的有关技术数据和信息。

(3)现场质量检验可避免质量事故的发生。因为现场质量控制过程中,对材料、半成品、构配件及其他器材设备均进行检查验收,可以达到监督与保证承包单位使用质量合格的材料与物资,在施工过程中,对各工序均进行严格的质量把关,能够保证承包单位按设计、按规范施工。

(4)现场质量检验可对质量问题及时补救。因为施工过程中监理工程师对各个施工环节都要进行检验,发现问题能及时处理与补救。

(5)现场质量检验可控制工程关键部位的质量。在关键部位施工中,要求监理人员进行旁站监理,确保关键部位工程质量达到规范要求,如混凝土浇筑、预应力张拉、压力灌浆等。

10.4.4　电气安装工程质量监理

1. 施工监理要点

电气安装工程质量监理要把握要点,以高压电器、电力变压器和油浸电抗器安装为例,如表 10.4.1 所示。

表 10.4.1　电气安装工程质量监理要点(部分)

项　　目	质量监理要点
高压电器安装	高压电器装置主要包括交流 500 kV 及以下室内、外空气断路器、油断路器、六氟化硫断路器、六氟化硫封闭式组合电器、真空断路器、断路器的操动机构、隔离开关、负荷开关及高压熔断器、电抗器、避雷器、电容器等装置。施工监理要点如下。 (1)安装应固定牢靠,外表清洁完整,无渗漏;动作性能符合规定。 (2)电气连接应可靠且接触良好。 (3)断路器、开关等其操动机构的联动应无卡阻现象;分、合闸指示正确;辅助开关动作正确可靠。液压、空压系统应无渗漏,压力表指示正确。 (4)断路器基础或支架安装允许偏差:① 基础的中心距离及高度的误差不应大于 10 mm;② 预留孔或预埋铁板中心线的误差不应大于 10 mm;③ 预埋螺栓中心线的误差不应大于 2 mm。 (5)密度继电器的报警、闭锁定值应符合规定;电气回路传动正确。 (6)六氟化硫气体压力、泄漏率和含水量应符合规定。 (7)油断路器应无渗油,油位正常,真空断路器灭弧室的真空度应符合产品的技术规定。 (8)接地必须良好且符合规定。 (9)绝缘部件及瓷件应完整无损,表面清洁。油漆应完整,相色标志正确。 (10)相关的交接验收试验项目完整,技术指标应符合设计规定。

续表

项　目	质量监理要点
电力变压器、油浸电抗器安装	1. 设备外观检查 (1) 油箱及所有附件应齐全、无锈蚀及机械损伤,密封良好。 (2) 油箱箱盖或钟罩法兰及封板的连接螺栓应齐全,紧固良好,无渗漏;浸入油中运输的附件,其油箱应无渗漏。 (3) 充油套管的油位应正常、无渗漏、瓷体无损伤。 (4) 充气运输的变压器、电抗器,油箱应为正压,其压力为 0.01～0.03 MPa。 (5) 装有冲击记录仪的设备,应检查并记录设备在运输和装卸中的受冲击情况。 2. 器身检查 　器身检查是一项重要的工序和蔽遮工程,除施工单位外应有包括制造厂和业主单位的代表参加,并认真、及时地做好有关施工技术记录,对检查结果,各方认可后应及时签证。当满足下列条件之一时,可不进行器身检查。 (1) 制造厂规定可不进行器身检查,且合同中明确说明者。 (2) 容量为 1 000 kVA 以下、运输过程中无异常情况者。 (3) 就地生产仅作短途运输的变压器、电抗器,如果事先参加了制造厂器身总装,质量符合要求,而且在运输过程中进行了有效监督,无紧急制动、剧烈振动、冲撞或严重颠簸等异常情况者。 3. 器身检查的主要项目和要求 (1) 运输支撑和器身各部位应无移动现象,运输用的临时防护装置及临时支撑应予拆除,并经过清点作好记录以备检查。 (2) 所有螺栓应紧固,并有防松措施;绝缘螺栓应无损坏,防松绑扎应完好。 (3) 铁芯检查:① 铁芯应无变形,铁轭与夹件间的绝缘垫应良好;② 铁芯应无多点接地;③ 铁芯外引接地的变压器,拆开接地线后铁芯对地绝缘应良好;④ 打开夹件与铁轭接地片后,铁轭螺杆与铁芯、铁轭与夹件、螺杆与夹件间的绝缘应良好;⑤ 当铁轭采用钢带绑扎时,钢带对铁轭的绝缘应良好;⑥ 打开铁芯屏蔽接地引线,检查屏蔽绝缘应良好;⑦ 打开夹件与线圈连接片的连接,检查紧固螺栓绝缘应良好;⑧ 铁芯拉板及铁轭拉带应紧固,绝缘应良好。 (4) 绕组检查:① 绕组绝缘层应完整,无缺损、变位现象;② 各绕组应排列整齐,间隙均匀,油路无堵塞;③ 绕组的紧固螺栓应紧固,防松螺母应锁紧。 (5) 绝缘围屏绑扎牢固,围屏上所有线圈引出处的封闭应良好。 (6) 引出线绝缘绑扎牢固,无破损、拧弯现象;引出线绝缘距离应合格,牢固可靠。 (7) 无励磁调压切换装置各分接头与线圈的连接应紧固正确;各分接头应清洁,且接触紧密,弹力良好;所有接触到的部分,用 0.05 mm×10 mm 塞尺检查,应塞不进去;转动接点应正确地停留在各个位置上,且与指示器所指位置一致;切换装置的拉杆、分接头凸轮、小轴、销子等应完整无损;转动盘动作应灵活,密封良好。 (8) 有载调压切换装置的选择开关、范围开关应接触良好,分接引出线应连接正确、牢固,切换开关部分密封良好。必要时抽出切换开关芯子进行检查。 (9) 绝缘屏障应完好且固定牢固,无松动现象。

续表

项　　目	质量监理要点
电力变压器、油浸电抗器安装	（10）检查强油循环管路与下轭绝缘接口部位的密封情况。 （11）检查各部位应无油泥、水滴和金属屑末等杂物。 　注：① 变压器有围屏者，可不必解除围屏，本条中由于围屏遮蔽而不能检查的项目，可不予检查；② 铁芯检查时，其中的 ③、④、⑤、⑥、⑦ 项无法拆开的可不测。 　4. 带电试运行前检查 　（1）变压器、电抗器按交接验收的全部电气试验项目应合格；保护装置整定值符合规定并应投入；操作及联动试验正确。 　（2）接于中性点接地系统的变压器，进行冲击合闸时，其中性点必须接地。 　（3）储油柜、冷却装置、净油器等油系统上的油门均应打开，且指示正确。 　（4）接地引下线及其主接地网的连接应满足设计要求，且接地应可靠。 　（5）铁芯和夹件的接地引出线套管应按要求接地，套管的接地小套管及电压抽取装置不用时，其抽出端均应接地；备用电流互感器二次端子应短接接地；套管顶部结构的接触及密封应良好。 　（6）本体、冷却装置及所有附件均应无缺陷，且不渗油。 　（7）基础及轮子的制动装置应牢固。 　（8）油漆应完整、相色标志正确，顶盖上无遗留杂物。 　（9）事故排油设施应完好，消防设施齐全。 　（10）测温装置指示应正确，整定值符合要求。 　（11）冷却装置试运行正常，联动正确；水冷却装置的油压应大于水压；强迫油循环的变压器、电抗器应启动全部冷却装置，进行循环 4h 以上，放完残留空气。 　（12）储油柜和充油套管的油位应正常。 　（13）分头的位置应符合运行要求；有载调压切换装置的远方操作动作应可靠，指示正确。 　（14）变压器的相位及绕组的接线组别应符合并列运行要求。 　（15）空载全电压冲击合闸，规定为 5 次应均无异常；第一次受电后持续时间不应少于 10 min，励磁涌流不应引起保护装置的误动，并应对各部进行检查，如声音是否正常、各连接处有无放电等异常情况。 　（16）变压器并列前，应注意先核对相位。 　（17）变压器、电抗器带电投入前，应有经批准的安全措施及调试和运行的操作细则。 　（18）第一次带电投入时，可全电压冲击合闸，如有条件时应从零起升压；冲击合闸时，变压器宜由高压侧投入；对发电机—变压器组接线的变压器，当其间无操作断开点时，可不作全电压冲击合闸。

2. 试验项目

（1）高压电器、低压电器安装。高压电器、低压电器安装试验项目见表 10.4.2。

表 10.4.2　高压电器、低压电器安装试验项目

项　　目	试 验 项 目
真空断路器	(1) 测量绝缘拉杆的绝缘电阻。 (2) 测量每相导电回路的电阻。 (3) 测量分、合闸线圈及合闸接触器线圈的绝缘电阻和直流电阻。 (4) 测量断路器主触头分、合闸的同期性。 (5) 测量断路器合闸的触头的弹跳时间。 (6) 测量断路器的分、合闸时间。 (7) 交流耐压试验。 (8) 断路器电容器的试验。 (9) 断路器操动机构的试验。
六氟化硫断路器	(1) 测量绝缘拉杆的绝缘电阻。 (2) 测量断路器的分、合闸速度。 (3) 测量断路器主、辅触头分、合闸的周期性及配合时间。 (4) 测量断路器合闸电阻的投入时间及电阻值。 (5) 测量每相导电回路的电阻。 (6) 耐压试验。 (7) 套管式电流互感器的试验。 (8) 测量断路器内六氟化硫气体的微量水含量。 (9) 密封性试验。 (10) 断路器电容器的试验。 (11) 测量断路器的分、合闸时间。 (12) 测量断路器的分、合闸线圈绝缘电阻及直流电阻。 (13) 断路器操动机构的试验。 (14) 气体继电器、压力表和压力动作阀的校验。
油断路器	(1) 测量绝缘拉杆的绝缘电阻。 (2) 测量 35 kV 多油断路器的介质损耗角正切值 $\tan\delta$。 (3) 测量 35 kV 以上少油断路器的直流泄漏电流。 (4) 测量油断路器主触头分、合闸线圈及合闸接触器的绝缘电阻及直流电阻。 (5) 油断路器的操动机构试验。 (6) 油断路器的电容器试验。 (7) 测量油断路器的分、合闸速度。 (8) 绝缘油试验。 (9) 测量油断路器合闸电阻的投入时间及电阻值。 (10) 交流耐压试验。 (11) 测量每相导电回路的电阻。 (12) 测量油断路器的分、合闸时间。 (13) 测量油断路器主触头分、合闸的同期性。 (14) 压力表及压力动作阀的校验。

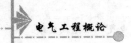
项 目	试 验 项 目
空气及磁吸断路器	(1) 测量绝缘拉杆的绝缘电阻。 (2) 测量每相导电回路的电阻。 (3) 测量断路器的并联电阻值。 (4) 断路器电容器的试验。 (5) 测量分、合闸线圈的绝缘电阻和直流电阻。 (6) 断路器操动机构的试验。 (7) 测量断路器主、辅触头分、合闸的配合时间。 (8) 测量断路器分、合闸时间。 (9) 测量断路器主触头分、合闸的同期性。 (10) 测量支持瓷套管和灭弧室每个断口的直流泄漏电流。 (11) 交流耐压试验。 (12) 压力表及压力动作阀的校验。
隔离开关、负荷开关及高压熔断器	(1) 测量绝缘电阻。 (2) 测量高压限流熔丝管熔丝的直流电组。 (3) 测量负荷开关导电回路的电阻。 (4) 交流耐压试验。 (5) 检查操动机构线圈的最低动作电压。 (6) 操动机构的试验。
六氟化硫封闭式组合电器	(1) 测量主回路的导电电阻。 (2) 封闭式组合电器内各元件的试验。 (3) 组合电器的操动试验。 (4) 主回路的耐压试验。 (5) 密封性试验。 (6) 测量六氟化硫气体微量水含量。 (7) 气体继电器、压力表及压力动作阀的校验。
套管	(1) 测量绝缘电阻。 (2) 测量 20 kV 及以上非纯瓷套管的介质损耗角正切值 $\tan\delta$ 和电容值。 (3) 交流耐压试验。 (4) 绝缘油的试验。
悬式绝缘子和支架绝缘子	(1) 测量绝缘电阻。 (2) 交流耐压试验。
电容器	(1) 测量绝缘电阻。 (2) 测量耦合电容器、断路器电容的介质损耗角正切值 $\tan\delta$ 和电容值。 (3) 耦合电容器局部放电试验。 (4) 并联电容器交流耐压试验。 (5) 冲击合闸试验。
避雷器	(1) 测量绝缘电阻。 (2) 测量电导或泄漏电流,并检查组合元件的非线性系数。 (3) 测量磁吹避雷器的交流电导电流。

续表

项　　目	试　验　项　目
避雷器	(4)测量金属氧化物避雷器的持续电流。 (5)测量金属氧化物避雷器的工频参考电压或直流参考电压。 (6)测量 FS 型阀式避雷器的工频放电电压。 (7)检查放电计数器动作情况及避雷器基座绝缘。
低压电器	(1)测量低压电器同所连接电缆及二次回路的绝缘电阻。 (2)电压线圈动作值的校验。 (3)低压电器动作情况检查。 (4)低压电器采用的脱扣器的整定。 (5)测量电阻器和变阻器的直流电阻。 (6)低压电器连同所连接的电缆及二次回路的交流耐压试验。 注:① 低压电器包括 60～1 200 V 的刀开关、转换开关、熔断器、断路器、接触器、控制器、主令电器、启动器、电阻器、变阻器及电磁铁等。 　　② 对安装在一、二级负荷场所的低压电器,应按第(2)、(3)、(4)的规定进行。

　　(2)电力变压器、油浸电抗器安装。电力变压器、油浸电抗器安装试验项目见表10.4.3。

表 10.4.3　电力变压器、油浸电抗器安装试验项目

项　　目	试　验　项　目
电力变压器、 油浸电抗器	1. 绝缘油试验 　绝缘油必须按规定试验合格后,方可注入变压器、电抗器中。不同牌号的绝缘油,或同牌号的新油与运行过的油混合使用前,必须做混油试验。新油验收及充油电气设备的绝缘油试验应符合绝缘油的试验项目及标准。 　2. 交接试验的主要项目 　变压器的主要试验项目有以下几项。 　(1)检查所有分接头的电压比。 　(2)检查变压器的三相接线组别和单相变压器引出线的极性。 　(3)绕组连同套管的局部放电试验。 　(4)有载调压切换装置的检查和试验。 　(5)测量绕线组连同套管的直流电阻。 　(6)测量绕组连同套管的绝缘电阻、吸收比或极化指数。 　(7)测量连同套管的介质损耗角正切值 tanδ。 　(8)测量连同套管的直流泄漏电流。 　(9)绕组连同套管的交流耐压试验。 　(10)测量与铁芯绝缘的各紧固件及铁心接地线引出套管对外壳的绝缘电阻。 　(11)非纯瓷套的试验。 　(12)绝缘油试验。 　(13)额定电压下的冲击合闸试验。 　(14)检查相位。 　(15)测量噪声。 　注:对 35 kV 及以上电抗器增加测量外壳的振动和表面温度分布。 　电抗器主要试验项目同变压器试验项目中的(5)、(6)、(7)、(8)、(9)、(10)、(11)、(12)、(13)等项。

10.5   工程安全控制

施工监理单位在承担控制、管理施工生产进度、成本、质量等目标的同时,必须同时承担进行安全管理、实现安全生产的责任。安全生产涉及施工现场所有的人、物、环境。凡是与生产有关的人、单位、机械、设备、设施、工具等都与安全生产有关,安全工作贯穿了施工生产活动的全过程。只要业主委托了管理安全施工的工作,监理工程师就要认真研究它所包括的范围,并依据相关的建筑施工安全生产的法律和标准进行监督和管理。即使建设单位没有委托监理单位实施安全监理工作,由于监理工作是对施工全过程进行的监理,所以也要对安全工作自然地进行监理。

10.5.1   安全监理的任务

安全监理的任务主要是贯彻落实国家安全生产的方针政策,督促施工单位按照建筑施工安全生产法规和标准组织施工,消除施工中的冒险性、盲目性和随意性,落实各项安全技术措施,有效杜绝各类安全隐患,杜绝、控制和减少各类伤亡事故,实现安全生产。安全监理的工作内容如下。

(1) 贯彻执行"安全第一,预防为主"的方针,国家现行安全生产的法律、法规,建设行政主管部门的安全生产的规章和标准。

(2) 督促施工单位落实安全生产的组织保证体系,建立健全安全生产责任制。

(3) 督促施工单位对工人进行安全生产教育及分部、分项工程的安全技术交底。

(4) 审查施工方案及安全技术措施。

(5) 检查并督促施工单位按照建筑施工安全技术标准和规范要求,落实分部、分项工程及各工序、关键部位的安全防护措施。

10.5.2   安全监理程序

安全监理人员在对工程安全进行严格控制时,就要按照工程施工的工艺流程制定出一套相应的科学的安全监理程序,对不同结构的施工工序制定出相应的监测验收方法,只有这样才能达到对安全严格控制的目的。在监理过程中,安全监理人员应对监理项目作详尽的记录和填写表格。

(1) 检查施工人员的安全帽、安全带、防护服、防护罩和手套佩戴使用是否规范。

(2) 检查各类安全设施的使用及变更情况。

(3) 检查各类施工机械的安全状况、严禁带病工作。

(4) 严格执行安全监理程序。

(5) 审核施工单位提交的关于工序交接检查、分部、分项工程安全检查报告。

(6) 审核并签署现场有关安全技术鉴证文件。

(7) 日常现场跟踪监理,根据工程进展情况,安全监理人员对各工序安全情况进行跟踪监督、现场检查、验证施工人员是否按照安全技术防范措施和按规程操作。

(8) 对主要结构、关键部分的安全状况,除进行日常跟踪检查外,视施工情况,必要时可做抽检和检测工作。

(9) 对存在的问题,督促有关部门及时采取纠正措施。

(10) 定期进行安全文明施工检查评价考核。

(11) 对每道工序检查后,做好记录并给予确认。

10.5.3　电力安全生产措施

1. 安全组织措施

在电气设备和相关场地上工作,保证安全的组织措施有工作票与工作任务票制度,工作许可制度,工作监护制度,工作间断、转移和终结制度。

(1) 工作票与工作任务票制度。在电气设备及相关场地上工作,应相应地填写工作票(第一种工作票、第二种工作票、带电作业工作票)和工作任务票。

工作票和工作任务票的填写、签发、安全措施、有效期等应满足规定要求。签发人经考试合格,本单位主管生产领导批准后,名单书面公布。

工作票和工作任务票签发人、工作许可人、工作负责人、安全监护人、工作班成员应明确各自的安全责任。

(2) 工作许可制度。变电站和发电厂的工作许可人由运行人员或经批准的检修单位的操作人员担任;用户变、配电站的工作许可人由持合格证书的高压电工担任。

工作许可人在采取了施工现场安全措施后,还应会同工作负责人进行检查,说明现场安全措施及其他注意事项,双方确认、签名后,才可开始工作。

工作过程中,工作负责人、工作许可人任何一方不得擅自变更安全措施,如确需变更时,必须先取得对方的同意。

(3) 工作监护制度。工作负责人(监护人)在全部停电时,可以加班工作。在部分停电时,只有在安全措施可靠,人员集中在一个工作地点,不致误碰有电部分的情况下,方能参加工作。

工作期间,工作负责人若因故必须离开工作现场时,应指定能胜任的人员临时代替,离开前应将工作现场交代清楚,并告知工作班成员。原工作负责人返回工作现场时,也应履行同样的交接手续。

(4) 工作间断、转移和终结制度。工作间断期间,工作班人员从工作现场撤出,所有安全措施保持不动。

在工作间断期间,若有紧急情况需要合闸送电,运行人员必须通过工作负责人或电气运行负责人确认所有工作班全体人员已经离开工作地点,并得到他们可以送电的答复后方可执行。

在同一停电系统的所有工作票的工作结束,拆除所有接地线、临时遮拦和表示牌,恢复常设遮拦,并得到值班调度员或值班负责人的许可命令后,方可合闸送电。

2. 安全技术措施

在全部停电或部分停电的电气设备上工作,必须完成的技术措施为停电、验电、接地、悬挂标示牌和装设遮拦。

（1）停电。工作地点必须停电的设备有检修的设备，与工作人员在进行工作中正常活动范围的距离小于规定安全距离的设备，带电部分在工作人员后面或两侧、上下无可靠安全措施的设备等。

检修设备停电，必须把各方面的电源完全断开，每个方面至少有一个明显的断开点。与停电设备有关的变压器和电压互感器，必须从高、中、低压各侧断开，防止向停电检修设备反送电。

（2）验电。验电时，必须用相应电压等级而且合格的专用验电器，在装设接地线或合接地隔离开关处三相分别验电。验电前，应先在有电设备上进行试验，确认验电器良好。

高压验电必须戴绝缘手套。验电时应使用直接接触式验电器。人体必须与验电设备保持安全距离。

（3）接地。当验明设备确无电压后，应立即将检修设备三相接地短路。电缆及电容器接地前应逐相充分放电。

对于可能送电至停电设备的各方面都必须装设接地线或合上接地隔离开关，所装接地线与带电部分应保证有足够的安全距离。

装设接地线必须由两人进行，先接接地端，后接导体端，保证接触良好。拆接地线的顺序与此相反。装、拆接地线均应使用绝缘棒和戴绝缘手套。

（4）悬挂标示牌和装设遮拦。在一经合闸即可送电到工作地点和隔离开关的操作把手上，均应悬挂"禁止合闸，有人工作！"的标示牌。

如果线路上有人工作，应在线路断路器和隔离开关的操作把手上悬挂"禁止合闸，线路有人工作！"的标示牌。

严禁工作人员在工作中擅自移动或拆除标示牌和遮拦。

思考与练习题

10-1 工程建设监理的性质是什么？

10-2 建设工程监理的任务和目的是什么？

10-3 建设工程电气专业监理的工程范围有哪些？

10-4 施工进度控制的方法和措施有哪些？

10-5 监理在控制项目费用方面的内容有哪些？

10-6 施工过程中质量监控的方法有哪些？

10-7 电气安装工程中高压电器质量监理要点有哪些？

10-8 真空断路器安装的试验项目有哪些？

10-9 电力变压器交接试验的主要项目有哪些？

10-10 电力安全生产措施的安全组织措施和安全技术措施有哪些？

第11章 电气工程管理

11.1 电气工程概、预算编制及其要点

工程估算、概算、预算文件是确定某一建筑项目从筹建到竣工验收全部建设费用的总文件，是专业设计成果在工程造价上的最终体现，是设计所确定的工程量与工程建设定额的结合。工程建设的周期很长，大量的人力、物力投入后，需要很长时间才能够产出产品。因此，有必要从宏观和微观上对工程建设中的资金和资源消耗进行预测、计划、调配和控制，以便保证必要的资金和各项资源的供应。

电气工程概、预算是电气工程技术经济管理的组成部分。在电气工程中，编制工程概、预算的文件就是计算和确定电气工程费用的文件。确切地说，就是以货币的形式表示电气工程造价的技术经济文件。编制工程项目概、预算，是国家执行计划和调控市场的要求，为的是合理地使用资金，取得理想的经济效果。概、预算文件是施工企业合理安排施工计划、加强经营管理、考核工程成本、编制计划和进行统计的依据；是建设单位拨付工程价款和工程竣工结算的依据；是建设银行监督基本建设投资的依据。概算定额的编制，能尽快编制出标书和标底，有利于得到最佳的经济效果，有利于限额设计、方案对比及设计对比，有利于工程招投标。编制统一的概算定额，控制了基本建设规模，适应了管理体制的改革。要搞好电气工程建设，就得要设计有概算，施工有预算。电气工程概、预算是科学管理的一个重要组成部分，是控制建设投资、加强企业管理、高效高质完成电力建设任务的主要环节。

11.1.1 编制电气工程概、预算的程序

编制电气工程概、预算是按照一定程序进行的，一般而言，在初步可行性研究、可行性研究阶段编制估算文件，在初步设计阶段编制概算文件，在施工图阶段编制预算文件，其一般程序如下。

（1）收集有关的各项资料。将各种现场资料、定额、国家和地区有关规定及标准等文件收集起来，并划分好工程项目。

（2）编制基础单价。编制人工预算单价，材料预算价格，施工机械台班费，水、电、沙、石单价，确定工程量计算项目，作为编制概、预算单价的基础材料。

（3）编制分项分部工程概、预算。

（4）编写单位单项工程概、预算。汇总分部分项工程概、预算。

（5）编制工程总概、预算。汇总单位、单项工程概、预算及其他费用。

上述一般程序如图 11.1.1 所示。

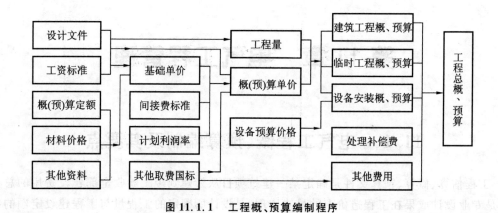

图 11.1.1　工程概、预算编制程序

11.1.2　电气工程概、预算文件的组成

建设项目概、预算文件主要由一系列概、预算书组成。

(1) 单位工程概、预算书。单位工程概、预算是根据设计图纸和概算指标、概算定额、预算定额、间接费定额、其他直接费定额、税率和国家有关规定资料编制而成。是具体确定房屋、车间、工段和公用系统中,各专业建设工程费用的文件,如一般土建工程、给排水工程、采暖工程、通风工程、电气照明工程、构筑物工程、工业管道工程、机械设备及安装工程、电气设备及安装工程和工器具及生产用具购置费用等。

(2) 单项工程综合概、预算书。它是建设项目总概、预算书的组成部分,是具体确定每个生产车间工段和公用系统建设费用的文件,是由单项工程内的各单位工程概、预算书汇总编成。

(3) 其他工程概、预算书。它是确定建筑工程与设备及其安装工程之外,与整个建设工程有关的,应该在建设投资中支付的,并列入建设项目总概、预算或单项工程综合概、预算的其他工程的费用文件。它是根据各地主管部门规定的取费定额或标准以及相应的计算方法进行编制的,如原有地上、地下障碍物的拆迁、水通、电通、道路通和场地平整(即为三通一平)等项目需要编制的预算书。

(4) 建设项目总概、预算书。它是由各单项工程综合概、预算书 —— 各车间工段和公用系统的综合概、预算书,加上其他工程和费用概、预算书,以及编制说明所组成。它是确定一个建设项目从筹建到竣工验收全过程中的全部建设费用的文件。

总之,概、预算和设计图纸一样,都是工程项目设计不可缺少的组成部分。设计图纸是决定其设计工程项目的有关技术问题,而概、预算则决定建设工程项目有关财务的问题。除此之外,概、预算可以计算出设计方案的各项技术经济指标,并能评价其设计方案的经济合理性,在建设项目中两者是相辅相成的关系,从而提高工程设计质量和工程建设的质量。

11.1.3　电气工程概、预算体系

电气工程概、预算费用包括直接工程费、间接费、计划利润和税金四部分。其中,直接工程费是由直接费(又称定额直接费)、其他直接费和现场经费所组成;间接费是由企业管理

费、财务费及其他费用所组成。也就是说,电气工程概、预算的直接费和间接费及其计划利润与税金的所有支出,合在一起就是电气工程的建设成本。

1. 直接工程费

直接工程费由直接费、其他直接费和现场经费三项内容组成。

(1)直接费是指各分部分项工程中耗费于工程实体和有助于形成的各项费用的总和。它包括了人工费、材料费及施工机械使用费三项内容。

人工费指直接从事建筑工程施工的生产工人开支的各项费用。它的内容有:① 基本工资;② 工资性的补贴;③ 生产工人辅助工资;④ 职工福利费;⑤ 生产工人劳动保护费。

材料费是指完成工程实体施工过程中耗用的原材料、辅助材料、构配件、零件、半成品的费用和周转使用材料的摊销(或租贷)费用。

施工机械使用费是指安装工程施工中使用机械所支付的费用,以及机械安装、拆卸及进出场费用。

(2)其他直接费。其他直接费是指直接费以外施工过程中发生的具有直接费性质但又不便列入预算定额某些分项工程内容的费用。包括脚手架使用费、中小型机械使用费、现场材料二次搬运费、高层建筑超高费、冬雨季施工增加费、夜间施工增加费、仪器仪表使用费、生产工具使用费、材料检验试验费、工程定位复测费、工种点交及竣工清理费、特殊工种培训费等。

(3)现场经费。现场经费是指施工准备、组织施工生产和管理所需支出的费用,包括临时设施费和现场管理费。

2. 间接费

间接费是指虽不直接由施工的工艺工程所引起,但却与工程的整体条件有关的施工企业为组织施工和经营管理,以及间接为施工生产的各项费用。间接费取费定额与预算定额一样具有法令性,不得任意变动。间接费是由企业管理费、财务费和其他费用所组成,其内容如下所述。

(1)企业管理费。企业管理费是指施工企业为组织和管理施工生产经营活动所发生的管理费用。企业管理费包括管理人员工资、差旅交通费、办公费、固定资产折旧与修理费、工具用具使用费、工会经费、职工教育经费、劳动保险费、职工养老保险及待业保险费、住房公积金、保险费、税金、技术转让费、技术开发费、业务招待费、排污费、绿化费、广告费、公正费、法律顾问费、审计费、咨询费等。

(2)财务费。财务费是指企业为筹集资金而发生的各项费用。它包括企业经营期间发生的短期贷款利息净支出、汇兑净损失、调剂外汇手续费、金融机构手续费以及企业筹集资金发生的其他财务费用。

(3)其他费。其他费是指按规定支付工程造价(定额)管理部门的定额管理费及劳动部门的定额测定费,以及按有关部门规定支付的上级管理费。

3. 计划利润

计划利润是指按照国家规定应计入建筑工程造价的利润,并实行按不同投资来源或工程类别制定的差别利润率来计算,所以有又称差别利润。

计划利润 ＝（定额人工费＋按系数计算的人工费）×利润率（％）　　　（11-1）

利润是企业工程价款结算收入扣除成本支出后的余额,是劳动者为社会劳动创造的剩余产品价值的货币表现,是企业的纯收入,它的具体表现是企业上缴税金和利润两个部分。

4. 税金

税金是指国家税法规定的应计入建筑工程造价的营业税、城市维护建设税和教育附加费。税金的计算公式是:

税金 ＝（直接工程费＋间接费＋计划利润＋材料差价）×折算税率（％）　（11-2）

式(11-2)中的材料差价,是指材料的价格预算与材料的实际价格的不一致性。也就是说,由于市场供求行情的变化引起材料价格的上下浮动,必然造成两者的材料差价。因此,在编制电气工程概、预算书时,需要用费率计算的形式给以调整。调整材料差价的方法有单项材料价差调整法和系数调整法。

11.1.4　电气工程概、预算定额

为了保证资金和各项资源的合理分配及有效利用,需要借助于工程建设定额,利用工程建设定额所提供的各类工程的资金和资源消耗的数量标准,为预测、计划、调配和控制资金、资源消耗提供科学依据,同时也作为在市场上寻求合作伙伴的依据。

工程建设定额是指在工程建设中单位产品上人工、材料、机械、资金消耗的规定额度,它属于生产消费定额的性质。这种规定的量的额度所反映的是,在一定的社会生产力发展水平的条件下,完成工程建设中的某项产品与各种生产消费之间特定的数量关系。例如,砌筑 $10\ m^3$ 砖基础,需用 5 236 块普通黏土砖。这里产品(砖基础)和材料(标准砖)之间的关系是客观的,也是特定的。定额中关于生产 $10\ m^3$ 砖基础,消耗 5 236 块砖的规定,则是一种数量关系的规定。虽然在这个特定的关系中,砖基础和普通黏土砖都是不能替代的。

工程建设定额是根据国家一定时期的管理体制和管理制度,根据不同定额的用途和适用范围,由指定的机构按照一定的程序制定的,并按照规定的程序审批和颁发执行。工程建设定额是主观的产物,但是,它应正确地反映工程建设和各种资源消耗之间的客观规律。

工程建设定额是一个综合概念,它是工程建设中各类定额的总称。定额种类繁多,可以按照不同的原则和方法对它进行科学的分类。

1. 按照定额反映的物质消耗内容分类

按照定额反映的物质消耗内容可以把工程建设定额分为劳动消耗定额、机械消耗定额和材料消耗定额三种。

2. 按照定额的编制程序和用途来分类

按照定额的编制程序和用途可以把工程建设定额分为施工定额、预算定额、概算定额、投资估算指标、万元指标和工期定额等六种。

3. 按照投资的费用性质分类

按照投资的费用性质可以把工程建设定额分为建筑工程定额、设备安装工程定额、其他直接费定额、现场经费定额、间接费定额、工器具定额,以及其他费用定额等。

4．按照专业性质分类

工程建设定额按照专业性质可分为全国统一定额、行业统一定额和地区统一定额三种。

5．按照主编单位和管理权限分类

工程建设定额按照主编单位和管理权限可分为全国统一定额、行业统一定额、地区统一定额、企业定额和补充定额五种。

目前,电力工业现行颁发的工程预算定额有以下几种。

(1)电力建设工程预算定额(全套共6册),其中,第1册 建筑工程(上册、下册),第2册 热力设备安装工程,第3册 电气设备安装工程,第4册 送电线路工程,第5册 加工配制工程,第6册 调试工程。

(2)电力建设工程工期定额。

(3)电力建设工程施工机械台班费用定额。

(4)电力建设工程预算定额(换流站工程)(补充)(试行本)。

(5)全国统一安装工程预算定额(第1至11册)。

(6)全国统一安装工程预算工程量计算规则。

(7)全国统一安装工程施工仪器仪表台班费用定额。

概算定额有电力建设工程概算定额(第1至3册);第1册 建筑工程,第2册 热力设备安装工程,第3册 电气设备安装工程。

11.1.5　电力工程概、预算编制要点

1．明确编制概、预算直接费用的计算依据

(1)施工图纸及有关通用图和说明书。

(2)概、预算定额及补充定额。

(3)施工组织设计和施工方案。

(4)国家和地区规定的各项费用标准、工资标准、材料预算价格、地区单位估价汇总表、补充单位估价表和上级主管部门的有关文件规定等。

(5)合同或协议书。

2．看懂全部图纸并了解施工方案

(1)检查图纸,首先要按图纸目录查收核对,保证图纸齐全,然后按要求将所需要的有关标准图集和施工图册准备好。

(2)审查图纸,要认真地对每张图纸和细节进行审查,对看不清、看不懂和疑点、难点,以及限于条件不能施工的地方等随时记录下来.对发电工程中的热力系统、除灰系统、水处理系统等图纸,对建筑电气工程中的土建、给排水和暖通等的工程图纸也要参阅,以解决与电气工程的竖向和交叉等问题。

(3)由建设单位组织设计单位和施工单位共同进行图纸会审和设计技术交底,在会审过程中,设计单位主要介绍施工图的主要特点和施工要求,以及一些特殊的或难度较大的施工方法,并介绍工程概算情况等。

(4)由建设、设计和施工三单位共同签发会审记录或工程设计变更单,会审记录或变更

单上应附有文字说明、图纸或图样。

(5) 了解施工组织设计和施工方案,由施工单位编制的施工组织设计和施工方案,对预算的编制有直接的影响。所以,预算编制人员必须对施工方案了解得一清二楚,才能作出符合实际的预算。

3. 确定合适的概、预算定额、单位估价汇总表及确定分部工程项目

同一项电气安装工程,有各部门颁布的多种概、预算定额,不能盲目套用这些定额,应该使用工程所在省、市(区)建委(经委)编制的概、预算定额和单位估价汇总表。

概、预算定额和单位估价汇总表是按分部分项工程编制的。电力工程分为发电工程、变电工程、送电工程和通信工程。建筑电气安装工程一般可划分为照明、动力、通信、电视等工程。其中照明工程有室内、外之分,而室内照明工程又可划分为配管配线、灯具器具、照明控制设备、防雷及接地装置等分部工程。

4. 按规则计算工程量

1) 工程量计算原则

(1) 按概、预算定额中各分部的分项划分项目,使计算出的工程单位能与概、预算定额的分项和单位对上口径,以便以量套价。

(2) 只有根据施工图纸所标的比例、尺寸、数量以及设备明细表等计算出工程量,然后套用适当的概、预算单价,才能正确地计算出工程的直接费。计算过程中不能随意加大或缩小各部位的尺寸。

(3) 对施工图中没有表示出来的,而施工中必须进行的工程量项目也应计算。

(4) 工程量计算应采用表格方式,在表中列出计算公式,以便审核。填写外形尺寸的程序要统一按长×宽×高。

2) 工程量计算规则

(1) 变配电工程。变配电工程包括三相电力变压器,高压架空引入线装置,开关柜安装,硅整流柜安装,高低压母线桥、保护网制作安装,变压器保护罩安装、高压电缆分支柜安装,变压器封闭式母线及插接母线槽安装和设备系统调试等。

计算选用的单位:三相电力变压器按母线材质、设备容量以台计算;高压架空引入线装置以套计算;高压开关柜、低压配电屏按母线材质、截面以台计算;硅整流柜按设备容量以台计算;高、低压母线桥按跨度(柜边至柜边的距离)、母线材质、截面以座计算;保护网以平方米(m^2)计算;变压器保护罩以台计算;电缆分支柜以台计算;设备系统调试费用于变压器及高压开关柜系统调试,以台计算。

(2) 电缆工程。电缆工程包括电缆沟铺沙盖砖、盖板、密封式电缆保护管、高压电缆终端头、电缆沟支架制作安装、电缆敷设、电缆托盘、电缆梯架、防火枕安装等。

计算选用的单位:电缆沟铺沙盖砖、盖板按埋设电缆根数以沟长(m)计算;密封式电缆保护管,按管径以根计算;电缆敷设,按截面积以平方米(m^2)计算,计算工程量时,应加计电缆在各部位预留量;高压电缆终端头按电缆截面以个计算;电缆支架按支架层数以沟长(m)计算;电缆梯架、托盘按宽度以米计算;防火枕安装,按梯架或托盘的宽度以处计算。

各部位预留长度,原则上应按施工规范和设计规定计算。若无具体规定数值,每端电缆可参考以下数据计算:直埋电缆在引入建筑物处,每根加计 2.3 m;电缆沟支架上敷设,在引入建筑物处,每根加计 1.5 m;直埋电缆每个中间头加计 5 m;在沟内支架时,每个中间接头加计 3 m;每个终端头加计 1.5 m;每端电缆引入高压柜加计 2 m;进入低压配电屏、控制屏加计 3 m(均包括沟内预留量);车间动力箱加计 1.5 m;垂直引向水平处及建筑物伸缩缝处,各加计 0.5 m;电缆井内加计 2 m;直埋或沟内支架上敷设电缆的波形长度,可按直埋或沟内支架上敷设电缆长度的 1% 加计,其他敷设方式不再增加。

(3) 架空线路工程。架空线路分为高压和低压两种线路。定额以平原施工为准,如在丘陵、山地和沼泽地带施工时,其人工工资应分别乘以下列系数:丘陵地带乘以 1.15;山地和沼泽地带乘以 1.6。电杆及拉线挖坑是按平原地带土质做了综合考虑,若遇流沙、岩石地带,另计安装费。线路一次施工工程量是按 5 根以上电杆考虑的,若 5 根以内者,其全部人工费乘以系数 1.3。在导线的架设中均考虑了绝缘子、横担安装,使用时一律不再调整其定额。

导线架设以单根延长米计算,定额中已综合考虑导线预留长度及弛度量,计算工程量时不再增加导线在各部位的预留长度;进户线架设执行相应截面的导线架设子目;在室外变台组装定额中,综合了挖杆抗、立混凝土电杆、各种横担、高、低压绝缘子、变压器台架、避雷器、跌落式熔断器及隔离开关、部分导线、接地装置和避雷器试验、接地电阻测试、变压器系统试验调整等。

(4) 防雷接地装置。防雷接地装置包括接地装置安装、接地母线敷设、避雷针安装、避雷网安装、避雷引下线敷设及烟囱水塔避雷装置等。高层建筑均压环焊接子目,已包括与建筑中金属物的连接,在计算工程量时,按建筑物外围轴线尺寸,以延长米计算;利用结构主筋作避雷引下线,每一引下点应视为一处,按每处建筑物檐高以延长米计算。

(5) 动力照明控制设备。动力照明控制设备包括成套动力配电箱(柜),照明配电箱,插座箱,控制屏(台、箱),断路器,封闭式负荷开关,开启式负荷开关,交流接触器,启动器,熔断器,按钮,液位控制装置,行程开关,电笛,信号灯,盘面指示灯,继电器,换相开关,互感器,漏电保护器,电气仪表,调速开关,烘手器,插接箱,配电箱体安装和配电板制作安装等。

成套动力、照明配电箱按安装方式,分回路以台计算;插座箱以个计算;控制屏(台、箱)以台计算;断路器、封闭式负荷开关、开启式负荷开关、交流接触器、电磁启动器、熔断器等按额定电流以个计算。

3) 工程量计算顺序

(1) 设备工程量计算。首先按设备布置图或平面图,以分层或设备位置号逐台清点,再根据设备明细表核对其规格、型号和数量。核对无误后,编制设备工程量汇总表。

(2) 电气管线和其他材料用量的计算。根据平面图和系统图按进户线、总配电盘、各分配电箱(盘)直至用电设备或照明灯具的顺序,逐项进行电气管、线和其他材料用量的计算。

(3) 除按施工图纸计算工程量外,还要计算会审记录和工程设计变更单或补充的文字说明中需要计算的工程量。

5. 套用概、预算定额和单位估价表计算工程直接费

(1) 分项工程的名称、规格、计量单位和顺序等都必须与定额或估价表中所列内容完全一致,即从概、预算定额或单位估价表中能找出与之相适应的子项编号,查出该项工程的单价。

（2）根据施工图纸要求和定额内容，可直接套用定额单价的，只填列其定额编号或序号。

（3）当定额中没有相应的定额单价供采用，也没有相接近的定额单价可以参照时，必须重新编制补充定额单价。编好的补充定额单价，如果是多次使用的，一般应报有关主管部门审批，或与建设单位进行协商，取得同意后，方能生效。

（4）当现行概、预算定额中，某个工程项目中列出的材料与施工图中要求使用的材料型号、规格不同，而又允许换算时，应根据规定进行换算。

（5）凡概、预算定额尚未列入的新材料、新工艺，可参照近似的材料和工艺暂估价格，完工后，再根据实际价格进行结算。

6. 其他要点

（1）认真细致地计算直接费，将人工费、材料费、机械费相加就是工程的定额直接费。

（2）按有关规定计算企业管理费、计划利润和税金。

（3）计算技术经济指标，编制材料分析表进行工料分析。

（4）编写编制说明。

（5）填写概、预算书封面。

11.2　电力工程招标和投标

11.2.1　术语及其释义

1. 招标

（1）招标。招标与"投标"相对应，是指招标人根据自己的需要，提出一定的标准或条件，向潜在投标商发出投标邀请的行为。

（2）招标人。招标人是依照国际惯例或招标投标法的规定提出招标项目、进行招标的法人或者其他组织。

（3）招标代理机构。招标代理机构是依法设立从事招标代理业务并提供服务的社会中介组织。

（4）电力工程项目施工招标条件：① 工程初步设计及概算已审查通过，设计深度满足施工要求。② 主机设备、建设资金到位计划等已分别落实。③ 建设场地已落实。

（5）公开招标。公开招标是一种完全竞争式的招标，是指以招标公告的方式邀请不特定的法人或其他组织投标，即招标人通过国内外报纸、刊物、电视、电台或信息网络发布招标信息，使所有符合条件的投标人参加投标。

（6）邀请招标。邀请招标是指以投标邀请书的方式邀请特定的法人或者其他组织招标。

（7）议标。议标是指招标单位在不违反招标投标法规定的原则情况下，发包某些不宜采用公开招标和邀请招标的特定任务时，直接与有能力的单位进行协商谈判，以求达成合约的招标方式。

（8）保留性招标。保留性招标是招标人所在国为了保护本国投标人的利益，将本应该全部公开招标的工程留下一部分专门给本国承包人的招标方式。

（9）排他性招标。排他性招标是指在利用政府贷款采购项目时规定只限在借款国和贷款国同时进行招标的招标方式。

（10）标底。标底是我国工程招标中的一个特有概念，它是依据国家统一的工程量计算规则、预算定额和计价办法计算出来的工程造价，是招标人对建设工程预算的期望值。世界银行与亚洲开发银行称"标底"为"估算成本"；世界贸易组织称"标底"为"合同估价"；我国台湾地区则称"标底"为"底价"。

（11）发包人。发包人一般为工程建设单位，即投资建设该项工程的单位，通常也称为"业主"或"项目法人"。

2. 投标

（1）投标。投标是指承包人作为卖方根据顾主的招标条件，以报价的形式争取拿到承包项目，因此，投标也称为报价。

（2）投标人。投标人是具备承担招标项目的能力、参加投标竞争的法人或者其他组织。

（3）建设工程的承包人。建设工程的承包人，即实施建设工程的勘察、设计、施工、安装、咨询、服务等业务的单位，包括对建设工程实行总承包的单位和承包分包工程的单位。

（4）建设工程的总承包。建设工程的总承包，又称为"交钥匙工程"，是指建设工程任务的总承包，即发包人将建设工程的勘察、设计、施工、安装、咨询、服务等工程建设的全部任务一并发包给一个具备相应的总承包资质条件的承包人，由该承包人负责工程的全部建设工作，直至工程竣工，并向发包人交付经验收合格的，符合发包人要求的建设工程的发承包方式。

（5）建设工程的分包。建设工程的分包，是指工程总承包人、勘察承包人、设计承包人、施工承包人承包建设工程后，将其承包的某一部分工程或某几部分工程，再发包给其他承包人，与其签订承包合同项下的分包合同。总承包人、勘察承包人、设计承包人、施工承包人在分包合同中即成为分包合同的发包人。

（6）投标文件。投标文件是指投标人提交的投标书及其附件等各类文件。投标文件应当响应招标文件提出的实质性要求和条款。投标文件的内容应当对招标文件规定的实质要求和条款（包括招标项目的技术要求、投标报价要求和评标标准等）——作出相对应的回答，不能存有遗漏或重大的偏离，否则将被视为废标，失去中标的可能。

（7）投标书。投标书是投标人授权代表在投标时所签署的一种投标文件。

（8）联合体投标。联合体投标是指由两个或两个以上法人，或者其他组织组成的一个联合体，以一个投标人的身份共同进行的投标。

（9）投标报价。投标报价是投标人为了争取中标并通过提供商品、工程实施或服务取得经济效益，按照招标人（顾主）在招标文件中的要求进行估价，并根据投标策略确定的价格。投标价格是投标人的要价，如果中标，这个价格就是合同谈判和签订合同价格的基础。

（10）投标保函。投标保函是指投标人在投标报价之前或同时，按照招标文件规定的保证金额向招标人（顾主）提交的遵守投标规定的银行保函。

（11）履约保函。履约保函是承包人和担保银行为了招标人（顾主）的利益而作的一种承诺，按照该承诺，承包人和担保银行共同保证合同的履行。承包人如果在承包过程中不继续履行承包义务，招标人（顾主）就可以没收承包人的履约保函金额。

3. 开标

（1）开标。开标是指投标人按照招标文件的要求提交投标文件的截止时间，招标人（或招标代理机构）依据招标文件和招标公告规定的时间和地点，在有投标人和监督机构代表出席的情况下，当众公开开启投标人提交的投标文件，公开宣布投标人名称、投标价格及投标文件中的有关主要内容的过程。

（2）开标人。开标人就是开标主持人，简称开标人。开标由招标人主持；在招标人委托招标代理机构代理招标时，开标由招标代理机构主持。

4. 评标

（1）评标。评标是指招标人依法组建的评标委员会在严格保密的情况下按照招标文件规定的评标标准和方法，对投标文件进行审查、评审、澄清、答疑和比较，由评标委员会提出书面评标报告，推荐合格的 1 ~ 3 名预中标候选人。

（2）中标。中标是指招标人根据评标委员会提交的书面评标报告，由招标领导小组在推荐的预中标候选人中确定中标人的过程。

（3）授标。授标是指招标人对经公示无异议的中标人发出中标通知书，接受其投标文件和投标报价的过程。

11.2.2　工程招标投标程序

目前，我国工程建设领域中广泛实施工程设计、监理、施工（包括采购）招投标制。在工程设计、施工（包括采购）上引入竞争机制，对于促进设计和施工单位改进管理、采用先进技术、降低工程造价、缩短工期、提高投资效益等方面无疑起到了推动作用。

一般来说，招标投标需经过招标、投标、开标、评标与定标等程序。

1. 招标

招标程序通常如下。

（1）根据工程进度计划安排，督促设计院编制工程项目的技术规范书。

（2）招标人负责审查（符合要求）。

（3）招标人或招标代理机构编制招标文件。

（4）技术含量较高或技术复杂的招标项目要组织审查讨论。

（5）符合要求后发售标书。

公开招标应当发布招标公告。招标公告应当通过报刊或者其他媒介发布。采用邀请招标程序的，招标人一般应当向三家以上有兴趣投标的或者通过资格预审的法人或其他组织发出投标邀请书。采用议标程序的，招标人一般应当向两家以上有兴趣投标的法人或者其他组织发出投标邀请书。招标人或者招标投标中介机构根据招标项目的要求编制招标文件。

招标文件一般应当载明下列事项。

（1）投标人须知。

（2）招标项目的性质、数量。

（3）技术规格。

（4）投标价格的要求及其计算方式。

（5）评标的标准和方法。

（6）交货、竣工或提供服务的时间。

（7）投标人应当提供的有关资格和资信证明文件。

（8）投标保证金的数额或其他形式的担保。

（9）投标文件的编制要求。

（10）提供投标文件的方式、地点和截止日期。

（11）开标、评标、定标的日程安排。

（12）合同格式及主要合同条款。

（13）需要载明的其他事项。

2. 投标

投标人应当按照招标文件的规定编制投标文件。投标文件应当载明下列事项。

（1）投标函。

（2）投标人资格、资信证明文件。

（3）投标项目方案及说明。

（4）投标价格。

（5）投标保证金或其他形式的担保。

（6）招标文件要求具备的其他内容。

投标文件应在规定的截止日期前密封送达到投标地点。招标人或者招标投标中介机构对在提交投标文件截止日期后收到的投标文件，应不予开启并退还。招标人或者招标投标中介机构应当对收到的投标文件签收备案。投标人有权要求招标人或者招标投标中介机构提供签收证明。

投标人可以撤回、补充或者修改已提交的投标文件，但是应当在提交投标文件截止日之前，书面通知招标人或者招标投标中介机构。

3. 开标

开标程序如下所述。

（1）开标会由招标人主持。开标应邀请评标委员会成员、投标人代表和有关单位代表参加。按照招标文件规定的时间、地点和程序以公开方式进行。

（2）主持人介绍参会人员及投标单位、宣布开标、监督、记录人员。

（3）监督人员宣读工作纪律和投标单位注意事项。

（4）开标人公布开标顺序和开标过程。

（5）监督人、开标人、工作人员和投标方检验标书密封状态并签字。

（6）投标方公布开标报价。

（7）监督人宣布检验结果是否合法、有效。

（8）所有投标单位检验结束主持人宣布开标结束。

4. 评标与定标

评标的方法是指运用评标标准评审、比较投标的具体方法。一般有以下三种方法：最低评标价法、打分法和合理最低投标价法。在这三种评标方法中，前两种可统称为"综合评标法"。

评标应当按照招标文件的规定进行。评标程序是：① 阅读标书，整理资料；② 初步评审；③ 澄清；④ 详细评审；⑤ 编写评标报告。

招标人或者招标投标中介机构应当将中标结果书面通知所有投标人。中标通知书发出后 30 日之内，招标人与中标人按照招标文件的规定和中标结果，就招标文件和投标文件中存在的问题进行技术和商务谈判，并签订合同书。至此就完成了招标投标的全过程。

11.2.3　标书的编制简介

1. 投标的语言

投标人提交的投标书，以及投标人与买方就有关投标的所有来往函电，均应使用"投标资料表"中规定的一种主导语言书写。投标人提交的支持文件的印制文献可以用另一种语言，但相应内容中应附有"投标资料表"规定的主导语言的翻译本，在解释投标书时以翻译本为准。

2. 投标书构成

投标人编写的投标书应包括下列部分。

（1）按照投标人须知的要求填写的投标函格式、投标报价表。

（2）按照投标人须知的要求出具的资格证明文件，证明投标人是合格的，而且中标后有能力履行合同。

（3）按照投标人须知的要求出具的证明文件，证明投标人提供的货物及其辅助服务是合格的货物和服务，且符合招标文件规定。

（4）按照投标人须知的规定提交的投标保证金。

3. 投标函格式

投标人应完整地填写招标文件中提供的投标函格式和投标报价表，说明所提供的货物名称、货物简介、来源、数量及价格。

4. 制作投标书应注意的事项

投标人要到指定的地点购买招标文件，并准备投标文件。投标人应认真研究、正确理解招标文件的全部内容，并按要求编制投标文件。投标文件应当对招标文件提出的实质性要求和条件做出响应，在招标文件中，通常包括招标须知，合同的一般条款、合同特殊条款，价格条款，技术规范以及附件等。投标人在编制投标文件时，必须按照招标文件的这些要求编写投标文件。"实质性要求和条件"是指招标文件中有关招标项目的价格、项目的计划、技术规范、合同的主要条款等。不得对招标文件进行修改，不得遗漏或者回避招标文件中的问题，更不能提出任何附带条件。投标文件通常可分为 3 种，即商务文件、技术文件和价格文件。

为了保证投标能够在中标以后完成所承担的项目，要求"招标项目属于建设施工的，投标文件的内容应当包括拟派出的项目负责人与主要技术人员的简历、业绩和拟用于完成招标项目的机械设备等"。这样的规定有利于招标人控制工程发包以后所产生的风险，保证工程质量。项目负责人和主要技术人员在项目施工中，起到关键的作用。机械设备是完成任务的重要工具，这些技术装备直接影响到工程的施工工期和质量。

11.2.4　电气工程施工项目投标实务

电气工程施工项目投标文件包括如下内容。

1. 投标书

投 标 书

项目法人：

1. 根据已收到的＿＿＿＿＿＿＿工程的招标文件，遵照《电力工程施工招投标管理办法》的规定，我单位经考察现场和研究上述工程招标文件的投标须知、合同条件、工程规范、技术条件、招标工程量、图纸和其他有关文件后，我方愿以人民币＿＿＿＿＿元的总价，按上述合同条款、技术规范、图纸、工程量清单的条件承包上述工程的施工、竣工和保修。

2. 一旦我方中标，我方保证在＿＿＿＿年＿＿月＿＿日开工，＿＿＿＿年＿＿月＿＿日竣工；即＿＿＿＿天（日历日）内竣工并移交整个工程。

3. 如果我方中标，我方将按照规定提交上述总价＿＿＿＿％的银行保函作为履约保证金，共同承担责任。

4. 我方同意所递交的投标文件在《投标须知》第10条规定的投标有效期内有效，在此期间内我方投标有可能中标，我方将受此约束。

5. 除非另外达成协议并生效，你方的中标意向书和本投标文件将构成约束我们双方的合同。

6. 我方本工程的投标保函与本工程投标书同时递交。

投标单位：（盖章）

单位地址：

法定代表人或授权委托人：（签字、盖章）

邮政编码：

电话：

传真：

开户银行名称：

银行账号：

开户行地址：

电话：

日期：＿＿＿＿年＿＿月＿＿日

2. 银行保函

银 行 保 函

＿＿＿＿＿＿：

（委托人）系我行客户，其投标保证金存款户账户，该单位已于＿＿＿＿年＿＿月＿＿日与你方签订工程在约（合同或投标书）编号＿＿＿＿。我行已接受该单位委托，愿对该单位履行上述合同（投标书）约定的义务提供担保。如该单位不履行合同，且不主动支付违约金，我行愿承担担保责任，按合同的规定，代为支付违约金人民币＿＿＿＿万元。

银行名称：（盖章）

法定代表人或委托代理人：（签字、盖章）

日期：＿＿＿＿年＿＿月＿＿日

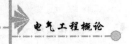

3. 法定代表人资格证明书

法定代表人资格证明书

单位名称：

地址：＿＿＿＿＿＿＿＿＿＿＿＿＿＿＿＿＿＿＿＿＿＿＿＿＿＿＿＿＿＿＿＿＿

姓名：＿＿＿＿＿ 性别：＿＿＿＿ 年龄：＿＿＿＿＿ 职务：＿＿＿＿＿＿

系＿＿＿＿＿的法定代表人。为施工、竣工和保修＿＿＿＿＿＿的工程，签署上述工程的投标文件、进行合同谈判、签署合同和处理与之有关的一切事务。

特此证明。

投标单位：（盖章）　　　　　　　　　上级主管部门：（盖章）

日期：＿＿＿＿年＿＿月＿＿日　　　　日期：＿＿＿＿年＿＿月＿＿日

4. 授权委托书

授 权 委 托 书

本授权委托书声明：我＿＿＿＿＿（姓名）系＿＿＿＿＿＿＿（投标单位名称）的法定代表人，现授权委托＿＿＿＿＿＿（单位名称）的＿＿＿＿＿（姓名）为我公司代理人，以本公司的名义参加＿＿＿＿＿＿（招标单位）的＿＿＿＿＿＿（工程）投标活动。代理人在开标、评标、合同谈判过程中所签署的一切文件和处理与之有关的一切事务，我均予以承认。

代理人无转委权。特此委托。

代理人：

姓名：＿＿＿＿＿＿＿　　　　　职务：＿＿＿＿＿＿

姓名：＿＿＿＿＿＿＿　　　　　职务：＿＿＿＿＿＿

姓名：＿＿＿＿＿＿＿　　　　　职务：＿＿＿＿＿＿

投标单位：（盖章）

法定代表人：（签字、盖章）

日期：＿＿＿＿年＿＿月＿＿日

5. 企业资格证明文件

（1）企业营业执照有效复印件或影印件。

（2）企业资质等级证书。

（3）企业概况。

（4）企业近两年安全情况。

（5）企业近两年工程质量情况。

（6）企业信誉。

6. 报价书

某某部分

（1）报价书编制说明。

（2）报价表。如表 11.2.1 ～ 表 11.2.7 所示。

表 11.2.1 **总报价表**

工程名称：　　　　　　　　　　　　　　　　　　　　　　　　单位:元

序　号	工程或费用名称	报价金额	备　注
1	建筑工程费		
2	设备购置费		
3	安装工程费		
4	其他费用		
5	价差预备费		
	合计		

投标报价总金额(大写)

表 11.2.2 **建筑、安装工程取费汇总表**

工程名称：　　　　　　　　　　　　　　　　　　　　　　　　单位:元

序号	工程费用名称	基本直接费					其他直接费	间接费(一)	间接费(二)	计划利润	税金	其他	建筑安装工程费(合计)
		合计	装置性材料费		安装费								
			招标方	投标方	小计	其中工资							
	建筑工程费合计												
	安装工程费合计												

表 11.2.3 **设备报价表**

工程名称：　　　　　　　　　　　　　　　　　　　　　　　　单位:元

序号	设备名称及规范		单位	数量	设备单价(原价)	设备合价(原价)	设备杂费	设备合计
	招标方	投标方						
	投标方自购设备合计							
		招标方提供设备合计						

注:投标方提供设备不计入报价。

表 11.2.4　其他费用报价表

工程名称：　　　　　　　　　　　　　　　　　　　　　　　　　　　　单位:元

序　号	费用名称	报价依据及计算说明	合　计

表 11.2.5　单位工程报价表

工程名称：　　　　　　　　　　　　　　　　　　　　　　　　　　　　单位:元

序号	编制依据	项目名称及规范	单价	数量	单价				合计			
					装置性材料费	安装费			装置性材料费	安装费		
						合计	其中:工资			小计	其中:工资	
		小计										
		其中招标方供材料										

表 11.2.6　主要材料表(投标方)

工程名称：

序　号	材料名称及规格	单　位	数　量	备　注

表 11.2.7　材料价差计算表

工程名称：　　　　　　　　　　　　　　　　　　　　　　　　　　　　单位:元

序号	材料名称及规格	单位	数量	取费原价	市场价	材料价差	取费	合计

注:按表 11.2.5 中装置性材料的顺序排列。

(3)某某工程施工组织设计纲要(编写要点)如下所述。

1　工程概况及特点

1.1　工程概况

工程简述、工程规模、工程承包范围、地质及地貌状况、交通情况等。

1.2　工程特点

设计特点、工程特点、自然环境等。

2　施工现场组织机构

2.1　组织机构关系图

2.2　工程主要负责人简介

3　施工现场总平面布置图

平面布置要求内容全面，充分利用现场条件，合理布置施工队、材料站、指挥部等。平面布置图采用 A3 纸，图面要求线条清晰、标志明确。

4　施工方案

4.1　施工准备

简要叙述施工技术资料、材料、通信、施工场地的准备，施工机械、施工力量的配置，以及生活设施等的准备情况。主要施工机械设备表。

4.2　施工工序总体安排

4.3　主要工序和特殊工序的施工方法

4.4　工程成本的控制措施为控制成本、提高效益，拟采取的措施

5　工期及施工进度计划

5.1　工期规划及要求

用横道图反映各主要施工过程的计划进度。

5.2　施工进度计划网络图

施工进度计划网络图应明确工程开工、竣工日期，工程施工的关键路线，并针对关键工序提出确保工期拟采取的措施。

5.3　主要安装设备及材料供应计划

6　质量目标、质量保证体系及技术组织措施

6.1　质量目标

用单位工程和分项工程合格率、优良率表示，欲达到的工程质量等级。

6.2　质量管理组织机构及主要职责

用框图表示质量管理组织机构，并简要叙述各质量管理部门的主要职责。

6.3　质量管理的措施

简要叙述质量管理的措施和关键工序的质量控制。

6.4　质量管理及检验的标准

执行的主要质量标准、规范。

6.5　质量保证技术措施

针对本工程特点，分析质量薄弱环节，拟将采取的技术措施。

7　安全目标、安全保证体系及技术组织措施

7.1　安全管理目标

7.2　安全管理组织机构及主要职责

用框图表示安全管理组织机构，并简要叙述各安全管理部门及人员的主要职责。

7.3　安全管理制度及办法

7.4　安全组织技术措施

针对本工程特点，分析安全薄弱环节，拟将采取的技术措施。

7.5 重要施工方案和特殊施工工序的安全过程控制

8 工程分包的管理

8.1 工程分包的原因及范围

8.2 分包商选择条件

8.3 分包工程质量管理、工期管理、安全管理等。

9 环境保护及文明施工

9.1 环境保护

分析因施工可能引起的环境保护方面的问题。

9.2 加强施工管理、严格保护环境

提出环境保护的目标及采取的具体措施。

9.3 文明施工的目标、组织机构和实施方案

9.4 文明施工考核、管理办法

10 计划、统计和信息管理

10.1 计划、统计报表的编制与传递

10.2 信息管理

提出信息管理的目标及拟将采取的措施。

11.3 电力企业生产管理

11.3.1 电力企业生产管理概述

电力企业生产管理,是指遵循电力生产经营活动的自然规律和客观经济规律,对统一电力系统及其组成部分——发电、输变电、配电和用电的生产、流通和消费全过程,实施各项管理功能,进行生产经营活动,以实现电力企业的经营目标,满足社会对电力的需求。

电力企业生产管理的内容极为广泛,从企业的人、财、物到产、供、销的各个环节,从生产到生活的各个方面,都存在组织管理问题。按照对电能产品的生产经营方式及具体的业务内容来分,可分为发电企业管理、输电企业管理、供电企业管理、电力建设企业、电力修造企业和其他一些类型的电力企业管理。

现代电力工业是一种高度集中的电能社会化大生产的行业。除了管理社会化大生产的一般规律对电力企业同样适用外,电力企业管理还有很强的行业特点。这些特点从不同方面反映了电力工业发展和电力生产经营活动的客观规律,是电力企业生产经营管理的出发点和基础,并且决定了电力企业生产经营管理的主要内容。电力企业管理的主要特点和内容有以下几个方面。

1. 电网在高度集中统一的调度下生产运行

电力产、供、销的同时性决定了电力电量的平衡管理是电力企业生产经营管理的主要内容。电力系统内的供电功率、供电量必须与用户的用电功率、用电量保持严格的平衡,这是保证安全、可靠、优质向用户供电的基本条件。

2. 安全可靠地向用户供电

电力企业管理必须把"安全第一"和"预防为主"作为永久性的方针,切实抓好电网可靠管理。要从规划、设计、制造、基本建设和生产运行各方面做好管理工作,以提高电网对用户连续可靠供电的水平。

3. 高度重视技术和资金管理

电力企业是技术、资金密集型企业,设备贵重,技术先进,占用资金量特别大。做好技术经济分析,提高投资效果;不断采用新技术、新设备;加强生产技术管理和设备管理,提高设备利用率是电力企业管理的重要内容。

4. 坚持电网的经济效益和社会效益相统一

电能作为商品有价值和使用价值。电能所创造的社会价值远远高于电能本身的价值。电力企业生产管理必须在服从整体经济效益和社会效益的前提下,不断提高电网的经济效益。发供电企业要在保证电压、频率质量的条件下,在服从电网全局利益的前提下,千方百计地争取自身的最佳经济效益。

电力供应的公益服务性要求电力企业管理必须以"人民电业为人民"为服务宗旨,做好为地方、用户用电营销管理工作。电价的合理性和多样性要求电价改革,切实搞好电价管理。要在国家价格政策指导下,根据发、供、用电的特点,按电力企业合理受益、用户公平负担的原则,分用户类别和用电方式来制定出多种电价,同时还要建立正常的电价调整制度,调节电力供求关系。发电能源的高效率性要求认真做好动力资源的合理开发和利用,确定合理的电源结构和布局,正确规定各类电源在电网中的运行方式,实行经济调度,搞好能源定额管理等工作,以有效利用能源、节约能源,加强环境保护,不断提高电力企业的经济效益和社会效益。

11.3.2　发供电生产管理

电力企业发供电生产管理实际上是对电网安全、经济运行的管理。电力企业依据市场需求,充分利用企业的人力、物力和财力资源,高效、低耗地计划、组织和控制发供电生产,确保电网安全、可靠、优质、经济运行,向社会提供合格的电能和满意的服务,同时获取尽可能大的经济效益,这是发供电生产管理的中心任务。因此,要依据电力生产技术的特点,建立一套行之有效的生产指挥系统和生产技术责任制度,来管理日常的生产运行工作,维护整个电网及发电、供电、用电等各个生产环节的正常生产秩序,从而保证生产经营目标的顺利实现。

1. 发供电生产管理的原则

发电厂运行管理和供电设备运行管理是电力生产的关键环节,整个电网的发电量、煤耗、厂用电率、线损率等经济指标,以及频率、电压等供电质量指标,在很大程度上都取决于发供电安全经济运行水平。发供电生产运行管理的任一环节稍有疏忽就会影响全网安全。因此,搞好发供电运行管理是搞好电力生产管理的中心任务之一。搞好发供电生产管理,必须遵循的指导原则是:① 集中指挥原则;② 安全可靠供电原则;③ 经济效益和社会效益相统一原则;④ 市场导向原则;⑤ 可持续发展原则。

2. 发供电生产管理的任务

发供电生产管理的主要任务包括以下内容。

(1) 充分满足社会的用电需要。严格执行电网调度部门分配的发电任务,遵照调度下达的日负荷曲线图提供有功、无功功率和相应的电量,并完成调峰、调频任务,从而保证完成企业的计划任务和经营目标。

(2) 努力提供用户满意的服务。要保证安全生产和连续供电,保证电能质量和热能质量符合国家规定标准。同时做好用电管理工作,坚持与用户协调发展。

(3) 合理利用动力资源,充分利用水力资源和其他可再生能源,降低能耗,使整个电力系统处于最经济的运行方式。

(4) 加强科学管理,推进电力技术进步,重视新技术、新设备的推广应用,提高劳动生产率和经济效益。

(5) 积极采取综合措施,不断改善发供电生产的技术条件,开展统筹兼顾,搞好节能减排,满足国家对发供电企业的环境保护要求。

(6) 建立健全以经济责任制为核心的发供电生产运行和设备检修管理制度,促进我国电力生产管理与世界先进水平接轨,增强电力企业的国际竞争力。

3. 发电厂生产管理的内容

发电厂是电网供电的电源,发电厂生产管理是电力生产管理的重要环节。要认清本企业在电网中的地位和作用,服从电网的统一调度。发电厂生产管理的主要内容概括如下。

(1) 运行管理。发电厂的运行管理是电力生产管理的关键环节。它包括建立健全发电厂的生产指挥系统,制定并执行各种生产技术管理规程和责任制度,进行运行分析和技术经济指标管理等。

(2) 计划管理。发电厂的计划管理必须服从国家的宏观规划和行业计划的指导,通过编制发电计划、制定技术经济计划指标,对企业的生产活动实行全面的计划管理。

(3) 安全管理。为保证电力安全生产,必须对运行、检修、维护和技术改造等环节实施安全责任制,进行安全质量监督,以实现"零违章"、"零缺陷"和"零意外"。

(4) 可靠性管理。通过建立健全可靠性管理体系,用现代化科学手段来管理和指挥生产,以实现确定的可靠性目标,提高经济运行管理水平。

(5) 设备管理。加强设备管理是电力生产顺利进行的重要保证。它包括设备的选择和评价、设备的使用管理、设备的检修与保养、设备的改造与更新等。

(6) 燃料管理。加强燃料管理,对保证电力生产的安全经济性、节能降耗、提高效益具有重大意义。燃料管理包括建立燃料管理机构、制定和执行燃料管理的职责规定,以及燃料的储存、保管等。

(7) 环境管理。发电厂的环境管理是生产管理的内容之一,它包括编制企业环境保护计划、建立环境管理制度、进行环境监测和严格控制污染等工作。环境管理只有贯穿于电力生产的全过程,才能取得最佳的环境效益。

4. 供电管理的内容

供电系统是联系电源和用户的纽带。供电管理是对供电系统的运行、维护和用电业务进行的管理。其主要内容有以下几项。

（1）供电计划管理。它包括电力负荷预测、供电网络的规划、供电计划以及供电设施运行与技术改造计划等。

（2）供电质量管理。它主要包括电能质量和供电可靠性管理两项内容。保证连续不断的按照供电质量标准向用户供电，是供电管理的核心工作。

（3）设备运行和检修管理。它包括供电设备的运行调度、送电线路和变电站的运行维护、事故处理和分析、反事故措施的制定和实施以及送变电设备的检修管理等内容，这是供电管理的一项重要工作。

（4）线损管理。电网的发、供、用电等各个环节的运行情况都同线损有联系，它涉及面广，经济意义重大。线损管理包括实行电网的合理布局、制定并实施降低线损的技术措施、科学管理线损指标、调荷节电、完善计量管理等内容，这是供电企业必须做好的一项经常性的技术经济工作。

11.3.3　电网调度管理

电力工业的发展，实质上是电网的发展。电力工业生产的特点决定了发供电生产运行必须实行集中统一调度管理。随着电力系统的发展和电力市场化改革的推进，电力调度的任务更加繁重，电力调度在保证电网安全、经济运行方面发挥着极其重要的作用。

1. 电网调度指挥系统的组织形式

电网调度部门是组织、指挥、指导和协调电网运行的机构，实行统一调度、分级管理的原则。所以，电网调度机构的设置应根据电网容量、网络结构、电网接线方式和管理体制等条件来确定，一般可采取下列几种组织形式。

（1）跨大区（省）电网互相连接，形成联合电网或全国统一电网时，一般设四级调度机构：国家电力调度通信中心，简称国调；电网调度通信中心，简称网调（总调）；省电力调度通信中心，简称省调；地区电力调度所，简称地调。

（2）大区跨省电网，一般设三级调度机构：网调、省调和地调。有的跨省电网，根据实际情况，只设两级调度机构。

（3）省内电网或几个地区联合供电时，一般设两级调度机构，即省调和地调。

（4）小容量电网采用一级调度机构，即地调。

根据《电网调度管理条例》的要求在以上的四种形式中还应分别增设县级调度机构（简称县调）。

国调、网调、省调、地调在电网运行调度业务活动中是上下级关系，下级调度必须接受上级调度的命令。网调负责全网负荷预测和计算，制订发、供电计划，负责电网的安全、稳定、优质和经济运行，执行与其他大区电网的互供电协议，协调各省、地区调度中心的运行工作，并重点管理区域性电网的骨干网及跨省联络线和必要的骨干电厂等。

2. 电网调度管理的任务

电网调度管理的主要任务是领导电力系统的运行操作，并保证实现以下基本要求。

（1）按最大范围优化配置资源的原则，实现优化调度，充分发挥电网的发供电设备能力，最大限度地满足社会和人民生活用电的需要。

（2）按照电网的客观规律和有关规定，使电网连续、稳定、正常运行，使电能质量指标符合国家规定的标准。

（3）按照公平、公正、公开的原则，依照有关合同或者协议，保护发电、供电、用电等各方的合法权益。

（4）按照社会主义市场经济规则和电力市场调度规则，负责电力市场的运行交易和结算。

3. 电网调度管理的内容

根据以上调度管理的任务，电力调度的具体工作内容包括：① 预计负荷；② 平衡电源；③ 倒闸操作；④ 事故处理；⑤ 经济调度。

在电力市场化改革进程中，电网经济调度的中心逐步从物耗管理推向最低成本支出的经济调度，即以获取电网整体最大经济效益为目标。这就需要调度管理实现高度自动化。

11.3.4 用电管理

用电管理是电力企业经营管理的一个重要组成部分。用电管理就是要疏通销售渠道，使用户安全、经济、合理地用电，使电能发挥最大的社会效益和经济效益。它的内容包括用电监察工作和营业管理工作两部分。

1. 用电监察工作

用电监察工作的主要内容包括计划用电管理、节约用电管理和安全用电管理三个方面，通常称为"三电"工作。开展用电监察工作的目的是为了全面加强用电管理工作，对用户的计划用电、节约用电和安全用电进行监督、检查和指导，加强供用双方的协作，共同努力，充分发挥电力设备的潜力，实现安全、经济、合理地使用电力。

（1）计划用电。我国的经济体制已由计划经济转向社会主义市场经济。但由于电力产品具有垄断性特点，加上电力的供需矛盾没有解决，所以，国家对电力的生产和使用仍实行统一分配和计划用电的方针。它要求按照国家计划发电，按照发电水平供电，按照分配指标用电。也就是必须把电力的生产、分配和使用纳入计划，实行综合平衡，计划供应；要求用户按分配的电力、电量指标，在规定的时间内用电。

（2）节约用电。节约电能，减少不必要的电能损失和浪费，可以大大缓解电力供需的矛盾。节约用电还有更深远的意义，它可以促进行业结构和产品结构的调整，推进生产工艺的改革和设备的更新改造，使广大用户提高电能利用的技术水平。实行节约用电管理，电力部门应指导和帮助用户定期编制节约用电计划，定出切实可行的节约用电指标，并进行监督检查，取得成果。

（3）安全用电。安全用电管理的主要任务就是指导和帮助用户贯彻执行有关法规和规程，保证用电的安全，减少事故的发生。为了搞好用户的安全用电，电力企业必须加强用电管理，建立健全安全用电的规章制度，开展安全大检查，总结和推广安全用电的先进技术和经验，进行安全用电宣传。

2. 营业管理

使电能产品顺利完成销售并获得资金补偿的全过程管理,称为营业管理。营业管理工作是电力企业经营活动中的销售环节,使企业的经营成果得到体现。搞好营业管理,除了健全组织机构外,还应做好营业管理的基础工作,如营业信息系统管理、定额管理、制定规章制度、岗位责任制、电能计量等。营业管理的内容有以下几项:① 业务扩充;② 电能计量;③ 电费管理;④ 日常营业工作,如业务变更、用户服务、违章调查等。

3. 电价管理

(1) 电价的特点。根据价值规律的要求,商品的价格必须以价值为基础,价格应是价值的客观反映,这是制定电价的根本原则。电价除了具有一般商品价格的特点外,还具有自己的特点,如不同类别的用户,电价不同;电压等级不同,电价不同;电价有地区差异;燃料价格对电价有重要影响;电价应有相对的稳定性等。

(2) 电价的构成。根据商品价格构成原理,制定电价的基本模式为

$$电价 = 电力成本 + 盈利额$$

电力工业的发展所需资金要靠电力企业的积累。要保证电力企业应有的积累水平,必须在保本的基础上根据合理的利润率确定电价水平。

(3) 电价制度。目前,国内外采用的电价制度有以下几种。

① 定额电价制。按用电容量大小收费。

② 单一计量电价制。按用电设备耗电量多少收费。

③ 分级计量电价制。将耗电量分级,按级计价。

④ 加收固定电费的计量电价制。为了分摊售电成本,加收固定电费。

⑤ 两部电价制。由基本电价和电度电价两部分组成。

⑥ 峰谷电价。有调节年高峰负荷的峰谷电价,也有调节日高峰负荷的峰谷电价。

(4) 我国现行电价制度。我国现行电价是按电能用途划分类别的。有照明、非工业电力、普通工业电力、大工业电力、农业生产电力等五种。其中,除大工业电力实行两部电价制外,均实行单一计量电价制。我国现行电价制度,随着国民经济的发展和经济体制改革的深化,已经出现很多弊端,电价制度与电力企业经营管理的矛盾越来越突出,不能体现商品经济规律中的等价交换原则。电价水平偏低,无法适应电力发展的要求。为了适应和促进电力工业的发展,必须改革电价管理体制和电价制度,实行多种电价制,以便为电力工业的发展筹集资金。

世界上电力改革主要有两项:一是电力体制改革,打破垄断体制,引入竞争机制,建立电力市场;二是电力需求侧管理和综合资源规划,由供应侧管理走向供应侧和需求侧双向管理,由单纯的供应侧规划走向综合资源规划。这两项改革都很重要,目的都是为了提高电力工业的效率和效益。同时对电力企业管理提出了更新、更高的要求。

11.4 电力市场

电力市场是采用法律、经济等手段,本着公平竞争、自愿互利的原则,对电力系统发电、

输电、供电、用户等各环节的成员,进行组织协调运行的管理机制和执行系统的总称。由此可以看出,电力市场中的管理机制是采用经济手段,而非传统的行政手段。电力市场体现电力买卖双方交换关系的总和。电力市场的基本原则是公平竞争、自愿互利。同时,电力市场还是体现这种管理机制的执行系统,是电力生产、传输、分配的贸易场所,以及计量系统、通信系统、计算机系统的综合体。

狭义的电力市场一般是指发电市场、输电市场、配电市场、售电市场、电建市场等。发电市场是指将火力、水力、核能、风力、太阳能、燃料等其他能源转化为电能并将电能销售给电网,或者直接销售给当地电力用户的市场,包括火(热)电厂、水电厂、核电厂和其他能源电厂等,其市场主体是发电商、输电商;输电市场是将发电市场的电能通过 220 kV 级以上的输电网络,将电力输送到负荷中心,实现资源优化配置的市场,其市场主体是输电商、配电商等;配电市场是将输电市场输出的电能通过 110 kV 级以下的电力网络输送给电力客户并提供相关服务的市场,其市场主体是配电商、售电商和部分电力客户;售电市场是指进行电力销售和服务的市场,包括用电市场的开拓、电力客户包装、营业抄表与收费、电能计量、用电咨询等,其市场主体是电力销售商和电力客户。

电力市场的总体目标是打破垄断,引入竞争,提高效率,降低成本,健全电价机制,优化资源配置,促进电力发展,推进全国联网,构建政府监管下的政企分开、公平竞争、有序开放、健康发展的电力市场体系。

11.4.1 我国电力市场的建立

基于我国电力工业传统的垂直一体化管理的模式,电力市场的建立可以分为两个阶段:第一阶段是全面推行模拟电力市场;第二阶段是实施"厂网分开、竞价上网",建立有序竞争的发电市场。

1. 全面推行模拟电力市场

模拟电力市场的基本做法是在省级电力公司内部,把发电厂、供电局视为独立的企业,由省级电力公司中心调度所代表省电力公司向发电厂购电,然后批发给供电局,由供电局向客户销售,在省级电力公司内部形成一个模拟的电力市场,使省级电力公司与发电厂、供电局的内部核算关系变成电力商品的买卖关系。发供电企业工资总额与上缴利润和上网电量(或售电量)挂钩,结合其他考核指标,加大企业留利水平,奖罚兑现。在电力企业中初步形成"以企业经济效益为中心"的概念,提高企业员工的积极性。各省级电力公司在实行内部模拟市场时,得到了相同的预期运营效果。

2. 厂网分开、竞价上网

"厂网分开、竞价上网"是指发电厂与电网经营企业分离,成为独立的发电公司,电网按照发电厂的报价由低到高依次吸纳电力,报价低的电力公司因此获得收益。

目前的厂网分开,只改变核算形式而不改变产权关系。从经营的方式来看,电厂变成了一个独立核算单位,而原来的产权关系不改变,谁投资谁就拥有产权,没有产权的集中。电网将根据在电厂中占有产权的多少取得出资者的回报和出资者的权益,而不是发、输、配统一核算后再进行分配,也就是说,核算方式发生了根本的变化。还有一种方式是电网通过出售、转让电厂股权,实行资产重组,按照《中华人民共和国公司法》对电厂进行股份制改造,组建独立发电厂。

竞价上网只对部分电量实行。可以先从 10% ~ 20% 的发电量开始,然后逐步增加,以便于实现有效的过渡和新老不同投资方式的衔接,保护客户和投资者的利益。

实行竞价上网的同时,也要考虑一些非经济因素,包括准入原则。一是环境保护原则;二是电网需求原则;三是国家政策要求;四是经济量化原则。

目前我国电力体制改革已经进行了厂网分开,实施多渠道集资办电,发展独立的发电厂,分别对发电资产和电网资产进行重组。对原国家电力公司管理的发电资产重组后,组建了五大发电公司:中国华能集团公司、中国大唐集团公司、中国国电集团公司、中国华电集团公司和中国电力投资集团公司。对电网资产重组后,设立了中国国家电网公司和中国南方电网有限公司,国家电网公司负责组建华北、东北、西北、华中、华东五大区域电网公司,中国南方电网有限公司实行计划单列。

未来逐步将发、输、配电各环节分开,全面引入竞争机制,建立独立的供电公司,进一步规范有序的电力市场。在农电管理体制上,原则上实现一县一公司,县级供电公司要成为独立的经济核算实体,行使企业经营职能。体制改革的目的旨在推进电力营销工作的改革与发展,缩短电力营销工作市场化、法制化、现代化的历史进程,预定在 2010 年,建立适应社会主义市场经济发展需要的,具有开拓、竞争创新机制的现代化电力营销管理体系,以合理的成本和高质量的服务满足全社会对电力益增长的需求,促进电力工业稳定、持续、健康的发展。

11.4.2 电力市场的基本特征

由于电力生产具有特殊性,决定了电力市场具有以下基本特征。

1. 开放性和竞争性

由于电力市场的发电环节和供电环节具有不同的技术经济特性,决定了供电环节具有自然垄断性,但发电环节却不具有自然垄断性。我国电力工业实行厂、网分开,在同网、同质、同价的原则下,发电竞争上网的趋势已不可逆转。这也有力地说明了发电环节具有开放性和竞争性。

2. 计划性和协调性

一方面,电力系统的各个环节是相互联系的,电能的生产、输送和使用具有瞬时性,任何一个环节都会对电力系统产生影响,因此,要求电力市场中电力的生产、使用和交换具有计划性;另一方面,电力系统要求随时做到供需平衡,这就要求电力市场中的电力供应者之间、电力供应者和电力使用者之间相互协调,保持平衡。

3. 电价作为重要经济杠杆

电力市场主要采用经济手段对电力系统的各个环节进行管理,因此,制定电价原则,计算贸易电价,采用电价作为经济杠杆进行调节是电力市场的一个主要内容。

4. 转供

随着高压和超高压输电网络的发展,电力系统日益成为多个地区电网互联的大电网,甚至形成国家电网和跨国电网。由于各地区的资源构成不同,劳动力价格和负荷水平有差异,

造成各地区电网的发电成本不同,在各地区电网之间出现了经济功率交换,由发电成本低的电网向发电成本高的电网售电。当售电、购电双方的电网不相邻时,需要售电电网和购电电网之间的电网承担转供任务。电力市场公平竞争的原则使发电者和电力客户能够自由地选择贸易对象,因此,转供就成为电力市场开放的主要标志。

5. 客户的能动性

在现代电力市场中,电力使用者(客户)能自由地选择贸易对象。因此,电力市场的客户具有能动性。

6. 电力市场各环节具有身份的双重性

当某电力公司有富余的电能向其他电力公司输送时,该电力公司具有供应者的身份,而当需要从其他电力公司购买电能时,该电力公司又具有需求者的身份。

11.4.3 电力市场的基本要素

为使电力市场正常运行,电力市场必须具备以下基本要素:市场主体、市场客体、市场载体、市场价格、市场运行规则和市场监管。

1. 电力市场主体

所谓电力市场主体是指电力市场中从事交易活动的组织和个人,具体包括各类电力企业、电网经营企业、电力消费者和市场管理者。电力生产企业是电力产品的生产者和供应者,为市场提供不同等级的电力和相应的服务。电网经营企业则起到联系电力生产者与电力消费者的媒介作用。电力消费者就是电力客户,属于市场需求一方,而电力市场管理者是国家和各级政府的有关电力管理机构,对电力市场起到组织协调、管理监督等方面的作用。

2. 电力市场客体

电力市场客体是指市场主体间的交易对象,即作为商品的电力。电力是一种特殊的商品,主要包括电量、备用容量和辅助服务。其中,电量是指在一定时间内,生产或消费的电力总量;备用容量是指在峰荷时为了保证电力需求必须具备的发电容量;辅助服务是指网络运行人员为了保证系统的安全稳定运行所需要的除发电以外的服务,如自动发电控制、无功补偿等。

3. 电力市场载体

电力市场载体是电力市场交易活动得以顺利进行的物质基础,也就是指一切物质设施。它是形成市场的先决条件。具体地说,电力市场载体就是输送电力的传输网络,包括输电网和配电网两部分。

4. 电力市场价格

电力市场是采用经济手段进行管理的,因此,电价就成为新的管理方式、新的管理工具和新的管理手段。市场价格成为市场协调机制中传递供求变化最敏感的信号。于是,电价成为电力市场的核心。要建立一个完善的电力市场,就要首先确立合理的电力商品的价格形成机制、价格结构和价格管理机制。

5. 电力市场运行规则

市场运行规则是使市场正常运行、规范市场主体行为的基本准则。为保证电力市场的有序运作，必须制定严密的电力市场运营规则。制定市场运营规则，是培育和发展电力市场的重要内容。简单地说，电力市场运行规则包括市场进入规则，市场交易规则和市场竞争规则。电力市场应遵循"公平、公正、公开"，即所谓的"三公"原则。

6. 电力市场监管

由于电力市场的特殊性，电力市场的监管工作显得尤为重要，各级电力市场必须有专门的监管机构。其主要职能是监管电力市场的交易行为和竞争行为，避免产生不正当竞争和违规行为，并对电力市场运行中发生的纠纷、争端和投诉进行调节和仲裁。

市场各要素之间相互制约、相互作用所形成的调节过程就是市场机制。而市场机制的动力则来源于市场主体的利益差别。因此，开放市场调节功能的条件是具有独立利益的市场主体，充分的市场竞争、灵敏的市场信号，再加之政府的宏观调控。

11.4.4　电力市场的基本形式

电力市场主要分为国家级电力市场、区域网级电力市场、省级电力市场、地区级电力市场和县市级电力市场。

1. 国家级电力市场

国家级电力市场主要负责全国电力市场的研究与监督，如制定法规、仲裁纠纷等，负责国家电力市场的操作和网间的能量调度。操作内容包括各网级负荷预测，各大水系水文预报，全国燃料平衡计划与监视，各大水库调度与监视，各网级电价预报，各网级电力交易计划与监视，各网级交易结算等。

2. 区域网级电力市场

区域网级电力市场主要监督各省级电力市场，负责区域网级电力市场的操作。操作内容包括区域网间交换（售电、购电），区域网级电厂购电，向各省售电，省间交换（售电、购电），网、省级负荷预测，区域网级发电计划（包括水火电计划、检修计划、备用计划），区域网级电价预报（包括售电价、购电价、转运电价），区域网、省级电力交易计划，区域网级交易结算等。

3. 省级电力市场

省级电力市场主要监督地区级电力市场，负责省级电力市场操作。操作内容包括从网级电力市场购电，省间交换（售电、购电），省级电厂购电，向地区售电，省、地区负荷预测，省级发电计划（包括水火电计划、检修计划、备用计划），省级电价预报（售电价、购电价、转运电价），省级电力交易计划，省级交易结算等。

4. 地区级电力市场

地区级电力市场主要监督县级电力市场，负责地区级电力市场操作。操作内容包括从省级电力市场、自备电厂、小水电购电，向县级电力市场、大客户售电，地、县级负荷预测，小水电预报，地区级电价预报，地区级电力交易计划，地区级交易结算。

5. 县市级电力市场

县市级电力市场主要负责县市级电力市场的操作。操作内容包括从地区级电力市场购电，从小水电购电，向客户售电，县级负荷预测，小水电预测，县级负荷管理，县级电价预报，县级电力交易计划，县级交易结算等。

11.4.5　电力市场营销的概念

鉴于我国的市场改革现状，发电市场刚刚建立，输电市场、配电市场和售电市场尚未分开，因此，目前仍然以售电市场为重点。由于电力商品已由卖方市场转为买方市场，电力市场营销是电力企业获取利润的重要经营管理活动。

电力市场营销就是电力企业在这变化的市场环境中，为了满足用电客户的需求和欲望而实现潜在交换的各项活动。电力市场营销应注意下述几点：电力市场营销的立足点是市场；应以提高电能的终端能源占有率为目标；引入能够适应市场经济需要，增强市场应变能力，改善服务质量，有助于经营效益化，有利于市场开拓和发展的新机制，不断拓展电力市场营销活动。

电力企业市场营销的中心是实现电能的交换，最终完成电能使用价值，并获得利润。电力企业的市场营销是以扩大市场销售量和增加市场客户为中心而展开的。它的核心是：电力企业必须面向市场、面向消费者，必须适应不断变化的市场并及时对营销策略做出正确的调整；电力企业要为消费者提供合格的电能和满意的各种服务；电力企业要用最少的投入、最快的速度将电能送达消费者手中；电力企业应该而且只能在消费者的满足之中实现自己的各项目标。

11.4.6　电力市场营销策略

电力市场营销的策略包括电力产品与服务策略、电价策略、电力销售渠道策略和电力促销策略等。

1. 电力产品与服务策略

加强电力售后服务，维持电力市场占有率；宣传耗电产品的优越性，发掘潜在的电力市场，实施城市"亮丽工程"，扩大电力市场面；加强农网改造，积极拓展农村电力市场；推广分时电价，鼓励错峰用电。不断提高电能的质量标准。不断提高电力系统供电的可靠性，认真做好供电服务工作。供电服务的主要内容包括业务扩充、日常营业工作、电能计量、电费管理等。

2. 电价策略

电价是一个既涉及人民生活，又涉及国民经济的一个非常复杂的因素。因此，必须重视电价的制订方法和电价策略。制定电价应遵循合理补偿成本、合理确定收益、依法计入税金、坚持公平负担以及促进电力建设的原则。

发电公司定价策略包括财务水平定价策略、边际成本定价策略、低谷损失定价策略和高峰技巧定价策略。电网公司定价策略包括两部制电价策略、峰谷分时定价策略、干枯季节电价策略、功率因数调整电价策略以及可靠性电价策略。

3. 电力销售渠道策略

电力销售渠道是指电力产品从发电环节进入消费领域过程中,由提供电力产品或服务的一系列相互联系的环节所组成的通道。电力商品在不同的市场运行模式下,具有不同的销售渠道和销售策略。电力市场的运营模式有垄断型、买电型、批发竞争型及零售竞争型。

4. 电力促销策略

电力促销是指电力企业以人员和非人员的方式,传递电力产品信息,帮助与说服电力客户购买电力产品或使电力客户对电力企业产生好感,从而促进电力销售。促销策略有人员推销、广告促销、公共关系促销和电力营业推广。

11.5 电力需求侧管理

11.5.1 电力需求侧管理的概念、特点及内容

1. 电力需求侧管理的概念

电力需求侧管理(DSM)又称电力需求方管理或电力负荷管理,它是指通过综合运用经济、技术等有效激励手段,引导用户节约用电,转变用电方式,提高终端用电效率,优化资源配置,改善和保护环境,实现电力服务成本最小。同时,在电力紧张时组织供电企业有序供电,确保居民生活、农业生产及重点行业用电需求的用电管理活动。需求侧管理是当前国际上推行的一种先进的资源管理方法和管理技术,它适合市场经济运行机制,遵守法则原则,鼓励资源竞争,讲求成本效益,提倡经济、优质、高效的能源服务,在电力部门中的应用已比较成熟。

推行电力需求侧管理一方面可减少不合理的电力消耗,提高用户终端用电效率,节约能源;另一方面可减少用户在电网高峰时段对电力的需求,以提高电网的负荷率及其运行的经济性,并减少或延缓新增的发电装机容量。另外,在减少电能消费的同时,可减少发电废物的排放量,改善和保护环境。可见,电力需求侧管理的目的不仅仅是解决电力紧缺时的有序供电问题,以弥补电力供应缺口,更主要的是最经济和最有效地利用能源资源,充分发挥电力在能源市场上的作用,促进电力行业的可持续发展。

2. 电力需求侧管理的特点

(1)在一定程度上缓解电力紧缺时的电力供需矛盾。

(2)改善电网的负荷特性,提高用电负荷率。

(3)节约用电,减少能源需求和污染排放,提高人民生活质量。

(4)减少电源建设和电网建设的投入。

(5)降低电力客户的用电成本,减少电费开支。

(6)提高电能在终端能源消费中的比重。

3. 电力需求侧管理的内容

电力需求侧管理是一项系统工程,涉及面较广,其基本内容包括资源调查,管理对象选

择,管理目标设置,政策、法规、标准制定,管理手段选择,需求侧管理计划制订,项目实施和项目实施效果评估等。

11.5.2 电力需求侧管理的技术手段

电力需求侧管理的技术手段主要是以高新科学技术成果为基础,不断推出节电新技术、新工艺、新材料、新产品。针对管理对象、生产工艺和生活习惯的用电特点,综合利用先进的节能技术、管理技术及与之相适应的设备和工艺,合理调控负荷,提高用电效率,从而实现电网安全经济运行的一种管理活动。

1. 改变客户的用电方式

改变客户的用电方式主要有削峰、填谷、移峰填谷三种技术。

(1)削峰技术。削峰是在电网高峰负荷期减少用户的电力需求,避免增加边际成本高于平均成本的装机容量,由于平稳了系统负荷,提高了电力系统运行的经济性和可靠性,相应地会降低电力公司的部分收入。削峰的控制手段主要有两个:一是直接负荷控制,二是可中断负荷控制。

(2)填谷技术。填谷是在电网低谷时增加用户的电量需求,有利于启动系统空闲的发电容量,并使电网负荷趋于平稳,提高了系统运行的经济性。由于它增加了销售电量,减少了单位电量的固定成本,进一步降低了平均发电成本,使电力公司增加了销售收入。尤其适用于电网负荷峰谷差大,低负荷调节能力差,或新增电量长期边际成本低于平均电价的电力系统。比较常用的填谷措施有增加季节性用户负荷、增添低谷用电设备、增加蓄能用电。

(3)移峰填谷技术。移峰填谷是将电网高峰负荷的用电需求推到低谷负荷时段,同时起到削峰和填谷的双重作用。它既减少了新装机容量,又可平稳系统负荷、降低发电煤耗。在电力短缺严重、峰谷差距大、负荷调节能力有限的电力系统,一直把移峰填谷作为改善电网经营管理的一项重要任务。主要的移峰填谷技术措施有蓄冷蓄热技术、能源替代运行、调整作业程序、调整轮休制度等。

2. 提高终端用电设备效率

提高终端用电设备效率,即节能,主要有选用高效用电设备、半导体 LED 照明等节能灯具的推广、实行节电运行、采用能源替代、实现余能余热回收和应用高效节电材料、作业合理调度、改变消费行为等。其中包括用电子镇流器替代普通电感镇流器,引导企业采用无功补偿、智能控制技术、变频调速和高效变压器、电动机等节电控制技术和产品,对负载率低和工况变动较大的风机和泵类采用变频调速技术。推广高效节能电冰箱、空调器、电视机、洗衣机、计算机等家用及办公电器,降低待机能耗,实施能效标准和标识,规范节能产品市场。

11.5.3 电力需求侧管理的其他手段

电力需求侧管理的手段除技术手段以外,还有经济手段、激励手段和法律手段等。

1. 经济手段

电力需求侧管理的经济手段是指通过制定合理电价,进行节电补贴等方式,从经济方面刺激和鼓励用户主动改变消费行为和用电方式,从而减少电量消耗和电力需求的管理活动。

这是需求侧管理在运营策略方面的重点。具体实施时通过扩大峰谷电价、分时电价执行范围和拉大峰谷价差；扩大两部制电价执行范围，提高两部制电价中基本电价的比重；采取上网侧和销售侧分时电价联动等措施。

电价是促进电力资源有效利用的有力杠杆，也是实施电力需求侧管理所能采取的最主要的经济手段。可采用的电价类型有以下几种。

（1）容量电价。又称基本价格，以用户变压器装置容量或最大负荷收取电费。确切地讲，它不是电量价格而是电力价格。

（2）两部制电价。两部制电价是将电价分成两个部分。一是将客户用电按变压器容量或最大需用量（即一月中每 15 min 或 30 min 平均负荷的最大值）计量的基本电价，也称固定电价或需用电价。它代表电力企业成本中的容量成本，即固定费用部分。二是以客户耗用的电能量计算的电度电价，它代表电力企业成本中的电能成本，即变动费用部分。按两种电价分别计算后的电费总和即为客户应付的全部电费，这种以合理分担容量成本和电能成本为主要依据的电价制度，用基本电价和电度电价合起来计算客户电费的办法就叫两部制电价，是供电部门对大工业企业实行的电价制度。

（3）分时电价。它指电力公司按用电时点的不同收取不同的电费，是提供用户更细致地安排用电时间的激励电价。1980 年，我国开始了分时电价试点。

（4）峰谷电价。它是指为改善电力系统年内或日内负荷不均衡性，确定年内或日内高峰和低谷的时段，在高峰时段和低谷时段实行峰谷两种不同的电价，提供用户选择他们认为合适的用电时间和用电强度，其目的是为了激励用户多用低谷电，平稳负荷形状。

（5）可中断、可减小负荷电价。它是指在电网峰荷时段电力公司可中断或削减大工商企业用户的负荷，然后按照合同规定对用户在该时段内的用电按较低的电价收费。

（6）季节性电价。它是为了改善电力系统季节性负荷不均衡所采取的一种鼓励性电价，其主要目的是抑制夏、冬用电高峰季节负荷的过快增长，它有利于充分利用水力资源和选用价格相对便宜的发电燃料，降低供电成本。

（7）超耗电价。它是指用户的峰期超计划用电，应按合同规定按较高的电价收费。

建立多种结构有选择性的电价制度，是适应电力走向市场的一个重要措施，也是调节需求侧管理效益在电力公司和用户间合理分配的一种管理手段。

2. 激励手段

（1）建立专项基金，推动电力需求侧管理。某些电力公司由于投资实施需求侧管理，减少了售电收入而造成了电力公司自有利润的减少，降低了电力公司的积极性。因此，应制定专门的财务激励政策。

（2）实行必要的优惠措施。优惠措施有折让鼓励、免费安装鼓励、低息借贷鼓励和节电特别奖励等。

（3）推行节电招标制度。节电招标是指为了满足用户的用电需求，电力公司通过建立供电和节电市场，采用招标、拍卖、期货等市场交易手段，向独立经营的发电公司、独立经营的节能服务公司和用户征集各种切实可行的供电方案和节电方案，激励他们在供电和节电技术、方法、成本等方面展开竞争，借以降低供电和节电成本，提高供用电整体经济效益。

3. 法律手段

（1）当前应首先调整和修订《中华人民共和国电力法》、《中华人民共和国节约能源法》等相关法律，将实施 DSM 管理纳入法律内容，明确电网经营企业、发电企业和用户在用电侧管理工作中的权利和义务，并尽快制定《电力需求侧管理办法》，进一步发挥电价在用电侧管理工作中的核心作用。

（2）要充分发挥电网公司在 DSM 工作中的主体作用，制定和实施有利于节电和发电平等竞争的激励机制政策，通过系统效益收费、公益基金、"收入上限"等政策解决电网公司的资金来源，切实解决好电网公司推动 DSM 管理影响电费收入的矛盾。

（3）各省（自治区、直辖市）要按照国务院办公厅《关于开展资源节约活动的通知》要求，成立节能工作机构，统一部署，积极有效地开展节能工作，严格落实年度节电指标，将节电指标层层分解落实到企业。各省经贸委要对重点耗电企业进行跟踪指导，对节电成绩显著企业将予以表彰奖励。

11.5.4　DSM 实施措施评估

1. DSM 评估的目的

DSM 评估是指对 DSM 的运行状况和取得的业绩进行系统地度量。评估采用社会科学的研究方法和技术数据，以保证结果有效，为将来 DSM 决策提供参考依据。评估能够为 DSM 项目经理和职员提供信息以改进 DSM 运营，为电力公司经营者和管理机构提供信息以评价这些 DSM 项目。

评估分为两类：过程评估和效果评估。过程评估是检验 DSM 项目运行过程、用于了解 DSM 实施的情况，以及用于确定改进方案。效果评估是将用户参加 DSM 后的结果和参加 DSM 前的情况进行比较。效果包括节电和削减负荷两部分。

2. 评估的指标体系

为保证 DSM 项目的顺利实施，项目评估需要建立起一套指标评价体系，这是对需求侧管理各项工作进行引导、监督、控制的重要依据，也是评价需求侧项目成败的标准。具体评价指标如下。

1）可避免资源

（1）可避免电量。它是指由于节电使得电力系统避免的新增电量。

（2）可避免峰荷容量。它是指由于节电使得电力系统避免的新增装机容量。

2）需求侧各方成本效益

（1）电力公司成本效益。电力公司的成本就是计划实施的支出费用，包括用于财政鼓励的支持费用和管理费用；效益就是可避免电量成本费用与少售电减少的收入之差。

（2）参与用户的成本效益。参与用户的成本包括增加的设备购置安装费用和增加的维护费用；收益来自于节电少支付的电费，以及所获得的支持性财政鼓励资金。

（3）实施中介的成本效益。能源服务公司的成本费用包括它对用户节电项目的支持费用和日常管理费用，它的收益就是分享用户的节电收益。

（4）社会成本效益。

3）可避免成本

（1）可避免电量成本。它是指由于节电，使得电力系统避免新增电量成本，可分为短期可避免电量成本和长期可避免电量成本。

（2）可避免峰谷容量成本。它是指由于节电和调荷作用，使得电力系统避免新装机容量的成本。

（3）单位节电成本。它是指节电项目在寿命期内，节约单位电量的支出费用。

（4）节电峰荷容量成本。

4）成本收益指标

（1）年纯收益。它是指实施节电项目的收益与成本之差，是节电项目能否获利的指标。

（2）投资回收期。它是指节电项目以年获利润偿还原始投资所需的年数。

5）节电减排指标

（1）可避免能源消耗。

（2）可避免污染排放。如 SO_2、NO_2、CO、CO_2 粉尘等的减排量。

3. DSM 方案的评估选择

评估和选择 DSM 措施有两种不同的策略，一个是"措施筛选"，另一个是"负荷形状目标"。前者是以希望的负荷形状改善来依次选择各种 DSM 措施，最后找到那些能最大限度满足公司希望的措施，它是一种由下而上的选择策略。后者是先确定希望的负荷形状改善，并评估出这些改善给公司带来的效益，在分析评估了这些效益后，针对这些负荷形状改善目标设计相应的 DSM 措施，是一种由上而下的选择策略。

11.5.5　监督 DSM 规划的实施

1. 实施的要点

DSM 的实施是指在确定了 DSM 措施的成本效益之后执行，包括三个关键方面：实施过程计划、实施过程管理和 DSM 实施的保障。

DSM 的实施从制定实施计划开始，实施计划的目标要有客观性和可度量性，可以用计划流程图表示从用户反映到计划完成的整个实施过程。实施 DSM 需要很大投入，因此，制订周密的实施计划有助于发掘 DSM 的效率和效益。

由于多个职能机构都参与实施 DSM，为保证其有效实施，必须认真管理。管理如此广泛的活动范围必须对实施 DSM 的目标有深入了解并能协调各种活动，以保证与目标一致，明确界定各职能机构的权利和责任。整个实施过程的跟踪管理也是非常重要的，必须对过程中成本进行核算，监督劳动生产率和保障质量，在定期经济活动分析报告中必须提供必要的原始数据和关键性能指标。

实施的保障包括配备工作人员、设备仪器和人员培训。制作项目实施手册可以为工作人员提供必要的政策和过程步骤指导，内容上也可以包括各职能机构的责任和活动的清单。拟采取的各种鼓励用户的措施中，有效开拓 DSM 市场，与用户建立良好关系，快速反映用户关注的问题有助于达到这个目标,应将用户关注的问题贯穿于项目计划的制订和实施全过程。

2. 实施过程

推动 DSM 的实施大体分为三个阶段。第一个阶段为宣传、鼓动及 DSM 主计划的制订阶段。第二阶段为实施示范工程阶段,示范工程在主计划设计阶段同时完成设计(含交付机制)。第三阶段为 DSM 全面实施阶段。对 DSM 的全面实施和评价受主计划的指导,并在通过示范工程所取得的经验基础之上开展。通常需要 8 年(或 6 年、10 年),2～3 年完成一个阶段。

3. DSM 的监督控制

监督的目的是找出实施结果与期望性能指标的偏差,改进现有的和计划的 DSM 规划。监督也有助于得到用户行为和 DSM 对系统负荷的作用的信息,改进计划与管理,提供对正在实施中的 DSM 的检验。

监督 DSM 规划要澄清两个问题,即 DSM 是否按计划在实施,以及是否达到目标了。通过跟踪和检验规划成本、用户接受程度、各阶段的目标,可确定 DSM 规划是否按计划实施。虽然监督 DSM 的安装成本和实施计划是不难的,但是测量由此产生的负荷形状变化量是困难的,这是因为许多 DSM 以外的因素会影响负荷形状,所以澄清第二个问题比较困难。在 DSM 实施的初期,这些复杂的因素对负荷形状的影响超过 DSM 对其的影响,但是制订和实施一个有效的监督计划是非常重要的。

(1) 监督和评估的方法。监督和评估 DSM 规划有两种方式,即说明性方式和实验性方式。说明性方式是对 DSM 的具体措施、实施成本、用户的参与程度及其特性等方面进行文字性说明。实验性方式是通过分析比较,确定 DSM 对不同用户(参与和不参与) 的不同影响。

(2) 监督和评估的要点。监督和评估 DSM 规划的要点包括以下四方面:监督的有效性,数据和信息要求,管理的要点和监督和评估的过程。

思考与练习题

11-1 什么是电气工程概、预算?编制电气工程概、预算的程序如何?

11-2 电气工程概、预算费用的组成有哪些?

11-3 什么是工程招标和投标?工程招标投标程序如何?

11-4 如何编制工程投标中标书?

11-5 简述电力企业管理的特点和内容。

11-6 用电监察的主要内容有哪些?

11-7 什么是电力市场?简述电力市场的基本特征和基本要素。

11-8 电力市场营销应遵循什么原则?

11-9 电力需求侧管理的手段有哪些?

11-10 简述电力需求侧管理实施措施评估的指标体系。

参 考 文 献

[1] 吴文辉.电气工程基础[M].武汉:华中科技大学出版社,2010.

[2] 王兆安,刘进军.电力电子技术[M].5版.北京:机械工业出版社,2009.

[3] 范瑜.电气工程概论[M].北京:高等教育出版社,2006.

[4] 吴广宁.高电压技术[M].北京:机械工业出版社,2006.

[5] 施围,邱毓昌,张乔根.高电压工程基础[M].北京:机械工业出版社,2006.

[6] 杨淑英.电力系统概论[M].北京:中国电力出版社,2003.

[7] 国家技术监督局.《学科分类与代码》(GB/T13745—92),1992.

[8] 马宏忠.电力工程[M].北京:机械工业出版社,2009.

[9] 孙丽华.电力工程基础[M].北京:机械工业出版社,2006.

[10] 韦钢,张永健,陆剑锋,等.电力工程概论[M].2版.北京:中国电力出版社,2007.

[11] 王勋.电气化铁道概论[M].北京:中国铁道出版社,2009.

[12] 贺威俊,高仕斌,张淑琴,等.电力牵引供变电技术[M].成都:西南交通大学出版社,2009.

[13] 何仰赞,温增银.电力系统分析[M](上、下).3版.武汉:华中科技大学出版社,2002.

[14] 张保会,尹项根.电力系统继电保护[M].北京:中国电力出版社,2005.

[15] 邵玉槐.电力系统继电保护原理[M].北京:中国电力出版社,2008.

[16] 邓大鹏,等.光纤通信原理[M].北京:人民邮电出版社,2003.

[17] 袁世仁.电力线载波通信[M].北京:中国电力出版社,1998.

[18] 殷小贡.电力系统通信工程[M].武汉:武汉大学出版社,2002.

[19] 高伟.计算机控制系统[M].北京:中国电力出版社,2000.

[20] 曹宁,胡弘莽.电网通信技术[M].北京:中国水利水电出版社,2003.

[21] 许建安.水电站自动化技术[M].北京:中国水利水电出版社,2005.

[22] 丁坚勇,程建翼.电力系统自动化[M].北京:中国电力出版社,2006.

[23] 韩富春.电力系统自动化技术[M].北京:中国水利水电出版社,2003.

[24] 周双喜,朱凌志,郭锡玖,等.电力系统电压稳定性及其控制[M].北京:中国电力出版社,2004.

[25] 陈堂,赵祖康,陈星莺,等.配电系统及其自动化技术[M].北京:中国电力出版社,2003.

[26] 程逢科,王毅刚,侯清河.中小型火力发电厂生产设备及运行[M].北京:中国电力出版社,2006.

[27] 孟祥忠,王博.电力系统自动化[M].北京:北京大学出版社,2006.

[28] 周京阳,于而锉.电力系统及自动化[M].北京:中国电力出版社,1997.

[29] 《中国电力百科全书》编辑委员会.中国电力百科全书[M].北京:中国电力出版社,2001.

[30] 王远璋.变电站综合自动化现场技术与运行维护[M].北京:中国电力出版社,2004.

[31]　路文梅,李铁玲.变电站综合自动化技术[M].北京:中国电力出版社,2004.

[32]　温步瀛,唐巍.电力工程基础[M].北京:中国电力出版社,2006.

[33]　《电气工程监理手册》编写组.电气工程监理手册[M].北京:机械工业出版社,2006.

[34]　《电力工程监理手册》编写组.电力工程监理手册[M].北京:机械工业出版社,2006.

[35]　孟祥泽,潘成勇.电力工程招标投标操作指南[M].北京:中国水利水电出版社,2007.

[36]　李在国,乔国新.实用电气工程概预算[M].北京:中国电力出版社,2004.

[37]　田有文、丁毓山.电力企业现代管理[M].北京:中国水利水电出版社,2008.

[38]　彭安福.电力企业现代管理[M].3版.北京:中国水利水电出版社,2006.

[39]　杜松怀.电力市场[M].2版.北京:中国电力出版社,2007.

[40]　倪慧君,从阳,商自申,等.电力市场营销理论与实务[M].北京:中国电力出版社,2008.

[41]　周昭茂.电力需求侧管理技术支持系统[M].北京:中国电力出版社,2007.